Der Netzzugang in der Elektrizitätswirtschaft auf der Grundlage des Energiewirtschaftsgesetzes (EnWG)

Europäische Hochschulschriften
Publications Universitaires Européennes
European University Studies

Reihe II
Rechtswissenschaft

Série II Series II
Droit
Law

Bd./Vol. 3355

PETER LANG
Frankfurt am Main · Berlin · Bern · Bruxelles · New York · Oxford · Wien

Stefan Tüngler

Der Netzzugang in der Elektrizitätswirtschaft auf der Grundlage des Energiewirtschaftsgesetzes (EnWG)

PETER LANG
Europäischer Verlag der Wissenschaften

Die Deutsche Bibliothek - CIP-Einheitsaufnahme

Tüngler, Stefan :

Der Netzzugang in der Elektrizitätswirtschaft auf der Grundlage des Energiewirtschaftsgesetzes (EnWG) / Stefan Tüngler. - Frankfurt am Main ; Berlin ; Bern ; Bruxelles ; New York ; Oxford ; Wien : Lang, 2002
(Europäische Hochschulschriften : Reihe 2, Rechtswissenschaft ; Bd. 3355)
Zugl.: Göttingen, Univ., Diss., 2001
ISBN 3-631-39028-9

D 7
ISSN 0531-7312
ISBN 3-631-39028-9

www.peterlang.de

VORWORT

Diese Arbeit lag der Juristischen Fakultät der Georg – August – Universität Göttingen 2001 als Dissertation vor. Rechtsprechung und Literatur wurden bis zum Zeitpunkt des Abschlusses des Manuskripts im Mai 2001 berücksichtigt.

Mein besonderer Dank für die großzügige Unterstützung bei der Anfertigung dieser Arbeit gilt Herrn Prof. Dr. Gunther Kühne. Seine fachliche Beratung und geduldige Bereitschaft, meine Fragen anzuhören und zu beantworten, waren nicht nur sachkundige Stütze sondern sind mir darüber hinaus Vorbild.

Ich danke Herrn Prof. Dr. Ulrich Immenga für die Zweitkorrektur.

Düsseldorf, im Oktober 2001

Stefan Tüngler

Inhaltsverzeichnis

Abkürzungsverzeichnis

a.A.	anderer Ansicht
a.a.O.	am angegebenen Ort
Abs.	Absatz
ABl.EG	Amtsblatt der Europäischen Gemeinschaften
AcP	Archiv für die civilistische Praxis (Zeitschrift)
AEG	Allgemeines Eisenbahngesetz v. 27.12.1993, BGBl. I S. 2378, 2396 ff.
a.F.	alte Fassung
AG	Aktiengesellschaft oder Zeitschrift „Die Aktiengesellschaft“
AK	Arbeitskreis
Anm.	Anmerkung
AöR	Archiv für das Öffentliche Recht (Zeitschrift)
ARE	Arbeitsgemeinschaft Regionaler Energieversorgungs-unternehmen e.V.
Art.	Artikel
Aufl.	Auflage
AVBEltV	Verordnung über Allgemeine Bedingungen für die Elektrizitätsversorgung von Tarifkunden (AVBEltV) v. 21.06.1979, BGBl. I S. 684

BBiG	Berufsbildungsgesetz v. 14.08.1969, BGBl I S. 1112
Bd.	Band
BDI	Bundesverband der Deutschen Industrie
BKartA	Bundeskartellamt
BGBl.	Bundesgesetzblatt
BGH	Bundesgerichtshof
BR	Deutscher Bundesrat
BR-Drs.	Bundesrats - Drucksache
BT	Deutscher Bundestag
BT-Drs.	Bundestags - Drucksache
BTOElt	Bundestarifordnung Elektrizität (BTOElt) v. 18.12.1989, BGBl. I S. 2255

ders.	derselbe
EEG	Gesetz zur Förderung Erneuerbarer Energien (EEG) v. 29.03.2000, BGBl. I 2000 S. 305
EG	Konsolidierte Fassung des Vertrages zur Gründung der Europäischen Gemeinschaften mit den Änderungen durch den Vertrag von Amsterdam v. 02.10.1997, BGBl. II 1998 S. 387
EGV	Vertrag zur Gründung der Europäischen Gemeinschaften vom 25.03.1957, BGBl. II S. 766, in der Fassung des Vertrages über die Europäische Union v. 07.02.1992, BGBl. II S. 1253/1255
ElWOG	Elektrizitätswirtschafts- und -organisationsgesetz, BGBl. Österreich 1998/143
EltRL	Richtlinie 96/92/EG des Europäischen Parlaments und des Rates vom 19.12.1996 betreffend gemeinsame Vorschriften für den Elektrizitätsbinnenmarkt, ABl.EG Nr. L 27/20 v. 30.01.1997
EltVU	Elektrizitätsversorgungsunternehmen
EnWG	Gesetz über die Elektrizitäts- und Gasversorgung v. 24.04.1998, BGBl. I S. 730
EnWG 1935	Gesetz zur Förderung der Energiewirtschaft (Energiewirtschaftsgesetz) v. 13. Dezember 1935 (RGBl. I S. 1451; BGBl. III S. 752-1) in der Fassung v. 19.12.1977, BGBl. I S. 2750
ET	Energiewirtschaftliche Tagesfragen (Zeitschrift)
etz	Elektrotechnische Zeitung - Elektrotechnik und Automation
EU	Europäische Union
EuGH	Europäischer Gerichtshof
EUV	Vertrag über die Europäische Union
EVU	Energieversorgungsunternehmen
EW	Elektrizitätswirtschaft (Zeitschrift)
f, ff	folgende Seite; folgende Seiten
FS	Festschrift
Fußn.	Fußnote

GATS	General Agreement of Trade on Services
GATT	General Agreement on Tariffs and Trade
GasRL	Richtlinie 98/30/EG des Europäischen Parlaments und des Rates v. 22. Juni 1998 betreffend gemeinsame Vorschriften für den Erdgasbinnenmarkt, ABl.EG Nr. L 204/1 v. 21.07.1998
GerSiG	Gerätesicherheitsgesetz i.d.F. v. 23.10.1992, BGBl. I S. 1793
GewArch	Gewerbearchiv (Zeitschrift)
GRUR	Gewerblicher Rechtsschutz und Urheberrecht (Zeitschrift)
GWB	Gesetz gegen Wettbewerbsbeschränkungen nach der 6. GWB - Novelle v. 26.08.1998, BGBl. I S. 2546
GWB a.F.	Gesetz gegen Wettbewerbsbeschränkungen i.d.F. v. 20.02.1990, BGBl. I S. 235
gWh	Gigawattstunde
Halbbd.	Halbband
HB	Handelsblatt
Hdb.	Handbuch
Hrsg.	Herausgeber
idF.	in der Fassung
iVm.	in Verbindung mit
JNpolÖ	Jahrbuch für Neue Politische Ökonomie
KartellR	Kartellrecht
KG	Kammergericht
KMEnergR	Kölner Miszellen zum Energierecht (Schriftenreihe)
K&R	Kommunikation & Recht (Zeitschrift)
kWh	Kilowattstunde
KWK	Kraft-Wärme-Kopplung
KWK-G	Gesetz zum Schutz der Stromerzeugung aus Kraft-Wärme-Kopplung (KWK-G) v. 12.05.2000, BGBl. I S. 703

lit.	Buchstabe (litera)
Mitt.	Mitteilungen
MK	Monopolkommission
MMR	MultiMedia und Recht - Zeitschrift für Informations-, Telekommunikations- und Medienrecht
MünchKomm	Münchener Kommentar zum Bürgerlichen Gesetzbuch
m.w.N.	mit weiteren Nachweisen
NeuregelungsG	Gesetz zur Neuregelung des Energiewirtschaftsrechts (NeuregelungsG) v. 24.04.1998, BGBl. I S. 730
OGH	Oberster Gerichtshof für die Britische Zone
PBefG	Personenbeförderungsgesetz idF. v. 08.08.1990, BGBl. I S. 241
PflVersG	Pflichtversicherungsgesetz v. 05.04.1965, BGBl. I S. 213
PostG	Postgesetz v. 22.12.1997, BGBl. I S. 3294
RdE	Recht der Energiewirtschaft
Rdnr.	Randnummer
RegE	Regierungsentwurf
RIW	Recht der Internationalen Wirtschaft (Zeitschrift)
RTW	Recht - Technik - Wirtschaft (Schriftenreihe)
S.	Seite
s.	siehe
SächsVerfGH	Sächsischer Verfassungsgerichtshof
Slg.	Sammlung der Rechtsprechung des Europäischen Gerichtshofes
st. Rspr.	ständige Rechtsprechung
StrEinspG	Stromeinspeisungsgesetz v. 24.04.1998, Art. 3 Nr. 2 des NeuregelungsG, BGBl. I S. 730, 734 ff.
StromV	Stromvertrag
TKG	Telekommunikationsgesetz v. 25.07.1996, BGBl. I S. 1120

UCPTE	Union für die Koordinierung der Erzeugung und des Transports elektrischer Energie
UMTS	Universal Mobile Telecommunication/Telephone System
VDEW	Vereinigung Deutscher Elektrizitätswerke e.V.
VEAG	Vereinigte Energiewerke AG
VEnergR	Veröffentlichungen des Instituts für Energierecht an der Universität zu Köln
Verf.	Verfasser
Verswirt	Versorgungswirtschaft (Zeitschrift)
VerwArch	Verwaltungsarchiv (Zeitschrift)
VG	Verwaltungsgericht
Vgl.	vergleiche
VIK	Verband der Industriellen Energie- und Kraftwirtschaft e.V.
VKU	Verband kommunaler Unternehmen e.V.
VO	Verordnung
VV I	Verbändevereinbarung I über Kriterien zur Bestimmung von Durchleitungsentgelten für elektrische Energie v. 22. Mai 1998
VV II	Verbändevereinbarung II über Kriterien zur Bestimmung von Netznutzungsentgelten für elektrische Energie v. 13.12.1999
WiVerw	Wirtschaft und Verwaltung (Zeitschrift)
WM	Wertpapiermitteilungen (Zeitschrift)
WuW	Wirtschaft und Wettbewerb - Zeitschrift für deutsches und europäisches Wettbewerbsrecht
WuW/E	Wirtschaft und Wettbewerb, Entscheidungssammlung
ZfEW	Zeitschrift für Energiewirtschaft
ZfK	Zeitschrift für Kommunale Wirtschaft
ZfWR	Zeitschrift für Wasserrecht
ZHR	Zeitschrift für Handelsrecht
Ziff.	Ziffer
ZNER	Zeitschrift für Neues Energierecht

ZögU	Zeitschrift für öffentliche und gemeinwirtschaftliche Unternehmen
ZUR	Zeitschrift für Umweltrecht

Ergänzend wird verwiesen auf Kirchner, Hildebert: Abkürzungsverzeichnis der Rechtssprache, 4. Auflage, Berlin 1993.

1. TEIL: EINLEITUNG

A. Problemstellung und Gang der Untersuchung

Dem Wirtschaftssystem der Bundesrepublik liegt als Steuerungsmodell ein marktwirtschaftlich - wettbewerblicher Mechanismus zugrunde. Kennzeichnend für dieses System ist der grundsätzliche Verzicht auf staatliche Lenkung zugunsten einer wettbewerblichen Selbstregulierung.

Die leitungsgebundene Energiewirtschaft wich bis vor kurzem in signifikanter Weise von diesem Ordnungssystem ab. Das Energiewirtschaftsgesetz 1935 (EnWG a.F.) als das „Grundgesetz der leitungsgebundenen Energien“[1] war beherrscht von der Vorstellung, daß Monopolstellungen der Energieversorgungsunternehmen (EVU) die beste Gewähr für die Sicherung seiner energiepolitischen Zielvorstellungen von Sicherheit und Preisgünstigkeit der Energieversorgung sind. Dementsprechend sprach sich das Gesetz ausdrücklich gegen einen brancheninternen Wettbewerb aus[2]. Kartellrechtlich abgesichert war die durch Demarkations- und Konzessionsverträge[3] begründete Monopolwirtschaft durch die Freistellung der Energiewirtschaft von den §§ 1, 15 und 18 des Gesetzes gegen Wettbewerbsbeschränkungen (GWB) a.F. in den §§ 103, 103 a GWB a.F.

Externe Faktoren wie die Anforderungen der neuen Welthandelsordnung und europäische Vorgaben haben ebenso wie interne Faktoren, z.B. die Notlage öffentlicher Haushalte und die Erkenntnisse über die ökonomische Ineffizienz staatlicher Regiebetriebe, dazu geführt, daß klassische Bereiche staatlich organisierter Dienstleistungen in den letzten Jahren zunehmend unter Privatisierungsdruck geraten sind[4].

---

[1] So die Formulierung **Lechelers**, in: NVwZ 1995, 8.

[2] Die wettbewerbsfeindliche Ausrichtung des EnWG 1935 wird in der Präambel des EnWG 1935 ausdrücklich betont: „um ... volkswirtschaftlich schädliche Auswirkungen des Wettbewerbs zu verhindern, ...“.

[3] Zu den Begriffen „Demarkationsvertrag“ (§ 103 I Nr. 1 GWB a.F.) und „Konzessionsvertrag“ (§ 103 I Nr. 2 GWB a.F.) im einzelnen: **Tegethoff/Büdenbender/Klinger**, 13. EL 10/93, § 103 GWB Rdnr. 106 ff, 168 ff (S. II 74 ff, 101 ff).

[4] Vgl. **Oeter**, AöR 124 (1999), 343; Beispiele für diese Entwicklung sind die Bahnreform (Gesetz zur Änderung des Grundgesetzes v. 20.12.1993, BGBl. I, S. 2089 ff und Eisenbahnneuordnungsgesetz v. 27.12.1993, BGBl. I, S. 2378 ff; näher dazu: **Fromm**, DVBl. 1994, 187 (190 ff); **Eiermann**, NJW 1998, 1846 f) und die Postreform (Postreform I v. 08.06.1989, BGBl. I, 1026 ff; Postreform II v. 30.08.1994, BGBl. I, 2245; Postreform III (TKG) v. 25.07.1996, BGBl. I, 1120 ff; näher hierzu: **Gramlich**, NJW 1998, 866 ff).

Dieser Entwicklung konnte sich auch die Energiewirtschaft nicht entziehen. Zwar mußte dieser Sektor nicht erst in Privateigentum überführt werden, wurde aber in gleichem Maße von der mit der Privatisierungswelle einhergehenden Deregulierung erfaßt. Deregulierung verfolgt das Ziel, ineffiziente Normen und ordnungsrechtliche Vorschriften sowie Marktzutrittsbeschränkungen abzubauen und den Einfluß des Staates auf die Schaffung von Rahmenbedingungen für die marktwirtschaftliche Selbststeuerung zu beschränken[5].

Den grundlegenden Strukturwandel in der Energiewirtschaft vollzog der Gesetzgeber im Jahre 1998 mit dem Bekenntnis zur Einführung von Wettbewerb. Das Gesetz zur Neuregelung des Energiewirtschaftsrechts (NeuregelungsG) enthält in seinem Art. 1 eine Neufassung des EnWG 1935, in Art. 2 die Aufhebung der kartellrechtlichen Freistellungen für die Elektrizitäts- und Gaswirtschaft, in Art. 3 eine überarbeitete Fassung des Stromeinspeisungsgesetzes und eine Änderung des Gerätesicherheitsgesetzes und in seinen Art. 4 und 5 Übergangs- und Schlußbestimmungen.

Instrumente zur Einführung wettbewerblicher Strukturen nach dem EnWG 1998 sind der Direktleitungsbau und der Zugang zu den Versorgungsnetzen anderer Elektrizitätsversorgungsunternehmen (EltVU). Bereits in der amtlichen Begründung zum Regierungsentwurf des EnWG 1998 ist darauf hingewiesen worden, daß allein die Möglichkeit zum Bau von Direktleitungen zur Einführung von Wettbewerb nicht ausreichend ist[6]. Das Recht auf Mitbenutzung fremder Versorgungsnetze (§§ 5-8 EnWG) ist daher der zentrale Regelungsbereich des reformierten EnWG.

Dieser Anspruch auf Netzzugang bedarf sorgfältiger tatbestandlicher Ausformung, um zum einen die wettbewerblichen Vorteile derjenigen Elektrizitätsanbieter, die zugleich auf dem als natürliches Monopol[7] ausgestalteten vorgelagerten Markt für Elektrizitäts-

---

5 Im einzelnen herrscht Streit über den Inhalt der Begriffe „Privatisierung“ und „Deregulierung“. Ausführlich hierzu: **Möschel**, JZ 1988, 885, 886 ff; **Pfaffenberger/Salge**, in: Hake/Kraft/Kugeler/Pfaffenberger/Wagner (Hrsg.), S. 135 ff jeweils m.w.N.

6 Vgl. RegE, BT-Drs. 13/7274, S. 10, 25. Der Bau zusätzlicher Leitungen ist für die Versorgungsunternehmen aus wirtschaftlichen Gründen nur vertretbar, wenn eine geringe räumliche Entfernung verhältnismäßig niedrige Kosten erwarten läßt. Überdies stehen angesichts der Vielzahl von EltVU, die auf gleicher Spannungsstufe ein Netz betreiben, ausreichende Möglichkeiten zur Durchleitung zur Verfügung. Auch aus Gründen des Umweltschutzes ist die Errichtung zusätzlicher Übertragungskapazität grundsätzlich unerwünscht. Der Alternative des Direktleitungsbaus kommt aus diesen Gründen vornehmlich Bedeutung in der Stärkung der Verhandlungsposition des Durchleitungspetenten zu.

7 Als natürliche Monopole werden Effizienztatbestände und Situationen bezeichnet, in denen ein einziger Anbieter den Markt zu niedrigeren kostendeckenden Preisen beliefert als dies mehreren Unternehmen möglich wäre. Diese sog. Subadditivität der Kostenfunktion beruht in der Regel auf

übertragung tätig sind, zu kompensieren, zum anderen, um zu verhindern, daß der Netzbetrieb zur rein altruistischen Verpflichtung degeneriert. Diese Aufgabe hat der Gesetzgeber des EnWG 1998 in erster Linie der Rechtsanwendung überlassen.

Der **erste Teil** der vorliegenden Arbeit dient der Einleitung. Ausgangspunkt der Betrachtung sind die technisch - physikalischen Grundlagen der Elektrizitätsübertragung. Daran schließt sich eine Darstellung der Entwicklung des energierechtlichen Netzzuganges aus historischer Sicht an. Bliebe diese auf die nationale Entwicklung beschränkt, würde außer acht gelassen, daß der entscheidende Anstoß zur Energierechtsreform 1998 von der am 19.02.1997 in Kraft getretenen Elektrizitätsbinnenmarktrichtlinie (EltRL) ausging. Der erste Abschnitt endet mit der Prüfung, ob und inwieweit die in der Rechtsprechung unter der alten Rechtslage gewonnenen Erkenntnisse zur Durchleitung elektrischer Energie auch noch nach Änderung des gesetzlichen Ordnungsrahmens Geltung beanspruchen können.

Der **zweite Teil** der Arbeit ist dem Netzzugang im allgemeinen gewidmet. Neben grundsätzlichen Ausführungen zum Prozeß der Liberalisierung und Deregulierung und der grundrechtlichen Probleme auf nationaler und gemeinschaftsrechtlicher Ebene geht es vor allem um die sachliche Herleitung des Anspruchs auf Mitbenutzung fremder Infrastruktureinrichtungen. Dabei bietet es sich an, zunächst die herkömmliche Mißbrauchskontrolle von Geschäftsverweigerungen nach dem GWB und Art. 82 EG in ihren Grundzügen darzustellen und anschließend auf das Konzept der „essential facilities"-Doktrin einzugehen. Die Aufgabe dieses Kapitels ist die Suche nach systematischen Gemeinsamkeiten zwischen den Fällen der Geschäftsverweigerung und dem energierechtlichen Netzzugangsanspruch, die für die Auslegung des § 6 EnWG fruchtbar gemacht werden können. Auf Einzelheiten des kartellrechtlichen Netzzugangsanspruchs (§ 19 IV Nr. 4 GWB) wird nicht eingegangen.

Den Schwerpunkt der Untersuchung bilden die Teile 3 bis 6. In ihnen wird der Versuch unternommen, den durch Verwendung offener Rechtsbegriffe und unbestimmter Tatbestandsmerkmale gekennzeichneten, in besonderem Maße auslegungsbedürftigen Anspruch auf Zugang zu Elektrizitätsversorgungsnetzen nach § 6 I EnWG inhaltlich so zu konkretisieren, daß die gewonnenen normativen Sätze unmittelbar zur Lösung einzel-

---

Größen- und Verbundvorteilen, **König/Theobald**, S. 277, 280; **Weber**, S. 100 ff, vgl. auch: **Basedow**, JNpolÖ Bd. 16 (1997), S. 121 ff.

ner, in der bisherigen Diskussion besonders betonter Kontroversen herangezogen werden können.
Im Mittelpunkt des **dritten Teiles** der Ausführungen steht die dogmatische Ausgestaltung des verhandelten Netzzuganges durch § 6 EnWG. Nach § 6 I S.1 EnWG „haben Betreiber von Elektrizitätsversorgungsnetzen anderen Unternehmen das Versorgungsnetz für Durchleitungen zur Verfügung zu stellen". Als unmittelbarer Kontrahierungszwang gewährt die Vorschrift sowohl einen Anspruch auf den Abschluß eines entsprechenden Durchleitungsvertrages als auch einen direkten Anspruch auf Zugang zum Netz[8]. Bevor der Einfluß des Kontrahierungszwanges auf das Zustandekommen des Zielvertrages untersucht wird, werden die vertraglichen Grundlagen der Beziehungen zwischen Durchleitungspetenten, Netzbetreiber und Kunden beschrieben.

Hieran schließt sich im **vierten Teil** der Abhandlung eine Analyse der tatbestandlichen Voraussetzungen des Anspruchs auf Netzzugang aus § 6 I S.1 EnWG im einzelnen an. Neben der Bestimmung des Durchleitungsberechtigten und des Durchleitungsverpflichteten geht es vor allem um die spezielle Ausgestaltung des Diskriminierungsverbots in § 6 EnWG. Nach Satz 1 des § 6 I EnWG dürfen die Bedingungen des Netzzugangs für einen Dritten nicht ungünstiger sein, als sie vom Netzbetreiber in vergleichbaren Fällen innerhalb seines Unternehmens oder gegenüber verbundenen oder assoziierten Unternehmen tatsächlich oder kalkulatorisch in Rechnung gestellt werden. Besonderes Gewicht kommt der Ermittlung angemessener Durchleitungsentgelte zu. Die beteiligten Fachverbände haben sich mit der Billigung des Gesetzgebers[9] in einer freiwilligen Vereinbarung auf Kriterien zur Bestimmung von Netznutzungsentgelten für elektrische Energie (Verbändevereinbarung II) geeinigt. Die Darstellung beschränkt sich auf den wesentlichen Inhalt dieser Verbändevereinbarung. Den rechtlichen Bedenken gegen ihre Wirksamkeit soll nicht nachgegangen werden[10].

Der fünfte und der sechste Teil der Untersuchung setzen sich mit den Netzzugangsverweigerungsgründen auseinander. Sie sind als Einwendungen des bürgerlichen Rechts ausgestaltet. Die Darlegungs- und Beweislast obliegen dem Netzbetreiber.

---

8 S. unten Teil 3: A I.

9 Vgl. BT-Wirtschaftsausschuß, BT-Drs. 13/9211, S. 24.

10 Dazu: **A.R. Börner**, RdE 2000, 94 ff; **Klaue**, ZNER 1998, Heft 1, S. 22 ff; **Markert**, BB 2001, 105 ff.

Der **fünfte Teil** beschäftigt sich mit den Ablehnungsgründen des § 6 EnWG. Vertiefter Erörterung bedarf dabei zunächst die Ermittlung der Reichweite der Formulierung „unter Berücksichtigung der Ziele des § 1". Wie die Untersuchung im einzelnen zeigen wird, erschöpft sich dieser Verweis in der Pflicht zur Beachtung der Tatbestände, mit denen der Gesetzgeber selbst steuernd auf den Gewichtungsprozeß Einfluß genommen hat.
Bevor sich entsprechend der gesetzlichen Vorgabe die Darstellung auf die Verweigerung des Netzzugangs wegen Unmöglichkeit und wegen Unzumutbarkeit konzentriert, wird das insbesondere im offenen Rechtsbegriff „unzumutbar" enthaltene Gebot zur umfassenden Interessenabwägung näher beleuchtet.

Die außerhalb des § 6 EnWG angesiedelten Verweigerungsgründe sind Gegenstand des **sechsten Abschnitts**. Zuerst wird auf die Alleinabnehmerstellung nach § 7 EnWG eingegangen. Soweit die Genehmigung nach § 7 EnWG erteilt worden ist, sind Ansprüche auf Netzzugang nach eindeutiger gesetzlicher Aussage (§ 5 EnWG) ausgeschlossen. Zu überprüfen ist die in der Literatur zum Schutz des potentiellen Alleinabnehmers vertretene Position, nach der bereits die Antragstellung nach § 7 EnWG zu vergleichbaren Rechtsfolgen führen soll[11].
Im Anschluß hieran werden die Ablehnungsgründe des Art. 4 § 2 (Reziprozitätsklausel) und des Art. 4 § 3 (Braunkohleschutzklausel) NeuregelungsG betrachtet. Die Reziprozitätsklausel des Art. 4 § 2 Neuregelungsgesetz soll das Entstehen von Nachteilen verhindern, die sich daraus ergeben können, daß einzelne Mitgliedstaaten bei der wettbewerblichen Öffnung ihrer Elektrizitätsmärkte über die Mindestöffnungsvorgaben der Elektrizitätsbinnenmarktrichtlinie hinausgehen[12]. Elektrizitätsversorgungsunternehmen aus diesen Staaten wären dem Wettbewerb ausländischer Konkurrenten ausgesetzt, ohne wegen der möglicherweise niedrigeren Marktöffnung in deren Heimatstaaten in gleichem Umfang zur Belieferung dort ansässiger Abnehmer berechtigt zu sein. Die als „Braunkohleschutzklausel" bezeichnete Übergangsregelung des Art. 4 § 3 NeuregelungsG berechtigt zur Ablehnung des Netzzugangs, wenn eine „ausreichend hohe Verstromung von Braunkohle aus den neuen Ländern" nicht gesichert ist. Ihr Zweck besteht nach dem Willen des Gesetzgebers darin, den mit den Stromverträgen aus dem Jahre 1990 eingeleiteten Prozeß der Umstrukturierung und Modernisierung der auf

---

11 So insb.: **Bericht des AK Energiepolitik**, S. 21 ff; **Franke**, ET 1999, 273, 276.

12 Vgl. Gegenäußerung der B-reg, BT-Drs. 13/7274, S. 34 f.

Braunkohleverstromung basierenden ostdeutschen Stromwirtschaft nicht zu gefährden[13].

Im Zuge der 6. Novelle des GWB hat der Gesetzgeber im Jahre 1999 den allgemeinen Mißbrauchstatbestand des § 19 GWB um ein auf den Netzzugang bezogenes Regelbeispiel (§ 19 IV Nr. 4 GWB) erweitert. Ausweislich der Gesetzesmaterialien soll der neue Tatbestand der wachsenden volkswirtschaftlichen Bedeutung sog. Netzindustrien Rechnung tragen und dann eingreifen, wenn keine Spezialnormen vorliegen[14]. Im letzten Kapitel der Arbeit, dem **siebenten Teil**, wird das Verhältnis von energierechtlichem zu kartellrechtlichem Anspruch auf Mitbenutzung fremder Elektrizitätsversorgungsnetze dargestellt.
Verfahrensfragen des Anspruchs auf Netzzugang[15] einschließlich des Umfangs der energieaufsichtsrechtlichen Befugnisse nach § 18 EnWG[16] bleiben ausgeklammert.

---

[13] Vgl. Gegenäußerung der B-reg, BT-Drs. 13/7274, S. 35.

[14] Vgl. RegE zur GWB-Novelle, BT-Drs. 13/9720, S. 30, 36.

[15] Dazu: **Britz**, in: Ludwig/Odenthal, § 6 EnWG, Rdnr. 102 ff; **Ungemach/Weber**, RdE 1999, 11 ff; 131 ff. Speziell zu Fragen des einstweiligen Rechtsschutzes: **Giefers**, ET 1999, 481 ff.

[16] Umstritten ist vor allem, ob die Durchsetzung des Netzzugangsanspruches zu den Aufgaben der Energieaufsicht gehört, vgl. einerseits: **Kühne**, RdE 2000, 1; **Rutkowski**, in: Böwing u.a. (Hrsg.), EnWG 1998, § 18 Anm. 2 (S. 300); andererseits: **A.R. Börner**, Verswirt 1999, 77, 79; **Büdenbender**, Schwerpunkte, Rdnr. 559 ff. Auch zwischen den Energieaufsichtsbehörden der Länder besteht Uneinigkeit hinsichtlich der Reichweite des § 18, vgl. **Bericht des AK Energiepolitik**, S. 2 ff.

B. Der Rechtsbegriff „Stromdurchleitung"

Obwohl „Durchleitung" ein Schlüsselbegriff des EnWG ist und mit § 2 EnWG ein Tatbestand in das Gesetz aufgenommen worden ist, dessen Aufgabe in der Konkretisierung energierechtlich bedeutsamer Begriffe besteht, wird der Rechtsbegriff „Durchleitung elektrischer Energie" im Unterschied zum alten Rechtszustand gesetzlich nicht näher erläutert. § 103 V S. 2 Nr. 4 GWB a.F. definierte „Durchleitung" als:

> „Verträge über die Einspeisung von Energie in sein Versorgungsnetz und eine damit verbundene Entnahme zu angemessenen Bedingungen (Durchleitung)"[17].

Dieses energierechtliche Begriffsverständnis unterscheidet sich von herkömmlichen, vor allem auf den Warenverkehr bezogenen Durchleitungsvorgängen in erster Linie dadurch, daß wegen der physikalischen Gesetzmäßigkeiten elektrischer Energie gerade nicht die eingespeiste Elektrizität dem Netz entnommen wird, sondern nur eine ihr entsprechende Menge und die Entnahme selbst dann erfolgen kann, wenn der Einspeisende weniger elektrische Energie zur Verfügung gestellt hat, als der Abnehmer später tatsächlich benötigt[18]. Bei Stromdurchleitungen muß somit eher von Einspeisungen mit Zweckbindung gesprochen werden[19].

„Durchleitung" im Sinne von § 6 I S.1 EnWG erfaßt sowohl die wettbewerbsbegründende Durchleitung als auch den Stromtransit[20], kann also als Oberbegriff für jede kommerzielle Transaktion im Zusammenhang mit der Netzbenutzung bezeichnet werden[21].

---

[17] Vgl. auch die Definition des Begriffs „Durchleitung" im Vorwort der VV I: „Einspeisungen von elektrischer Energie (Leistung und Arbeit), gleich welcher Herkunft, in definierte Einspeisepunkte des Netzsystems und die damit verbundene zeitgleiche Entnahme der eingespeisten elektrischen Energie an räumlich davon entfernt liegenden Entnahmepunkten der Netzsysteme (Durchleitung)".

[18] Vgl. **Büdenbender**, Energierecht, Rdnr. 643; **Klätte**, ET 1988, 412 ff; **Zinow**, S. 27.

[19] Vgl. **Büdenbender**, Energierecht, Rdnr. 644.

[20] Der Stromtransit ist dadurch gekennzeichnet, daß das Lieferunternehmen sich des Netzes eines Dritten bedient, ohne in dessen Gebiet selbst zu versorgen. Der reine Stromtransit berührt die geschlossenen Versorgungsgebiete nicht und ist deshalb bereits unter Geltung des alten Rechts vorbehaltlich allgemeiner Grenzen uneingeschränkt zulässig.

[21] Vgl. **Büdenbender**, Schwerpunkte, Rdnr. 161; **Kellerhoff/Rinze**, RIW 1999, 738, 742 f.

C. Die Übertragung elektrischer Energie aus technischer und physikalischer Sicht

Der Übertragung elektrischer Energie liegt kein Transportvorgang im herkömmlichen Sinne zugrunde. Der elektrischen Energie fehlt die Sacheigenschaft im physikalischen Sinn[22]. Sie ist kein transportabler Gegenstand, sondern die Fähigkeit, elektrische Arbeit zu verrichten[23].

Diese Fähigkeit beruht auf der Bewegung der Elektronen. Wegen der abstoßenden Kräfte der Elektronen hat jedes nicht gebundene Elektron das Bestreben, sich möglichst weit von allen anderen Elektronen zu entfernen[24]. Nicht gebundene Elektronen existieren, weil in metallischen, elektrischen Leitern ein Teil der Elektronen nur ganz locker an den Atomkern gebunden ist[25]. Schon bei Zimmertemperatur ist für viele Metalle die Wärmeenergie groß genug, um die Bindung dieser Elektronen (z.B. 10^{23} Elektronen pro cm^3 im Kupferatom) an den Atomkern zu lösen, so daß sie als freie Ladungsträger zur Verfügung stehen.

Tritt zwischen zwei Polen eines elektrischen Leiters ein von einer Spannungsquelle erzeugter Ladungsunterschied (Potential) auf, entsteht zwischen den Polen eine Spannung[26]. Der Ladungsunterschied besteht darin, daß an einem Ort ein Überschuß positiver elektrischer Ladung (Pluspol), an einem anderen Ort hingegen ein Mangel an positiver elektrischer Ladung (Minuspol) auftritt. Die Spannung wird in der Maßeinheit Volt (V) angegeben. Wegen der abstoßenden Wirkung gleich geladener Teilchen führt dieser Ladungsunterschied zu einem Ausdehnungsprozeß, in dessen Folge sich die frei beweglichen Elektronen über eine äußere leitfähige Verbindung vom Minus- zum Pluspol bewegen[27]. Diese gerichtete Bewegung von Ladungsträgern bezeichnet man als elektrischen Strom[28]. Die Elektronenströmung, die Stromstärke, wird in Ampere ange-

---

22 Vgl. **Ebel**, S. 2. Auch im rechtlichen Sinn ist „Elektrizität" keine Sache im Sinne des § 90 BGB, statt vieler: **Palandt-Heinrichs**, § 90 Rdnr. 2. Die Möglichkeit schuldrechtlicher Verträge über die Lieferung von Elektrizität wird aber uneingeschränkt bejaht, vgl. RGZ 86, 12 f; **Staudinger/Dilcher**, § 90 Rdnr. 11.

23 **Kilian/Weber**, Stichwort: Energie.

24 Vgl. **Börner**, S. 22; **Purcell**, S. 1.

25 Vgl. **Henke/Steffen**, in: Böge (Hrsg.), S. 253.

26 Vgl. **Börner**, S. 25.

27 Vgl. **Claussnitzer**, S. 20 ff.

28 Vgl. **Henke/Steffen**, in: Böge (Hrsg.), S. 253; **Müller**, in: Moeller/Frohne/Löcherer/Müller, S. 12.

geben. Sie ist um so größer, je höher das Potential zwischen den zwei Polen ist[29]. Nach dem Ohmschen Gesetz ist in metallischen Leitern unter bestimmten Randbedingungen die Stromstärke proportional zur wirksamen Spannung[30].
Die Verteilung der Ladungsträger erfolgt durch zahlreiche Zusammenstöße der Elektronen mit anderen Elektronen. Der Bewegungsimpuls der Elektronen im Leiter pflanzt sich mit Lichtgeschwindigkeit fort, die Elektronen selbst bewegen sich jedoch nur mit Geschwindigkeiten von ca. 1mm/s[31]. Dabei überträgt das angestoßene Elektron seine Bewegungsenergie auf andere Elektronen. In dieser durch die Elektronenschwingung hervorgerufenen, gerichteten Bewegung der Elektronen steckt hingegen keine nutzbare Energie. Die Energie fließt nicht mit den Elektronen durch den Leiter, sondern der Energietransport findet in den elektromagnetischen Feldern außerhalb des Leiters statt, vorzüglich zwischen den Leitern und parallel zu ihnen[32]. Sobald Strom durch den Leiter fließt, entsteht ein magnetisches Feld. Mit der wirksamen Spannung ist ein elektrisches Feld verknüpft. In dem Leiter selbst findet nur ein sehr geringer Energietransport statt, nämlich insoweit, als er zur Deckung der Transportverluste notwendig ist.
Während sich diese modellhafte Skizze an einem Gleichstromkreislauf orientiert, kommt in der Praxis unter anderem wegen der einfacheren Möglichkeit zur Transformation Wechselstrom zum Einsatz[33]. Er wird dadurch erzeugt, daß sich der Plus- und Minuspol eines ruhenden Leiters in einem zeitlich veränderlichen Magnetfeld aufgrund der Induktionswirkung[34] periodisch ändern[35]. Die Elektronen bewegen sich also nicht mehr nur in eine Richtung, sondern sie schwingen ständig um einen festen Mittelpunkt hin und her[36]. Für eine vollständige Schwingung in einer Sekunde gilt die Maßeinheit 1 Hertz (1 Hz). In der öffentlichen Stromversorgung wird mit einer Frequenz von 50 Hz gearbeitet. Die tatsächlich in Anspruch genommene Leistung, also die in einer be-

---

29 Vgl. **Claussnitzer**, S. 24; **Müller**, in: Moeller/Frohne/Löcherer/Müller, S. 14.

30 Vgl. **Kunsemüller**, Stichwort: Ohmsches Gesetz.

31 Vgl. **Börner**, S. 26; **Claussnitzer**, S. 22.

32 **Rückl**, etz 1996, 28 ff.

33 Vgl. **Börner**, S. 27; **Claussnitzer**, S. 123.

34 „Induktion" ist die Erzeugung von elektrischen Feldern durch zeitlich veränderliche Magnetfelder, **Kilian/Weber**, Stichwort: Induktion - elektromagnetische.

35 Vgl. **Claussnitzer**, S. 123 f.

36 Vgl. **Börner**, S. 26 f.

stimmten Zeit umgewandelte elektrische Energie, bezeichnet man als Last[37]. Sie ist als physikalische Größe ein Momentanwert. In der Elektrizitätswirtschaft werden für die Leistung meist Mittelwerte für definierte Zeitspannen (z.B. ¼ h oder 1 h) verwendet.

Da nach dem Ohmschen Gesetz der Verlust um so größer ist, je höher der Widerstand der Leitung ist und je größer die Stromstärke ist, ist man bestrebt, beide Größen so klein wie möglich zu halten. Hinsichtlich der Verringerung des Widerstandes stößt man schnell auf Grenzen[38]. Die Stromstärke hingegen kann durch Transformation stark verkleinert werden. Deshalb wird die Stromlieferung eines Generators von in der Regel 21000 V zunächst von einem Hochspannungstransformator auf einen Strom von 1 A bei 220 000 V umgewandelt, bevor die Spannung beim Verbraucher dann wieder auf 1000 A bei 220 V heruntertransformiert wird[39].
Die übertragene Energie wird beim Endverbraucher in thermische, mechanische oder in eine andere Energieform umgewandelt. Weil elektrische Energie praktisch nicht speicherbar ist[40], kann die Verringerung elektrischer Energie nicht durch den Rückgriff auf einen gespeicherten Vorrat ausgeglichen werden. Statt dessen erfolgt unmittelbar eine Rückwirkung auf den Generator, der durch das erhöhte Widerstandsmoment gebremst wird. Die von seiner Umdrehungszahl abhängige Netzfrequenz geht zurück. Um einen Zusammenbruch der Stromversorgung zu verhindern, muß sofort nach einem Frequenzrückgang die Antriebsleistung des Generators erhöht werden[41]. Die für den Versorger nur in sehr eingeschränktem Maße steuerbare Stromentnahme durch den Verbraucher führt dazu, daß der Erzeuger im Interesse der Versorgungssicherheit mindestens[42] stets eine so große Produktionskapazität vorhalten muß, wie maximal an Verbrauch zu erwarten ist.

---

37 Vgl. **L. Müller**, S. 89.

38 Theoretisch ließe sich der Widerstand durch die Wahl von Leitungen mit einem größeren Durchmesser verringern. Der dadurch eintretenden Gewichtszunahme der Übertragungsleitung sind jedoch vor allem aus finanzieller und baulicher Sicht Grenzen gesetzt.

39 Vgl. **Hering/Vogt/Bressler**, S. 32.

40 Vgl. **L. Müller**, S. 25.

41 Vgl. **Klätte**, ET 1988, 412, 414. Das EVU ist aber nicht nur verpflichtet einen Netzzusammenbruch zu vermeiden, sondern, da die Verbrauchsgeräte der Abnehmer von einer gleichmäßigen Spannung und Frequenz abhängig sind, bereits zur Aufrechterhaltung einer gleichmäßigen Spannung und Frequenz verpflichtet, **Börner**, S. 33.

42 Darüber hinaus muß der Erzeuger damit rechnen, daß eines seiner Kraftwerke ausfällt ((n-1) - Kriterium) und entsprechende Reserve bereithalten.

Um die in den Kraftwerken aus den Primärenergieträgern gewonnene elektrische Energie zu den Verbrauchern zu transportieren, ist ein spezielles Übertragungs- und Verteilungssystem (Versorgungsnetz) erforderlich. Je nach verwendeter Nennspannung läßt sich das nationale Leitungssystem in 4 Stufen aufteilen. Auf der obersten Stufe, dem Höchstspannungsbereich, wird der Strom mit einer Spannung von 380 und 220 kV übertragen. Im Hochspannungsnetz besteht eine Spannung zwischen 60 und 110 kV, während im Mittelspannungsbereich mit Spannungen zwischen 3 und 30 kV gearbeitet wird. Auf der untersten Stufe, dem Bereich der Niederspannung, treten nur noch Spannungsgrößen von 220 bis 400 V auf[43]. Eigentümer der gesamten nationalen Netze sind die ca. eintausend deutschen EVU[44]. Die verschiedenen Teilnetze einer Spannungsebene sind nie direkt, sondern nur über die jeweils höhere Spannungsebene und die dazugehörigen Umspannwerke miteinander verbunden[45].
Die innereuropäische Stromübertragung wird durch das UCPTE - Netz gewährleistet. In dieser Organisation sind Verbundunternehmen zusammengeschlossen, deren Netze den größten Teil der Länder West-, Mittel- und Südeuropas erreichen. Ihre Aufgabe besteht in der Koordinierung grenzüberschreitenden Handels mit Elektrizität und der Sicherung der Betriebssicherheit dieses transeuropäischen Netzes[46].
Die maximale Übertragungskapazität eines Versorgungsnetzes kann mittels einer technischen Leistungsberechnungsformel errechnet werden[47]. Praktisch wird die technisch maximale Übertragungskapazität aber nicht ausgenutzt, weil mit höherer Netzauslastung die Leitungsverluste steigen und ab einem bestimmten Punkt die Verluste zur Unrentabilität der Elektrizitätslieferungen führen. Letztendlich ist also die Entschei-

---

43 Vgl. **Börner**, S. 54 ff.

44 Vgl. **Börner**, S. 55. Die öffentliche Elektrizitätsversorgung ist in Deutschland durch eine grundsätzliche Gliederung in drei Typen von Unternehmen gekennzeichnet. Die Verbundunternehmen betreiben Großkraftwerke und verfügen über eigene Leitungsnetze unterschiedlicher Spannung für den überregionalen und den regionalen Stromtransport. Regionalunternehmen betreiben Verteilungsnetze über die sie den zu 80 % von den Verbundunternehmen und zu ca. 20 % selbst erzeugten Strom an lokale Versorgungsunternehmen und an Letztverbraucher abgeben. Lokale Versorgungsunternehmen sind als reine Weiterverteiler in der Regel auf ein bestimmtes Gemeindegebiet beschränkt und übernehmen die Versorgung mit Elektrizität und dessen Verteilung „bis zur letzten Lampe".

45 Vgl. **Zander/Riedel/Held/Ritzau/Tomerius**, S. 27. Als Netz bezeichnet man die Gesamtheit der untereinander verbundenen Anlagenteile gleicher Nennspannung. Dazu zählen neben den Leitungen auch die sonstigen Anlagen, wie z.B. Umspann- und Schaltanlagen.

46 Vertiefend zu den Aufgaben der UCPTE: **Klätte**, ET 1988, 412, 416; **Schweitzer**, S. 92 ff.

47 Hierzu: Happoldt/Oeding, Elektrische Kraftwerke, S. 211 ff.

dung, mit welcher Leistung die Leitungen ausgelastet werden, eine betriebswirtschaftliche.

Soll das Netz für Durchleitungen benutzt werden, so bedarf es nur in seltenen Fällen tatsächlich zusätzlicher Kapazität. Grundsätzlich ist der Lieferantenwechsel von Abnehmern kapazitätsneutral, da der Mehrbedarf von der durch die Einstellung der bisherigen Lieferung frei werdenden Kapazität aufgenommen werden kann. Echter Kapazitätsmehrbedarf aufgrund steigender Stromnachfrage ist nach den derzeitigen Prognosen nicht zu erwarten[48]. Selbst wenn im Vergleich zur aktuellen Auslastung des Netzes tatsächlich zusätzlicher Bedarf durch Versorgung neuer Abnehmer oder erhöhter Bedarf der bisherigen Abnehmer zu befriedigen ist, wird diesem Interesse bereits durch das bauplanungsrechtliche Instrumentarium der §§ 29 ff BauGB Rechnung getragen[49]. Engpässe können allenfalls auf Lastflußänderungen berufen[50]. Insbesondere aber das Verteilungsnetz ist dadurch charakterisiert, daß die Lastflüsse in weitestgehend konstanter Richtung von den Einspeisepunkten aus dem Übertragungsnetz zu den Verbrauchern fließen und sie deshalb nicht davon beeinflußt werden, ob der Abnehmer direkt vom Gebietsversorger oder über einen Durchleitungsvertrag von einem dritten Lieferanten versorgt wird. Außerdem sind aus Gründen der Versorgungssicherheit die meisten dieser Netze so konfiguriert, daß der gesamte Bedarf der hieran angeschlossenen Abnehmer notfalls durch Fremdbezug gedeckt werden kann. Im Übertragungsnetz sind Lastflußänderungen deshalb schwer vorstellbar, weil auch bislang die periodische Abschaltung einzelner Großkraftwerke zu Revisionszwecken störungsfrei gesteuert wer-

---

48 Nach den Prognosen der Prognos AG wird bis zum Jahre 2010 ein Sinken des Energieverbrauchs der Haushalte erwartet. Der Verbrauch für den Verkehrssektor und im Kleinverbrauchsbereich soll hingegen steigen, der der Industrie nahezu unverändert bleiben. Ab 2010 soll eine allgemeine Stagnation einsetzen, **Prognos AG** (Hrsg.), S. 336. Auch die Europäische Kommission rechnet nur mit einem sehr geringen Anstieg der Stromnachfrage. Sie stützt sich auf eine Prognose der IEA, derzufolge ein jährlicher Anstieg des Stromverbrauches von 1 % bis zum Jahr 2010 und von 2010 bis 2020 von nur noch 0,7 % erwartet wird, Entscheidung der Kommission VEBA/VIAG v. 13.06.2000, Nr. COMP/M. 1673-VEBA/VIAG.

49 §§ 29 ff BauGB sichern neben dem Interesse an einer geordneten städtebaulichen Entwicklung auch das Interesse der Nutzer an einer uneingeschränkten Verwendbarkeit der baulichen Anlagen, vgl. **Löhr**, in: Battis/Krautzberger/Löhr, § 30 Rdnr. 14). Nicht nur die Errichtung baulicher Anlagen, sondern auch deren Änderung (vgl. § 29 I BauGB) sind nur bei gesicherter Erschließung zulässig (§§ 30 I, II, 33 I Nr. 4, 34 I 1, 35 I BauGB). Nach h.M. (vgl. **Löhr**, in: Battis/Krautzberger/Löhr, § 30 Rdnr. 16; **Schmaltz**, in: Schrödter, § 30 Rdnr. 19) umfaßt die gesicherte Erschließung auch den Anschluß des Bauvorhabens an das Elektrizitätsversorgungsnetz.

50 So auch: **Büdenbender**, WuW 2000, 119, 122.

den konnte[51] und aufgrund der physikalischen Gesetzmäßigkeit des „Stromtransports" die vertragliche Kapazität deutlich über der physischen Kapazität des Versorgungsnetzes liegen kann[52].

Isolierte Netze (Inselnetze) haben den Nachteil, daß der Ausfall einer Betriebseinheit nur von einer kleinen Ersatzkapazität abgefangen werden kann. Um eine Störung innerhalb des Netzes zu verhindern, weisen die Leitungsnetze in der Praxis die Besonderheit auf, daß sie nicht als Inselnetze betrieben werden, sondern untereinander stark vermascht sind[53]. Diese Zusammenschaltung führt zu hohen Synergieeffekten. Belastungsschwankungen können besser ausgeglichen werden, Produktionskapazitäten können zusammengefaßt werden und insgesamt kann der Einsatz der Kraftwerke betriebswirtschaftlich sinnvoller gestaltet werden[54]. Im Höchstspannungsbereich der öffentlichen Elektrizitätsversorgung existiert sogar nur ein Netz, das deutsche Verbundnetz, an dem alle deutschen Höchstspannungsnetzbetreiber beteiligt sind[55]. Dieses Netz wiederum ist an das Höchstspannungsnetz elf weiterer europäischer Staaten angebunden, welche zusammen das westeuropäische Verbundnetz bilden. Mittelspannungsnetze werden in der Regel mit zweiseitiger Einspeisung aufgebaut und im Stich betrieben[56]. Nachteilig wirkt sich die Vermaschung hingegen für die Lastflußsteuerung aus. Der Lastfluß kann nicht mehr so gesteuert werden, daß er auf der Strecke vom Erzeuger zu einem Verbraucher ausschließlich der Leistung eines Erzeugers zugerechnet werden kann[57]. Stets geht nach den Kirchhoffschen Gesetzen ein Teil des vom Einspeiser ver-

---

51 Die geringe aktuelle Bedeutung der Kapazitätsfrage für die Ablehnung der Durchleitung zeigt sich auch in der kleinen Zahl der veröffentlichten Netzengpässe, Darstellung unter http://www.dvg-heidelberg.de, Rubrik: Strommarkt - Netzengpässe.

52 **Europäische Kommission**, Zweiter Bericht an den Rat und das Europäische Parlament, Anhang: Definitionen, S. 45, Stichwort: Aufrechnung: „Wenn über eine Stromleitung von A nach B ein Liefervertrag geschlossen wird, um z.B. 100 MW in Richtung A zu transportieren, und gleichzeitig ein zweiter Vertrag abgeschlossen wird, um z.B. 80 MW in Richtung B zu transportieren, dann müssen physikalisch nur 20 MW in Richtung A transportiert werden. Somit können entgegengerichtete vertragliche Flüsse überlagert und saldiert werden".

53 Vermaschte Netze. sind solche Netze, bei denen mehrere Erzeuger und Verbraucher über mehrere Leitungen untereinander verbunden sind, vgl. **Klätte**, ET 1988, 412, 414.

54 Vgl. **Happoldt/Oeding**, Elektrische Kraftwerke, S. 5; **L. Müller**, S. 34 ff; **Zinow**, S. 26.

55 Vgl. **Börner**, S. 55.

56 Vgl. **Banschbach**, EW 1999, Heft 23, S. 25, 26.

57 **Börner**, S. 40 ff; **Klätte**, ET 1988, 412, 414.

ursachten Lastflusses in andere Teile des Netzes. Die praktischen Auswirkungen zeigen sich insbesondere beim Netzzugang mittels Durchleitung. Eine über die kontrahierte Menge hinausgehende Entnahme elektrischer Energie durch den Abnehmer wird in der Regel nicht von Erzeugungsanlagen seines Lieferanten ausgeglichen, sondern von dritten Elektrizitätsversorgern, obwohl der Abnehmer mit diesen Erzeugern keinen Versorgungsvertrag geschlossen hat.

Ein weiterer Nachteil vermaschter Netze besteht in der im Vergleich zu einfachen Leitungen verringerten Übertragungskapazität. Entgegen der naheliegenden Vorstellung, daß eine Verbindung von zwei einzelnen Leitungen durch Parallelschaltung, die einfachste Form eines vermaschten Netzes, zur Verdopplung der Übertragungskapazität führt, entspricht die Übertragungskapazität des vermaschten Netzes nicht zwangsläufig der Summe der Übertragungsfähigkeit seiner einzelnen Abschnitte. Nach den Kirchhoffschen Gesetzen verteilt sich der Strom zum Beispiel bei der Parallelschaltung zweier gleichartiger Leitungen, von denen die eine halb so lang ist wie die andere, derart, daß 2/3 auf die kürzere und 1/3 auf die längere Leitung entfällt. Bei Parallelschaltung unterschiedlich langer Leitungen bzw. von Leitungen mit unterschiedlichem Leitungswiderstand ist also die Gesamtübertragungskapazität stets kleiner als die Summe der maximalen Übertragungskapazitäten der einzelnen Leitungen[58].

D. Zur Entstehungsgeschichte des Anspruchs auf Durchleitung nach § 6 I EnWG

I. Vom EnWG 1935 zum EnWG 1998

Weder in den Beratungen zum Erlaß des EnWG 1935 noch in der rechtswissenschaftlichen Diskussion der folgenden Jahre befaßte man sich mit der Frage der Durchleitung elektrischer Energie. Noch im Jahre 1958 bekräftigte der Gesetzgeber des GWB die Absage an spartengleichen Wettbewerb in der Energiewirtschaft durch die Aufnahme der Bereichsausnahmen des § 103 a GWB a.F.

Die Forderung nach Zugang zu fremden Versorgungsnetzen wurde erstmals in den 60 - er Jahren erhoben und ist von den Betreibern industrieller Eigenerzeugungsanlagen, die naturgemäß ein starkes Interesse an der bestmöglichen Verwertung der in ihren Anla-

---

58 Vgl. **Börner**, S. 47; **Klätte**, ET 1988, 412, 414 f. Allerdings reduzieren sich die Übertragungsverlust merklich.

gen erzeugten Überschußenergie haben, ausgegangen[59]. Dieser Vorstoß fand keine nennenswerte politische Unterstützung[60].

In den Mittelpunkt des Interesses rückte die Problematik erst wieder, als sich *Emmerich* im Rahmen der Vorarbeiten zur vierten Kartellrechtsnovelle 1980 in seinem Gutachten „Ist der kartellrechtliche Ausnahmebereich für die leitungsgebundene Versorgungswirtschaft wettbewerbspolitisch gerechtfertigt?“ für die Aufhebung der kartellrechtlichen Freistellung von Demarkations- und Konzessionsverträgen aussprach[61]. Der überwiegende Teil des Schrifttums hingegen trat unter Betonung der Besonderheiten der leitungsgebundenen Energieversorgung (Leitungsgebundenheit, fehlende Speicherbarkeit, Kapitalintensität und allgemeine Anschluß- und Versorgungspflicht) für die Beibehaltung monopolistischer Strukturen ein[62].
Der Gesetzgeber ist dem restriktiven Kurs der herrschenden Meinung gefolgt. Er hat mit der 4. Kartellrechtsnovelle den Mißbrauchstatbestand, der bisher in § 104 GWB a.F. angesiedelt war, durch einen neuen Absatz 5 des § 103 GWB a.F. konkretisiert. Um aber das Herausbrechen einzelner Großabnehmer auszuschließen, ist in einem ergänzenden dritten Satz zu § 103 V S.2 Nr. 4 GWB a.F. ausdrücklich darauf hingewiesen worden, daß die Verweigerung der Durchleitung in der Regel nicht unbillig ist, wenn die Durchleitung die Versorgung eines Dritten im Gebiet des durchleitenden EVU bezweckt[63].

Obwohl mit der 5. Kartellrechtsnovelle 1989 dieser bisherige Satz 3 des § 103 V S.2 Nr. 4 GWB a.F. ersatzlos gestrichen worden ist, war mit der Änderung eine materielle Neuausrichtung in der Sache nicht verbunden:

> „Auch nach der Gesetzesänderung werden in der weitaus überwiegenden Zahl der Fälle die Interessen des Leitungsinhabers im Ergebnis den Vorrang genießen. Wenn im Ausnahmefall die Durchleitung an Dritte bei Berück-

---

[59] Vgl. **Fischerhof**, S. 7 ff.

[60] S. die „Antwort der Bundesregierung auf die Große Anfrage zur Stromversorgung“, in: BT-Drs. 5/3978, S. 1; Kurzfassung abgedruckt in: ET 1969, 130 ff.

[61] **Emmerich**, VIK - Mitt. 1978, 109 ff; andere Befürworter: **Gröner**, S. 344 ff.

[62] Vgl. **Büdenbender**, ET 1978, 735 ff; **Hermann**, RdE 1979, 2 ff; **Klätte** ET 1979, 131 ff. Eine synoptische Zusammenstellung des Diskussionsstandpunkte im Vorfeld der 4. Kartellrechtsnovelle findet sich in den VIK - Mitt. 1978, S. 113 ff.

[63] Vgl. BT-Wirtschaftsausschuß, BT-Drs. 8/3690, S. 34.

sichtigung aller versorgungswirtschaftlichen Aspekte die energiewirtschaftlich rationellste Lösung ist, soll sie jedoch in Zukunft nicht mehr von vornherein ausgeschlossen sein"[64].

Der nach der 5. Kartellrechtsnovelle von 1989 bestehende Zustand war dadurch gekennzeichnet, daß die Argumente pro und contra einer allgemeinen Durchleitungsregelung ausgetauscht waren und die Diskussion in eine Sackgasse geraten war. Bewegung in den Diskussionsprozeß kam erst wieder durch das energiepolitische Programm der Bundesregierung aus dem Jahre 1991[65]. Angestoßen wurde dieses Programm durch den unabweisbaren Reformdruck aus Brüssel, ferner die Erkenntnis, daß die nationale Kohlepolitik in eine Sackgasse geraten war und nicht zuletzt durch die deutlich ins Bewußtsein der Öffentlichkeit getretenen, auf der stromwirtschaftlichen Regulierung beruhenden vielfältigen Fehlentwicklungen[66]. Sie betrafen vor allem die wirtschaftliche Rationalität des bisherigen Ordnungsrahmens. Zu hohe Energiepreise, die zudem zwischen verschiedenen Kundengruppen in nicht nachvollziehbarer Weise differenzierten, und Gewinne, die zu hohen finanziellen Reserven der Versorgungsunternehmen geführt haben, waren Indizien für die durch fehlenden Wettbewerbsdruck verursachten Ineffizienzen[67]. Neben Wirtschaftlichkeitsüberlegungen waren es auch umweltpolitische Forderungen, die zu einem Systemwechsel zwangen. In das Bewußtsein der Öffentlichkeit rückte zunehmend die Erkenntnis, daß die umweltpolitisch erwünschte und wirtschaftlich rationelle Ausnutzung von Eigenerzeugungspotentialen der Industrie und anderer dezentraler Stromerzeuger durch die monopolistische Struktur eher behindert wird und Einsparpotentiale bei den Verbrauchern eher verhindert als gefördert würden[68].

In konsequenter Umsetzung der Vorgaben dieses Programms legte das Bundeswirtschaftsministerium am 15.02.1994 einen Referentenentwurf zur Neuregelung des

64 RegE, 5. GWB-Novelle, BT-Drs. 11/4610, S. 31.

65 Abgedruckt in: BT-Drs. 12/1799.

66 Vgl. dazu: **Donges**, VIK-Mitt. 1991, 141 ff.

67 Vgl. **Hermes**, S. 2; **Freyend**, in: RTW 47, S. 15 ff. Die europäische Wirtschaft zahlte bis zu 40 % höhere Energiepreise als ihre amerikanische Konkurrenz, vgl. **Schwintowski**, ZNER 2000, Heft 2, 93.

68 Vgl. **Hermes**, S. 2.

EnWG vor[69]. Seine Eckpunkte bestanden in der Erweiterung des Zielkataloges um den Bereich des Umweltschutzes, in der Reduzierung staatlicher Aufsicht und der Einführung wettbewerblicher Strukturen in der Energiewirtschaft. Zur Durchsetzung der letztgenannten Forderung sollten neben der Änderung des Kartellgesetzes im Hinblick auf die Abschaffung der Freistellung vom Kartellverbot für Demarkations- und ausschließliche Konzessionsverträge auch das Recht zur Benutzung fremder Elektrizitätsversorgungsleitungen im GWB verankert werden[70].

Der im Herbst 1996 verabschiedete Gesetzentwurf der Bundesregierung zur Reform des Energiewirtschaftsrechts[71] entsprach in seinen wesentlichen Punkten diesen Vorschlägen des Referentenentwurfs. Insbesondere blieb es dabei, daß Durchleitungsbegehren allein auf der Grundlage des Kartellrechts durchgesetzt werden sollten. Der Bundesrat hat am 19.12.1996 gem. Art. 76 II GG zum Entwurf Stellung bezogen. Seine Änderungsvorschläge befaßten sich vor allem mit der Forderung nach eindeutiger gesetzlicher Regelung des Netzzugangsanspruchs und der Sicherung kommunaler Interessen[72]. In ihrer Gegenäußerung vom 18.03.1997 beharrte die Bundesregierung auf ihren Ansichten[73].

Letztendlich ist nach einer Empfehlung des federführenden Ausschusses für Wirtschaft des Deutschen Bundestages[74] der Energierechtsentwurf doch um den Netzzugang betreffende Vorschriften ergänzt worden. Ursprünglich als §§ 3 a - f bezeichnet, haben sie im Interesse der Übersichtlichkeit und besseren Strukturiertheit nach erneuter Zählung als §§ 4 - 9 EnWG Eingang in das Gesetz gefunden. Mit ihnen ist ein Kompromiß gefunden worden, der insbesondere die vom Bundesrat und den Kommunen bemängelten Defizite des Regierungsentwurfes ausgleichen sollte:

> „Über die in den Änderungsanträgen enthaltenen Regelungen wird nach den Vorstellungen der Koalitionsfraktionen eine Reihe von Verbesserungen zugunsten von Kommunen und Stadtwerken erreicht. Weiterhin wird das sogenannte Alleinkäufermodell für Strom auf der Ortsstufe mit Überprüfung der Wettbewerbswirkungen im Jahr 2003 zugelassen. Anlagen auf der Basis

[69] Dieser Entwurf ist abgedruckt bei: **Hoffmann-Riem/Schneider** (Hrsg.), S. 275 ff.

[70] Zu den Einzelheiten dieses Entwurfes: **Cronenberg**, in: Hoffmann-Riem/Schneider (Hrsg.), S. 127 ff.

[71] Gesetzentwurf der B-reg, BT-Drs. 13/7274, S. 1 ff.

[72] Vgl. Stellungnahme des BR, BT-Drs. 13/7274, S. 27 ff.

[73] Vgl. Gegenäußerung der B-reg, BT-Drs. 13/7274, S. 30 ff.

[74] Vgl. Bericht des BT-Wirtschaftsausschusses (sog. Uldall-Bericht), BT-Drs. 13/9211.

> der Kraft - Wärme - Kopplung und erneuerbarer Energien werden durch eine besondere Abwägungsklausel geschützt. Eine besondere Abwägungsklausel wird auch zugunsten der ostdeutschen Braunkohle vorgesehen“[75].

Allerdings ist die Einführung der §§ 4 - 9 EnWG auch vor dem Hintergrund der zwischenzeitlich in Kraft getretenen Elektrizitätsbinnenmarktrichtlinie zu sehen:

> „Bei Strom sind - auch zur vollständigen Umsetzung der Elektrizitätsbinnenmarkt - Richtlinie - die Vorschriften zum Netzbetrieb, zum Netzzugang und zur Rechnungslegung in Art. 1 §§ 3a bis 3f zusammengefaßt“[76].

Der Netzzugang erfolgt nach dem System des verhandelten Zugangs (§ 6 EnWG)[77] und alternativ durch das Alleinabnehmermodell (§ 7 EnWG).
Trotz der vom Wirtschaftsausschuß des Deutschen Bundestages vorgenommenen Änderungen des Regierungsentwurfs hat der Bundesrat am 19. 12. 1997 den Vermittlungsausschuß angerufen. Dessen Vermittlungsvorschlag ist anschließend vom Bundestag zurückgewiesen worden. Obwohl sich der Bundesrat der Rechtsauffassung der Regierungskoalition über die Zustimmungsbedürftigkeit nicht angeschlossen hat, hat er, vermutlich, weil zu erwarten war, daß der Bundestag auch den Einspruch überstimmt hätte, noch nicht einmal von der Möglichkeit des Einspruchs gem. Art. 77 III S.1 GG Gebrauch gemacht. Der Bundespräsident schloß sich in der Frage der Zustimmungsbedürftigkeit des Gesetzes der Ansicht der Bundesregierung an. Das Gesetz zur Neuregelung des Energiewirtschaftsrechts konnte am 29.04.1998 in Kraft treten.

Auswirkungen auf den Bereich der Energieversorgung haben auch die kartellrechtlichen Veränderungen, die durch die 6. GWB - Novelle am 01.01.1999 in Kraft getreten sind. Bedeutsam ist insbesondere § 19 IV Nr. 4 GWB, der dem Mißbrauchstatbestand ein neues Regelbeispiel im Zusammenhang mit dem Zugang zu Netzen und wesentlichen Infrastruktureinrichtungen hinzugefügt hat[78]. Die Vorschrift soll nach der Intention des Gesetzgebers der wachsenden volkswirtschaftlichen Bedeutung sog. Netzindu-

---

75 BT-Wirtschaftsausschuß, BT-Drs. 13/9211, S. 24.

76 BT-Wirtschaftsausschuß, BT-Drs. 13/9211, S. 24.

77 Das System des verhandelten Netzzugangs ist außerhalb der Bundesrepublik nur noch in Dänemark umgesetzt worden, vgl. **Seeger**, VIK - Mitt., 2/99 S. 31, 32.

78 Zum Hintergrund dieser Erweiterung: vgl. **Klimisch/Lange**, WuW 1998, 15, 20 ff; **Markert**, WuW 1995, 560 ff; **v. Wallenberg**, K&R 1999, 152, 153 f.

strien und anderer für die Aufnahme des Wettbewerbs wesentlicher Einrichtungen Rechnung tragen[79].

Deshalb kommt nach nationalem Recht als Anspruchsgrundlage für die Mitbenutzung eines fremden Stromversorgungsnetzes seit 1999 ein duales System in Betracht, einerseits nach den Vorschriften des EnWG, andererseits nach der allgemeinen Regelung des § 19 IV Nr. 4 GWB[80].

II. Reformbestrebungen auf europäischer Ebene

Den entscheidenden Anstoß für die Anfang der 90 - er Jahre in der Bundesrepublik wieder entfachte Diskussion um die Reform des Energierechts und für den parallel dazu einsetzenden Umschwung in der politischen Bewertung der Orientierung des Energiemarktes am Wettbewerbsprinzip bildeten Bestrebungen zur Vereinheitlichung des bislang überwiegend nationalstaatlich geregelten Energierechts auf europarechtlicher Ebene.

1. Die Energiepolitik der Europäischen Gemeinschaft und der Zugang zu Elektrizitätsversorgungsnetzen

Triebfeder der europäischen Entwicklung war das in Art. 7 a EGV niedergelegte Ziel der Verwirklichung des europäischen Binnenmarktes. Dem Weißbuch der Kommission zur Vollendung des Binnenmarktes vom 14.06.1985[81], das erstmals eine genaue Zielvorgabe und ein Arbeitsprogramm für die Errichtung des Binnenmarktes enthält, fehlten noch spezifische Aussagen zur Tätigkeit der Gemeinschaftsorgane auf dem Energiesektor. Diese Lücke schlossen die vom Europäischen Rat im September 1986 verabschiedeten „Neuen energiepolitischen Ziele der Gemeinschaft“[82]. Sie weisen ausdrücklich auf die Notwendigkeit einer besseren Integration eines von Handelshemmnissen befreiten Energiebinnenmarktes mit dem Ziel hin, die Versorgungssicherheit zu erhöhen, die Kosten zu verringern und die wirtschaftliche Wettbewerbsfähigkeit zu erhöhen[83]. In der Folgezeit nahm sich auch die Kommission dieses Themas an und verab-

---

79 RegE, GWB-Novelle, BT-Drs. 13/9720, S. 36.

80 Ihr Verhältnis zueinander ist Gegenstand des 7. Teils dieser Arbeit.

81 KOM (85) 310, endg.

82 ABl.EG 1986 Nr. C/241 v. 25.09.1986, S. 1-3.

83 ABl.EG 1986 Nr. C/241 v. 25.09.1986, S. 2.

schiedete am 02.05.1988 ein Arbeitsdokument „Der Binnenmarkt für Energie“[84], das die bestehenden Hindernisse im Wege einer Bestandsaufnahme auflistet und Vorschläge für deren schrittweisen Abbau unterbreitet. Das Konzept zur Errichtung eines Energiebinnenmarktes fußt auf verschiedenen Prioritäten:

(1)Beseitigung von technischen und fiskalischen Grenzen. Dazu sollen die technischen Normen harmonisiert werden, das öffentliche Beschaffungswesen geöffnet und die indirekten Steuern angenähert werden.
(2)Anwendung und Durchsetzung insbesondere der Art. 30 - 37 EGV, 85 ff EGV und Art. 92 - 94 EGV.
(3)Berücksichtigung der Belange des Umweltschutzes
(4)Förderung der Transparenz und Struktur von Energiepreisen und Verbesserung der Integration der Leitungsnetze[85].

Erste praktische Ergebnisse stellten die Verabschiedung der „Richtlinie des Rates über den Transit von Elektrizität im Bereich großer Netze“[86], der entsprechenden Richtlinie für den Transit von Erdgas[87] und der „Richtlinie des Rates zur Einführung eines gemeinschaftlichen Verfahrens zur Gewährleistung von Transparenz der von industriellen Endverbrauchern zu zahlenden Gas- und Strompreise“[88] dar.
Von der Generaldirektion Energie und Wettbewerb wurden 1991 erste Vorschläge für die EG - Richtlinien Strom und Gas vorgelegt, die Anfang des Jahres 1992 von der Kommission als Vorschlag einer auf Art. 95 EG gestützten Richtlinie zur Einführung eines Gemeinsamen Marktes für Elektrizität und Gas gebilligt wurden[89]. Die Beratungen dieser Vorschläge im Europäischen Parlament bzw. im zuständigen Ausschuß für Energie, Forschung und Technologie konzentrierten sich zunächst auf den Elektrizitätssektor. Sie erwiesen sich als äußerst langwierig und schwierig. Erst am 17. November

---

[84] Arbeitsdokument der Kommission „Binnenmarkt für Energie“, KOM (88) v. 02.05.1988, 238 endg.

[85] KOM (88) 238, S. 13 ff.

[86] Richtlinie 90/547/EWG des Rates v. 29.10.1990, ABl.EG L 313/30 v. 13.11.1990.

[87] Richtlinie 91/296/EWG des Rates v. 31.05.1991, ABl.EG L 147/37 v. 12.06.1991.

[88] Richtlinie 90/337/EWG des Rates v. 29.06.1990, ABl.EG L 185/16 v.17.07.1990.

[89] Vorschlag der Kommission für eine Richtlinie des Rates betreffend gemeinsame Vorschriften für den Elektrizitätsbinnenmarkt und Vorschlag für eine Richtlinie des Rates betreffend gemeinsame Vorschriften für den Erdgasbinnenmarkt, ABl.EG Nr. C 65/4 bzw. 14 v. 14.03.1992.

1993 wurde vom Europäischen Parlament ein Berichtsentwurf verabschiedet[90]. Dieser Entwurf berücksichtigte tendenziell stärker die Einbindung der Elektrizitätsversorgung in den staatlichen Aufgabenbereich. Die Kommission legte als Antwort auf diesen Bericht im Dezember 1993 einen abgeänderten Vorschlag für die Elektrizitätsbinnenmarktrichtlinie vor. Dieser übernahm das stark staatsorientierte Konzept allerdings nicht[91]. Auch die Beratungen hierüber nahmen angesichts stark divergierender ordnungspolitischer Ansätze innerhalb der Mitgliedstaaten erhebliche Zeit in Anspruch. Erst nachdem die Auferlegung öffentlicher Dienstleistungspflichten in größerem Umfang akzeptiert worden ist, und sich der französische Vorschlag zur Einführung eines Alleinabnehmermodells durchgesetzt hatte, konnten die erforderlichen Mehrheiten im Rat und im Parlament gefunden werden. Am 19.12.1996 ist die „Richtlinie betreffend gemeinsame Vorschriften für den Elektrizitätsbinnenmarkt" (EltRL) verabschiedet worden. Die Erdgasbinnenmarktrichtlinie (GasRL) ist erst eineinhalb Jahre später am 22. Juni 1998 verabschiedet worden.

2. Eckpunkte der Elektrizitätsbinnenmarktrichtlinie (EltRL)

Ziel der Elektrizitätsbinnenmarktrichtlinie ist der Aufbau eines wettbewerbsorientierten Elektrizitätsmarkts unter gleichzeitiger Beachtung gemeinwirtschaftlicher Verpflichtungen im Allgemeininteresse, z.B. Stärkung der Versorgungssicherheit und Wahrung des Umweltschutzes (vgl. Erwägungsgründe 1, 2 und 4 EltRL). Dazu enthält sie Regelungen für den Bereich der Elektrizitätserzeugung (Kap. III EltRL), -übertragung (Kap. IV EltRL) und -verteilung (Kap. V EltRL). Die zentralen Regelungsbereiche dieser Harmonisierungsrichtlinie umfassen neben den Bestimmungen über die Sicherung der allgemeinen Interessen der Elektrizitätsversorgung (Art. 3 EltRL) vor allem Vorschriften über die Organisation des Netzzugangs (Art. 16 bis 20 EltRL) und über den freien Leitungsbau (Art. 21 EltRL).

Bei der Ausgestaltung des Netzzugangs beläßt die Richtlinie den Mitgliedstaaten einen Entscheidungsspielraum. Sie können zwischen dem Modell des Netzzugangs auf Vertragsbasis (Art. 17 I EltRL), dem geregelten Netzzugang (Art. 17 IV EltRL) und dem Alleinabnehmersystem (Art. 18 EltRL) wählen, solange es in den Mitgliedstaaten zu einer direkt vergleichbaren Marktöffnung kommt (Erwägungsgrund 12 EltRL). Im In-

---

[90] Europäisches Parlament, Vorschlag für eine Richtlinie des Rates betreffend gemeinsame Vorschriften für den Elektrizitätsbinnenmarkt und über einen Vorschlag für eine Richtlinie des Rates betreffend gemeinsame Vorschriften für den Erdgasbinnenmarkt und Entschließung v. 17.11.1993, EP, ABl.EG Nr. C 329 v. 06.12.1993 S. 150 ff.

[91] KOM (93) 643, endg. v. 07.12.1993. Näher zum Inhalt: **Beckert**, S. 73 ff.

teresse flexibler und geordneter Anpassung der Elektrizitätsindustrie an die geänderten Rahmenbedingungen liegt der Richtlinie ein Konzept schrittweiser Marktöffnung zugrunde (Erwägungsgrund 5, Art. 19 EltRL).

Mit den Entflechtungs- und Buchführungsvorgaben der Art. 7 und 13 bis 15 trägt die Richtlinie der Erkenntnis Rechnung, daß die Kontrolle diskriminierungsfreien Netzzugangs zur Verhinderung der mißbräuchlichen Ausnutzung einer marktbeherrschenden Stellung wegen der vertikalen Integration des Elektrizitätssektors besonderer Sicherungsinstrumente bedarf.

E. Die Durchleitung nach § 103 V S.2 Nr. 4 GWB a.F. aus der Sicht der Rechtsprechung

Vor Inkrafttreten des EnWG 1998 hatte sich die höchstrichterliche Rechtsprechung lediglich einmal mit der Frage zu befassen, ob die Verweigerung einer wettbewerbsbegründenden Durchleitung eine mißbräuchliche Ausnutzung einer marktbeherrschenden Stellung darstellt[92].

Der Bundesgerichtshof erblickte in der Durchleitungsverweigerung des Netzbetreibers keinen Mißbrauch einer marktbeherrschenden Stellung nach §§ 103 V S.2 Nr. 4 iVm. 103 VII GWB a.F. Grundsätzlich sei niemand verpflichtet, einen Konkurrenten zum eigenen Schaden zu fördern[93]. Zwar könne und werde dieser Grundsatz durch § 103 V S.2 Nr. 4 GWB a.F. eingeschränkt, aber der Umstand, daß eine wettbewerbsbegründende Durchleitung in Rede steht, sei nicht völlig unbeachtlich[94]. Welches Gewicht diesem Aspekt tatsächlich zukommt, konnte das Gericht offen lassen. Seiner Ansicht nach hat die Erfüllung der energiewirtschaftlichen Versorgungsaufgaben grundsätzlich Vorrang vor den Belangen des Durchleitungsbegehrenden.

> „In seiner geltenden Fassung kann § 103 Abs. 5 Satz 2 Nr. 4 GWB jedoch nicht dahin ausgelegt werden, daß Versorgungsunternehmen grundsätzlich zur Durchleitung verpflichtet sind, eine Durchleitungsverweigerung somit durch besondere Umstände, insbesondere energiewirtschaftliche Nachteile gerechtfertigt werden muß. Die grundsätzliche Möglichkeit geschlossener

---

92 Vgl. Beschluß des BGH v. 15.11.1994, BGH, WuW/E BGH 2953 ff (Gasdurchleitung).

93 BGH, WuW/E BGH 2953, 2964 (Gasdurchleitung). Vgl. auch die Vorinstanz: KG, WuW/E OLG 5165, 5188 (Gasdurchleitung).

94 BGH, WuW/E BGH 2953, 2964 (Gasdurchleitung).

Versorgungsgebiete, die durch die Freistellung nach § 103 Abs. 1 GWB eröffnet wird, sollte durch diese Regelung nicht beseitigt werden“ [95].

Nach Ansicht des BGH hätte die beabsichtigte Durchleitung zu keinen energiewirtschaftlichen Verbesserungen geführt[96]. Diese energiewirtschaftliche Sichtweise des § 103 V S.2 Nr. 4 GWB a.F. führte zur Rechtfertigung der Zugangsverweigerung.

Mit der Reform des Energierechts 1998 ist die Möglichkeit des brancheninternen Wettbewerbs eingeführt und die rechtliche Absicherung der Monopolstellung der Versorgungsunternehmen durch Streichung der §§ 103, 103 a GWB a.F. beseitigt worden. Somit führt ein grundsätzlicher Durchleitungsanspruch nicht mehr zum Wertungswiderspruch mit der Zulässigkeit geschlossener Versorgungsgebiete (§ 103 I GWB a.F.). Mithin kommt der Netzzugang nicht mehr nur ausnahmsweise und zwar dann in Betracht, wenn er unter Beachtung der in § 103 V GWB a.F. genannten energiewirtschaftlichen Aspekte zu einer Verbesserung der sicheren oder preisgünstigen Versorgung führt[97]. Hinfällig geworden ist ebenso die Möglichkeit der Netzbetreiber, sich zur Verweigerung des Netzzugangs auf den Grundsatz zu berufen, daß ein Unternehmen grundsätzlich nicht verpflichtet ist, Wettbewerber zum eigenen Nachteil zu fördern[98]. Unbeachtlich ist deshalb auch die Einwilligung des Netzbetreibers zum Einstieg in das Konkurrenzangebot des Durchleitungspetenten[99].
Unabhängig vom Fortbestand des Schutzes geschlossener Versorgungsgebiete ist jedoch, daß in der Abwägungsentscheidung über die Gewährung des Netzzugangs energiepolitische Ziele berücksichtigt werden müssen[100].

---

95 BGH, WuW/E BGH 2953, 2963 (Gasdurchleitung).

96 BGH, WuW/E BGH 2953, 2965 (Gasdurchleitung). **Stewing**, BB 1995, 1968, 1970 bezeichnet es als die Kernfrage, ob § 103 V S.2 Nr. 4 GWB a.F. verlange, daß wenn ansonsten die Interessenabwägung für eine Durchleitung spricht, im Rahmen der Betrachtung der Interessen der Allgemeinheit die Durchleitung zu einem energiewirtschaftlichen Nutzen führen muß oder ob es ausreicht, wenn sie zu keiner energiewirtschaftlichen Verschlechterung führt.

97 Mit § 6 EnWG hat der Gesetzgeber eine klare Wertentscheidung zu Lasten des Inhabers des Elektrizitätsversorgungsnetzes getroffen.

98 Vgl. **Markert**, WuW 1995, 560, 568 ff; zurückhaltender: **Bunte**, WuW 1997, 302, 317.

99 Unstreitig, vgl. **Lutz**, RdE 1999, 102, 109; **T. Müller**, S. 200; **Schultz**, in: Langen/Bunte, § 19 Rdnr. 172.

100 Vgl. Gegenäußerung der B-reg, BT-Drs. 13/7274, S. 31. Der Gesetzgeber hat die energiepolitischen Zielsetzungen des § 103 V S.1 GWB a.F. nicht aufgegeben, sondern nunmehr ausschließlich im EnWG verankert. Zum Verhältnis des EnWG zum GWB, s. unten Teil 7.

2. TEIL: GRUNDLAGEN DER KONKURRENTENNÜTZIGEN INDIENSTSTELLUNG EIGENER INFRASTRUKTUREINRICHTUNGEN

A. Der Zugang zu Infrastruktureinrichtungen als modernes wirtschaftsrechtliches Instrument

I. Zielsetzung und Wesen der Infrastrukturöffnung vor dem Hintergrund von Liberalisierung und Deregulierung

Infrastruktureinrichtungen im engeren Sinne umfassen die Gesamtheit der staatlichen und privaten Einrichtungen, die für eine ausreichende Daseinsvorsorge und die wirtschaftliche Entwicklung eines Raumes erforderlich sind[101]. Für das Wettbewerbsrecht sind in der Regel nur die Infrastruktureinrichtungen der Bereiche interessant, auf denen Wettbewerb stattfindet bzw. stattfinden soll. Wichtige Bereiche sind das Verkehrs- und Kommunikationswesen, die Energie- und Wasserversorgung sowie die Entsorgung von Abfällen.

Mit der Einführung eines Rechtsanspruchs auf Mitbenutzung fremder Infrastruktureinrichtungen sollen monopolistische Strukturen auf angrenzenden Märkten durch eine wettbewerbliche Ordnung abgelöst werden. Der Grund für die Bevorzugung marktwirtschaftlicher Strukturen besteht in der Hoffnung auf Freisetzung von Allokationseffizienz, nicht zuletzt aber auch in der zunehmenden Überforderung der öffentlichen Hand, vor allem in finanzieller Hinsicht, und der damit einhergehenden Kostensteigerungen für die Allgemeinheit. Weitestgehende Einigkeit herrscht darüber, daß nur ein Anspruch der Konkurrenten auf Zugang zur Netzebene ein effektives Mittel darstellt, um wettbewerbliche Strukturen in dem jeweiligen Wirtschaftsbereich zu integrieren[102]. Die vorgelagerten Infrastruktureinrichtungen haben den Charakter natürlicher Monopole nicht verloren. Letztere stellen deshalb nur das Medium für den Wettbewerb im jeweiligen Wirtschaftszweig dar. Die Durchsetzung und Kontrolle dieser der Wettbewerbsbegründung dienenden Instrumentarien erfordern besondere Aufmerksamkeit, da Wettbewerb auf von natürlichen Monopolen abgeleiteten Märkten besonders anfällig für Störungen ist[103].

---

[101] Vgl. den Begriff „materielle Infrastruktur" bei: **Kruse/Kiessling**, JNpolÖ Bd. 16 (1997), S.11; **Brockhaus**, Stichwort: Infrastruktur, materielle.

[102] Für die Elektrizitätswirtschaft: vgl. BT-Drs. 13/7274, S. 10, 25; **Klafka/Ritzau/Zander/Held**, ZNER 1997, Heft 1, S. 40, 42.

[103] Vgl. **Klimisch/Lange**, WuW 1998, 15, 26.

Obwohl der Deregulierungs- und Privatisierungsbedarf in der Elektrizitätswirtschaft geringer war als in anderen Bereichen[104], gehört die Elektrizitätsbranche zu den Nachzüglern der Liberalisierungspolitik[105]. Dies liegt in ihrer technisch - systematischen Kompliziertheit und in ihrer Kapitalintensität begründet, die besonders hohe Anforderungen an die Ausgestaltung der Reformmaßnahmen stellen.
Gerade die vielfältigen Auswirkungen auf die durch die Elektrizitätswirtschaft berührten öffentlichen Interessen sozial- und umweltstaatlicher Art zwangen den Gesetzgeber dazu, kein vollständig auf privatautonomer Wirtschaftsbetätigung agierendes System zuzulassen. Das Ziel der Energierechtsreform bestand vielmehr in der Schaffung eines angemessenen Ausgleichs zwischen der Anerkennung der Eigenverantwortlichkeit der privatrechtlich handelnden EVU und der Sicherung eines hinreichenden staatlichen Einflusses[106]. Der klassischen Idee marktwirtschaftlicher Ordnung entsprechend sollen die gesellschaftlichen Gesamtziele systematisch als Folge des koordinierten Handelns der Individuen erreicht werden. Sache des Staates ist es nur noch, geeignete Rahmenbedingungen zu schaffen, nicht jedoch, von Einzelfällen, die die Einhaltung gewisser Mindeststandards sichern sollen, abgesehen, das individuelle Handeln inhaltlich zu determinieren[107]. Die Ausübung privater Initiative wird jetzt in sehr viel stärkerem Maße ermöglicht, weil das Gesetz einzelnen Rechtssubjekten nur deshalb eine eigene Rechtsposition einräumt, um sich deren (gelenkter) Privatinitiative für die Durchsetzung der im Gesetz formulierten Regelungsziele zu bedienen[108]. Die Sicherung des hinreichenden staatlichen Einflusses erfolgt dadurch, daß das Marktverhalten der privaten Akteure besonders intensiver Lenkung durch Kontrahierungszwang, Entgeltüberwachung, Mißbrauchsaufsicht und Kunden- und Verbraucherschutz unterliegt[109].
Der Einsatz dieser besonderen Sicherungsinstrumente leitet seine Rechtfertigung daraus ab, daß der Wettbewerb, der den Freiheitsspielraum der Marktteilnehmer im Interesse der jeweiligen Marktgegenseite begrenzt, allein nicht ausreicht, um die energiepolitischen Ziele zu erreichen. Diese Vorstellung arbeitsteiligen Zusammenwirkens zur Er-

---

104 Im Unterschied zum Post- und Telekommunikationswesen hat es im Energiebereich kein umfassendes Staatsmonopol gegeben.

105 Vgl. **Schneider**, S. 32.

106 Vgl. RegE, BT-Drs. 13/7274, S. 10.

107 **Pielow**, S. 593 spricht vom „Gewährleistungsauftrag, der sich in Not- und Krisensituationen zur Letzt-verantwortlichkeit verdichten kann; vgl. auch: **Trute**, DVBl. 1996, 950, 955.

108 Vgl. **Busche**, S. 576; **Schneider**, S. 123.

109 Vgl. **Hoffmann-Riem**, DVBl. 1999, 125, 126 f.

füllung von öffentlichen Aufgaben ist nicht erst das Ergebnis der jüngsten Deregulierungswelle. Bereits nach alter Rechtslage hatte der Staat nicht mehr die volle Verantwortung für die Erfüllung konkreter Ergebnisse durch eigene Leistungserbringung (Leistungsverwaltung)[110], verbunden mit exklusiven Rechten übernommen, sondern nur noch durch Schaffung von Rahmenbedingungen die überwiegende Wahrscheinlichkeit der generellen Zweckerreichung gewährleistet[111]. So war seit längerem anerkannt, daß sich die Gemeinde durch den Konzessionsvertrag der ihr im Rahmen der Daseinsvorsorge obliegenden Aufgabe einer gesicherten Energieversorgung entledigte und diese Aufgaben dem EltVU übertrug, das nun seinerseits nach den Vorschriften des EnWG zur Versorgung verpflichtet war[112].

Diese Regulierungsverwaltung erschöpft sich nicht in der einmaligen Vorgabe eines rechtlichen Rahmens[113]. Stets hat der Staat im Rahmen seiner Folgenverantwortung zu prüfen, ob die Anwendung der staatlichen Rahmenbedingungen zum gewünschten Ziel führt[114].

Gerade dieser staatliche Rückzug steht in gewissem Widerspruch zu dem Ziel Deregulierung und Privatisierung, da er gleichzeitig zu erheblichem Regulierungsbedarf an anderer Stelle führt[115]. Die Verpflichtung des § 6 EnWG bricht sich in diesem Punkt am Selbstverständnis der Deregulierungsbemühung, deren Anliegen ein staatlicherseits nicht bevormundeter Wirtschaftsverkehr ist. Eine gesetzliche Verpflichtung zum Vertragsschluß entzieht den an der Austauschbeziehung beteiligten Partnern weitgehend das vertragliche Selbstbestimmungsrecht. Deregulierung in diesem Zusammenhang beschreibt denn auch mehr als nur die Rücknahme staatlichen Einflusses. Es geht viel-

---

110 Zum Begriff der Erfüllungsverantwortung und den andersartigen Verantwortungsdimensionen der Gewährleistungsverantwortung s. **Hermes**, S. 6; **Schmidt-Aßmann**, in: Hoffmann-Riem/Schmidt-Aßmann/Schuppert (Hrsg.), S. 13, 43 f; **Schneider**, S. 123 ff.

111 Vgl. **Britz**, VerwArch 2000, 418, 435; **Schneider**, S. 124, 526 ff.

112 Vgl. BGH, RdE 1986, 118, 120; **Britz**, VerwArch 2000, 418, 427.

113 Vgl. **Hermes**, S. 6 ff; **Schneider**, S. 34 f, 123 ff.

Neben die Rechtsetzungsverantwortung tritt die Überwachungsverantwortung, um die Einhaltung der Regeln zu kontrollieren und zu starke Machtungleichgewichte zu kompensieren und die Beobachtungs- und ggf. Revisionspflicht des Staates, **Hoffmann-Riem**, DVBl. 1999, 125, 126 f.

114 **Hoffmann-Riem**, DVBl. 1999, 125, 126 f. Vgl. auch **Cronenberg**, RdE 1998, 85, 91: „Man sollte dem neuen Rechtsrahmen zunächst die Chance der Bewährung geben. Bei erkennbaren Mängeln oder Fehlentwicklungen würde zügig nachreguliert ...“.

115 So: **Pielow**, S. 28 ff; **Schneider**, S. 39.

mehr um eine Umregulierung, in dessen Gefolge staatlicher Einfluß nur noch in Einzelfällen durch imperative Gebote sichergestellt wird[116].

II. Die Geschäftsverweigerung im Recht gegen Wettbewerbsbeschränkungen als Grundlage und Ursprung des Anspruchs auf Mitbenutzung fremder Elektrizitätsversorgungsnetze

1. Die Geschäftsverweigerung nach dem GWB

Zu einem freien Markt mit unbeschränktem Wettbewerb, in dem der Vertragsschluß der freien Entscheidung des einzelnen vorbehalten ist, gehört, daß die Geschäftsverweigerung[117] ein selbstverständliches Phänomen unternehmerischen Handelns ist. Dort, wo der Wettbewerb indes nicht vollständig funktioniert, kann die Geschäftsverweigerung zur Marktbeeinflussung mißbraucht werden.

Systematisch werden die Fälle der Geschäftsverweigerung der Mißbrauchsaufsicht des GWB zugeordnet. Rechtsgrundlage der kartellrechtlichen Mißbrauchsaufsicht ist einerseits § 22 IV GWB a.F. (im Zuge der 6. GWB Novelle in § 19 IV GWB als Verbotstatbestand ausgestaltet), andererseits § 26 II GWB a.F. (§ 20 I GWB).

Voraussetzung mißbräuchlichen Verhaltens ist zunächst, daß das angesprochene Unternehmen in den persönlichen Anwendungsbereich dieser Vorschriften fällt. Normadressaten sind marktbeherrschende Unternehmen. § 19 II GWB enthält eine Definition des Begriffs „Marktbeherrschung". Praktisch erfolgt die Prüfung der Marktstellung in zwei Schritten: nach Ermittlung des relevanten Marktes wird die Wettbewerbssituation auf diesem festgestellt (vgl. § 19 II S.1 Nr. 1, 2 und S.2 GWB)[118]. Zur Bestimmung des sachlich relevanten Marktes muß jedenfalls in den Fällen, in denen das betroffene Unternehmen in dem fraglichen Geschäftsverkehr noch nicht tätig ist und auch nicht tätig werden will, darauf zurückgegriffen werden, was sich innerhalb der in Betracht kommenden Kreise in natürlicher Entwicklung als allgemein geübt und als angemessen empfunden herausgebildet hat[119]. Zwingende Voraussetzung für die Anwendung des

---

116 Vgl. **Hermes**, S. 6 ff; **König/Theobald**, S. 277, 302; **Schneider**, S. 39.

117 Die Geschäftsverweigerung wird auch als Liefersperre oder Bezugsverweigerung bezeichnet **Carlhoff**, in: Frankfurter Kommentar, § 26 Rdnr. 273; **Markert**, in: Immenga/Mestmäcker, GWB, § 26 Rdnr. 219.

118 Statt vieler: **Bechtold**, § 19 Rdnr. 3.

119 Vgl. BGH, WuW/E BGH 647, 651 (Rinderbesamung I); BGH, WuW/E BGH 1527, 1528 (Zeitschriften-Grossisten); BGH, WuW/E BGH 1587, 1589 (Modellbauartikel I); BGH, WuW/E BGH 2953, 2959 (Gasdurchleitung). Eingehend: **Busche**, S. 357 ff.

Mißbrauchstatbestandes ist deshalb jedenfalls grundsätzlich eine in bezug auf bestimmte Kundenkreise tatsächliche Öffnung des maßgeblichen Geschäftsverkehrs[120].

Wird das betrachtete Unternehmen grundsätzlich von den Tatbeständen des Mißbrauchs- und Diskriminierungsverbots angesprochen, kommt es in einem zweiten Prüfungsschritt auf die Beurteilung der konkreten unternehmerischen Verhaltensweise an. Hierzu bedarf es einer umfassenden Interessenabwägung unter Berücksichtigung der auf die Freiheit des Wettbewerbs gerichteten Zielsetzung des GWB[121]. Der Verzicht auf die Aufnahme wirtschaftsbereichsspezifischer Gesichtspunkte in den Regelungskomplex des allgemeinen Mißbrauchs- und Diskriminierungsverbots bedeutet gleichzeitig die Zugrundelegung einer einheitlichen, sämtliche Wirtschaftszweige erfassenden, wettbewerblichen Zielsetzung[122].
Der Konflikt zwischen den Interessen der von der Geschäftsverweigerung Betroffenen und denen des marktbeherrschenden Unternehmens unter Berücksichtigung des auf die Freiheit des Wettbewerbs bezogenen Schutzzwecks des GWB verdeutlicht in besonderem Maße das grundlegende Problem der Mißbrauchsaufsicht. Es besteht in der Ambivalenz der Verhaltensweisen[123]. So kann eine Geschäftsverweigerung ebenso Ausdruck erwünschten Wettbewerbsverhaltens sein (Verhinderung von Trittbrettfahrerei, Anreiz zu selbständiger Innovation und Konkurrenz) wie Ausdruck mißbräuchlichen Verhaltens, das ausschließlich dem Schutz vor Wettbewerb dient.
Zu den wenigen generell anerkannten Leitlinien für diese Konfliktlösung zählt, daß sich die Interessenabwägung nicht allein auf die Qualifizierung der unternehmerischen Verhaltensweise als leistungswidrige oder leistungsgemäße Wettbewerbsmaßnahme beschränken darf. Auch leistungsgerechte Maßnahmen können ganz unterschiedliche

---

120 Statt vieler: **Markert**, in: Immenga/Mestmäcker, GWB, § 26 Rdnr. 174 ff m.w.N.; es sei denn, die Existenz von Märkten ist normativ vorgegeben, BGH, WuW/E BGH 2953, 2959 (Gasdurchleitung). Aus der gesetzlichen Wertung des § 6 EnWG ergibt sich eine solche normative Bestimmung, BKartA, RdE 2000, 31, 32 (Berliner Stromdurchleitung).

121 St. Rspr.: BGH, WuW/E BGH 1027, 1031 (Sportartikelmesse II); BGH, WuW/E BGH 2479, 2482 (Reparaturbetrieb); aus der Literatur: **Markert**, in: Immenga/Mestmäcker, GWB, § 26 Rdnr. 196 ff; **Möschel**, in: Immenga/Mestmäcker, GWB, § 22 Rdnr. 16.

122 Vgl. **Baur**, Mißbrauch, S. 76 f; **Immenga**, Instrumentalisierung, S. 19 ff; **Immenga/Mestmäcker**, in: Immenga/Mestmäcker, GWB, Einl. B Rdnr. 31.

123 **Markert**, in: Immenga/Mestmäcker, GWB, § 26 Rdnr. 59 ff, insb. 60.

Auswirkungen haben und marktbeherrschende Unternehmen sind nicht darauf angewiesen, das leistungsgerechteste Mittel einzusetzen[124].
Die Annahme mißbräuchlichen Verhaltens liegt aber um so näher, je stärker die Marktstellung des verweigernden Unternehmens ist und demzufolge wirtschaftlich sinnvolle Ausweichmöglichkeiten nicht vorhanden sind[125]. Deshalb vermag nicht allein schon die Berufung auf die auch dem Normadressaten der §§ 22 IV, 26 II GWB a.F. zustehende Freiheit, über die Art und Weise des Absatzes der von ihm produzierten Güter selbst zu entscheiden[126], eine Geschäftsverweigerung zu rechtfertigen.

Zur Feststellung der mißbräuchlichen Ausnutzung des unternehmerischen Verhaltensspielraums ordnet die Rechtsanwendung üblicherweise die verschiedenen Sachverhaltskonstellationen bestimmten Fallgruppen zu.
Unbestritten ist dabei in Literatur[127] und Rechtsprechung[128] die Feststellung, daß der Belieferungszwang im Ergebnis nicht zu einer Zementierung der unternehmerischen Grundentscheidung, den Geschäftsverkehr überhaupt zu eröffnen, führen darf. Mit anderen Worten darf die Lieferpflicht keinen Zwang bedeuten, einen einmal eröffneten Geschäftsverkehr für ewig zu unterhalten. Nach angemessener Übergangszeit muß es dem betreffenden Unternehmen auch möglich sein, den Geschäftsverkehr vollständig zu beenden[129]. Von dieser Freiheit eingeschlossen ist die Entscheidung des Marktbeherrschers, den Absatz seiner Produkte durch den Aufbau eines eigenen Vertriebssystems selbst vorzunehmen[130].

---

124 Vgl. **Immenga**, NJW 1980, 1421; **Markert**, BB 1981, 1113, 1114 ff; **Schultz**, in: Langen/Bunte, § 19 Rdnr. 140; a.A.: **Stahl**, WuW 1980, 451, 455 f; **Ulmer**, Schranken zulässigen Wettbewerbs, S. 58 ff.

125 Vgl. zu § 26 II GWB a.F. in Monopolfällen: BGH, WuW/E BGH 1027, 1032 (Sportartikelmesse II); BGH, WuW/E BGH 1238 ff (Registrierkassen); BGH, WuW/E BGH 2584, 2586 ff (Lotterievertrieb). Statt vieler: **Markert**, in: Immenga/Mestmäcker, GWB, § 26 Rdnr. 221.

126 St. Rspr.: BGH, WuW/E BGH 502, 508 (Treuhandbüro); BGH, WuW/E BGH 2360, 2366 (Freundschaftswerbung); BGH, WuW/E BGH 2584, 2587 (Lotterievertrieb).

127 Statt vieler: **Markert**, in: Immenga/Mestmäcker, GWB, § 26 Rdnr. 222.

128 Vgl. BGH, WuW/E BGH 2360, 2366 (Freundschaftswerbung); OLG Hamburg, WuW/E OLG 3795, 3803 f (Freundschaftsabonnement).

129 Vgl. BGH, WuW/E BGH 2360, 2366 (Freundschaftswerbung); OLG Hamburg, WuW/E OLG 3795, 3803 f (Freundschaftsabonnement); **Markert**, in: Immenga/Mestmäcker, GWB, § 26 Rdnr. 222.

130 BGH, WuW/E BGH 2360, 2366 (Freundschaftswerbung); BGH, WuW/E BGH 863, 868 ff (Rinderbesamung II).

Ebenso unstreitig ist, daß in der Person des Abnehmers liegende Gründe zu einer Rechtfertigung der Ablehnung des Geschäftsabschlusses führen können[131]. Anerkannt ist dies z.B. für fehlende Zahlungsbereitschaft[132], Kreditunwürdigkeit[133], schwerwiegende Verletzungen vertraglicher Verpflichtungen gegenüber dem Lieferanten[134] oder ein geschäftsschädigendes Verhalten, soweit dadurch die für das betroffene Vertragsverhältnis notwendige Vertrauensgrundlage zerstört wurde[135]. Um zu verhindern, daß sich die Liefer- und Bezugssperre als ein unangemessenes Reaktionsmittel darstellt, steht die Rechtfertigung unter dem Vorbehalt einer erheblichen Pflichtverletzung des von der Liefersperre betroffenen Unternehmens[136].

Die marktbeherrschenden Unternehmen ebenso wie anderen Unternehmen zustehende Freiheit zu eigenverantwortlicher Organisation ihres Vertriebsweges[137] führt dazu, daß eine unterschiedliche Behandlung von Abnehmern zur Sicherung des eigenen Absatzes grundsätzlich auch durch qualitative bzw. quantitative Selektion sachlich gerechtfertigt sein kann[138]. Dabei sind an selektive Vertriebswege nach qualitativen Kriterien, bei denen grundsätzlich alle gleichartigen Unternehmen bei Erfüllung bestimmter objektiver Kriterien beliefert werden, tendenziell weniger strenge Anforderungen zu stellen als an quantitative Selektionssysteme. Diese Differenzierung beruht darauf, daß letztere den Marktzugang für Handelsunternehmen in höherem Maße beschränken[139]. Quantita-

---

131 Vgl. BGH, WuW/E BGH 1423, 1425 (Sehhilfen); BGH, WuW/E BGH 2535, 2541 (Lüsterbehangsteine); OLG Stuttgart, WuW/E OLG 3415, 3416 (Daimler-Vertragswerkstatt); **Carlhoff**, in: Frankfurter Kommentar, § 26 Rdnr. 299 ff; **Emmerich**, § 20 Anm. 8 a (S. 241).

132 Vgl. **Benisch**, in: Benisch (Hrsg.), § 26 Abs. 2 und 3, Rdnr. 104.

133 Vgl. OLG Frankfurt, WuW/E OLG 3149, 3150 (Messe-Dauerstandplatz).

134 Vgl. OLG Hamburg, WuW/E OLG 5312, 5321 (Quartiersmannsbetrieb); **Emmerich**, § 20 Anm. 8 a (S. 241).

135 Vgl. BGH, WuW/E BGH 1624, 1625 (BMW- Direkthändler III); OLG Celle, WuW/E OLG 2726, 2727 (Vermittlung von Pauschalreisen II); OLG Karlsruhe, WuW/E OLG 1138, 1140 f (Transfesa-Agent).

136 Vgl. BGH, WuW/E BGH 1423, 1425 (Sehhilfen); OLG München, WuW/E OLG 4231, 4232 (Bagger-Ersatzteile); **Emmerich**, § 20 Anm. 8 a (S. 241 f); **Markert**, in: Immenga/Mestmäcker, GWB, § 26 Rdnr. 241 f.

137 Grundlegend: BGH, WuW/E BGH 2535, 2539 f (Lüsterbehangsteine).

138 Vgl. BGH, WuW/E BGH 2351, 2356 ff (Belieferungsunwürdige Verkaufsstätten II); **Markert**, in: Immenga/Mestmäcker, GWB, § 26 Rdnr. 222 ff.

139 Auf diesen Grundsätzen aufbauend ist in der Rechtsprechung bspw. eine Liefersperre gegenüber einem Nachfrager als sachlich gerechtfertigt beurteilt worden, wenn der Anbieter den Absatz auf

tive Selektionskriterien sind z.B. eine Mindestgröße des Geschäfts, eine Mindestabnahmemenge oder eine Mindestbevorratung[140].
Qualitative Selektionswege sind grds. kartellrechtlich gerechtfertigt, wenn ihre Beachtung dem Händler zumutbar ist, die Voraussetzungen für den Warenbezug einheitlich nach objektiven Kriterien festgelegt sind und ohne Diskriminierung gehandhabt werden[141]. Die höheren Anforderungen an quantitative Selektionssysteme äußern sich darin, daß sie rechtfertigende Wirkung nur entfalten, wenn die Konzentration des Absatzes ein wichtiges Wettbewerbsmittel der Hersteller untereinander ist oder wenn aus anderen Gründen keine wirtschaftlich sinnvolle Alternative zu einem solchen Vertriebssystem besteht[142]. Steht der Hersteller ausnahmsweise beim Vertrieb der Ware in einem Wettbewerbsverhältnis zum Nachfrager, fällt zusätzlich ins Gewicht, daß im Rahmen eines bestehenden Wettbewerbsverhältnisses grundsätzlich niemand verpflichtet ist, einen Wettbewerber zum eigenen Schaden zu fördern[143]. Voraussetzung ist, daß die Maßnahmen der Erhaltung und Förderung der eigenen Wettbewerbsfähigkeit dienen[144].

---

den Fachhandel beschränkt hat und der Nachfrager z.B. wegen fehlenden Angebots des vollständigen Sortiments, BGH, WuW/E BGH 1814, 1819 (Allkauf-Saba); OLG Stuttgart, WuW/E OLG 2728, 2731 (Keramik-Masse), wegen mangelnder Fachkunde, BGH, WuW/E BGH 2351, 2357 (Belieferungsunwürdige Verkaufsstätten II); OLG Karlsruhe, WuW/E OLG 3508, 3510 ff (Allkauf-Saba II), wegen mangelnder technischer Betreuung, BGH, WuW/E BGH 1995, 1997 (Modellbauartikel III); BGH, WuW/E BGH 1793, 1797 f (SB-Verbrauchermarkt) oder in Einzelfällen auch wegen nicht entsprechendem äußeren Erscheinungsbild der Verkaufsräume, vgl. BGH, WuW/E BGH 1867, 1871 (Levi's Jeans); OLG Düsseldorf, WuW/E OLG 2294 f (Plaza) diesen Erfordernissen nicht genügen konnte. Vgl. zu qualitativer/quantitativer Selektion auch: **Carlhoff**, in: Frankfurter Kommentar, § 26 Rdnr. 283 ff; **Markert**, in: Immenga/Mestmäcker, GWB, § 26 Rdnr. 222 ff jeweils m.w.N.

140 Vgl. **Lübbert**, in: Wiedemann (Hrsg.), § 28 Rdnr. 9; **Markert**, in: Immenga/Mestmäcker, GWB, § 26 Rdnr. 222 ff.

141 Vgl. BGH, WuW/E BGH 2351, 2357 (Belieferungsunwürdige Verkaufsstätten II); Emmerich, § 20 Anm. 9 und 9a (S. 243 f).

142 Vgl. OLG Karlsruhe, WuW/E OLG 2289, 2290 ff (Zeitschriftengrossisten); OLG München, WuW/E OLG 286, 289 (Zeitschriftengroßhandel); **Markert**, in: Immenga/Mestmäcker, GWB, § 26 Rdnr. 228 m.w.N.; strenger: **Emmerich**, § 20 Anm. 9 b (S. 245).

143 Vgl. BGH, WuW/E BGH 2755, 2758 (Aktionsbeträge); BGH, WuW/E BGH 2953, 2964 (Gasdurchleitung), KG, WuW/E OLG 4951, 4968 (Kälteanlagen-Ersatzteile); **Carlhoff**, in: Frankfurter Kommentar, § 26 Rdnr. 276 m.w.N.

144 **Markert**, in: Immenga/Mestmäcker, GWB, § 26 Rdnr. 221.

Eine besondere Beurteilung erfahren die Fälle der Geschäftsverweigerung dann, wenn sie durch Knappheitssituationen ausgelöst worden sind[145]. Damit sind solche Sachverhalte angesprochen, in denen das den Geschäftsabschluß ablehnende Unternehmen geschäftliche Beziehungen zu Dritten aufgenommen hat, nun aber entweder infolge eines in seiner Sphäre liegenden Umstandes wie Produktions- oder Betriebsausfall oder infolge außerhalb seines Einflußbereiches liegender Tatsachen wie Rohstoffknappheit diese Lieferbeziehungen einschränken bzw. neue Geschäftsbeziehungen nicht aufnehmen will[146].

Nach allgemeiner Ansicht ist das betreffende Unternehmen nicht verpflichtet, durch Schaffung neuer Kapazitäten oder durch Deckungskäufe zu höheren Preisen die Mangellage zu beseitigen[147]. Die Pflicht zur gleichmäßigen Behandlung aller gleichartigen Abnehmer nötigt grundsätzlich zur Repartierung[148]. Auch in Mangellagen ist keine zentralistische Marktsteuerung zur Überwindung des Versorgungsmangels bezweckt. Es geht allein um die Verhinderung des Mißbrauchs einer marktbeherrschenden Stellung. Deshalb haben auch in Mangellagen marktwirtschaftliche Instrumente Vorrang[149]. Die Betonung von Kundentreue und Zuverlässigkeit ist im Grundsatz ebensowenig mißbräuchlich wie die Einbeziehung von Neukunden in die Verteilungsentscheidung[150]. Um eine Bevorzugung dieser Kundengruppe gegenüber Altkunden durch Anmeldung eines überhöhten Bedarf auszuschließen, steht der nachgefragte Bedarf des Newcomers unter dem Vorbehalt der Angemessenheit[151].

---

145 Einhellige Ansicht ist, daß § 26 GWB a.F. auch in Knappheitssituationen gilt, BGH, WuW/E BGH 1027, 1031 (Sportartikelmesse II); OLG Stuttgart, WuW/E OLG 2700, 2702 f (Modelleisenbahnen); KG, WuW/E OLG 1499, 1504 (AGIP II); BKartA, WuW/E BKartA 1494 ff (AGIP); **Markert**, in: Immenga/Mestmäcker, GWB, § 26 Rdnr. 236 jeweils m.w.N.

146 Nicht unter diese Gruppe fallen die Sachverhalte, in denen die Warenverknappung künstlich herbeigeführt worden ist. Dieses Verhalten ist stets mißbräuchlich, **Baur**, BB 1974, 1589, 1594.

147 Statt vieler: **Markert**, in: Immenga/Mestmäcker, GWB, § 26 Rdnr. 237.

148 Vgl. KG, WuW/E OLG 1507, 1512 (Chemische Grundstoffe II); KG, WuW/E OLG 1499, 1504 f (AGIP II); KG, WuW/E OLG 3957, 3962 f (Straß); **Markert**, in: Immenga/Mestmäcker, GWB, § 26 Rdnr. 237. Die Grenze der Repartierung ist erreicht, wenn die Bezugsmengen unrealistisch werden, **Carlhoff**, in: Frankfurter Kommentar, § 26 Rdnr. 315.

149 Vgl. **Benisch**, in: Benisch (Hrsg.), 26 Abs. 2 und 3 Rdnr. 44, 99.

150 Vgl. OLG Stuttgart, WuW/E OLG 2700, 2702 f (Modelleisenbahnen); OLG Celle, WuW/E OLG 3897, 3898 (Kunstmesse); **Carlhoff**, in: Frankfurter Kommentar, § 26 Rdnr. 315.

151 Vgl. **Carlhoff**, in: Frankfurter Kommentar, § 26 Rdnr. 315; **Markert**, in: Immenga/Mestmäcker, GWB, § 26 Rdnr. 238.

Fraglich ist, ob in die Repartierung auch der unternehmenseigene Bedarf ggf. bis zu welcher Grenze einzustellen ist. Das Verbot der unbilligen Behinderung in § 26 II S.1 GWB a.F. (§ 20 I GWB) untersagt dem angesprochenen Unternehmen, wirtschaftlich gleich liegende Sachverhalte ungleich zu behandeln[152]. Tochtergesellschaften des Diskriminierers und externe Dritte sind grundsätzlich nicht gleichartig[153]. Die Drittwirkungen können in diesen Fällen nur über den Behinderungstatbestand erfaßt werden[154]. Auf den normativen Bewertungsmaßstab wirkt sich diese Entscheidung zwischen Diskriminierungs- und Behinderungstatbestand bis auf die unterschiedliche Beweislastverteilung im Zivilprozeß nicht aus[155].

Sowohl Rechtsprechung[156] als auch die h.M. im Schrifttum[157] betrachten die privilegierte Behandlung von Tochterunternehmen nur dann als unbillige Behinderung, wenn mit der Bevorzugung eine nicht nur vorübergehende und nicht nur unerhebliche Gefährdung des Restwettbewerbs verbunden ist:

> „Durch die Mißbrauchsaufsicht soll verhindert werden, daß ein marktbeherrschendes Unternehmen durch Ausnutzung seines vom Wettbewerb nicht wirksam kontrollierten Gestaltungsspielraums zu Lasten Dritter ein Verhalten zeigt, das zu einer Verschlechterung der Marktstruktur oder zu nicht wettbewerbsgerechten Ergebnissen führt. Hierbei kommt es nicht entscheidend auf eine mißbilligende Wertung des kontrollierten Verhaltens an, sondern auf die wettbewerbsfremde oder wettbewerbsgefährdende Auswirkung. Da jedoch einem marktbeherrschenden Unternehmen der Gebrauch seiner Marktmacht und die Teilnahme am Wettbewerb mit diesen wettbewerbsrechtlich zulässigen Mitteln nicht generell untersagt werden kann, ist die Mißbrauchsaufsicht auf solche Maßnahmen der marktbeherrschenden Unternehmen zu beschränken, die die Gefahr einer weiteren Verschlechterung der Marktstruktur darstellen. Ein Mißbrauch durch eine an sich zulässige Maßnahme des Nichtleistungswettbewerbs ist daher nur dann anzunehmen,

---

152 **Bechtold**, § 20 Rdnr. 41; **Emmerich**, § 20 Anm. 7 (S. 240).

153 Vgl. BGH, WuW/E BGH 1947, 1949 (Stuttgarter Wochenblatt); BGH, WuW/E BGH 2360, 2365 (Freundschaftswerbung); OLG Düsseldorf, WuW/E OLG 4511, 4516 (Endspurt 87); **Bechtold**, § 20 Rdnr. 41; **Markert**, in: Immenga/Mestmäcker, GWB, § 26 Rdnr. 193.

154 Vgl. **Markert**, in: Immenga/Mestmäcker, GWB, § 26 Rdnr. 193.

155 **Markert**, in: Immenga/Mestmäcker, GWB, § 26 Rdnr. 182.

156 Vgl. KG, WuW/E OLG 1983, 1985) (Rama-Mädchen); vgl. auch betreffend die Gefahr der Monopolisierung des Absatzmarktes: KG, WuW/E OLG 3957, 3962 f (Straß).

157 Vgl. insb.: **Benisch**, in: Benisch (Hrsg.), § 26 Abs. 2 und 3, Rdnr. 99; **Carlhoff**, in: Frankfurter Kommentar, § 26 Rdnr. 318 m.w.N.; **Möschel**, in: Immenga/Mestmäcker, GWB, § 22 Rdnr. 197.

wenn eine nicht nur vorübergehende und nicht unerhebliche Gefährdung des Restwettbewerbs festzustellen ist“[158].

Mit dieser Argumentationsgrundlage verpflichtete die Rechtsprechung[159] in den siebziger Jahren Mineralölgesellschaften zur Belieferung freier Tankstellen.

2. Die Geschäftsverweigerung im europäischen Wettbewerbsrecht

Dem Schutz des Wettbewerbs vor Verfälschungen durch die beteiligten Unternehmen selbst dienen Art. 81 und 82 EG. Dabei trägt Art. 82 EG der Erkenntnis Rechnung, daß Wettbewerbsbeschränkungen nicht nur auf Koordinierung unternehmerischen Marktverhaltens beruhen, sondern auch durch Ausübung von Marktmacht hervorgerufen werden können[160].

Rechtsgrundlage für die kartellrechtliche Beurteilung von Geschäftsverweigerungen nach europäischen Recht ist deshalb Art. 82 EG. Im Vergleich zum deutschen Recht vereinigt er in sich die Aufgaben des Mißbrauchs- und Diskriminierungsverbots des § 19 GWB bzw. § 20 I GWB[161].

Adressaten des Verbots sind ausschließlich marktbeherrschende Unternehmen. Trotz Fehlens einer § 19 II GWB entsprechenden Definition ermittelt auch die europäische Rechtsanwendung die Marktbeherrschung in einem Doppelschritt[162]. Ein Unternehmen hat eine beherrschende Stellung inne, wenn es durch seine wirtschaftliche Stellung in die Lage versetzt wird, die Aufrechterhaltung eines wirksamen Wettbewerbs auf dem jeweiligen Markt zu verhindern, indem es die Möglichkeit hat, sich von seinen Wettbewerbern, seinen Abnehmern und letztlich von den Verbrauchern unabhängig zu verhalten[163].

---

158 KG, WuW/E OLG 1983, 1985 (Rama-Mädchen). Vgl. auch aus dem Schrifttum: **Carlhoff**, in: Frankfurter Kommentar, § 26 Rdnr. 318; **Schultz**, in: Langen/Bunte, § 20 Rdnr. 157.

159 Vgl. KG, WuW/E OLG 1497 ff (AGIP I); KG, WuW/E OLG 1499 ff (AGIP II), allerdings mit der Einschränkung, daß der Vorrang der Eigennutzung nur bei Gefahr für das eigene Unternehmen gelten könne).

160 **Koch**, in: Grabitz/Hilf, Art. 86 Rdnr. 1; **Möschel**, in: Immenga/Mestmäcker, EG-Wettbewerbsrecht, Art. 86 Rdnr. 1.

161 **Mestmäcker**, § 26 I (S. 352).

162 Statt vieler: **Möschel**, in: Immenga/Mestmäcker, EG- Wettbewerbsrecht, Art. 86 Rdnr. 38.

163 St. Rspr. seit: EuGH, Slg. 1979, 461, Tz. 38 (Hoffmann-La Roche); EuGH, Slg. 1978, 207, Tz. 63/66 (United Brands); EuGH, Slg. 1988, 6005 Tz 12 (Alsatel/Novasam).

Das den Adressaten der Vorschrift verbotene Verhalten besteht in der mißbräuchlichen Ausnutzung ihrer Position, soweit dadurch der Handel zwischen den Mitgliedstaaten beeinträchtigt werden kann. Die Feststellung, daß eine marktbeherrschende Stellung gegeben ist, beinhaltet für sich allein noch keinen Vorwurf. Sie bedeutet nur, daß das Unternehmen eine besondere Verantwortung dafür trägt, daß es durch sein Verhalten einen wirksamen und unverfälschten Wettbewerb auf dem gemeinsamen Markt nicht beeinträchtigt[164].

Nach der Rechtsprechung des EuGH ist Mißbrauch im Sinne des Art. 82 EG:

> „ein objektiver Begriff. Er erfaßt die Verhaltensweisen eines Unternehmens in beherrschender Stellung, die die Struktur eines Marktes beeinflussen können, auf dem der Wettbewerb gerade wegen der Anwesenheit des fraglichen Unternehmens bereits geschwächt ist, und die die Aufrechterhaltung des auf dem Markt noch bestehenden Wettbewerbs oder dessen Entwicklung durch die Verwendung von Mitteln behindern, welche von den Mitteln eines normalen Produkt- oder Dienstleistungswettbewerbs auf der Grundlage der Leistungen der Marktbürger abweichen“[165].

Zur Konkretisierung des Mißbrauchsbegriffes benennt Absatz 2 der Vorschrift vier Regelbeispiele mißbräuchlichen Verhaltens. Ihre praktische Bedeutung ist gering, weil sich die Rechtsanwendung auf eine fallgruppenbezogene Betrachtungsweise stützt[166]. Ebenso wie die deutsche Praxis, die innerhalb der Prüfung der §§ 19, 20 GWB die Interessenkollision zwischen den Interessen des Normadressaten einerseits und den Interessen der betroffenen Unternehmen andererseits, deren Belieferung durch die von Marktbeherrschung gekennzeichneten Marktstrukturen gefährdet ist, durch umfassende Interessenabwägung auflöst, verfährt die Rechtsanwendung bei Art. 82 EG[167]. Sie prüft, ob die Verhaltensweisen eines Unternehmens zur Wahrung seiner geschäftlichen Eigeninteressen gerechtfertigt sind oder über das Maß desjenigen hinausgehen, was unter Berücksichtigung der wirtschaftlichen Eigeninteressen der Beteiligten und unter

---

164 Vgl. EuGH, Slg. 1983, 3461 Tz. 57 (Michelin).

165 St. Rspr.: EuGH, Slg. 1979, 461, Tz. 91 (Hoffmann-La Roche); EuGH, WuW/E EWG 521, 523 (Wettbewerb-Haarpflegeerzeugnisse); EuGH, EuZW 1992, 21 Tz. 69 (AKZO Chemie).

166 Vgl. **Jung**, in: Grabitz/Hilf, Art. 82 Rdnr. 240 m.w.N; **Möschel**, in: Immenga/Mestmäcker, EG-Wettbewerbsrecht, Art. 86 Rdnr. 129.

167 Vgl. EuGH, Slg. 1978, 207, Tz. 182/183 ff (United Brands); **Möschel**, in: Immenga/Mestmäcker, EG-Wettbewerbsrecht, Art. 86 Rdnr. 120, 162.

Beachtung des in Art. 3 I lit. g) EG niedergelegten Zieles eines freien und unverfälschten Wettbewerbs angemessen ist[168].

Bereits die auf der beherrschenden Stellung beruhende spezielle Verantwortung für einen möglichst unverfälschten Wettbewerb mindert per se den Gestaltungsspielraum unternehmerischer Entscheidungsfreiheit des Marktbeherrschers[169]. Er ist um so stärker eingeengt, je höher die Gefahren für den Wettbewerb zu veranschlagen sind[170]. Deshalb wird den wirtschaftlichen Eigeninteressen des beherrschenden Unternehmens beim Abbruch bestehender Geschäftsverbindungen geringeres Gewicht beigemessen, als im Fall bloßen Unterlassens der Aufnahme neuer Geschäftsbeziehungen[171]. Mit dem Abbruch der Geschäftsbeziehung ist grundsätzlich die Vermutung mißbräuchlicher Ausnutzung der beherrschenden Stellung verbunden[172]. Diese Vermutung kann der Adressat des Art. 82 EG nur mit besonderen Rechtfertigungsgründen widerlegen, obwohl es auch ihm gestattet ist, seine Absatzpolitik frei zu bestimmen und seine Vertriebsnetze nach eigenem Ermessen auszugestalten[173]. Zur Rechtfertigung führt nicht allein der Entschluß des Marktbeherrschers, ab sofort selbst und ausschließlich den Vertrieb des von ihm hergestellten Produkts zu übernehmen[174]. Selbst unter Beachtung entsprechender Übergangsfristen[175] können sich Restriktionen aus den besonderen Gefahren für den unbeschränkten Wettbewerb ergeben. Dies gilt insbesondere dann, wenn das von der Einstellung der Belieferung betroffene Unternehmen letztendlich aus dem Markt aus-

---

168 Vgl. EuGH, Slg. 1978, 207, Tz. 184/194 (United Brands); **Möschel**, in: Immenga/Mestmäcker, EG-Wettbewerbsrecht, Art. 86 Fußn. 120.

169 Vgl. EuGH, Slg. 1983, 3461, Tz. 57 (Michelin); Slg. 1979, 461, Tz. 89 ff (Hoffmann-La Roche).

170 Vgl. nur: **Emmerich**, § 38 Anm. 5 a (S. 457) m.w.N.

171 Vgl. EuGH, Slg. 1978, 207, Tz. 182/183 ff (United Brands); Emmerich, § 38 Anm. 6 d (S. 461); **Schröter**, in: Groeben/Thiesing/Ehlermann, Art. 86 Rdnr. 204; **Möschel**, in: Immenga/Mestmäcker, EG-Wettbewerbsrecht, Art. 86 Rdnr. 218.

172 Grundlegend: EuGH, Slg. 1978, 207, Tz. 182/183 (United Brands); **Emmerich**, § 38 Anm. 6 d (S. 461); **Möschel**, in: Immenga/Mestmäcker, EG-Wettbewerbsrecht, Art. 86 Rdnr. 217.

173 Vgl. **Dirksen**, in: Langen/Bunte, Art. 82 Rdnr. 168; **Jung**, in: Grabitz/Hilf, Art. 82 Rdnr. 153; **Möschel**, in: Immenga/Mestmäcker, EG-Wettbewerbsrecht, Art. 86 Rdnr. 218.

174 Vgl. EuGH, Slg. 1974, 223, Tz. 25 (Commercial Solvents); EuGH, Slg. 1985, 3261, Tz. 23 ff (CBEM/CLT und IPB „Telemarketing"); **Schröter**, in: Groeben/Thiesing/Ehlermann, Art. 86 Rdnr. 207.

175 Eine sofortige Einstellung der Belieferung verstößt ohnehin gegen den Grundsatz der Angemessenheit, **Dirksen**, in: Langen/Bunte, Art. 82 Rdnr. 170 m.w.N.

scheiden müßte[176]. Nur zwingende wirtschaftliche oder technische Gründe, wie z.B. mangelnde Sachkunde des Abnehmers, finanzielle Unzuverlässigkeit des Vertragspartners oder die unzureichende technische Qualifikation von Reparaturbetrieben, vermögen den Abbruch einer bestehenden Geschäftsverbindung zu rechtfertigen[177]. Neben diesen abnehmerbezogenen Rechtfertigungsgründen kommen auch marktbezogene Gründe in Betracht[178]. Darunter fallen neben auf Kapazitätsausschöpfung beruhenden Ablehnungen auch solche, mit denen ein marktmächtiges Unternehmen im Sinne des Art. 82 I EG durch Anpassung seines Vertriebsnetzes auf Marktschwankungen reagiert[179]. Entscheidungen marktbeherrschender Unternehmen sind aber auch in Krisenzeiten, in denen das Verbot des Art. 82 EG gleichermaßen gilt, nur gerechtfertigt, wenn das marktbeherrschende Unternehmen eine Repartierung seiner Ressourcen vornimmt[180]. Obwohl in die Verteilungsentscheidung grundsätzlich auch die Bedeutung der Abnehmer für das marktbeherrschende Unternehmen einbezogen werden darf[181], müssen, falls das von der Lieferkürzung betroffene Unternehmen in seiner Existenz gefährdet ist, höhere Anforderungen an die sachliche Rechtfertigung der Verteilungsentscheidung gestellt werden[182].

Bei der Weigerung der Nichtaufnahme von Geschäftsbeziehungen fehlt es im Regelfall hingegen an der Mitwirkung des Marktbeherrschers an der Abhängigkeits- und Gefährdungssituation des ausgeschlossenen Unternehmens. Nur die besondere Verantwortung des marktbeherrschenden Unternehmens für das System eines freien Wettbewerbs kann bei der erhöhten Gefährdung dieses Ordnungsprinzips unter Abwägung aller Umstände

---

176 Vgl. **Dirksen**, in: Langen/Bunte, Art. 82 Rdnr. 168; **Schröter**, in: Groeben/Thiesing/Ehlermann, Art. 86 Rdnr. 207.

177 **Jung**, in: Grabitz/Hilf, Art. 82 Rdnr. 155; **Möschel**, in: Immenga/Mestmäcker, EG-Wettbewerbsrecht, Art. 86 Rdnr. 219; **Schröter**, in: Groeben/Thiesing/Ehlermann, Art. 86 Rdnr. 209.

178 Vgl. **Schröter**, in: Groeben/Thiesing/Ehlermann, Art. 86 Rdnr. 209.

179 Vgl. **Jung**, in: Grabitz/Hilf, Art. 82 Rdnr. 155; **Schröter**, in: Groeben/Thiesing/Ehlermann, Art. 86 Rdnr. 209.

180 Vgl. nur: **Möschel**, in: Immenga/Mestmäcker, EG-Wettbewerbsrecht, Art. 86 Rdnr. 222.

181 Vgl. EuGH, Slg. 1978 1513, 1526 Tz. 29/34 (B.P./Kommission); **Jung**, in: Grabitz/Hilf, Art. 82 Rdnr. 155.

182 Vgl. Entscheidung der Kommission v. 19.04.1977, ABl.EG Nr. L 117/1 v. 09.05.1977, S. 10 f; **Dirksen**, in: Langen/Bunte, Art. 82 Rdnr. 167 ff; **Möschel**, in: Immenga/Mestmäcker, EG-WettbewerbsR, Art. 86 Rdnr. 220.

des Einzelfalles zur Bejahung eines Mißbrauches führen[183]. Besitzt der Normadressat ein rechtliches oder tatsächliches Monopol und besteht zum Zeitpunkt der Lieferverweigerung bereits ein Markt für die nachgefragte Leistung, so führt die Abhängigkeit der Nachfrager vom Normadressaten grundsätzlich zu einem Übergewicht der Interessen der Nachfragerseite[184]. Damit korrelliert eine Kontrahierungspflicht zu zumutbaren Bedingungen[185]. Hat hingegen das marktbeherrschende Unternehmen überhaupt noch keinen Wettbewerb für die nachgefragte Leistung eröffnet, war lange Zeit streitig, ob aus Art. 82 EG die aktive Förderung des gegen den Marktbeherrscher gerichteten Restwettbewerbs abgeleitet werden kann[186]. Damit sind die Fälle der „essential facilities"-Doktrin angesprochen.

3. Die Besonderheiten der „essential facilities"-Doktrin

„Essential facilities"- Fälle zeichnen sich trotz aller analytischen Unsicherheiten dadurch aus, daß ein Unternehmen, welches den Zugang zu Informationen, Produkten oder Infrastrukturen kontrolliert, anderen Unternehmen diesen Zugang verweigert oder nur unter Bedingungen gewährt, die ungünstiger sind als die für eigene Dienste, um seine Stellung auf einem nachgelagerten Markt zu schützen, der Dritten bislang nicht eröffnet worden ist[187]. Für diese Konstellationen hat die Europäische Kommission entschieden, daß:

> „ein Unternehmen, das für die Gestellung einer wesentlichen Einrichtung (d.h. einer Einrichtung oder Infrastruktur, ohne deren Nutzung ein Wettbewerber seinen Kunden keine Dienste anbieten kann) marktbeherrschend ist und diese Einrichtung selbst nutzt und anderen Unternehmen den Zugang zu dieser Einrichtung ohne sachliche Rechtfertigung verweigert oder nur unter Bedingungen, die ungünstiger sind als für seine eigenen Dienste, gewährt,

---

183 Vgl. **Jung**, in: Grabitz/Hilf, Art. 82 Rdnr. 153.

184 Vgl. EuGH, Slg. 1974, 409 Tz. 17 (Sacchi); **Jung**, in: Grabitz/Hilf, Art. 82 Rdnr. 156; **Möschel** in: Immenga/Mestmäcker, EG - Wettbewerbsrecht, Art. 86 Rdnr. 225; **Schröter**, in: Groeben/Thiesing/Ehlermann, Art. 86 Rdnr. 24 ff, 207.

185 Vgl. **Möschel** in: Immenga/Mestmäcker, EG - Wettbewerbsrecht, Art. 86 Rdnr. 225.

186 Verneinend: **Schnelle**, EuZW 1994, 556, 558 m.w.N.; vgl. auch die Nachweise bei: **Schröter**, in: Groeben/Thiesing/Ehlermann, Art. 86 Rdnr. 211 f.

187 Entscheidung der Kommission 94/19/EG v. 21.12.1993, ABl.EG 1994 Nr. L 15 S.16, Tz. 66 (Sealink II); **Europäische Kommission**, 23. Wettbewerbsbericht, Ziff. 213 (S. 139); aus dem Schrifttum: statt vieler: **Möschel** in: Immenga/Mestmäcker, EG - Wettbewerbsrecht, Art. 86 Rdnr. 260. Vgl. auch: EuGH, Slg. 1995, 808 Tz. 48 ff (Magill); EuGH, Slg. 1998, 7817 ff (Oscar Bronner).

verstößt gegen Art. 86 [jetzt Art. 82 EG; d.Verf.], sofern die übrigen Voraussetzungen dieses Artikels erfüllt sind“[188].

Die „essential facilities“-Doktrin sollen verhindern, daß der Betreiber der wesentlichen Einrichtung seine Position zum Ausbau seiner wettbewerblichen Stellung auf einem nachgelagerten Markt ausnutzt[189]. Nicht bezweckt ist hingegen der Wettbewerb auf dem von der wesentlichen Einrichtung ausgefüllten Markt[190]. Die Anwendungsfälle der „essential facilities“-Doktrin sind nicht als neuartige und eigenständige Fallgruppe des Mißbrauchsverbots zu betrachten, sondern stellen einen besonderen Anwendungsfall des Unterlassens der Aufnahme neuer Geschäftsbeziehungen dar, wobei „in dem die vertikale Schutzdimension einschließenden breiteren Anwendungsspektrum die horizontale Dimension der Bekämpfung von Wettbewerbsbehinderungen auf den von den Normadressaten beherrschten Märkten im Vordergrund stehen sollte“[191]. Die mit der Anerkennung der „essential facilities“-Doktrin verbundene stärkere Betonung des Lenkungseffektes des Mißbrauchsverbots durch die markteröffnende Wirkung gegenüber der herkömmlichen auf reine Überwachung beschränkten Ausgestaltung dieses Verbots ist eine der wichtigsten qualitativen Neuerungen in der Entwicklung des Mißbrauchstatbestandes[192].
Die Wurzeln dieses Konzepts liegen im amerikanischen Kartellrecht[193]. Abgesehen von den Kontroversen um den sachlichen Anwendungsbereich dieses Konzeptes, die zu-

---

188 Entscheidung der Kommission 94/19/EG v. 21.12.1993, ABl.EG 1994 Nr. L 15 S. 8, 16, Tz. 66 (Sealink II). Eine ähnliche Formulierung findet sich in der Entscheidung der Kommission 94/119/EG v. 21.12.1993, ABl.EG 1994 Nr. L 55, S. 52, 55 Tz. 12 (Hafen von Rodby).

189 Vgl. **Deselears,** EuZW 1995, 563, 568; **Emmerich,** § 18 Anm. 14 b (S. 214); **Jung,** in: Grabitz/Hilf, Art. 82 Rdnr. 217; **Klimisch/Lange,** WuW 1998, 15, 19; **Markert,** FS **Mestmäcker,** 661, 670; **Schwarze** in: Schwarze (Hrsg.), Netzzugang, S. 16.

190 **Jung,** in: Grabitz/Hilf, Art. 82 Rdnr. 217; **Klimisch/Lange,** WuW 1998, 15, 19.

191 Vgl. dazu: **Dirksen,** in: Langen/Bunte, Art. 82 Rdnr. 177 a; **Emmerich,** § 18 Anm. 14 b (S. 214 f); **Fleischer/Weyer,** WuW 1999, 350, 353f; **Jung,** in: Grabitz/Hilf, Art. 82 Rdnr. 216; **Markert,** FS Mestmäcker, 661, 671; **ders.** WuW 1995, 560, 564 f, 570 f; **Möschel,** in: Immenga/Mestmäcker, EG-Wettbewerbsrecht, Art. 86 Rdnr. 261, 262.

192 Vgl. auch die amtl. Begr. des § 19 IV Nr. 4 GWB, RegE GWB-Novelle, BT-Drs. 13/9720, S. 51: „§ 19 IV Nr. 4 enthält eine Mißbrauchsregelung bei Verweigerung des Zugangs zu wesentlichen Einrichtungen, durch die das allgemeine Mißbrauchsverbot des § 19 Abs. 1 konkretisiert wird. Für die Anwendung des § 19 IV Nr. 4 ist es grundsätzlich auch unerheblich, ob das im Besitz einer wesentlichen Einrichtung befindliche Unternehmen den Zugang bereits Dritten eröffnet hatte oder der aktuelle Petent der erste ist, welcher Zugang begehrt“.

193 Vgl. die Darstellung bei: **Dreher** in: DB 1999, 833 m.w.N.; **Markert,** FS Mestmäcker, 661 ff.

mindest im hier interessierenden Bereich der Energieübertragungssysteme keine Bedeutung erlangen, da Elektrizitätsversorgungsnetze unstreitig zu den wesentlichen Einrichtungen gezählt werden[194], ist fraglich, ab wann die Verantwortung der Inhaber wesentlicher Einrichtungen für ein System unverfälschten Wettbewerbs so groß ist, daß selbst eine marktwirtschaftlichen Gesichtspunkten eigentlich fremde Pflicht zur aktiven Förderung der Konkurrenz bejaht werden kann.

Einen ersten Versuch zur Systematisierung der von den „essential-facilities" Doktrin erfaßten Sachverhaltskonstellationen hat die Europäische Kommission im Zuge der Liberalisierung des Telekommunikationswesens unternommen. Sie unterscheidet drei Fallgruppen:

1. Verweigerung des Zugangs zu einer Einrichtung, die für einen Dienstleistungsmarkt wesentlich ist, auf dem entweder der Zugangsanbieter selbst oder ein anderer Unternehmer bereits tätig sind;
2. Verweigerung des Zugangs zu einer Einrichtung, die für einen Dienstleistungsmarkt wesentlich ist, auf dem weder der Zugangsanbieter noch ein anderes Unternehmen tätig sind;
3. Entzug der Zugangsmöglichkeit zu einer wesentlichen Leistung im Rahmen bestehender Kundenbeziehung[195].

Der Anspruch auf Zugang zu fremden Elektrizitätsversorgungsnetzen fällt in die erstgenannte Kategorie, deren einzige Neuerung im Vergleich zur Behandlung der herkömmlichen Geschäftsverweigerungsfälle in der Gleichbehandlung von eigenen Geschäftssparten und dritten Nachfragern besteht[196]. Demzufolge ist der Mißbrauchsvorwurf in diesen Fällen stets dann begründet und die Ausübung der aus dem Eigentumsrecht der Netzbetreiber folgenden Befugnisse nicht mehr vom spezifischen Schutzgehalt dieses ausschließlichen Rechts erfaßt, wenn der Betreiber des Elektrizitätsversorgungsnetzes die Benutzung dieser Einrichtung ohne sachlich gerechtfertigten Grund

---

[194] Statt vieler: **Jung**, in: Grabitz/Hilf, Art. 82 Rdnr. 223; **Möschel** in: Immenga/Mestmäcker, EG - Wettbewerbsrecht, Art. 86 Rdnr. 266.

[195] Vgl. **Europäische Kommission**, Mitteilung über die Anwendung der Wettbewerbsregeln auf Zugangsvereinbarungen im Telekommunikationsbereich, ABl.EG 1998 v. 22.08.1998 Nr. C 265/2, Tz. 84.

[196] Vgl. **Jung**, in: Grabitz/Hilf, Art. 82 Rdnr. 221, vgl. auch: **Europäische Kommission**, ABl.EG 1998, Nr. C 265/2, Tz. 86: „Im allgemeinen ist das marktbeherrschende Unternehmen dazu verpflichtet, den Zugang auf eine solche Weise zu gewähren, daß die den Unternehmen auf den nachgeordneten Märkten angebotenen Waren und Dienstleistungen nicht zu ungünstigeren Bedingungen verfügbar sind, als dies für andere Parteien, einschließlich der eigenen, nachgeordneten Geschäftssparten, der Fall ist".

dem eigenen Unternehmen vorbehält oder Konkurrenten nur zu ungünstigeren Bedingungen zuläßt, als sie von ihm für den unternehmensinternen Bedarf in Rechnung gestellt werden.
Sind diese Voraussetzungen erfüllt, wird vermutet, daß der Inhaber der wesentlichen Einrichtung ökonomisch unvernünftige Verhaltensweisen auf dem bereits monopolistisch organisierten Markt in Kauf nimmt, in der Annahme, diesen Schaden als Vorteil auf dem abgeleiteten Markt zumindest kompensieren zu können[197]. Die Beweislast für die sachliche Rechtfertigung der Zugangsverweigerung muß beim Marktbeherrscher liegen, da die Zugangsverweigerung nur ausnahmsweise zulässig ist[198].
Ein abschließender Katalog möglicher Rechtfertigungsgründe hat sich bislang nicht herausgebildet. In Literatur und Rechtsprechung dürfte Einigkeit zumindest im Ansatz darüber bestehen, daß sowohl einrichtungsbezogene als auch nachfragerbezogene Aspekte die Zulassung dritter Bewerber begrenzen können[199].
Zu den einrichtungsbezogenen Verweigerungsgründen zählt die Überschreitung der vorhandenen Kapazität[200]. Nach überwiegender Auffassung aber kann sich der Inhaber einer wesentlichen Einrichtung nicht auf Kapazitätsmangel berufen, wenn die zur Verfügung stehende Kapazität nicht optimal ausgenutzt wird[201]. Wie hingegen die zu verteilende Kapazität unter den Nachfragern aufzuteilen ist, ist derzeit noch ungeklärt[202]. Weitere einrichtungsbezogene Verweigerungsgründe sind die Sicherung der Funktionsfähigkeit der Anlage und die Aufrechterhaltung der Betriebssicherheit[203].

---

197 Vgl. **Schwintowski,** WuW 1999, 842, 850.

198 **Möschel** in: Immenga/Mestmäcker, EG - Wettbewerbsrecht, Art. 86 Rdnr. 263.

199 Vgl. EuGH, Slg. 1998, 7817 Tz. 26 ff (Oscar Bronner); aus dem Schrifttum, statt vieler: **Möschel,** in: Immenga/Mestmäcker, EG-Wettbewerbsrecht, Art. 86 Rdnr. 263.

200 Vgl. Entscheidung der Kommission, ABl.EG Nr. L 55/52, 55, 56 Tz. 12, 15 (Hafen von Rodby); **Möschel** in: Immenga/Mestmäcker, EG - Wettbewerbsrecht, Art. 86 Rdnr. 263; speziell für Energieübertragungssysteme: **Ehlermann,** RdE 1993, 41, 44; **Markert,** WuW 1995, 560, 565.

201 EG-Kommission, WuW/E EU-V, 38, 42 f (Flughafen Frankfurt/Main AG).

202 **Möschel** in: Immenga/Mestmäcker, EG - Wettbewerbsrecht, Art. 86 Rdnr. 263, Fußn. 669 verweist in diesem Zusammenhang auf die in diesem Punkt sehr weitgehende Entscheidung Sealink II, nach der Maßstab das hypothetische Verhalten einer unabhängigen Hafenbehörde sein soll und demzufolge auch das Unternehmen, das die wesentliche Einrichtung kontrolliert, Quotierungen zu eigenen Lasten vornehmen müßte. Nach seiner Ansicht ist ein so weitgehender Eingriff in die unternehmerische Freiheit aber auch vor dem Hintergrund des Schutzes des Wettbewerbs nicht gerechtfertigt, vgl. für Energieliefersysteme Rdnr. 266.

203 Vgl. **Deselears,** EuZW 1995, 563, 568; **Möschel** in: Immenga/Mestmäcker, EG - Wettbewerbsrecht, Art. 86 Rdnr. 263, 266.

Der Gruppe der nachfragerbezogenen Aspekte werden demgegenüber all diejenigen Gründe zugeordnet, deren Ausgangspunkt die Person der Zugangsbegehrenden ist und die Auswirkungen auf den Betrieb der Einrichtung haben können[204]. Unumstritten ist im Grundsatz, daß Bewerber, denen die zur Nutzung der Einrichtung notwendigen fachlich - technischen oder wirtschaftlichen Kenntnisse fehlen, nicht zugelassen werden brauchen[205]. Aus der Anerkennung ausreichender wirtschaftlicher Gewähr läßt sich ableiten, daß der Zugang zur wesentlichen Einrichtung nur gegen angemessenes Entgelt gewährt werden muß[206]. Dieses Entgelt muß zumindest einen Ausgleich für die Erstellungs- und Unterhaltungskosten der wesentlichen Einrichtung und einen angemessenen Gewinn aus dem Betrieb der Anlage sichern[207].

4. Schlußfolgerungen für den Anspruch aus § 6 EnWG

Der auf der „essential facilities"-Doktrin beruhende Anspruch auf Mitbenutzung fremder Elektrizitätsversorgungsnetze nach § 6 I EnWG hat seinen Ursprung in den Geschäftsverweigerungsfällen als Teil des allgemeineren Problemkreises der Förderungspflichten marktbeherrschender Unternehmen[208].

Zu kurz gegriffen wäre aber die Schlußfolgerung, daß wegen der einzigen Besonderheit dieser Fallgruppe der „essential facilities" - Doktrin, nämlich der Pflicht zur Gleichbehandlung von eigenen Geschäftssparten des Netzbetreibers und dritten Unternehmen[209], die für die Behandlung der herkömmlichen Lieferverweigerungsfälle geltenden Erkenntnisse auf den Anspruch aus § 6 EnWG übertragen werden können. Diese Zurückhaltung beruht darauf, daß es bei der Durchsetzung des energierechtlichen Netzzugangsanspruchs nicht nur um den Schutz vor Mißbrauch von Machtstellungen geht, sondern vor allem um die Sicherung eines bestimmten wirtschaftlichen Ergebnisses

---

204 Vgl. **Deselears**, EuZW 1995, 563, 568; **Klimisch/Lange**, WuW 1998, 15, 24; **Montag**, EuZW 1997, 71, 76.

205 Vgl. **Deselears**, EuZW 1995, 563, 568; **Möschel** in: Immenga/Mestmäcker, EG - Wettbewerbsrecht, Art. 86 Rdnr. 263.

206 Vgl. hierzu: **Klimisch/Lange**, WuW 1998. 15, 24 f; **Matthias Müller**, EuZW 1998, 232, 235.

207 Vgl. EuGH, Slg. 1988, 6067 Tz. 17 (Cicra u.a./Renault); **Deselaers**, EuZW 1995, 563, 568; **Mennicke**, ZHR 160 (1996), 626, 657; **Montag**, EuZW 1997, 71, 76.

208 Allgemein für den Anspruch auf Mitbenutzung fremder Infrastruktureinrichtungen vgl. **Fleischer/Weyer**, WuW 1999, 350, 353; **Jung**, in: Grabitz/Hilf, Art. 82 Rdnr. 216; **Markert**, FS Mestmäcker, 661, 662; **Oechsler**, ZHR 164 (2000), 479, 484.

209 Vgl. **Jung**, in: Grabitz/Hilf, Art. 82 Rdnr. 221.

auch im Interesse energiepolitischer Zielsetzungen. Kennzeichnend für das Wirtschaftsregulierungsrecht der Elektrizitätsversorgung sind gerade die Wechselwirkungen zwischen den Elementen der Monopolregulierung, der marktorganisierenden Wettbewerbsregulierung und der marktfremden gemeinwohlorientierten Regulierung[210].

B. Grundrechtliche Aspekte des Zugangs zu fremden Versorgungsnetzen

I. Der Anspruch auf Netzzugang und seine Vereinbarkeit mit grundrechtlichen Gewährleistungen

Stand vor der Energierechtsreform noch die grundsätzliche Vereinbarkeit des neuen Ordnungsrahmens mit grundrechtlichen Gewährleistungen im Vordergrund der Diskussion[211], konzentriert sich die Frage nach der Relevanz grundrechtlicher Erwägungen heute vor allem darauf, ob und in welchem Umfang der Anspruch auf Netzzugang durch die Grundrechte des Netzbetreibers begrenzt wird. Über die Vereinbarkeit der Einführung von Durchleitungsrechten mit grundrechtlichen Gewährleistungen in der rechtswissenschaftlichen Diskussion besteht weitgehend Einigkeit. Dennoch wird im Rahmen dieser Arbeit hierzu Stellung genommen, um vor allem auch mit Blick auf die Beeinflussung der Ablehnungsgründe durch die Grundrechte der Netzbetreiber vorab einige grundsätzliche Fragen klären und so Wiederholungen vermeiden zu können.

1. Der grundrechtliche Prüfungsmaßstab

An erster Stelle steht die Bestimmung des anzulegenden Prüfungsmaßstabes. In Betracht kommen die Gemeinschaftsgrundrechte und die Grundrechtsgarantien des nationalen Verfassungsrechts. Trotz einiger, von zahlreichen Stellungnahmen aus dem rechtswissenschaftlichen Schrifttum begleiteten, höchstrichterlichen Entscheidungen ist der Streit um das Verhältnis von nationalem Verfassungsrecht zu europäischem Gemeinschaftsrecht nach wie vor gekennzeichnet von weit auseinandergehenden Positionen und tiefgreifenden Interessengegensätzen.

---

[210] Vgl. nur: **Schneider**, S. 537.

[211] Dazu: **Bergmann**, S. 59 ff, 116 f; **Büdenbender**, Kartellaufsicht, S. 328 ff; **Hüffer/Ipsen/Tettinger**, S. 137 ff; **Lukes**, in: RTW 18, S. 65, 85 ff; **Papier**, BB 1997, 1213 ff; **Recknagel**, ET 1988, 385, 390 f; **Schmidt-Preuß**, RdE 1996, 1 ff; **ders.**, AG 1996, 1 ff.

Nach der Rechtsprechung des EuGH genießt das Gemeinschaftsrecht Anwendungsvorrang kraft Eigenständigkeit[212].
Nach gefestigter Rechtsprechung des BVerfG beruht der Vorrang des Gemeinschaftsrechts hingegen auf verfassungsrechtlicher Ermächtigung:

> „Die Ermächtigung aufgrund des Art. 24 I GG ist indessen nicht ohne verfassungsrechtliche Grenzen. Die Vorschrift ermächtigt nicht dazu, im Wege der Einräumung von Hoheitsrechten für zwischenstaatliche Einrichtungen die Identität der geltenden Verfassungsordnung der Bundesrepublik Deutschland durch Einbruch in ihr Grundgefüge, in die sie konstituierenden Strukturen aufzugeben. Ein unverzichtbares, zum Grundgefüge der geltenden Verfassung gehörendes Essentiale sind jedenfalls die Rechtsprinzipien, die dem Grundrechtsteil des Grundgesetzes zugrunde liegen."[213]

Deshalb nimmt das Bundesverfassungsgericht seine Gerichtsbarkeit über die Anwendbarkeit von abgeleitetem Gemeinschaftsrecht, das als Rechtsgrundlage für ein Verhalten deutscher Staatsorgane in Anspruch genommen wird, solange nicht mehr in Anspruch, als die Rechtsprechung des EuGH einen wirksamen Schutz der Grundrechte gegenüber der Hoheitsgewalt der Gemeinschaften generell gewährleistet, „der dem vom Grundgesetz als unabdingbar gebotenen Grundrechtsschutz im wesentlichen gleichzuachten ist, zumal den Wesensgehalt der Grundrechte generell verbürgt"[214]. Obwohl die Solange II - Entscheidung eine unmittelbar wirkende Verordnung betraf, gelten die dort zum Ausdruck gekommenen Grundsätze in gleichem Maße für zwingende Richtlinienvorgaben[215].

Offen geblieben und umstritten ist, wie dieser Grundrechtsstandard im einzelnen zu bestimmen ist. Die widerstreitenden Positionen haben anderenorts bereits ausführliche Darstellung und Würdigung gefunden, die hier eine umfassende Wiedergabe entbehrlich machen[216].

---

212 Vgl. EuGH, Slg. 1970, 1125, Tz. 3 (Internationale Handelsgesellschaft); EuGH, Slg. 1979, 3727, Tz. 14 (Hauer). Der Vorrang ist auch gegenüber nationalem Verfassungsrecht anerkannt, EuGH, Slg. 1978, 629, Tz. 14/16 ff (Simmenthal).

213 BVerfGE 73, 339, 375 f; vgl. auch: BVerfGE 75, 223 ff.

214 Vgl. BVerfGE 73, 339, 387.

215 Vgl. BVerfG, EuGRZ 1989, 339, 340; **Pernice**, in: Dreier (Hrsg.), Art 23 Rdnr. 30; **Rengeling**, S. 190.

216 Vgl. nur: **Pernice**, in: Grabitz/Hilf, Art. 164 Rdnr. 43 ff m.w.N; **Rickert**, S. 114 ff; **Selmer**, S. 27 ff.

Verneint man eine Aktivierung des Vorbehalts im Einzelfall und stellt nur auf eine generelle Sicherung des Grundrechtsstandards ab, so können Grundrechtsgewährleistungen des Grundgesetzes nur noch im Fall einer andauernden Verweigerung des Grundrechtsschutzes durch den EuGH zum Zuge kommen, einzelne denkbare Grundrechtsverstöße könnten die Verfassungswidrigkeit des Zustimmungsgesetzes nicht begründen[217]. Dieser Ansicht folgend, wären, weil ein generelles Absinken des Grundrechtsschutzes durch den EuGH nicht eingetreten ist[218], deutsche Grundrechte kein Prüfungsmaßstab.

Nach anderer Ansicht soll zwar auch eine generelle Betrachtung stattfinden, die sich aber auf das konkrete (Grund-)Recht beziehen müsse[219]. Jedenfalls für den hier interessierenden Bereich der Eigentumsfreiheit sei es der europäischen Rechtsprechung nicht gelungen, die grundrechtlich geschützten Interessen angemessen zu ermitteln und zu bewerten[220]. Soweit also eine Prüfung gemeinschaftsrechtlicher Maßnahmen an Hand der Eigentumsgewährleistung vorzunehmen ist, wird die Grundrechtsgewährleistung des GG aktualisiert werden müssen.

Schließlich vertritt ein Teil der Literatur, daß in jedem konkreten Einzelfall geprüft werden müsse, ob die gemeinschaftsrechtlichen Grundrechtsgewährleistungen dem vom Grundgesetz als unabdingbar geforderten Grundrechtsschutz entsprechen[221]. Klärungsbedürftig bleibt, wann ein Schutz der Grundrechte gewährleistet ist, „der dem vom Grundgesetz als unabdingbar gebotenen Grundrechtsschutz im wesentlichen gleichzuachten ist, zumal den Wesensgehalt der Grundrechte generell verbürgt[222]“. Ein deckungsgleicher Schutz in den einzelnen Grundrechtsbereichen des Grundgesetzes durch das europäische Gemeinschaftsrecht und der darauf fußenden Rechtsprechung des EuGH ist jedenfalls nicht gefordert[223].

---

217 So: **Kloepfer**, JZ 1988, 1089, 1093; **Stein**, in: FS für Zeidler Bd. 2, 1711, 1724 ff; **Tomuschat**, in: Bonner Kommentar, Art. 24 Rdnr. 65 m.w.N.

218 Vgl. nur: BVerfG NJW 2000, 3124, 3125.

219 So: **Berrisch**, EuR 1994, 461, 465 ff; **Huber**, in: v.Mangoldt/Klein/Starck, Art. 19 Rdnr. 203, **ders.** EuZW 1997, 517, 521.

220 Vgl. VG Frankfurt/M., EuZW 1997, 182, 189 f; **Huber**, in: v.Mangoldt/Klein/Starck, Art. 19 Rdnr. 207; allgemein: **Ossenbühl**, in: FS Quaritsch, S. 235, 249 f.

221 So: **Scholz**, NJW 1990, 941, 945; **Streinz**, Grundrechtsschutz, S. 283 ff, 301 f.

222 Formulierung nach: BVerfGE 73, 339, 387.

223 Vgl. BVerfG, NJW 2000, 3124, 3125.

Der grundrechtliche Prüfungsmaßstab hängt also davon ab, welcher Ansicht gefolgt wird. Die jüngste Entscheidung des BVerfG zur Bananenmarktproblematik weist in die Richtung der erstgenannten Ansicht. Nach ihr dürfen für die Kontrolle abgeleiteten Gemeinschaftsrechts und der auf zwingenden Vorgaben beruhenden nationalen Transformationsgesetze allein gemeinschaftsrechtliche Grundrechtsgewährleistungen herangezogen werden, weil die Leistungsfähigkeit europäischen Grundrechtsschutzes nicht generell in Frage steht[224]:

> „Vor dem Hintergrund dieser Entscheidung des EuGH [EuGH, Slg. 1996, 6065 - T.Port GmbH & Co. KG/Bundesanstalt für Landwirtschaft und Ernährung; d. Verf.] wäre es dem VG nicht möglich gewesen, ein generelles Absinken des Grundrechtsstandards in dessen Rechtsprechung herzuleiten“[225].

Die endgültige Streitentscheidung soll aber dem europarechtlichen Schrifttum vorbehalten bleiben. Im Folgenden wird daher sowohl die Vereinbarkeit mit Art. 14 I GG als auch die mit der gemeinschaftsrechtlichen Eigentumsgarantie untersucht werden. Ohnehin beansprucht Art. 14 GG uneingeschränkte Geltung, wenn es um die Kontrolle der Ausfüllung von Richtlinienfreiräumen geht:

> „Die Frage, ob er [der nationale Gesetzgeber; d. Verf.] bei der Umsetzung im Rahmen des ihm von der Richtlinie eingeräumten Gestaltungsspielraums Grundrechte oder grundrechtsgleiche Rechte der Antragstellerin verletzt, unterliegt in vollem Umfang der verfassungsgerichtlichen Überprüfung“[226].

---

224 So auch: **Benda/Klein**, Rdnr. 657; **Fischer**, § 6 Rdnr. 77; **Klein**, in: VVdStRL 50 (1991), 56, 83 f; **Nicolaysen**, EuR 1989, 215, 221 ff; **Rengeling**, S. 190. Neuestens: **Brink/Krichbaum**, DÖV 2000, 973, 980 f; **Classen**, JZ 2000, 1157, 1158; **Mayer**, EuZW 2000, 685, 688.

225 BVerfG, NJW 2000, 3124, 3125.

226 BVerfG, NJW 1990, 974; aus dem Schrifttum, statt vieler: **Pernice**, in: Dreier (Hrsg.), Art. 23 Rdnr. 30.

2. Die Einführung von Durchleitungsrechten und die Grundrechte des Grundgesetzes

a) Der Eingriff in den Schutzbereich der Eigentumsgarantie

Nicht abschließend geklärt ist bislang die Streitfrage, ob sog. gemischtwirtschaftliche Unternehmen, die in besonderem Maße die Struktur der deutschen Elektrizitätsversorgung kennzeichnen[227], Träger von Grundrechten sein können[228].

Der mit § 6 EnWG verbundene Eingriff liegt in dem Zwang, Konkurrenten Mitbenutzungsrechte am eigenen Leitungssystem einräumen zu müssen. In den Blickpunkt der Betrachtung rückt deshalb zunächst die Eigentumsgarantie des Art. 14 I GG[229]. Durch die Pflicht, Konkurrenten den Zugang zum eigenen Versorgungsnetz zu gewähren, schränkt das EnWG zusätzlich die durch Art. 12 GG geschützte Freiheit gewerblicher Betätigung ein. Nach der vom BVerfG im Apothekenurteil entwickelten Systematik stellt sich die Einschränkung der Berufsfreiheit durch die Einführung von Durchleitungsrechten als Berufsausübungsregelung dar, die mit vernünftigen Erwägungen des Gemeinwohles gerechtfertigt werden kann. Diese vernünftigen Erwägungen des Gemeinwohls sind bei gleichzeitiger Betroffenheit des Art. 14 I GG immer dann gegeben, wenn der Eingriff in das Eigentumsgrundrecht verfassungsrechtlich zulässig ist[230].

b) Die Rechtfertigung des Grundrechtseingriffs

Der Eingriff in den Schutzbereich der Eigentumsgarantie ist nur dann gerechtfertigt, wenn die Regelung des § 6 EnWG entweder die Voraussetzungen, die Art. 14 III GG

---

227 Nach dem Bericht des Umweltbundesamtes von 1996 erfolgt die Stromabgabe im Jahr 1996 zu 68 % durch gemischtwirtschaftliche Unternehmen, Bericht des Umweltbundesamtes, 1996, S. 68.

228 Zum Streitstand, insb. für EltVU: BVerfG, NJW 1990, 1783; Bericht des Umweltbundesamtes 3/96, S. 144 ff; **Ehmer**, S. 55 ff; **Kühne**, JZ 1990, 335 f; **Schmidt-Aßmann**, BB 1990, Beilage 34 zu Heft 27; **Zinow**, S. 96 ff. Im europäischen Recht wird diese Frage überwiegend bejaht, **Schnelle** EuZW, 1994, 556, 559; **Scholz/Langer**, S. 244 ff; **Tettinger**, S. 625, 630.

229 Der Schutzbereich des Art. 14 I 1. Alt. GG erfaßt nicht nur den Bestand der Eigentumsposition in der Hand des Eigentümers, sondern auch die Nutzung dieser Position, vgl. nur: BVerfGE 88, 366, 377; 91, 294, 308. Art. 14 II S.2 GG spricht ausdrücklich vom „Gebrauch des Eigentums".

230 Diese verfassungsrechtliche Parallelwertung im Rahmen der Art. 12 I und 14 I GG kommt insbesondere in den Entscheidungen BVerfGE 21, 150, 160; 50, 290, 365 und BGH, NJW 1986, 2499, 2500 zum Ausdruck. Aus der Literatur: vgl. **Gubelt**, in: Münch/Kunig, Art. 12 Rdnr. 98 m.w.N.; **Papier**, in: Maunz/Dürig, GG, Art. 14 Rdnr. 220; für die gemeinschaftsrechtliche Ebene: **Streinz**, Rdnr. 373.

an eine Enteignung stellt, erfüllt oder als Inhalts- und Schrankenbestimmung von Art. 14 I 2 GG gedeckt ist.
Die Abgrenzung beider Eingriffsformen erfolgt nach mittlerweile gefestigter Rechtsprechung nach formellen Kriterien[231]. Enteignung im Sinne des Art. 14 III GG ist der staatliche Zugriff auf das Eigentum des Einzelnen, der nach seinem Zweck auf den vollständigen oder teilweisen Entzug von durch Art. 14 I 1 GG geschützten Rechtspositionen gerichtet ist und zur Erfüllung bestimmter öffentlicher Aufgaben dient[232]. Eine Inhalts- und Schrankenbestimmung liegt hingegen vor, wenn generell und abstrakt Rechte und Pflichten bestimmter Eigentumspositionen durch den Gesetzgeber festgelegt werden[233]. Der wesentliche Unterschied besteht nicht in einem Mehr oder Weniger an Eingriff, sondern im Regelungsgegenstand an sich[234].
Besondere Schwierigkeiten wirft die Abgrenzung dann auf, wenn es wie bei der Einführung eines Rechts auf Netzzugang nicht um den klassischen, auf Güterbeschaffung bezogenen Enteignungsfall geht[235], sondern dem Eigentümer nur einzelne Nutzungsrechte (also nur eine sog. qualitative teilweise Enteignung[236] in Frage kommt) entzogen werden sollen. Sie äußern sich jedoch im vorliegenden Spezialfall, in dem der Entzug einzelner Nutzungsrechte im Wege genereller Neuordnung des betroffenen Rechtsgebietes erfolgt, nicht. Hat nämlich der Gesetzgeber im Zuge genereller Neuordnung eines Rechtsgebietes den Eigentümern einzelne Nutzungsrechte entzogen, entscheidet über die Zuordnung der Maßnahme zur Gruppe der Inhalts- und Schrankenbestimmung des Eigentums einerseits und der Enteignung andererseits maßgeblich das Kriterium der Finalität. Es besagt, daß der Rechtsakt auf den Entzug der Rechtsposition gerichtet sein muß und die Enteignung nicht nur zufällig bewirken darf[237]. Nach verbreiteter An-

---

231 Vgl. BVerfGE 58, 137, 144, 58, 300, 331; 72, 66, 76.

232 Vgl. BVerfGE 72, 66, 76; neuestens: BVerfGE 100, 226, 239 f m.w.N.

233 Vgl. BVerfGE 58, 300, 330; 72, 66, 76.

234 Vgl. BVerfGE 58, 300, 331; 100, 226, 240; anders die ältere Rechtsprechung; ausführliche Nachweise zur Entwicklung der Rechtsprechung des BGH und des BVerwG bei **Lege**, JZ 1994, 431 ff.

235 Eine Enteignung setzt allerdings nicht voraus, daß es sich um einen Güterbeschaffungsvorgang handelt. Wesentlich ist der Rechtsentzug, nicht die Übertragung des entzogenen Objekts, vgl. BVerfGE 83, 201, 211; **Lege**, NJW 1993, 2565, 2567 ff.

236 Die Behandlung der quantitativen Teilenteignung stellt die Rechtsanwendung nicht vor zusätzliche Probleme, **Depenheuer**, in: v.Mangoldt/Klein/Starck, Art. 14 Rdnr. 214.

237 Vgl. **Maurer**, § 26 Rdnr. 49 ff; **Wieland**, in: Dreier (Hrsg.), Art. 14 Rdnr. 73.

sicht fehlt diese Zielgerichtetheit allen gesetzgeberischen Maßnahmen, die die Eigentumsordnung generell ändern, indem ein Rechtsgebiet völlig neu gestaltet wird, auch wenn zugleich in konkrete Rechtspositionen eingegriffen wird und diese für die Zukunft völlig beseitigt werden[238]. Grundlegend ist die Entscheidung des Verfassungsgerichts zum bergrechtlichen Vorkaufsrecht[239]. Dort hatte das Gericht in Abkehr von bisherigen Ansätzen[240] deutlich gemacht, daß:

> „der Gesetzgeber nicht nur nach Art. 14 I 2 GG Eigentumsrechten einen neuen Inhalt geben darf. Ebenso wie er neue Rechte einführen darf, kann er auch das Entstehen von Rechten, die nach bisherigem Recht möglich waren, für die Zukunft ausschließen. Es ist ihm auch nicht ausnahmslos verwehrt, die nach altem Recht begründeten Rechte der Neuregelung anzugleichen, selbst wenn die bisher mit dem Recht verbundenen Befugnisse eingeschränkt werden; die Eigentumsgarantie gebietet insoweit nicht, einmal ausgestaltete Rechtspositionen für alle Zukunft in ihrem Inhalt unangetastet zu lassen“[241].

Kritische Stimmen verweisen demgegenüber darauf, daß mit der vagen Formulierung „Reformgesetzgebung“ bzw. „generelle Neugestaltung“ nicht der Anwendungsbereich des Art. 14 III GG verkleinert werden könne und eine Enteignung in diesen Fällen nicht bereits zwangsläufig ausscheide[242]. Eine Inhalts- und Schrankenbestimmung könne nur dort angenommen werden, wo das Reformgesetz nicht primär auf den Entzug, sondern auf den Fortbestand des Eigentums in neuer Gestalt gerichtet ist und sich der Wegfall eigentumsrechtlich geschützter Positionen als bloßer Annex einer Gesamtregelung darstellt[243]. Ist hingegen der Zugriff auf das Eigentum Hauptzweck des Gesetzes und finden die alten Rechte keine Entsprechung im neuen Recht, handele es sich um Legalenteignungen[244].

---

238 Vgl. BVerfGE 83, 201, 211 f; 100, 226, 240; BVerwGE 94, 1, 4 ff.

239 Beschluß des Ersten Senats v. 09.01.1991, BVerfGE 83, 201 ff.

240 Vgl. BVerfGE 52, 1, 28; 58, 300, 331f, s. auch: **Papier**, in: Maunz/Dürig, Art. 14 Rdnr. 372 ff.

241 BVerfGE 83, 201, 212; vgl. auch: BVerfGE 100, 226, 240.

242 Vgl. **Di Fabio**, S. 135; **Ehlers**, in: VVDStRL 51 (1992), S. 211, 236 Fußn. 131; **Ossenbühl**, JuS 1993, 200, 203; a.A. **Rozek**, S. 155 f.

243 Vgl. **Di Fabio**, S. 136 f; **Ossenbühl**, JuS 1993, 201, 203.

244 Bei Gesetzen mit Abwicklungscharakter liege deshalb typischerweise eine Legalenteignung vor, **Di Fabio**, S. 137.

An dieser Stelle wirken sich die verschiedenen Ansätze zur Abgrenzung von Teilenteignung und Inhalts- und Schrankenbestimmung nicht aus. Der Hauptzweck der Reform des Energierechts bestand in der Einführung wettbewerblicher Strukturen zur Sicherung der Ziele des § 1 EnWG und nicht im Zugriff auf das Eigentum. Das betroffene Recht ist nicht ersatzlos gestrichen worden, sondern findet im Anspruch des Netzbetreibers gegen den Durchleitenden auf Zahlung eines angemessenen Durchleitungsentgelts seine Entsprechung. Selbst unter Zugrundelegung der letztgenannten Ansicht stellt sich deshalb die Einführung eines Anspruches auf Mitbenutzung fremder Elektrizitätsversorgungsnetze als Inhalts- und Schrankenbestimmung des Leitungseigentums dar[245].

Diese Inhalts- und Schrankenbestimmung müßte, um verfassungsrechtlich unbedenklich zu sein, durch Gründe des öffentlichen Interesses unter Berücksichtigung des Grundsatzes der Verhältnismäßigkeit gerechtfertigt sein. Außerdem müßten diese Gründe von so großem Gewicht sein, daß sie Vorrang vor dem Vertrauen des Bürgers auf den Fortbestand seiner Rechte und der Beachtung des durch Art. 14 III GG zum Ausdruck gekommenen Gewichts des Eigentumsschutzes haben[246].
Mit der Einführung wettbewerblicher Strukturen in der Elektrizitätswirtschaft soll dieser Bereich dem allgemeinen marktwirtschaftlichen Organisationsrahmen unterstellt werden[247]. Der Gesetzgeber trägt damit dem Anschauungswandel Rechnung, daß sich Wettbewerb in der Elektrizitätswirtschaft nicht negativ auf die Versorgung auswirkt, sondern im Gegenteil wegen der Kostenvorteile und der Umweltschutzaspekte besser geeignet ist, die energiewirtschaftlichen Zielvorstellungen des § 1 EnWG umzusetzen[248]. Das ist eine wirtschaftspolitische Entscheidung, die angesichts des Beurteilungsspielraumes, den die Verfassung dem Gesetzgeber bei der Prognose und Einschätzung gewisser, der Allgemeinheit drohender Gefahren, zu deren Verhütung der Gesetzgeber glaubt tätig werden und in die Freiheitssphäre des einzelnen eingreifen zu müssen, zubilligt, als solche verfassungsrechtlich nicht zu beanstanden ist[249].

---

245 S. dazu auch: **Baur/Moraing**, S. 59 ff; **Büdenbender**, WuW 2000, 119, 120 f; **Hölzer**, S. 253 f; **Hüffer/Ipsen/Tettinger**, S. 294.

246 Vgl. BVerfGE 83, 201, 212 f.

247 RegE, BT-Drs. 13/7274, S. 9 f.

248 Dabei konnte der Gesetzgeber sich in bedeutendem Umfang auf die im Rahmen der Verabschiedung der EltRL erarbeiteten Darstellungen beziehen, RegE, BT-Drs. 13//274, S. 9 f.

249 Vgl. BVerfG, NJW 1969, 499, 500; sowie neuestens: SächsVerfGH, ZNER 2000, 126, 129.

Grundsätzlich ist es bei gesetzlichen Eingriffen in das Wirtschaftsleben auch Sache des Gesetzgebers, auf der Grundlage seiner wirtschaftspolitischen Vorstellungen und Ziele zu entscheiden, welche Maßnahmen er im Interesse des Gemeinwohls ergreifen will[250]. Mit der Anerkennung dieser Freiheit erübrigt sich auch eine detaillierte Erörterung, ob der Gesetzgeber durch den Wegfall der Legitimation für die ursprüngliche Regulierung und weil nur das Recht auf Durchleitung ein effektives Mittel zur Einführung von Wettbewerb im Elektrizitätsbereich darstellt[251], entgegen dem allgemeinen Grundsatz, daß die grundrechtliche Wirtschafts- und Wettbewerbsfreiheit zwar -negativ- staatliche Interventionen zu Lasten eines Wirtschaftssubjektes vermeiden kann, nicht aber -positiv- einen Anspruch auf die Eroberung von Marktanteilen gewähren kann[252], zur Einführung von Durchleitungsrechten verpflichtet war[253].
Rechtfertigt somit die vom Gesetzgeber beabsichtigte Neuordnung der Energiewirtschaft prinzipiell einen Eingriff in das Eigentumsrecht der Netzbetreiber, so kommt es weiter darauf an, ob das gewählte Mittel, die Einführung von Mitbenutzungsrechten, zur Erreichung des gesetzgeberischen Ziels geeignet und erforderlich ist.
Die Geeignetheit des Mittels steht offensichtlich fest, da die Einführung von Durchleitungsrechten zu Wettbewerb auf dem Elektrizitätsabsatzmarkt beitragen kann. Das Kriterium der „Erforderlichkeit der Maßnahme" ist erfüllt, wenn der Gesetzgeber nicht ein anderes gleich wirksames, aber das Grundrecht nicht oder doch weniger fühlbar einschränkendes Mittel hätte wählen können[254]. Die Entscheidung darüber muß berücksichtigen, daß der Gesetzgeber, der Inhalt und Schranken der als Eigentum grundrechtlich geschützten Rechtspositionen bestimmt, sowohl der grundgesetzlichen Anerkennung des Privateigentums durch Art. 14 I 1 GG als auch der Sozialpflichtigkeit des Eigentums (Art. 14 II GG) Rechnung zu tragen hat[255]. Das Maß und der Umfang der dem Eigentümer von Verfassungs wegen zugemuteten und vom Gesetzgeber zu realisierenden Bindung ist deshalb nicht für alle Sachbereiche gleich[256].

---

250 St. Rspr.: BVerfGE 23, 50, 59; 30, 292, 317.

251 Vgl. RegE, BT-Drs. 13/7274, S. 10, 25.

252 Vgl. **Papier**, BB 1997, 1213, 1217; **Schmidt-Preuß**, RdE 1996, 1, 6.

253 So: **Papier**, BB 1997, 1213, 1217 f. Vgl. ferner in bezug auf sog. Verwaltungsmonopole: BVerfGE 21, 245, 249 ff.

254 St. Rspr.: vgl. BVerfGE 39, 156, 165.

255 Vgl. BVerfG, DVBl. 2000, 1275, 1276; BVerfGE 100, 226, 240.

256 Vgl. BVerfGE 70, 191, 201; **Jarass**, in: Jarass/Pieroth, Art. 14 Rdnr. 33.

Eingang in die Beurteilung findet zunächst der Anteil eigener Leistung des Grundrechtsberechtigten an der als Eigentum geschützten Position. „Je höher der einem Anspruch zugrunde liegende Anteil eigener Leistung ist, desto stärker tritt der verfassungsrechtlich wesentliche personale Bezug und mit ihm ein tragender Grund des Eigentumsschutzes hervor"[257]. Die Betreiber der Elektrizitätsversorgungsnetze waren wegen der besonderen staatlichen Unterstützung und ihrer privilegierten Stellung auf dem Markt der Sache nach keine privatwirtschaftlichen Unternehmen, sondern mittelbare Organe staatlicher Energiepolitik[258]. Ihnen können deshalb weiterreichende Bindungen der eigentumsrechtlichen Freiheit auferlegt werden als Eigentümern, die ihr Recht ohne staatliche Förderung erlangt haben[259].
Außerdem wiegt das Interesse des jeweiligen Eigentümers um so schwerer, je mehr der betroffene Eigentumsgegenstand der Sicherung der persönlichen Freiheit des Eigentümers dient[260]. Bezieht sich dieses Interesse vorrangig auf die Erzielung finanzieller Einnahmen, so kommt der Überlegung, daß sich das Interesse des Netzbetreibers wegen der Gewährung eines angemessenen Entgeltes auf die Verhinderung von Wettbewerb und Erhaltung des bisherigen Absatzes reduziert[261], erhebliches Gewicht zu.
Der soziale Bezug und die soziale Funktion des Eigentums äußern sich aber auch im Interesse der Allgemeinheit an der Nutzung des Eigentumsgegenstandes (Art. 14 II 2 GG). Ausreichend ist, daß sich der das Allgemeinwohl begründende Nutzen mittelbar aus der Unternehmensbetätigung ergibt[262]. Die Einführung von Durchleitungsrechten steht unter dem generellen Ziel der Verbesserung der Rationalität der Elektrizitätswirtschaft und dem Schutz der Umwelt im Interesse der Allgemeinheit. Unschädlich ist, daß die Einführung von Durchleitungsrechten in besonderem Maße konkurrentennützig ist. Die Durchleitungspetenten, deren Initiative sich der Gesetzgeber zur Erreichung

---

[257] Vgl. auch: BVerfGE 53, 257, 292; 58, 137, 148; 72, 9, 23.

[258] Vgl. BVerfGE 91, 294, 311 für Arbeiterwohnungsbaugenossenschaften.

[259] Vgl. für die Deutsche Telekom AG: **Koenig/Braun**, NVwZ 1999, 1056, 1058 f.

[260] Vgl. BVerfGE 95, 64, 84; **Wendt**, in: Sachs, Art. 14 Rdnr. 111.

[261] Vgl. **Papier**, BB 1997, 1213, 1216.

[262] Vgl. BVerfGE 74, 264, 284 ff, **Depenheuer**, in: v.Mangoldt/Klein/Starck, Art. 14 Rdnr. 435 ff; **Maurer**, § 26 Rdnr. 60.

seiner Ziele bedient, sind in signifikanter Weise auf die Mitbenutzung des fremden Eigentumsgegenstandes angewiesen[263].

Diese Gesichtspunkte führen zu einer stark erhöhten Sozialpflichtigkeit des Netzeigentums. Dieses Eigentum ist deshalb in höherem Maße dem Zugriff des Gesetzgebers ausgesetzt. Auf Vertrauensschutz können sich die EltVU nicht berufen. Zum einen ist seit mindestens zehn Jahren vor der endgültigen Verabschiedung des EnWG im Jahre 1998 intensiv über eine Reform des Energierechts diskutiert worden, der sich die Versorgungsunternehmen nicht entzogen haben. Andererseits begründet allein das Vertrauen auf den Fortbestand einer günstigen Rechtslage keine schutzwürdige Rechtsposition[264]. Überdies hat der Gesetzgeber einen umfangreichen Katalog zeitlich befristeter und unbefristeter Verweigerungsgründe ausdrücklich anerkannt und dadurch die Rechtsänderung durch eine umfangreiche Übergangsregelung abgemildert[265].

Unter Berücksichtigung des umfangreichen Kataloges der Netzzugangsverweigerungsgründe sind die besonderen Verpflichtungen der Netzbetreiber nach dem EnWG und dem GWB als Ausgleich für die in der Vergangenheit rechtlich abgesicherten und in der Zukunft jedenfalls faktisch bestehenden Vorzugsstellungen der Elektrizitätsversorgungsunternehmen rechtlich zulässig und vor dem Hintergrund des Art. 14 GG verfassungsrechtlich nicht zu beanstanden[266].

3. Gemeinschaftsrechtliche Grundrechtsgewährleistungen

Obwohl dem Gemeinschaftsrecht bislang ein Grundrechtskatalog fehlt, ist im europäischen Gemeinschaftsrecht die Geltung der Grundrechte anerkannt, vgl. Art. 6 II EU[267].

---

[263] Das Verhältnis von Privatnützigkeit und öffentlichem Zweck war jüngst Gegenstand der Heuersdorf - Entscheidung des SächsVerfGH, SächsVerfGH, ZNER 2000, 126 ff.

[264] Vgl. dazu: BVerfGE 30, 392, 404 ff.

[265] Zur Notwendigkeit von Übergangsregelungen: BVerfGE 70, 191, 201; 83, 201, 211 ff.

[266] So die überwiegende Ansicht im deutschen Schrifttum: vgl. **Baur**, FS Lukes, S. 253, 266 f; **Bohne** in: Hoffmann-Riem/Schneider (Hrsg.), S. 140, 201 f; **Büdenbender**, WuW 2000, 119, 120 f; **Götz**, in: Schwarze (Hrsg.), Netzzugang, S. 129, 135 f; **Koch**, DVBl. 1994, 840, 842 f; **Lindemann/Köster**, DVBl. 1997, 527, 530; **Markert**, WuW 1995, 560, 566; **Papier**, BB 1997, 1213, 1218. Vgl. auch OVG Münster, ZfWR 1994, 294 ff für die Zwangsdurchleitung von Wasser und Abwasser.

[267] Vgl. EuGH, Slg. 1995, 5040 Tz. 79 (Bosman). Vor Aufnahme des Art. 6 II EUV war die Geltung der Grundrechte durch richterliche Rechtsfortbildung gesichert, s. EuGH, Slg. 1969, 419 Tz. 7 (Stauder); EuGH, Slg. 1974, 491, Tz. 13 (Nold); EuGH, Slg. 1970, 1125, Tz. 4 (Internationale Handelsgesellschaft).

Seit den Urteilen des EuGH vom 14.05.1974 (Nold)[268] und vom 13.12.1979 (Hauer)[269] gehört die Garantie des Eigentums zum festen Bestandteil europäischer Grundrechtsgewährleistung. Sie bietet Schutz vor ungerechtfertigter Eigentumsentziehung und Nutzungsbeschränkung[270].

Die Prüfung eines Verstoßes gegen die gemeinschaftsrechtliche Eigentumsgewährleistung vollzieht sich nach der Rechtsprechung des EuGH mehrstufig.Auf der ersten Stufe erfolgt die Abgrenzung Entziehung/Nutzungsbeschränkung; in einem zweiten Schritt wird die Nutzungsbeschränkung generell am Maßstab der Verfassungspraxis der Mitgliedstaaten untersucht und schließlich schwerpunktmäßig die Verhältnismäßigkeit des Eingriffs geprüft[271].

Die Einführung von Mitbenutzungsansprüchen Dritter stellt keine Entziehung des Eigentums dar, weil die Zuordnung der als Eigentum geschützten Rechtsposition zu ihrem Inhaber erhalten bleibt[272].

Eine dezidierte Auseinandersetzung mit den Anforderungen der Verfassungspraxis der einzelnen Mitgliedstaaten erfolgt in der Rechtsprechung des EuGH in der Regel nicht[273]. Aufgrund der Bindung des Eigentumsschutzes an die Strukturen und Ziele der Gemeinschaft[274] beschränkt sich der Gerichtshof auf der zweiten Prüfungsebene häufig auf die Feststellung, daß das Eigentumsrecht zu den allgemeinen Grundsätzen des Gemeinschaftsrechts gehöre[275], aber von den Zielen und den Aufgaben der Gemeinschaft beeinflußt werde[276].

---

268 EuGH, Slg. 1974, 491 ff (Nold).

269 EuGH, Slg. 1979, 3727, Tz. 17 ff (Hauer).

270 Vgl. EuGH, Slg. 1984, 4057, Tz. 22 (Biovillac).

271 Statt vieler: **Pernice**, in: Grabitz/Hilf, Art. 164 Rdnr. 71.

272 Zur Eigentumsentziehung gibt es bislang keine Rechtsprechung des EuGH, vgl. **Kingreen**, in: Calliess/Ruffert (Hrsg.), Art. 6 EUV Rdnr. 114.

273 Vgl. **Günter**, S. 45.

274 Vgl. EuGH, Slg. 1970, 1125, Tz. 4 (Internationale Handelsgesellschaft).

275 Vgl. EuGH, Slg. 1994, 5039 Tz. 78 (Deutschland/Rat).

276 Vgl. nur: EuGH, Slg. 1970, 1125, Tz. 4 (Internationale Handelsgesellschaft).

Mit einer entsprechenden kompetentiellen Grundlage[277] kann es gesetzlichen Beschränkungen unterworfen werden, sofern diese tatsächlich dem Gemeinwohl dienenden Zwecken der Gemeinschaft entsprechen und nicht einen im Hinblick auf den verfolgten Zweck unverhältnismäßigen Eingriff darstellen, der die so gewährten Rechte in ihrem Wesensgehalt antastet[278]. Konkretisiert hat der EuGH die im Rahmen der Verhältnismäßigkeitsprüfung anzustellenden Überlegungen im Urteil Schräder aus dem Jahre 1989[279]. Dem Verhältnismäßigkeitsprinzip hält die belastende Maßnahme nur stand, wenn sie zur Erreichung der zulässigerweise mit der fraglichen Regelung verbundenen Ziele geeignet und erforderlich ist und falls mehrere geeignete Maßnahmen zur Verfügung stehen, die am wenigsten belastende gewählt worden ist und die auferlegten Belastungen in einem angemessenen Verhältnis zu dem angestrebten Ziel stehen[280].

Im wirtschaftsrechtlichen Bereich hat der Gesetzgeber einen besonders großen Gestaltungsspielraum. So hat das Gericht z.B. in der Bananenmarktentscheidung aus dem Jahre 1994 betont, daß der Gemeinschaftsgesetzgeber auf dem Gebiet gemeinsamer Agrarpolitik über ein weites Ermessen verfüge, und das Gericht nicht die Kompetenz besäße zu prüfen, ob die vom Gesetzgeber gewählten Maßnahmen mehr oder weniger angemessen sind[281]. Diese auf die Ausgestaltung der Energiepolitik übertragbare Rechtsprechung führt dazu, daß sich die Prüfung der Verhältnismäßigkeit der Einführung von Durchleitungsrechten in der Elektrizitätswirtschaft auf die Untersuchung der offensichtlichen Ungeeignetheit der Maßnahme und eines Eingriffs in den Wesensgehalt des Grundrechts beschränkt.

Unter Berücksichtigung der Tatsache, daß nur Netzzugangsansprüche Dritter ein effektives Mittel zur Einführung wettbewerblicher Strukturen auf den Elektrizitätsmarkt sind und in Anbetracht des erheblichen Gewichts der mit dieser Maßnahme verfolgten Ge-

---

277 Zur Frage, ob die für den Erlaß der EltRL in Anspruch genommene Ermächtigung der Art. 57 II, 66 und 100a EGV ausreichend ist: bejahend: **Arndt**, RIW Beilage 7 zu Heft 10/1989, 22 ff; **Jarass**, S. 65 ff; **Stewing**, EuR 1993, 41, 52 ff; verneinend: **Baur**, ET 1997, 624, 625 f; **Scholz/Langer**, S. 212 ff; **Steinberg/Britz**, DÖV 1993, 313, 314 ff; **Wieland/Hellermann**, S. 148 ff.

Allgemein zur Reichweite der Kompetenz aus Art. 95 EG neuestens: EuGH, JZ 2001, 32 ff (Tabakrichtlinie) und die Anm. von: **Götz**, JZ 2001, 34 ff.

278 Vgl. EuGH, Slg. 1994, 5039 Tz. 78 (Deutschland/Rat) m.w.N.

279 Urteil v. 11.07.1989; EuGH, Slg. 1989, 2263 ff (Schräder).

280 Vgl. EuGH, Slg. 1989, 2263, Tz. 21 (Schräder).

281 Vgl. Urteil v. 05.10.1994, EuGH, Slg. 1994, 5039 Tz. 94 (Deutschland/Rat).

meinwohlbelange (insbesondere die Herstellung eines wettbewerbsorientierten Elektrizitätsbinnenmarktes vgl. Erwägungsgründe 1-4 EltRL), liegt eine offensichtliche Ungeeignetheit der Maßnahme nicht vor. Ebensowenig ist mit der Einführung von Durchleitungsrechten der Wesensgehalt des Eigentums berührt. Weder werden dem Netzbetreiber alle Nutzungsmöglichkeiten hinsichtlich seines Eigentumsgegenstandes entzogen[282] noch wird er entschädigungslos um die Früchte seiner Arbeit oder Investitionen gebracht[283].

Dementsprechend stellt die Einführung von Durchleitungsrechten keinen unverhältnismäßigen Eingriff in die gemeinschaftsrechtliche Eigentumsfreiheit dar[284].

II. Die Bedeutung grundrechtlicher Erwägungen für die Anwendung des § 6 EnWG

Die direkte (Art. 1 III GG) und nicht lediglich über die Gesetzesbindung (Art. 97 I 2. Halbs. GG) vermittelte Verpflichtung der Rechtsprechung auf das Grundgesetz realisiert sich zum einen in ihrer Kompetenz, die für die jeweiligen Entscheidungen maßgeblichen Normen auf ihre Vereinbarkeit mit der Verfassung zu prüfen (vgl. Art. 100 I GG), zum anderen in der Pflicht zur verfassungskonformen Auslegung[285].

Das Prinzip verfassungskonformer Auslegung besagt, daß unter mehreren, den übrigen Kriterien nach möglichen Auslegungen immer diejenige den Vorzug verdient, die mit dem Grundgesetz vereinbar ist[286]. Es ergänzt somit die klassischen Auslegungskriterien und kann als Vorzugs- bzw. Vorrangregel nur angewendet werden, wenn die herkömmlichen Auslegungskriterien verschiedene Deutungsalternativen zulassen, nicht aber dann, wenn die klassischen Interpretationsmethoden zu einem eindeutigen Ergebnis führen[287].

---

282 Vgl. EuGH, Slg. 1992, 58 Tz. 17 (Kühn). Vgl. auch: EuGH, Slg. 1984, 4057, 4079 (Biovillac): Eine Beeinträchtigung des Wesensgehalts liegt umso ferner, je mehr die negativen Auswirkungen nur mittelbare Folge einer Politik sind, mit der Allgemeinwohlinteressen verfolgt werden.

283 Vgl. EuGH, Slg. 1989, 2633, Tz. 19 (Wachauf/Bundesamt für Ernährung).

284 Ebenso: **Jarass**, S. 108 ff, a.A.: **Scholz/Langer**, S. 253 ff.

285 Statt vieler: **Dreier**, in: Dreier (Hrsg.), Art. 1 III Rdnr. 61 m.w.N.

286 St. Rspr.: BVerfGE 19, 1, 5; 88, 145, 166. Aus der Literatur: Statt vieler: **Larenz**, Methodenlehre, S. 339.

287 St. Rspr.: BVerfGE 88, 145, 166; 95, 64, 93.

Ob und in welchem Maße Grundrechte im Privatrechtsverhältnis wirken, welchen Inhalt also die Pflicht zur verfassungskonformen Auslegung in bezug auf die Auslegung privatrechtlicher Normen hat, ist alles andere als ein ausdiskutiertes Thema juristischer Methodenlehre[288]. Obwohl sich die Bestimmungen des Grundgesetzes in erster Linie dem Verhältnis Bürger - Staat widmen, ist ihre Bedeutung von der Verfassungsrechtsprechung[289] und dem überwiegenden Teil der Literatur[290] auf das rein privatrechtliche Verhalten ausgedehnt worden. Methodisches Instrument dafür ist nach überwiegender Auffassung die mittelbare Drittwirkung der Grundrechte[291]. Ausgangspunkt dieser Entwicklung war das Lüth - Urteil des BVerfG[292]. Während es anerkannte, daß Normen des Privatrechts auch unter Geltung des Grundgesetzes solche geblieben sind, begründet dennoch die Ausstrahlungswirkung der Grundrechte die Pflicht, die spezifische Bedeutung der jeweiligen Grundrechtsbestimmungen in die Auslegung privatrechtlicher Normen einfließen zu lassen:

> „Ohne Zweifel seien die Grundrechte in erster Linie dazu bestimmt, die Freiheitssphäre des einzelnen vor Eingriffen der öffentlichen Gewalt zu sichern. Ebenso richtig ist aber, daß das Grundgesetz, das keine wertneutrale Ordnung sein will, in seinem Grundrechtsabschnitt auch eine objektive Wertordnung aufgerichtet hat. Gesetzgebung, Verwaltung und Rechtsprechung empfangen von ihm Richtlinien und Impulse. So beeinflußt es selbstverständlich auch das bürgerliche Recht; keine bürgerlich - rechtliche Vorschrift darf im Widerspruch zu ihm stehen, jede muß in seinem Geist ausgelegt werden. Ein Streit zwischen Privaten über Rechte und Pflichten aus solchen grundrechtlich beeinflußten Verhaltensnormen des bürgerlichen Rechts bleibt materiell und prozessual ein bürgerlicher Rechtsstreit. Ausgelegt und angewendet wird bürgerliches Recht, wenn auch seine Auslegung dem öffentlichen Recht, der Verfassung, zu folgen hat."[293]

---

[288] Vgl. zum Streitstand: **Canaris**, AcP 184 (1984), 201 ff; **Diederichsen**, AcP 198 (1998), 171 ff; **Stern/Sachs**, § 76 II (S. 1538 ff).

[289] Vgl. BVerfGE 14, 263 ff; 31, 58 ff; 50, 290 ff.

[290] Statt vieler: **Palandt-Heinrichs**, § 134 Rdnr. 4; § 138 Rdnr. 4 ff; § 242 Rdnr. 7 ff.

[291] Vgl. die Nachw. bei: **Stern/Sachs**, § 76 II (S. 1543 ff, 1561 ff). A.A. unmittelbare Drittwirkung: BAGE 1, 185, 193 f; 4, 274, 276 f; **Enneccerus/Nipperdey**, 1. Halbband, S. 92 ff; s. auch: **Dreier**, in: Dreier (Hrsg.), Vorb. Rdnr. 59 Fußn. 248.

[292] Urteil v. 15.01.1958, BVerfGE 7, 198 ff.

[293] BVerfGE 7, 198, 205 f.

Ob sich aus dieser Begründung des BVerfG eine lockerere Bindung privatrechtlicher Normen an das Verfassungsrecht ergibt[294] oder das Spannungsverhältnis zwischen den Grundrechten und dem Privatrecht mit der Wirkungsweise der Grundrechte für das Zivilrecht gar nichts zu tun habe und es nur um die Anerkennung eines verfassungsgerichtlicher Kontrolle entzogenen Bereichs gehe[295], steht an dieser Stelle nicht im Vordergrund. Jedenfalls ist die Kontrollbefugnis des BVerfG auf privatrechtlichem Terrain beschränkt.

Eingehender rechtswissenschaftlicher Analyse unterzogen wurde insbesondere die Frage nach dem Umfang dieser Beschränkung im Verhältnis zur Privatautonomie[296], insbesondere der Garantie der Vertragsfreiheit[297] als Ausdruck der liberalistischen und individualistischen Konzeption des bürgerlichen Rechts. Die selbst grundrechtlich geschützte Privatautonomie ist im privatrechtlichen Rechtsbereich bipolar, d.h. sie besteht nur, wenn die am Rechtsverhältnis beteiligten Personen die Freiheit der Entscheidung darüber haben, ob und welche Bindung sie eingehen wollen[298]. Diese Freiheit ist nicht gleichbedeutend mit der Herstellung eines gerechten Vertragsergebnisses, weil Freiheit stets die Freiheit zum Abschluß auch unvorteilhafter Geschäfte einschließt[299]. Wenn dagegen in den parteiautonom vereinbarten Vertragskompromiß nachträglich zur Gewährleistung eines bestimmten an überindividuellen Maßstäben orientierten Gerechtigkeitsergebnisses eingegriffen wird, so ist dieser Schutz zugunsten der einen Vertragspartei stets mit einer Einschränkung der Freiheit der anderen verbunden. Grundrechtsdogmatisch geht es also darum, daß in die formale Privatautonomie[300] des Gläubigers eingegriffen wird, um die materiale Privatautonomie des Schuldners zu schützen. Mit anderen Worten, es geht um die Kollision zwischen dem Eingriff in ein Grundrecht und

---

294 So: **Diederichsen**, AcP 198 (1998), 171, 242 ff; **Medicus**, AcP 192 (1992), 54 ff.

295 So: **Canaris**, AcP 184 (1984), 201, 212 ff.

296 Die Privatautonomie umfaßt die Garantie der Vertragsfreiheit, der Eigentumsfreiheit, der Testierfreiheit und der Vereinigungsfreiheit, statt vieler: **Staudinger-Dilcher**, 12. Aufl., Einl. zu §§ 104-185, Rdnr. 5.

297 Vgl. nur: **Larenz**, Schuldrecht AT, § 4 IV (S. 59 ff); **Schmidt-Salzer**, NJW 1970, 8, 14.

298 **Klein**, NJW 1989, 1633, 1640.

299 Vgl. **Busche**, S. 60; **Hönn**, Jura 1984, 57.

300 Zu den Begriffen „formelle" und „materielle" Privatautonomie: **Hönn**, Jura 1984, 57, 72.

dem Schutz eines Grundrechts[301]. Die Auflösung dieser Grundrechtskollision obliegt ebenso wie die Konkretisierung verfassungsrechtlicher Rechtsprinzipien z.B. dem Sozialstaatsgebot[302] in erster Linie dem Gesetzgeber. Ihm kommt hierbei ein seinem politischen Freiraum Rechnung tragender Gestaltungsspielraum zu[303]. Seine Ausfüllung entzieht sich weitgehend (verfassungs-) gerichtlicher Kontrolle. Es ist nicht Aufgabe des Verfassungsgerichts, Urteile des Zivilrichters in vollem Umfang auf Rechtsfehler zu überprüfen[304]. Die Anerkennung dieses Freiraums des Gesetzgebers bewirkt, daß, bevor auf die übergeordneten Prinzipienebenen des Verfassungsrechts zurückgegriffen werden darf, sich die Zivilgerichtsbarkeit bei der Auslegung privatrechtlicher Regelungen an den immanenten Bindungen der einfachgesetzlichen vertragsrechtlichen Wertordnung zu orientieren hat[305]. Ein Verstoß gegen die grundrechtliche Gewährleistung der Privatautonomie im Sinne der materialen Dimension kommt unter Berücksichtigung dieses weiten gesetzgeberischen Spielraums nur insoweit in Betracht, als das Problem gestörter Vertragsparität gar nicht gesehen oder seine Lösung mit untauglichen Mitteln versucht wird[306].

Auf der ersten Stufe der verfassungskonformen Auslegung erfolgt die Prüfung des (vorläufigen) Auslegungsergebnisses auf seine Verfassungskonformität. Handelt es sich um eine zivilrechtliche Vorschrift, beschränkt sich dieser Prüfungsschritt entsprechend dem dargestellten Erklärungsansatz darauf, ob die der Rechtsnorm zugrunde liegende Kollision der widerstreitenden Interessen gesehen worden ist und ob ein Ausgleich gefunden ist, der weder das eine noch das andere Prinzip völlig unberücksichtigt

---

301 Vgl. BVerfGE 97, 169, 175 f; **Canaris**, AcP 200 (2000), 273, 300; **Wackerbarth**, AcP 200 (2000), S. 45, 49.

302 Das Sozialstaatsgebot verdient an dieser Stelle besondere Hervorhebung, weil das BVerfG zur Herstellung eines bestimmten an Gerechtigkeitsvorstellungen orientierten Vertragsergebnisses zusätzlich auf das Sozialstaatsprinzip der Art. 20 I, 28 I GG zurückgreift, vgl. hierzu: BVerfGE 81, 242, 255; 89, 214, 232; BVerfG, NJW 1996, 2021.

303 Vgl. BVerfGE 97, 169, 175 f; **Hesse**, Rdnr. 83 spricht vom „Vorrang des demokratischen Gesetzgebers".

304 Vgl. BVerfGE 7, 198, 207; **Rittner**, NJW 1994, 3330.

305 Vgl. BVerfG NJW 1996, 2021; BVerfGE 89, 214, 231 ff; im Ergebnis ebenso: **Busche**, S. 61. Insoweit muß von einem Vorrang des Privatrechts ausgegangen werden, **Rittner**, S. 509, 516 ff.

306 Vgl. dazu: BVerfGE, 30, 173, 196 f; 89, 214, 231 ff; BVerfG NJW 1996, 2021. Diese auf die Rechtsprechung des BVerfG bezogene Grenze verfassungskonformer Auslegung gilt zugleich für die Rechtsprechung der Fachgerichte, **Starck**, in: v.Mangoldt/Klein/Starck, Art. 1 Rdnr. 286 m.w.N.

läßt. Wenn beides bejaht wird, können verfassungsrechtliche Prinzipien das Auslegungsergebnis nicht beeinflussen. Erst auf der nachfolgenden zweiten Stufe findet die eigentliche verfassungskonforme Auslegung statt, auf der geprüft wird, ob die vorläufige als verfassungswidrig erkannte Auslegung die allein mögliche ist oder ob auch eine andere, im Ergebnis verfassungskonforme Auslegung möglich ist[307].

3. TEIL: DAS MODELL DES VERHANDELTEN NETZZUGANGS NACH § 6 EnWG

A. Das Wesen des verhandelten Netzzuganges

I. Der Inhalt des Anspruchs aus § 6 I S.1 EnWG

§ 6 I S.1 EnWG ist systematisch in die Gruppe eines nicht nur mittelbar aus einer Schadenersatzverpflichtung folgenden Kontrahierungszwangs, sondern in die des unmittelbaren Kontrahierungszwangs einzuordnen[308]. „Kontrahierungszwang" ist die aufgrund einer Norm der Rechtsordnung einem Rechtssubjekt ohne seine Willensbildung im Interesse eines Begünstigten auferlegte Verpflichtung, mit diesem einen Vertrag bestimmten oder von unparteiischer Seite zu bestimmenden Inhalts abzuschließen[309]. Der Kontrahierungszwang beseitigt die Vertragsfreiheit stets nur insoweit als seine (zwingenden) Vorgaben reichen. Mit dem Kontrahierungszwang des § 6 EnWG unvereinbar ist deshalb nur die vollständige Verweigerung des Vertragsschlusses durch den Netzbetreiber oder der Vertragsschluß zu ungünstigeren als unternehmensintern in Rechnung gestellten Bedingungen, soweit nicht ein besonderer Ablehnungsgrund eingreift. Dabei ist es unerheblich, daß der Wortlaut des § 6 EnWG nicht auf die Verpflichtung zum Vertragsschluß gerichtet ist, sondern unmittelbar auf die zu erbringende Leistung[310]. Häufig formulieren die einschlägigen, einen Kontrahierungszwang anordnenden gesetzlichen Bestimmungen eine Pflicht zur realen Leistung, z.B. § 5 Pflichtversicherungsgesetz (PflVersG), § 10 I, 14 I Allgemeines Eisenbahngesetz (AEG), § 22 Per-

---

[307] Vgl. **Larenz**, Methodenlehre, S. 340.

[308] Vgl. **Britz**, in: Ludwig/Odenthal, § 6 EnWG Rdnr. 9; **Bunte**, in: Langen/Bunte, Anhang zum Fünften Abschnitt des 1. Teils, Sonderbereich Energiewirtschaft, Rdnr. 21; **Danner**, in: Eiser/Riederer/Obernolte/Danner, § 6 EnWG Rdnr. 8; **Herrmann/Dick**, BB 2000, 885, 889; **Kühne**, RdE 2000, 1, 2.

[309] **Nipperdey**, S. 7.

[310] Mangels erkennbarer durchgreifender Differenzierungsgründe dürften diese Formulierungsunterschiede weithin zufällig sein, **Bydlinski**, AcP 180 (1980), 1, 15.

sonenbeförderungsgesetz (PBefG), § 10 I S.1 EnWG, ohne daß sie dadurch ihre Eigenschaft als Kontrahierungszwang verlören[311].
Für die Energiewirtschaft stellt die Figur des Kontrahierungszwangs kein Novum dar. Bereits vor Erlaß des EnWG a.F. im Jahre 1935, das in seinem § 6 einen auf Anschluß und Versorgung von Tarifvertragskunden bezogenen Kontrahierungszwang enthielt, beschäftigten sich Literatur und Rechtsprechung mit der Frage, unter welchen Voraussetzungen die Elektrizitätsversorger einer Abschlußpflicht gegenüber Stromverbrauchern unterliegen[312].

Mit der Zuordnung des § 6 I S.1 EnWG zur Kategorie des Kontrahierungszwangs unvereinbar ist die Auffassung, nach der § 6 EnWG lediglich einen Anspruch auf Aufnahme von Vertragsverhandlungen gewährt[313]. Der Zweck eines Kontrahierungszwanges besteht gerade darin, einen widerstrebenden Rechtsgenossen zur Güterbewegung zu zwingen[314]. Der sich auf die Aufnahme von Vertragsverhandlungen beschränkende Anspruch böte für den Vertragsinteressenten nur unzureichende Möglichkeiten, nach Scheitern der Verhandlungen sein Vertragsschlußbegehren weiter zu verfolgen. Zwar könnte an einen auf Vertragsschluß gerichteten Anspruch aus c.i.c. gedacht werden, grundsätzlich ist dieser Anspruch nur auf Schadenersatz gerichtet und außerdem müßte der Durchleitungspetent ein Verschulden des Netzbetreibers nachweisen.

Offen geblieben ist bislang, ob § 6 EnWG über den Anspruch auf Vertragsschluß[315] hinaus einen unmittelbaren Anspruch auf die Leistung[316] gewährt.

---

[311] Vgl. **Bydlinski**, AcP 180 (1980), 1, 15.

[312] Vgl. RGZ 132, 273 ff; 148, 326, 334; **Carl**, JW 1934, 1946.

[313] So: **Lukes**, BB 1998, 1217, 1219; **Schulte-Beckhausen**, RdE 1999, 51, 55; ähnlich für Art. 16 EltRL: **A.R. Börner** ZögU 20, S. 46.

[314] Vgl. **Nipperdey**, S. 30.

[315] So: LG Berlin, RdE 2000, 237, 240 (Fortum); LG Magdeburg, RdE 2000, 206, 207, aber: Der Anspruch auf einen durch Verhandlung zu erreichenden Netzzugang verdichtet sich dann zu einem Anspruch unmittelbar auf Zugang zum Netz, wenn der Durchleitungsinteressent sämtliche Voraussetzungen des § 6 I 1 EnWG dargelegt hat und der Netzbetreiber sich nicht auf Verweigerungsgründe berufen hat; LG Leipzig, Urteil v. 03.07.2000, 5 O 3364/00; **MK**, 12. Hauptgutachten, Tz. 7; **Emmerich**, § 32 Anm. 4 b bb (S. 377); **Herrmann/Dick**, BB 2000, 885, 889.

[316] So: OLG Dresden, Urteil v. 08.02.2001 - U 2978/00 Kart.; LG Chemnitz, Urteil v. 24.07.2000 - 4 HK O 3126/00 (nicht rechtskräftig); LG Potsdam, WuW/E DE-R 464 (Stadtwerke Zehdenick); **Büdenbender**, Schwerpunkte, Rdnr. 133, 135; **Bunte**, in: Langen/Bunte, Anhang zum Fünften

Während der Wortlaut „Elektrizitätsversorgungsunternehmen haben anderen Unternehmen das Versorgungsnetz ... zur Verfügung zu stellen“ ebenso wie die Regelungsabsicht des Gesetzgebers[317] für einen unmittelbaren Anspruch auf die Leistung sprechen, lassen sich Anhaltspunkte für einen auf den Abschluß eines vorausgehenden Vertrages beschränkten Anspruch aus der Bezeichnung „verhandelter Netzzugang“ ableiten[318]. In die gleiche Richtung weist die Vorschrift des § 6 II EnWG. Mit der Ermächtigung zum Erlaß einer Verordnung über die „Gestaltung der Verträge nach Abs. 1“ geht der Gesetzgeber offenbar davon aus, daß Verträge über die Durchleitung den Inhalt des Anspruches aus Abs. 1 darstellen.

In seiner grundlegenden Untersuchung über das Wesen des Kontrahierungszwanges kommt *Nipperdey* zu dem Ergebnis, daß Ansprüche aus einem Kontrahierungszwang ungeachtet ihrer Formulierung nur ein Recht auf die Abgabe der entsprechenden Vertragserklärung begründen[319]. Er verweist darauf, daß die Verpflichtung beim privaten Güteraustausch immer einer obligatorischen causa entspringe und die Rechtsordnung den Vertrag deshalb brauche, weil erst er das Rechtsverhältnis umfassend ordne[320]. Aus praktischen Gründen soll seiner Ansicht nach nicht nur die Klage auf Abgabe der Vertragserklärung mit derjenigen auf reale Leistung verbunden werden können, sondern sogar die Klage auf reale Leistung ausreichend sein[321]. Im Prozeß geht es dann um die Vorfrage, ob der Beklagte zum Vertragsschluß verpflichtet ist. Bejaht das Gericht diese Frage, so ersetzt das einem Vorgehen nach § 894 ZPO vergleichbare Urteil die Annahme des Vertragsangebots durch den Verpflichteten und bewirkt das Zustandekommen des Vertrages[322].

Diese Lösung stieß in der juristischen Literatur überwiegend auf Zustimmung[323]. Wo das Gesetz unmittelbar auf die zu erbringende Leistung abstellt, wird auch der zu ihrer

---

Abschnitt des 1. Teils, Sonderbereich Energiewirtschaft, Rdnr. 21; **Ungemach/Weber**, RdE 1999, 131.

317 Vgl. BT-Wirtschaftsausschuß, BT-Drs. 13/9211, S. 24.

318 Vgl. **Büdenbender**, Schwerpunkte, Rdnr. 133; **Ungemach/Weber**, RdE 1999, 131, 134.

319 Vgl. **Nipperdey**, S. 116 ff.

320 Vgl. **Nipperdey**, S. 88 ff.

321 **Nipperdey**, S. 118; vgl. auch: **Larenz**, Schuldrecht AT § 4 I a (S. 49 f); so auch: **Gernhuber**, § 7 II 7b (S. 140).

322 Vgl. **Larenz**, Schuldrecht AT, § 4 I a (S. 49 f).

323 Vgl. nur: **Busche**, S. 248 ff, 586 ff; **Bydlinski**, AcP 180 (1980), 1, 25; **Larenz**, Schuldrecht AT, § 4 I a (S. 49 f); **Staudinger-Bork**, Vorbem zu §§ 145 ff, Rdnr. 33.

Ausführung sachdienliche Vertrag von der Norm erfaßt, weil das Anstreben eines bestimmten Zwecks notwendigerweise die zu seiner Erreichung erforderlichen Mittel bejaht[324]. Umgekehrt muß aber auch die Erbringung der Leistung im Sinne des Gesetzes liegen, weil der Vertragsschluß gerade das Mittel zu ihrer Bewirkung ist und sogar in den Vordergrund tritt, wenn ein Bedürfnis nach Klärung der Rechtslage über die schon spruchreife Leistung hinaus nicht besteht[325]. Auch die Rechtsprechung hat den Anspruch auf Vertragsschluß oder den Anspruch auf die reale Leistung unabhängig vom Wortlaut der den Kontrahierungszwang anordnenden Vorschriften je nach Zweckmäßigkeit zur Wahl des Berechtigten gestellt[326].

Dieser aus einem gesetzlich angeordneten Kontrahierungszwang resultierende „Doppelanspruch" wird praktisch immer dann stärker auf die Geltendmachung des Anspruches auf Vertragsschluß gerichtet sein, wenn ein Bedürfnis nach Klärung der Rechtslage über die schon spruchreife Leistung hinaus besteht. Existiert ein solches Bedürfnis nicht, so wird sich der Berechtigte häufig auf die Klage auf reale Leistung beschränken[327].

Prozessuale Konsequenz ist, daß einerseits die Klage auf Vertragsschluß isoliert, andererseits die Klage auf Vertragsschluß verbunden mit dem Antrag zur Erbringung der Leistung und die isolierte Klage auf Erbringung der realen Leistung zulässig sind[328].

II. Kontrahierungszwang und gesetzliches Schuldverhältnis

Die Einteilung in vertragliche und gesetzliche Schuldverhältnisse bezieht sich auf den Entstehungsgrund des Schuldverhältnisses[329]. Mit ihr soll zum Ausdruck gebracht werden, ob das Schuldverhältnis autonom oder heteronom entstanden ist[330].

---

324 So: **Bydlinski**, AcP 180 (1980), 1, 25.

325 Vgl. **Bydlinski**, AcP 180 (1980), 1, 25; **Staudinger-Bork**, Vorbem zu §§ 145 ff, Rdnr. 33 i.V.m. Rdnr. 67.

326 Vgl. BGH, BB 1969, 1239, 1240; für das vergleichbare Problem beim Vorvertrag: BGH, NJW 1972, 1189, 1190; a.A. OLG Karlsruhe, BB 1977, 1112.

327 Vgl. LG Potsdam, WuW/E DE-R, 464 (Stadtwerke Zehdenick).

328 So auch **Ungemach/Weber**, RdE 1999, 131, 134. Allgemein zum Verhältnis dieser Ansprüche zueinander: **Bydlinski**, AcP 180 (1980), 1, 25 f; **Palandt-Heinrichs**, Einf v § 145 Rdnr. 11; **Staudinger-Bork**, Vorbem zu §§ 145 ff, Rdnr. 33; **Zander/Riedel/Held/Ritzau/Tomerius**, S. 130 f.

329 Vgl. nur: **Palandt-Heinrichs**, Einf. v § 305 Rdnr. 2.

330 Vgl. nur: **Gernhuber**, § 6 Anm. 3, 4 (S. 112 f).

Gesetzliche Schuldverhältnisse folgen unmittelbar aus dem objektiven Recht und entstehen, sobald alle Anspruchsvoraussetzungen erfüllt sind[331]. Andererseits werden alle Ansprüche aus einem vertraglich begründeten Schuldverhältnis als vertragliche Ansprüche charakterisiert, obwohl der Parteiwille sich in der Regel nur auf die primären Leistungspflichten richtet und schon die gesetzliche Sekundärabwicklung mit Ansprüchen bewältigt wird, die das Gesetz vorsieht[332].

Bereits der mit dem Kontrahierungszwang verbundene Anspruch auf Abschluß eines Vertrages begründet ein gesetzliches Schuldverhältnis, denn sein Entstehungsgrund ist unmittelbar das Gesetz[333]. Ein gesetzliches Schuldverhältnis begründet § 6 I EnWG deshalb selbst dann, wenn man auf den Abschluß des auf die Mitbenutzung des fremden Versorgungsnetzes gerichteten Vertrages nicht verzichtet[334]. Wirkungen folgen aus diesem gesetzlichen Schuldverhältnis erst, nachdem der Berechtigte durch entsprechende Willenserklärung sein auf den Kontrahierungszwang gegründetes Verlangen aktualisiert hat[335]. Insoweit handelt es sich bei dem durch den Kontrahierungszwang vermittelten Anspruch auf Vertragsschluß um einen verhaltenen Anspruch[336].

Die unberechtigte Verweigerung des Vertragsschlusses durch den Verpflichteten bedeutet die Nichterfüllung einer gesetzlichen Pflicht, worauf das Leistungsstörungsrecht ebenfalls anwendbar ist[337]. Deshalb greift dann § 286 BGB ein und, falls die Erfüllung des Vertrages unmöglich geworden ist, kommt § 280 BGB zur Anwendung[338]. Im ersten Fall ist der Anspruch auf Ersatz des Verzögerungsschadens gerichtet, im zweiten

---

331 **MünchKomm-Kramer**, Einl. § 241 Rdnr. 52; **Palandt-Heinrichs**, Einf v § 305 Rdnr. 5.

332 Vgl. **Flume**, § 1 Rdnr. 3 (S. 3 ff).

333 Vgl. BGH, NJW 1974, 1903, 1904; BGH, WuW/E BGH 3079, 3084 (Stromeinspeisung II); **Bydlinski**, JZ 1980, 378, 384 f; **Erman-Hefermehl**, Vor § 145 Rdnr. 21; **Nipperdey**, S. 100; **Staudinger-Bork**, Vorbem zu §§ 145 ff, Rdnr. 31 m.w.N.

334 Mißverständlich daher: **Theobald/Zenke**, WuW 2001, 19, 24.

335 Vgl. **MünchKomm-Keller**, § 271 Rdnr. 4; **Nipperdey**, S. 101; **Staudinger-Bork**, Vorbem zu §§ 145 ff Rdnr. 29, 31.

336 **Gernhuber**, § 7 II 7 a (S. 139); **Nipperdey**, S. 101. Ein verhaltener Anspruch ist dadurch gekennzeichnet, daß der Schuldner nicht von sich aus leisten muß, der Gläubiger aber jederzeit Erfüllung verlangen kann, vgl. OLG Hamm, NJW 1993, 1930.

337 Vgl. BGH, NJW 1974, 1903, 1904; **Erman-Hefermehl**, Vor § 145 Rdnr. 21.

338 Vgl. **Gernhuber**, § 7 II 7 c (S. 140); **Nipperdey**, S. 132; **Staudinger-Bork**, Vorbem zu §§ 145 ff, Rdnr. 31.

geht es um den Nichterfüllungsschaden. Das Verschulden des Schuldners wird vermutet (§§ 282, 285 BGB). Ein Rückgriff auf die §§ 823 II, 826 BGB erübrigt sich[339].
Aber nicht nur der auf den Vertragsschluß gerichtete Anspruch aus dem Kontrahierungszwang beruht auf einem gesetzlichen Schuldverhältnis. Auch die aus dem Kontrahierungszwang resultierenden, die Verpflichtung zur nachgefragten Leistung begründenden Verträge, sind gesetzliche Schuldverhältnisse, weil sie nicht der autonomen Entscheidung der Vertragspartner entspringen. Auf einem Kontrahierungszwang beruhen Verträge aber nicht schon dann, wenn für ihr Zustandekommen abstrakt eine Pflicht zum Vertragsschluß besteht, im Einzelfall auf diese aber nicht zurückgegriffen worden ist. In diesen (praktisch die Regel darstellenden) Fällen entspricht der gebotene Vertragsschluß den Interessen der Verpflichteten und ihrem freien Willen. Nur in den seltenen Fällen, in denen der Vertragspartner zunächst ohne rechtfertigenden Grund abgelehnt wurde, und der Vertrag erst unter Berücksichtigung des Kontrahierungszwanges zustande gekommen ist, kann von einem auf Gesetz beruhenden Schuldverhältnis gesprochen werden.
Da der einer Partei aufgezwungene Vertrag dieselben Wirkungen hat wie ein autonom zustande gekommenes Schuldverhältnis[340], hat letztlich allerdings die Zuordnung zur Gruppe der gesetzlichen Schuldverhältnisse nur sekundäre Bedeutung.

B. Die vertraglichen Grundlagen zwischen Durchleitungspetenten, Netzbetreiber und Kunden

I. Das Vertragsgeflecht zwischen Durchleitungspetenten, Netzbetreiber und Kunden

Wurden nach altem Recht, beruhend auf den Gebietsmonopolen der Energieversorgungsunternehmen, die notwendigen Vereinbarungen hinsichtlich des Netzanschlusses, der Netznutzung und der Energielieferung zwischen Lieferanten und Abnehmer in nur einem Vertrag getroffen, ist es seit der Energierechtsreform zweckmäßig, für jeden Bereich selbständige Verträge abzuschließen und, wenn Lieferant und Netzbetreiber verschiedene Unternehmen sind, sogar notwendig.
Grundlage jedes Durchleitungsbegehrens ist mindestens ein Elektrizitätsliefervertrag. Er legt verbindlich die zur Verfügung zu stellende Menge elektrischer Energie unter

339 Vgl. BGH, NJW 1974, 1903, 1904; **Erman-Hefermehl**, vor § 145 Rdnr. 21.

340 Vgl. **Gernhuber**, § 7 II 8 (S. 140 f).

Beschreibung der Versorgungsart (Vollversorgung, Band- bzw. Programmlieferungen, Reservelieferungen etc.) und die Höhe der Gegenleistung fest[341].
Vertraglicher Regelung bedarf darüber hinaus der Anschluß sowohl des Einspeisers als auch des Abnehmers an das aufnehmende bzw. abgebende Netz des jeweiligen Netzbetreibers. In diesen Netzanschlußverträgen wird allein die Anbindung der Anschlußnehmer an den jeweiligen Netzbereich durch Vereinbarungen über die Eigentumsgrenzen zwischen Netzbetreiber und Anschlußnehmer, über Zutrittsrechte, über die Kosten der Errichtung und Wartung der Anschlußanlage etc. geregelt[342].
Schließlich ist die Netzbenutzung selbst einer vertraglichen Einigung zuzuführen. Der Durchleitungsvertrag regelt die mit der Mitbenutzung fremden Leitungseigentums verbundenen Rechtsfragen, insbesondere die Höhe des Durchleitungsentgeltes.

II. Der Energieliefervertrag in den Kategorien des Schuldrechts

Nach mittlerweile nahezu einhelliger Ansicht in Literatur[343] und Rechtsprechung[344] gehört der Energieliefer- oder -versorgungsvertrag dem Zivilrecht an. Früher ist von einzelnen Autoren insbesondere unter Verweis auf die Zuordnung der Energieversorgung zum Bereich der Daseinsvorsorge und unter Verweis auf die Vorschrift des § 2 II EnWG a.F. die Ansicht vertreten worden, die Behandlung der Energielieferverträge richte sich nach öffentlichem Recht[345].
Das BGB enthält keine speziell auf Versorgungsverträge zugeschnittenen Vorschriften. Nach ständiger Rechtsprechung des Reichsgerichtes[346] und des BGH[347] sowie nach der

---

341 Vgl. **Zander/Riedel/Held/Ritzau/Tomerius**, S. 112.

342 Vgl. die Definition des Begriffs „Netzanschlußvertrag" und die des „unmittelbaren Netzanschlusses" in: Anlage 1 der VV II.

Im Fall des Lieferantenwechsels ist der bislang mit dem örtlichen Netzbetreiber bestehende Versorgungsvertrag in einen Netzanschlußvertrag zwischen Abnehmer und Netzbetreiber umzuwandeln, vgl. LG Kiel, Urteil v. 20.02.2001 - 6 U Kart 79/00 (LG Kiel).

343 Statt vieler: **Büdenbender**, Energierecht, Rdnr. 841 ff.

344 Vgl. BGHZ 9, 390, 396; 24, 148 ff.

345 Vgl. **Badura**, DÖV 1966, 624 ff, **Forsthoff**, S. 370. Dieser Argumentation ist nach der Reform des Energierechts 1998 vollends der Boden entzogen worden, **Reinholz**, RdE 1999, 64, 66 f.

346 St. Rspr.: RGZ 56, 403, 404; 67, 229, 232; 86, 12 ff.

347 St. Rspr.: vgl. BGH, NJW 1969, 1903, 1905.

überwiegenden Ansicht in der Literatur[348] werden die Elektrizitätslieferverträge unter Betonung des Austauschcharakters der vertraglichen Hauptpflichten als Kaufverträge nach § 433 BGB behandelt und zwar als Sukzessivlieferungsverträge[349].
Zwei Aspekte des Energieliefervertrages verdienen besondere Betonung. Der erste besteht darin, daß der Energieversorgungsvertrag in zeitlicher Hinsicht ein absolutes Fixgeschäft ist. Die Nichteinhaltung der vertraglich vereinbarten Leistungszeit begründet also Unmöglichkeit[350]. Der zweite betrifft den Leistungsort der Lieferpflicht. Leistungsort ist der Ort, wo der Schuldner die von ihm erwartete Leistungshandlung, jedenfalls deren letzte, zu erbringen hat[351]. Grundsätzlich geht der Gesetzgeber, vgl. § 269 I BGB, bei der Bestimmung des Leistungsortes vom Vorrang der Parteiautonomie aus. Nur selten wird der Leistungsort zwingend vorgeschrieben, vielmehr in der Regel durch ausdrückliche oder stillschweigende Parteivereinbarung festgelegt. Ein Fall zwingender Vorgabe des Leistungsortes ist § 4 V der Verordnung über die Allgemeinen Bedingungen für die Elektrizitätsversorgung von Tarifkunden (AVBEltV):

> **§ 4 V AVBEltV:** Das Elektrizitätsversorgungsunternehmen hat die elektrische Energie am Ende des Hausanschlusses zur Verfügung zu stellen.

Die AVBEltV sind auf Versorgungsverhältnisse mit Tarifvertragskunden beschränkt[352]. Falls der Vertrag mit Sondervertragskunden keine ausdrückliche Bestimmung des Leistungsortes enthält, ist aus den Umständen, insbesondere aus der Natur des Schuldverhältnisses, zu entnehmen, wo der Schuldner seine Leistungshandlung zu erbringen hat (§ 269 I BGB). Da der Kunde die Elektrizität nicht selbst transportieren kann, und sie ihm üblicherweise mit Hilfe eines kapitalintensiven und technisch anspruchsvollen Lei-

---

348 Vgl. nur: **Erman-Grunewald**, § 433 Rdnr. 11; **Staudinger - Köhler**, § 433 Rdnr. 40 f; **Münch-Komm-Westermann**, Vor § 433 Rdnr. 44.

349 Vgl. BGH, WM 1960, 1410, 1411; BGHZ 81, 90, 91; **Ebel**, S. 296.

350 Zum Wesen des absoluten Fixgeschäfts: vgl. **Palandt-Heinrichs**, § 361 Rdnr. 1.

351 Vgl. **Palandt-Heinrichs**, § 269 Rdnr. 1. Nach dem Leistungsort sind drei typische Schuldarten zu unterscheiden: Ist Leistungsort der Sitz des Gläubigers handelt es sich um eine Bringschuld. Die Holschuld zeichnet sich dadurch aus, daß der Gläubiger die Leistung am Schuldnerort entgegennehmen muß. Eine Schickschuld liegt vor, wenn der Schuldner zwar nur an seinen Ort tätig werden muß, aber die Übersendung an den Gläubigerort vornehmen muß.

352 Tarifvertragskunde ist derjenige Abnehmer, der sich auf der Grundlage der allgemeinen Anschluß- und Versorgungspflicht der EltVU zu den öffentlich bekanntgemachten Tarifen und Versorgungsbedingungen beliefern läßt. Soweit die EltVU ihre Abnehmer nicht mehr zu den von der Preisbehörde genehmigten Allgemeinen Tarifen beliefern, sondern zu günstigeren Angeboten, handelt es sich trotz geringer Abnahmemenge nicht mehr um Tarifvertragskunden. Die Bestimmungen der AVBEltV gelten vorbehaltlich besonderer Vereinbarung (§ 2 AGBG) nicht.

tungsnetzes zur Verfügung gestellt wird, erfordert das Gebot eines gerechten Interessenausgleichs, daß der Leistungsort für die Verpflichtung des Elektrizitätslieferanten der Ort der Energieabnahme durch den Kunden ist[353].

III. Der Durchleitungsvertrag

1. Der Regelungsinhalt des Durchleitungsvertrages

Der Durchleitungsvertrag ist die privatrechtliche Erlaubnis des Netzbetreibers, welche dem Durchleitungspetenten die Mitbenutzung des fremden Versorgungsnetzes ermöglicht. Nach der Vorstellung des Gesetzgebers tritt der Lieferant als Durchleitungspetent auf. Seine Verpflichtung aus dem Liefervertrag ist erst dann erfüllt, wenn die Elektrizität an der Anschlußanlage des Abnehmers bereitgestellt wird (§§ 362 I iVm. 269 BGB). Dieses Modell ist aus der Sicht der Erzeugers entwickelt. Es trägt den herkömmlichen monopolistischen Strukturen der Energieversorgung Rechnung[354].

Die Praxis löst sich, angestoßen vor allem von Forderungen nach Einrichtung einer Strombörse, zunehmend von der Vorstellung des Gesetzgebers und geht zu einer kundenorientierten Betrachtung über, nach der die Netznutzungsverträge[355] zunehmend von den Abnehmern selbst geschlossen werden[356]. Der Wechsel vom individuellen Transaktionsmodell zum transaktionsunabhängigen Anschluß-Punktmodell nach der Verbändevereinbarung II trägt dieser Entwicklung Rechnung. Dort, wo der Abnehmer nicht über die notwendigen fachlichen Kenntnisse zum Abschluß eines Netznutzungsvertrages verfügt, besteht die Möglichkeit, den Lieferanten zum Vertragsschluß zu bevollmächtigen.

Nach dem kundenorientierten Modell bedarf die Durchleitung des Abschlusses zweier Verträge. Der Netznutzungs- oder Netzkundenvertrag regelt die Modalitäten der Netzbenutzung für die Entnahme elektrischer Energie aus dem Netz. Er wird zwischen dem Netzbetreiber und dem Abnehmer geschlossen und legt zugleich die Höhe des Netznut-

---

353 Vgl. **Busche**, S. 479; allgemein: **Esser/E. Schmidt**, § 15 I 1 (S. 252); **Staudinger - Selb**, § 269 Rdnr. 14.

354 Vgl. **Schwintowski**, ZNER 2000, Heft 2, 93, 97.

355 Im Unterschied zur VV I spricht die VV II statt von Durchleitungsverträgen nur noch von Netznutzungsverträgen.

356 Nach der gesetzlichen Systematik ist die Möglichkeit, daß der Abnehmer als Netzzugangspetent auftritt, nicht ausgeschlossen, **Zander/Riedel/Held/Ritzau/Tomerius**, S. 148. Voraussetzung ist lediglich, daß er die Unternehmenseigenschaft besitzt. Zum Kundenmodell: **Schwintowski**, ZNER 2000, Heft 2, 93, 97.

zungsentgeltes fest[357]. Den Netzbetreiber trifft als Hauptpflicht die Aufnahme des vom dritten Lieferanten einzuspeisenden Stroms unter Aufrechterhaltung eines den Zielen des § 1 EnWG entsprechenden Netzzustandes[358]. Den Abnehmer trifft die Pflicht zur Zahlung des vereinbarten Nutzungsentgelts. Der Netzkunde schließt nur einen Netznutzungsvertrag, der ihn im Ergebnis einem Punkt im Höchstspannungsnetz zuordnet, und in dem die Kosten für die vorgelagerten Netzebenen auf der Grundlage der Netznutzungsverträge zwischen den Netzbetreibern untereinander nach dem Prinzip der Kostenwälzung weitergegeben werden (Ziff. 2.2.1. VV II).
Zusätzlich bedarf es des Abschlusses eines sog. Rahmenvertrages zwischen dem Netzbetreiber und dem Lieferanten. In ihm werden z.B. Vereinbarungen zu den Anmeldefristen, zu technischen Fragen der Energieübertragung, Regelungen des Datenaustausches, zur Erbringung von Systemdienstleistungen und zu Haftungsfragen getroffen[359].
Der Abschluß von Netznutzungsverträgen durch die Abnehmer selbst bietet sich insbesondere dann an, wenn ein häufiger Wechsel ihres Stromlieferanten zu erwarten ist. Durch die Einsparung der jeweiligen Anmelde- und Verhandlungsfristen können einerseits kurzfristigere Wechsel ermöglicht werden, andererseits ergeben sich Vorteile bei Kapazitätsengpässen, weil sich der Abnehmer auf diese Weise gewissermaßen die von ihm benötigte Kapazität reservieren kann.
Die nachfolgende Darstellung orientiert sich vor allem wegen der fehlenden einheitlichen Anwendung der Verbändevereinbarung im Bundesgebiet und der kartellrechtlichen Bedenken hinsichtlich der Bindung der Netznutzungsverträge an die Person des Abnehmers[360] an der der gesetzlichen Regelung zugrunde liegenden Vorstellung.

---

357 Im Netznutzungsvertrag werden alle Fragen der Netznutzung incl. Entgeltfragen geregelt, die über den Netzanschluß hinausgehen, Anlage 1 der VV II „Netznutzungsvertrag". Vgl. zum Vertragsinhalt auch: **Becker**, ZNER 2000, Heft 2, 114, 115 f.

358 Dies erfordert die Erbringung von Systemdienstleistungen (näher hierzu: **Dennersmann/Hüppe/Oswald/Reeh/Schwingshandl/Staschus**, ET 1998, 550 ff), den Ausgleich von Übertragungsverlusten und die Vornahme notwendiger Umspannungen.

359 Zum Vertragsinhalt: **Becker**, ZNER 2000, Heft 2, 114, 117 f.

360 Vgl. dazu: Pressemitteilung des BKartA vom 01.02.2001 „Arbeitsgruppe der Kartellbehörden beanstandet Behinderung beim Wechsel des Stromversorgers", unter: http://www.bundeskartellamt.de/01_02_2001.html.

2. Die Rechtsnatur des Durchleitungsvertrags

a) Der Durchleitungsvertrag im System der gesetzlich geregelten Vertragstypen

Die Zuordnung eines bestimmten Vertrags zu einem gesetzlich geregelten Vertragstyp, trägt häufig, so auch beim Streit um die Rechtsnatur des Durchleitungsvertrages, stark akademische Züge.

Sie muß berücksichtigen, daß die dem Gesetz bekannten Vertragsarten keine randscharfe Definition des jeweiligen Vertrags enthalten, sondern nur einen Lebenstypus unter Hervorhebung der für konstitutiv gehaltenen Pflichten beschreiben, in dem die ihn kennzeichnenden Züge in unterschiedlichen Stärkegraden auftreten und sich bis zu einem gewissen Grade wechselseitig vertreten können[361].

Primär geht es bei der Durchleitung nicht um die Nutzung des fremden Leitungsnetzes für Transportzwecke sondern um die Kompensation der vom Abnehmer aus dem Netz entnommenen Elektrizität[362]. Deshalb kann der Durchleitungsvertrag nicht als Beförderungs- oder Frachtgeschäft im Sinne des § 407 HGB[363] und auch nicht als Miete (§ 535 BGB) des in Anspruch genommenen Teils des Versorgungsnetzes[364] betrachtet werden.

Die Annahme einer Kombination zweier Elektrizitätslieferverträge, der eine über die Einspeisung des gelieferten Stroms, der andere über die Entnahme des verbrauchten Stroms, scheidet deshalb aus, weil Einspeiser und Abnehmer nicht identisch sind. Die Kaufpreise könnten deshalb wegen fehlender Wechselseitigkeit der Forderungen nicht im Wege der Aufrechnung auf das eigentliche Durchleitungsentgelt reduziert werden. Außerdem widerspräche diese Vorstellung dem Modell des verhandelten Netzzuganges. Wie sich im Umkehrschluß aus § 7 EnWG ergibt, soll der Netzbetreiber den direkten Kundenkontakt gerade verlieren.

Deshalb könnte man versucht sein, den Durchleitungsvertrag als Elektrizitätsliefervertrag zwischen Einspeiser und Netzbetreiber anzusehen, der als Vertrag zugunsten Drit-

---

361 Vgl. **Larenz**, Methodenlehre, S. 303; **MünchKomm-Westermann**, Vor § 433 Rdnr. 1.

362 **Salje**, RdE 1998, 169, 171; **Ungemach/Weber**, RdE 1999, 131, 132.

363 Der Gesetzentwurf der Fraktion BÜNDNIS 90/DIE GRÜNEN sah in seinem § 18 die entsprechende Anwendung der Vorschriften über das Frachtgeschäft vor; Bündnis 90/Die Grünen-EnergieG-E, BT-Drs. 13/5352, S. 5.

364 In diese Richtung: **Breuel**, S. 223, 227.

ter nach § 328 BGB ausgestaltet ist. Auch eine solche Konstruktion sieht sich vielfältigen Bedenken ausgesetzt. Einmal erscheint der eigene Versorgungsvertrag, den der Abnehmer mit dem Durchleitungspetenten schließt, im Lichte dieser Konstruktion als möglicherweise überflüssig, weil der Abnehmer ja schon einen eigenen Lieferanspruch aus dem Durchleitungsvertrag hat. Entscheidend gegen diese Sicht spricht zum anderen, daß kein volles Kaufentgelt, sondern ein weitaus niedrigeres Entgelt, das zudem vom Einspeisenden und nicht vom Netzbetreiber entrichtet wird, gezahlt werden muß[365].

In der Literatur ist aus diesen Bedenken der Schluß gezogen worden, daß es sich beim Durchleitungsvertrag um einen entgeltlichen Geschäftsbesorgungsvertrag nach § 675 I BGB handele[366].
Voraussetzung ist also zunächst, daß ein Dienst- oder Werkvertrag vorliegt. Die Erfolgskomponente des Durchleitungsvertrages, die in erster Linie im Interesse des Auftraggebers, eine bestimmte Menge und Qualität an Elektrizität am Ausspeisepunkt für sich oder einen Dritten zur Verfügung gestellt zu erhalten, zum Ausdruck kommt, führt dazu, daß diesem Vorgang trotz einiger untergeordneter Dienstleistungspflichten Werkcharakter beizumessen ist[367]. Allein diese Erfolgskomponente ist für den Werkvertrag charakteristisch. Es kommt nicht zusätzlich darauf an, daß der Erfolg in erster Linie durch menschliche Arbeit erbracht wird[368].
Fraglich ist, ob dieser Werkvertrag eine Geschäftsbesorgung zum Gegenstand hat. Geschäftsbesorgung im Sinne des § 675 BGB hat nicht dieselbe weite Bedeutung wie in § 662 und § 677 BGB, denn ansonsten wären alle Dienst- und Werkverträge zugleich Geschäftsbesorgungsverträge mit der Folge der entsprechenden Anwendung der in § 675 I BGB genannten Auftragsvorschriften[369]. Nach der Rechtsprechung ist „Geschäftsbesorgung“ in § 675 BGB jede selbständige Tätigkeit wirtschaftlicher Art, für die ursprünglich der Geschäftsherr selbst zu sorgen hatte, die ihm nun von einem anderen abgenommen wird, also für einen anderen und in seinem Interesse vorgenommen

---

365 Vgl. **Salje**, RdE 1998, 169, 172.

366 So: **Salje**, RdE 1998, 169, 172 ff; ihm folgend **Kühne**, RdE 2000, 1, 2; **Walter/v.Keussler**, RdE 1999, 190, 193.

367 **Salje**, RdE 1998, 169, 173 (obwohl auf S. 171 ein Werkvertrag verneint worden ist); im Ergebnis ebenso: **Schweers**, S. 96 f.

368 A.A.: **Salje**, RdE 1998, 169, 171.

369 Vgl. nur: **Staudinger-Martinek**, § 675 Rdnr. A 13 ff m. umf. Nachw. zum Meinungsspektrum.

wird[370]. Maßgebliches Gewicht liegt auf der Feststellung, daß die Geschäftsbesorgung die selbständige Wahrnehmung fremder Vermögensinteressen beinhalten muß[371]. Der Vermögensbezug darf sich nicht darin erschöpfen, daß der Geschäftsherr ein Entgelt für die Tätigkeit entrichten muß[372]. Er bezeichnet also ebensowenig den Vermögenswert der Tätigkeit[373] wie auch die Auswirkung auf das Vermögen infolge von Schlechtleistungen des Geschäftsführers[374].
Fremde Vermögensinteressen werden jedenfalls dann wahrgenommen, wenn von der selbständigen Verrichtung der Geschäftsbesorgung eine unmittelbare Einflußnahme auf den Vermögensstatus des Geschäftsherrn ausgeht[375]. Deshalb liegt, soweit die anderen Tatbestandsmerkmale des § 675 BGB erfüllt sind, bei der körperlichen Übergabe der im Eigentum des Geschäftsherrn verbleibenden Sachen an den Geschäftsführer ein Geschäftsbesorgungsvertrag vor (vgl. z.B. die unbestrittene Einordnung des Frachtvertrages nach §§ 453 ff HGB als Geschäftsbesorgungsvertrag[376]). Wegen der technisch - physikalischen Gesetzmäßigkeiten der Elektrizitätsübertragung kann der Netzbetreiber, der die Verpflichtung zur Elektrizitätsübertragung übernommen hat, nicht auf eine „Sache" des Geschäftsherrn in diesem Sinne einwirken. Außerhalb dieser Fallgruppe wird man den Vermögensbezug nur dort bejahen können, wo es die Interessenlage unter Berücksichtigung der in § 675 I BGB aufgezählten Auftragsvorschriften erfordert[377]. Ein Bedürfnis nach Berücksichtigung der auftragsrechtlichen Vorschriften der §§ 663, 665 - 670, 672 - 674 und des § 671 II BGB in Durchleitungssachverhalten ist aber abzulehnen. Zum einen ist der Anspruch auf Auskunft und Rechenschaft nach § 666 BGB zur Vorbereitung und Erfüllung des aus dem Durchleitungsvertrag folgenden Anspruchs auf Zurverfügungstellung der der Einspeisung entsprechenden Menge elektrischer

---

370 Vgl. RGZ 109, 299, 301; BGH, DB 1959, 168; BGHZ 45, 223, 229.

371 Vgl. **Larenz**, Schuldrecht BT Halbbd. 1, § 56 V (S. 422); **Soergel-Häuser/Welter**, § 675 Rdnr. 2.

372 Statt vieler: **Staudinger-Martinek**, § 675 Rdnr. A 31.

373 Vgl. **Staudinger-Martinek**, § 675 Rdnr. A 31.

374 Vgl. **Soergel-Häuser/Welter**, § 675 Rdnr. 5, **Staudinger-Martinek**, § 675 Rdnr. A 32.

375 Vgl. **Soergel-Häuser/Welter**, § 675 Rdnr. 5; **Staudinger-Martinek**, § 675 Rdnr. A 31.

376 Vgl. OLG München, NJW-RR 1990, 358 ff; **Erman-Ehmann**, § 675 Rdnr. 110; **Staudinger-Martinek**, § 675 Rdnr. E 17.

377 Vgl. **MünchKomm-Seiler**, § 675 Rdnr. 2; a.A. einen unmittelbaren Bezug fordernd: **Musielak**, S. 1209, 1224.

Energie nicht notwendig[378], zum anderen läuft, abgesehen von der Bestimmung des Ausspeiseorts, die Pflicht des Auftragnehmers, Weisungen des Auftraggebers zu befolgen und gegebenenfalls eine Abweichung hiervon anzuzeigen, in Durchleitungskonstellationen leer.
Die gegenteilige Auffassung führt im übrigen zu erheblichen Schwierigkeiten hinsichtlich der Begründung einer Verpflichtung des Netzbetreibers zum Redispatch[379]. Ein Geschäftsbesorgungsvertrag kann der Regelung des § 279 BGB auch dann nicht unterstellt werden, wenn die Geschäftsbesorgung die Beschaffung von Gattungssachen erforderlich macht[380]. Gegenstand des Geschäftsbesorgungsvertrages ist die Tätigkeit des Geschäftsführers, nicht die Leistung der Gattungssachen[381].
Weil dem Durchleitungsvertrag mangels Wahrnehmung fremder Vermögensinteressen keine Geschäftsbesorgung zugrunde liegt, ist er seiner Rechtsnatur nach ein Werkvertrag[382].

b) Der Drittbezug der Leistung

Da die Durchleitung im Ergebnis der Versorgung des Abnehmers dient, ist fraglich, ob letzterer selbst einen Anspruch gegen den Netzbetreiber auf Bereitstellung der benötigten Elektrizität besitzt.

Ein eigener unmittelbarer Anspruch zugunsten des Abnehmers könnte sich aus der Gestaltung des Durchleitungsvertrages als echter Vertrag zugunsten Dritter (§ 328 BGB) ergeben. Fehlt eine ausdrückliche vertragliche Vereinbarung, kann ein eigener unmittelbarer Anspruch des Abnehmers gegen den Netzbetreiber nur bejaht werden, wenn im Wege ergänzender Vertragsauslegung aus den Umständen, insbesondere aus dem Zweck des Vertrages zu entnehmen ist, daß die Parteien diesen Anspruch vereinbart

---

378 Gerade hierin besteht das Wesen des § 666 BGB, vgl. **Palandt-Sprau**, § 666 Rdnr. 1.

379 Näher zur Verpflichtung zum Redispatch: unten Teil 5: B II 2 b.

380 Vgl. **Staudinger-Löwisch**, § 279 Rdnr. 11.

381 Vgl. OGHZ 3, 280, 285; **Staudinger-Löwisch**, § 279 Rdnr. 11.

382 Nach a.A. ist der Durchleitungsvertrag weder ein Werk- noch ein Geschäftsbesorgungsvertrag, sondern ein Vertrag sui generis: **Büdenbender**, Schwerpunkte, Rdnr. 255; **Danner**, in: Eiser/Riederer/ Obernolte/Danner, § 6 EnWG Rdnr. 6, Fußn. 3; **Recknagel**, in: Böwing u.a. (Hrsg.), EnWG 1998, § 6 Anm. 2.2. (S. 109).

hätten, wenn sie sich die aus dem Zweck des Vertrages zu entnehmenden Verpflichtungen vergegenwärtigt hätten[383].
Allein die notwendige Teilnahme eines Dritten am Rechtsgeschäft bzw. die Tatsache, daß Schlechtleistungen sich typischerweise auf den Dritten auswirken, zwingt nicht zu der Annahme, dem Dritten habe ein Recht auf die vertragliche Hauptleistung zugewandt werden sollen[384]. Vielmehr spricht die Risikokumulation auf Seiten des Versprechenden (vgl. § 335 BGB) dafür, daß die Vertragsparteien das Rechtsgeschäft in eigener Regie behalten. Darüber hinaus fordern die schutzwürdigen Belange der Gläubiger des Versprechensempfängers Zurückhaltung bei der Annahme eines Vertrages zugunsten Dritter. Der Leistungsanspruch gehörte von Anfang an zum Vermögen des Dritten und Gläubiger des Versprechensempfängers könnten nicht im Wege der Zwangsvollstreckung auf diesen Vermögensgegenstand zugreifen[385]. Nur das Vorliegen besonderer Gründe rechtfertigt die Annahme einer Drittbegünstigung im Sinne der §§ 328 ff BGB. Ein Rechtserwerb des Dritten liegt dann nahe, wenn die Leistung ausschließlich oder doch primär im Interesse des Dritten liegt[386]. In diesen Fällen ist es die Regel, daß der Dritte für seinen Rechtserwerb keine Gegenleistung erbringt, er also die Leistung nicht auch vom Versprechensempfänger fordern könnte. Diesem gesetzgeberischen Leitbild entsprechen die Vertragsverhältnisse innerhalb eines Durchleitungsverhältnisses nicht. Einerseits besitzt der Kunde bereits aus dem Energieversorgungsvertrag einen Anspruch auf Belieferung gegen den Versprechensempfänger und andererseits erfolgt der Abschluß des Durchleitungsvertrages nicht ausschließlich im Interesse des Kunden. Er dient der Erfüllung der dem Lieferanten aus dem Versorgungsvertrag obliegenden Verpflichtung.

Ebensowenig kann ein eigener unmittelbarer Anspruch des Abnehmers gegen den Netzbetreiber auf Leistung aus §§ 631 iVm. 783, 784 BGB analog folgen. Zwar ist unbestritten, daß die bürgerlich - rechtliche Anweisung der §§ 783 ff BGB nur einen Ausschnitt aus den Anweisungen im weiteren Sinne darstellt und insbesondere die Anweisung auch mündlich und unmittelbar zwischen Anweisendem und Angewiesenem er-

383 Vgl. §§ 133, 157, 328 II BGB.

384 **MünchKomm-Gottwald**, § 328 Rdnr. 27.

385 Vgl. nur: **Palandt-Heinrichs**, Einf v § 328 Rdnr. 6, § 328 Rdnr. 5.

386 Vgl. RGZ 147, 42, 47; BGHZ 93, 271, 274; **MünchKomm-Gottwald**, § 328 Rdnr. 27; **Palandt-Heinrichs**, § 328 Rdnr. 3; **Staudinger-Jagmann**, § 328 Rdnr. 38.

folgen kann[387]. Wenn aber bereits nach den tatsächlichen Umständen und der Interessenlage der Parteien der Schluß auf den rechtsgeschäftlichen Verpflichtungswillen des Netzbetreibers nach § 328 BGB nicht gerechtfertigt ist, so gilt dies erst recht für die Begründung eines eigenen Anspruches des Abnehmers über §§ 783, 784 BGB analog. Die Anweisung geht nämlich in ihren Rechtsfolgen über den Vertrag zugunsten Dritter hinaus. Der Angewiesene könnte nach der Annahme wegen der Abstraktheit der Anweisung, die sich systematisch dann als abstraktes Leistungsversprechen nach §§ 780, 781 darstellt[388], noch nicht einmal (im Unterschied zu § 334 BGB) die gegenüber dem Gläubiger bestehenden Einwendungen auch dem Dritten entgegenhalten[389].

Ein eigener Anspruch des Abnehmers gegen den Netzbetreiber auf Belieferung besteht daher ohne ausdrückliche Vereinbarung nicht[390].

3. Kontrahierungszwang und späterer Vertrag

a) Charakteristika des Kontrahierungszwanges

Die bis heute maßgebliche, aus dem Jahr 1920 stammende Definition des Begriffs „Kontrahierungszwang" von *Nipperdey*[391] läßt deutlich die Interdependenz von Abschluß- und Inhaltsfreiheit erkennen. Würde der Kontrahierungszwang ausschließlich die Abschlußfreiheit beseitigen, den Vertragsinhalt aber freistellen, könnte der Verpflichtete durch die Forderung unzumutbarer Bedingungen den Kontrahierungszwang weitestgehend unterlaufen. Kontrahierungszwang heißt also immer Abschlußpflicht zu gesetzlich festgelegten oder sonst angemessenen Bedingungen[392].

Die endgültige und bindende Festlegung der Parteien durch den Vertragsschluß setzt auch bei einem auf einem Kontrahierungszwang beruhenden Vertrag zwei aufeinander bezogene und sich entsprechende Willenserklärungen, Angebot und Annahme, voraus.

---

387 Allg. Meinung vgl. nur: BGHZ 3, 238, 239 f; 6, 378, 383; **MünchKomm-Hüffer**, § 783 Rdnr. 8, 19 m.w.N.

388 Vgl. **Staudinger-Marburger**, § 784 Rdnr. 6.

389 Vgl. dazu: **Staudinger-Marburger**, § 783 Rdnr. 32.

390 Ebenso: **Britz**, in: Ludwig/Odenthal, § 6 EnWG Rdnr. 42; **Salje**, RdE 1998, 169, 174; im Ergebnis auch: **Schweers**, S. 97.

391 S. oben Teil 3: A I.

392 Vgl. nur: **Staudinger-Bork**, Vorbem zu §§ 145 ff, Rdnr. 15, 19; so schon: **Nipperdey**, S. 31.

Der Antrag muß dabei so konkret oder zumindest durch Auslegung so konkretisierbar sein, daß mit seiner Annahme ohne weiteres die zum Zustandekommen des Vertrages nötige Willensübereinstimmung erreicht ist[393]. Mit dem Antrag des aus dem Kontrahierungszwang Berechtigten erfolgt eine vorläufige Konkretisierung der Leistungspflichten[394]. Diese Vorläufigkeit äußert sich darin, daß die einseitige Bestimmung noch nicht zu durchsetzbaren Ansprüchen führt[395]. Eine für den Verpflichteten bindende Wirkung entsteht erst durch seine tatsächliche oder fingierte Zustimmung. Der Kontrahierungszwang verpflichtet demgegenüber seinen Adressaten nicht, von sich aus die Initiative zu ergreifen[396].

b) Kontrahierungszwang und Auskunftspflichten

Um sich auf den Kontrahierungszwang berufen zu können, muß der Antrag den gesetzlichen Voraussetzungen, unter denen der Abschlußzwang angeordnet worden ist, entsprechen. Eine Verpflichtung zum Abschluß eines Durchleitungsvertrages besteht deshalb nur dann, wenn die angetragenen Vertragsbedingungen nicht ungünstiger sind, als sie vom Netzbetreiber selbst in vergleichbaren Fällen für Leistungen innerhalb seines Unternehmens oder gegenüber verbundenen oder assoziierten Unternehmen tatsächlich oder kalkulatorisch in Rechnung gestellt werden (§ 6 I S.1 EnWG).

Dem Informationsdefizit zwischen dem Durchleitungsinteressenten und dem Netzbetreiber trägt einmal die Veröffentlichungspflicht des § 6 IV EnWG Rechnung. Soweit § 6 IV EnWG den Informationsbedarf des Petenten nicht vollständig zu befriedigen vermag, er in entschuldbarer Weise über das Bestehen oder den Umfang seiner Rechte im Ungewissen ist und der Verpflichtete die zur Beseitigung dieser Unkenntnis erforderliche Auskunft unschwer erteilen kannn, greift die mittlerweile gewohnheitsrechtlich aus § 242 BGB abgeleitete Pflicht zur Auskunftserteilung ein[397]. Diesem vor Entstehen des gesetzlichen Schuldverhältnisses aus § 6 I EnWG erhobenen Auskunftsbegehren fehlt nicht die Quelle, aus der der Grundsatz von Treu und Glauben Gel-

---

[393] Statt vieler: **Palandt-Heinrichs**, § 145 Rdnr. 1.

[394] Vgl. **Bydlinski**, JZ 1980, 378, 384; **Nipperdey**, S. 113.

[395] Unstreitig: vgl. **Palandt-Heinrichs**, Einf v § 145 Rdnr. 11. So bereits: **Nipperdey**, S. 101.

[396] Statt vieler: **Staudinger-Bork**, Vorbem zu §§ 145 ff, Rdnr. 29.

[397] Vgl. allg. zu der aus § 242 BGB abgeleiteten Pflicht zur Auskunftserteilung: BGHZ 10, 385, 387; 55, 201, 203. Zu Kontrahierungszwang und Auskunftspflicht, vgl. **Staudinger-Bork**, Vorbem zu §§ 145 ff Rdnr. 49.

tungskraft bezieht. Er gilt nach überwiegender Auffassung auch für vorvertragliche Beziehungen[398].

Aus verfahrensökonomischen Gründen muß es dort, wo ein derartiger Anspruch auf Auskunftserteilung besteht, auch zulässig sein, den auf Abschluß des Zielvertrages gerichteten Antrag allgemein auf nicht ungünstigere Bedingungen als unternehmensintern in Rechnung gestellt zu richten. Es ist Sache des Netzbetreibers, die Bedingungen für die Stromdurchleitung zu konkretisieren und damit den Vertragsschluß herbeizuführen[399]. Trotz dieser Erleichterung bleibt der Zugangsbegehrende in Bezug auf die Voraussetzungen des Kontrahierungszwangs darlegungs- und beweisbelastet.

c) Vertragsrechtliche Wirkungen des Kontrahierungszwanges

Nach Zugang des Antrages kann der Adressat des Kontrahierungszwanges das Angebot annehmen, auf den Antrag überhaupt nicht reagieren oder den Vertragsschluß ablehnen. Das Ablehnen erfolgt entweder bereits dem Grunde nach oder der Adressat kann zwar grundsätzlich vertragsgeneigt sein, wegen einzelner Bedingungen aber das Angebot nicht akzeptieren wollen. Zur Konkretisierung der Frist, innerhalb derer sich der Netzbetreiber zum Netzzugangsbegehren erklären muß, bietet sich ein Rückgriff auf die im Grid Code und Distribution Code niedergelegten Reaktionsfristen an[400].

aa) Annahme des Vertragsangebots

Nimmt der Verpflichtete das Angebot des Vertragspetenten an, so tritt der Kontrahierungszwang praktisch nicht in Erscheinung[401]. Die Abschlußpflicht vermag Rechtswir-

---

398 Vgl. **MünchKomm-Keller**, § 260 Rdnr. 12 m.w.N.

399 Vgl. LG Dortmund, BB 2000, 2325, 2326; LG Potsdam, WuW/E DE-R 464, 465 (Stadtwerke Zehdenick); **Busche**, S. 596. Allg.: **Staudinger-Bork**, Vorbem zu §§ 145 ff, Rdnr. 29.

400 Kap. 2.2.2. Grid Code bzw. Anhang C „Anmelde- und Reaktionsfristen" Netzregeln für den Zugang zu Verteilungsnetzen „Distribution Code":

Dauer der Durchleitung	Reaktionsfrist
> 1 Jahr	6 Wochen
> 3 Monate - 1 Jahr	1 Woche
> 1 Woche - 3 Monate	2 Arbeitstage
< 1 Woche	0,5 Arbeitstage

401 So bereits: **Nipperdey**, S. 116.

kungen nur insoweit zu erzeugen, als der Abschlußzwang wie eine Kündigungssperre wirkt[402].

bb) Schweigen des Verpflichteten

Übergeht der Verpflichtete das Angebot des Berechtigten, stellt sich die Frage, ob seinem Schweigen Erklärungswirkung zugemessen werden darf. Grundsätzlich kann das Schweigen nicht als Willenserklärung aufgefaßt werden, schon gar nicht als Zustimmungserklärung[403]. In Ausnahmefällen aber kann sich unter Hinzuziehung weiterer Umstände aus der Sicht des Erklärungsempfängers unter Berücksichtigung von Treu und Glauben hinreichend deutlich ergeben, daß das Schweigen des Angebotsempfängers als Zustimmung zu werten ist[404].

Dort, wo im Regelfall der Schluß auf einen entsprechenden Geschäftswillen gerechtfertigt ist, hat bereits das Gesetz selbst an bestimmte Tatbestände des Unterlassens Erklärungswirkungen geknüpft[405]. Zu dieser Kategorie des normierten Schweigens zählt unter anderem die Vorschrift des § 362 I S.1 HGB. Das Schweigen des Verpflichteten kann nicht über die Fiktion des § 362 HGB als Annahme des Antrags gewertet werden, da dem Durchleitungsvertrag keine Geschäftsbesorgung zugrunde liegt[406].

Über die Fälle hinaus, in denen das Gesetz selbst anordnet, Schweigen solle als Erklärung eines bestimmten Inhalts gelten, kann Schweigen bei Vorliegen besonderer Umstände, vor allem bei vorausgegangenen Abreden, nach denen dem Schweigen ein bestimmter Erklärungsinhalt beigelegt worden ist, ausnahmsweise eine Willenserklärung durch konkludentes Verhalten sein[407].

Außerhalb dieser beiden Konstellationen kann sich in Einzelfällen aus dem Grundsatz von Treu und Glauben eine Erklärungswirkung ergeben. Voraussetzung ist aber nicht

---

402 Vgl. nur: BGHZ 107, 273, 279; BGH, NJW 1989, 3010, 3011; **Palandt-Heinrichs**, Einf v § 145 Rdnr. 11.

403 Statt vieler: BGHZ 61, 282, 285; BGH, NJW 1990, 1601 ff; **Palandt-Heinrichs**, Einf v § 116 Rdnr. 7.

404 Vgl. dazu im einzelnen: **MünchKomm-Kramer**, Vor § 116 Rdnr. 24; **K. Schmidt**, § 19 II 1 b (S. 549 ff).

405 Vgl. **MünchKomm-Kramer**, Vor § 116 Rdnr. 31 m.w.N.

406 Der Begriff „Geschäftsbesorgung" in § 362 HGB deckt sich mit dem des § 675 BGB und erfordert insbesondere einen Bezug zu fremdem Vermögen; **Koenige**, in: Staub, § 362 Anm. 6 ff.

407 Vgl. **Palandt-Heinrichs**, Einf v § 116 Rdnr. 7; **Soergel-Hefermehl**, Vor § 116 Rdnr. 36. Eingehend: **Larenz/Wolf**, § 28 III 2 (S. 545 ff).

nur, daß der Schweigende verpflichtet gewesen wäre, seinen abweichenden Willen zu äußern, sondern zusätzlich müssen besondere Umstände die Annahme einer Erklärungswirkung rechtfertigen. Insbesondere muß ein Vertrauenstatbestand zugunsten des anderen Teils existieren[408]. Der Grund für diese Einschränkung liegt darin, daß ein Verstoß gegen Äußerungspflichten grundsätzlich nur eine Schadenersatzpflicht nach sich zieht[409].
Die erste Voraussetzung ist erfüllt. Innerhalb eines Kontrahierungszwanges mutet das Gesetz im Interesse des Antragenden dem Verpflichteten die Erbringung der Leistung auch gegen seinen Willen zu. Hiervon gleichsam als Minus erfaßt ist die Pflicht zur entsprechenden Information des Antragenden, ob aus der Sicht des dem Kontrahierungszwang unterliegenden Partners die Grenzen des gesetzlichen Kontrahierungszwanges überschritten sind bzw. anerkannte Ablehnungsgründe vorliegen[410]. Im EnWG ist diese Pflicht in § 6 I S.3 EnWG deutlich zum Ausdruck gekommen.

Fraglich ist, ob besondere Umstände die Bejahung eines Vertrauenstatbestandes und damit statt einer Schadenersatzpflicht eine Erklärungswirkung zu begründen vermögen[411].
Unstreitig ist, daß Schweigen dann nicht als Zustimmung gewertet werden kann, wenn der Antragende positiv gewußt hat, daß sein Angebot nicht vom Umfang des Kontrahierungszwanges erfaßt wird[412]. Schweigen kann aber auch dann nicht als Zustimmung gelten, wenn der Antragende hätte wissen müssen (vgl. § 122 II BGB), daß sein Angebot sich außerhalb des Kontrahierungszwangs bewegt[413]. Die Einbeziehung nur fahrlässiger Unkenntnis ist Folge der gesetzgeberischen Entscheidung, das Vertrauen nur dann als schutzwürdig zu betrachten, wenn die im Verkehr erforderliche Sorgfalt beachtet worden ist (vgl. §§ 122 II, 166 I, II, 173, 405 BGB). Die gesetzlichen Tatbestände, in denen fahrlässige Unkenntnis ausnahmsweise nicht schadet, zeichnen sich durch einen

---

408 Vgl. BGHZ 1, 353, 355 f; BGH, NJW 1990, 1601 f; aus der Literatur: statt vieler: **Palandt-Heinrichs**, Einf v § 116 Rdnr. 10.

409 Vgl. **Palandt-Heinrichs**, Einf v § 116 Rdnr. 10.

410 Vgl. die detaillierte Problemerörterung bei: **Bydlinski**, JZ 1980, 378, 379.

411 Allgemein für den Kontrahierungszwang: bejahend: **Erman-Hefermehl**, vor § 145 Rdnr. 17; **Palandt-Heinrichs**, Einf v § 145 Rdnr. 11; **K. Schmidt**, § 19 II 1 b (S. 549); verneinend: **Bydlinski**, JZ 1980, 378 f; **Staudinger-Bork**, Vorbem zu §§ 145 ff Rdnr. 30.

412 Vgl. **Bydlinski**, JZ 1980, 378, 379.

413 Vgl. **Bydlinski**, JZ 1980, 378, 379.

erhöhten Grad an Verläßlichkeit aus. In den wichtigen Vorschriften des Registerrechts (§§ 68 S. 1 BGB, 15 I HGB) hat der Gesetzgeber vor allem durch die Mitwirkung staatlicher Organe eine so hohe Richtigkeitsgewähr geschaffen, daß es unangemessen erscheint, den Parteien irgendeine Prüfungsobliegenheit aufzuerlegen[414]. Wo wie in § 6 S.1 EnWG das Vertrauen darauf, daß das Angebot vom Kontrahierungszwang erfaßt wird, keiner erhöhten Richtigkeitsgewähr unterliegt, kommt der Prüfung der tatbestandlichen Voraussetzungen des Kontrahierungszwangs durch den Zugangsinteressenten eine wichtige Bedeutung zu. Je zweifelhafter es für den Offerenten sein muß, ob sich sein Antrag noch in den Grenzen des gesetzlichen Kontrahierungszwangs hält, desto fernliegender ist der Schluß auf den Zustimmungswillen des Verpflichteten[415]. Wegen der Verknüpfung des Kontrahierungszwangs aus § 6 I S.1 EnWG mit der Kenntnis von Interna des Netzbetreibers kann der Durchleitungspetent mangels Tatsachenkenntnis das Vorliegen oder Nichtvorliegen von Ausschlußgründen nach § 6 I S.2 EnWG ohne eine Aufklärung durch den Netzbetreiber selbst nicht zuverlässig beurteilen. Hierin unterscheidet sich diese Fallkonstellation sowohl von der als Argument für die gegenteilige Rechtsauffassung[416] oft zitierten Lederhäuteentscheidung des OGH[417], wo Umfang und Grenzen des Kontrahierungszwangs eindeutig feststanden. Das Schweigen auf einen Antrag zum Abschluß eines Durchleitungsvertrages kann nicht als Zustimmung gelten[418].

Bei Untätigkeit des Verpflichteten steht es dem Berechtigten frei, sich an die Zivilgerichte zu wenden, die bei Übereinstimmung des Angebots mit den Voraussetzungen des Kontrahierungszwanges die verweigerte Annahme des Verpflichteten ersetzen. Soweit die zuständige Instanz die gesetzlichen Voraussetzungen, unter denen der Kontrahierungszwang angeordnet ist, für nicht erfüllt ansieht, war die ausgeübte Bestimmung durch den Antragenden wirkungslos. Ihm stand der behauptete Anspruch auf die Vertragserklärung oder die Leistung selbst nicht zu, eine Schuld des Verpflichteten konnte nicht entstehen[419].

---

414 Vgl. **Canaris**, S. 505.

415 Vgl. **Bydlinski**, JZ 1980, 378, 379.

416 Vgl. **Palandt-Heinrichs**, Einf v § 145 Rdnr. 11.

417 Urteil des OGH v. 13.10.1949, OGHZ 2, 352 ff.

418 Im Ergebnis ebenso: **Busche**, S. 587 f.

419 Vgl. **Bydlinski**, JZ 1980, 378, 384.

Das besondere Sachproblem besteht dann nur noch darin, daß diese hoheitliche Entscheidung eine gewisse Zeit erfordert, binnen derer das Interesse an der aufgrund des Kontrahierungszwanges zu erbringenden Leistung unbefriedigt bleibt. Das ist allerdings unvermeidlich und kann nur über die Inanspruchnahme einstweiligen Rechtsschutzes und/oder die Geltendmachung von Schadenersatzansprüchen ausgeglichen werden[420].

cc) Streit über einzelne Vertragsbestandteile

Falls hingegen der Verpflichtete grundsätzlich zum Vertragsschluß bereit ist und nur einzelne Bedingungen des Antrags nicht akzeptieren will, kommt nach allgemeinen vertragsrechtlichen Grundsätzen ein Vertrag nicht zustande, § 154 I BGB. Besteht Streit allein über die Höhe des Durchleitungsentgeltes, kann diese Lücke nicht durch einen Rückgriff auf § 632 BGB geschlossen werden. § 632 BGB setzt als Auslegungsregel voraus, daß ein Vertrag aus der Sicht der Parteien bereits zustande gekommen ist[421].

Während im allgemeinen also in solchen Fällen des Nichtzustandekommens einer vertraglichen Einigung auch der Verständigung über außer Streit stehende Vertragsbedingungen bindende Wirkung abgesprochen werden muß, sind im Fall des Kontrahierungszwanges alle Bedingungen bindend und wirksam, über die zwischen den Parteien eine Einigung erzielt worden ist[422]. Die Besonderheit bei auf Kontrahierungszwang beruhenden Verträgen besteht darin, daß der Verpflichtete notfalls durch hoheitliche Entscheidung zur Leistung angehalten werden kann. Selbst eine bruchstückhafte Einigung der Parteien über den geschuldeten Erfolg kann als wirksam betrachtet werden, weil sie die hoheitliche Entscheidung jedenfalls in diesem Umfang entlastet[423]. In der Regel wird auch die Aufrechterhaltung der bloß rudimentären Einigung dem Parteiwil-

---

420 **Bydlinski**, JZ 1980, 378, 380. Allgemein zur Durchsetzung von auf einem Kontrahierungszwang beruhenden Anspruch im Wege einstweiligen Rechtsschutzes: **Staudinger-Bork**, Vorbem zu §§ 145 ff Rdnr. 34 m.w.N. Zur Möglichkeit der Durchsetzung von Netzzugangsansprüchen im Wege einstweiligen Rechtsschutzes: **Giefers**, ET 1999, 481 ff; **Ungemach/Weber**, RdE 1999, 131, 135 ff.

421 War eine Klärung der Vergütungsfrage nach dem Vorbehalt auch nur einer Partei geplant, ist § 632 BGB nicht anwendbar, vgl. nur: **Soergel-Teichmann**, § 632 Rdnr. 2; **Staudinger-Peters**, § 632 Rdnr. 36. Bei bewußter Nichteinigung kann § 632 allenfalls dann angewendet werden, wenn trotz der Nichteinigung die Leistung erbracht worden ist.

422 Vgl. **Bydlinski**, JZ 1980, 378, 380; a.A.: OLG Koblenz, NJW 2000, 2031, 2032.

423 **Bydlinski**, JZ 1980, 378, 380.

len besser entsprechen als eine hoheitliche Entscheidung[424]. Die offen gebliebenen Regelungsaspekte setzen die Gerichte fest.
Besteht Streit ausschließlich über die Angemessenheit des Durchleitungsentgelts, ist dem Petenten mit der Möglichkeit einer Klage auf Zugangseröffnung Zug um Zug gegen angemessenes Entgelt nicht gedient. Solange über die Angemessenheit nicht abschließend entschieden worden ist, steht dem Netzbetreiber das Leistungsverweigerungsrecht aus § 322 I BGB zu[425]. Der einzige Weg für den Durchleitungspetenten, den Zugang bereits vor endgültiger Klärung der Entgeltfrage durchzusetzen, ist die unter Vorbehalt erklärte Annahme der Bedingungen des Netzbetreibers[426]. Der Vorbehalt nachträglicher Überprüfung der Höhe des Durchleitungsentgelts schließt allein § 814 BGB aus, berechtigt aber den Netzbetreiber als den Adressaten des Kontrahierungszwangs nicht, seine Leistung zu verweigern[427]. Lehnt er den Vertragsschluß dennoch ab, gerät er in Schuldnerverzug[428].

In der energierechtlichen Literatur wird, bezüglich des Kontrahierungszwangs aus § 6 EnWG darüber hinaus erwogen, ob der Netzbetreiber[429] zur Ausübung eines Leistungsbestimmungsrechts nach § 315 I BGB verpflichtet ist[430].
Problematisch ist bereits die Anwendbarkeit des § 315 BGB[431]. Eine Verpflichtung zur Bestimmung der vertraglich geschuldeten Leistung nach billigem Ermessen setzt vor-

---

424 **Bydlinski**, JZ 1980, 378, 380.

425 Vgl. **Lukes**, ET 1999, 80, 84; a.A.: OLG Dresden, Urteil v. 08.02.2001 - U 2978/00 Kart., wonach der Netzbetreiber für seine Leistungen vorleistungspflichtig ist und den Netzzugang nicht verweigern darf, obwohl zwischen den Parteien noch Streit über die Höhe der Angemessenheit des Netznutzungsentgelts besteht. Der Ansicht des OLG Dresden dürfte entgegenstehen, daß die höchstrichterliche Rechtsprechung die Berufung auf fehlende Nachleistungsbereitschaft auch dann zuläßt, wenn die vom Vorleistungsgläubiger angebotene Nachleistung nicht vertragsgerecht ist, vgl. **Gernhuber**, § 15 V 2 (S. 376) m.w.N.

426 Vgl. LG Magdeburg, RdE 2000, 206, 208; **Böwing**, in: VEnergR 96, 59, 68; allg. für § 26 II GWB: **Markert**, in: Immenga/Mestmäcker, GWB, § 26 Rdnr. 305.

427 Vgl. nur: BGH, NJW 1982, 2301; BGH, NJW 1984, 2826; **Erman-Westermann**, § 362 Rdnr. 11; **MünchKomm-Heinrichs**, § 362 Rdnr. 4.

428 Vgl. **Bydlinski**, JZ 1980, 378, 381.

429 Die Frage welche Partei bestimmungsberechtigt ist, regelt § 316 BGB.

430 Vgl. **Büdenbender**, Schwerpunkte, Rdnr. 299 ff.

431 Für § 2 StrEinspG ist die Anwendung der §§ 315, 316 BGB in der Rechtsprechung abgelehnt worden, vgl. OLG Koblenz, NJW 2000, 2031, 2032.

aus, daß es an einer eindeutigen Bestimmung der Leistung fehlt[432]. Mit § 6 EnWG sind aber die Grenzen des Kontrahierungszwanges eindeutig festgelegt, so daß § 6 EnWG § 315 BGB als lex specialis verdrängt.

Von § 6 EnWG nicht erfaßt wird die Sachverhaltskonstellation, in der der Netzbetreiber der eigenen Vertriebsabteilung überhöhte Durchleitungsentgelte in Rechnung stellt. Eine Preishöhenkontrolle der Durchleitungsentgelte kann allein über die Vorschriften des Kartellrechts (§§ 19 I iVm. IV Nr. 1, 20 I GWB; 19 I iVm. IV Nr. 2 GWB oder § 19 I iVm. IV Nr. 4 GWB) erfolgen. § 6 EnWG hat, nicht zuletzt wegen des im Vergleich zum regulierten Netzzugang (Art. 17 IV EltRL, § 6 II EnWG) erhöhten Risikos einer Verzögerung von Durchleitungswettbewerb, im Interesse schneller Durchsetzbarkeit von Netzzugangsansprüchen einen transparenten Entgeltbemessungsmaßstab zugrunde gelegt.

Selbst wenn § 315 BGB neben dem Maßstab des § 6 EnWG anwendbar wäre, besteht ein Bedürfnis zur Annahme einer Leistungsbestimmungspflicht des Netzbetreibers nur, wenn dieser Weg zusätzlichen Nutzen brächte. Von den Befürwortern einer entsprechenden Rechtspflicht werden die Vorteile einer solchen Vorgehensweise darin gesehen, daß der Durchleitungsinteressent auf diese Weise leichter einstweiligen Rechtsschutz in Anspruch nehmen könne und die Ablehnung der Ausübung dieses Leistungsbestimmungsrechts Bedeutung für die Verschuldensfrage innerhalb von Schadenersatzansprüchen wegen verweigerter Durchleitung habe[433]. Ob der Anspruch auf Durchleitung nach § 6 I EnWG mittels Leistungsverfügung im Verfahren des einstweiligen Rechtsschutzes gesichert werden kann, hängt davon ab, ob die strengen Voraussetzungen, die an die Darlegung des Verfügungsgrundes gestellt werden, im Fall der Verweigerung des Netzzugangs überhaupt erfüllt werden können. In der Rechtsprechung lassen sich hierfür sowohl bejahende als auch verneinende Tendenzen erkennen[434]. Selbst wenn man die Möglichkeit der Durchsetzung von Netzzugangsansprüchen im Wege einstweiligen Rechtsschutzes trotz der Gefahr der Vorwegnahme der Hauptsache anerkennt, ist bei einem ausschließlich auf die Angemessenheit des Durchleitungsentgelts bezogenen Streit zwischen den Parteien dennoch die Inanspruchnahme einstweiligen

---

432 Unstreitig: statt vieler: **Palandt-Heinrichs**, § 315 Rdnr. 6.

433 Vgl. **Büdenbender**, Schwerpunkte, Rdnr. 301.

434 Vgl. die Darstellung bei: **Ungemach/Weber**, RdE 1999, 131, 135 ff. Bejahend: LG Potsdam, WuW/E DE-R 464 ff (Stadtwerke Zehdenick); LG Magdeburg, RdE 2000, 206 ff; LG Hamburg, RdE 2000, 231 ff; verneinend: LG Stuttgart, Urteil v. 17.11.1998, Az. 11 KfH O 156/98. Vgl. auch allg. für Ansprüche aus einem Kontrahierungszwang: **Staudinger-Bork**, Vorbem zu §§ 145 ff, Rdnr. 34; eingehend: **Schockenhoff**, NJW 1990, 152 ff für § 26 II GWB a.F.

Rechtsschutzes, auch wenn es nur um die Ausübung eines Leistungsbestimmungsrechts nach § 315 BGB geht, wegen des Grundsatzes der Erforderlichkeit (vgl. § 940 ZPO: „sofern diese Regelung ... nötig erscheint") ausgeschlossen. In der Regel ist es dem Durchleitungsinteressenten nämlich zumutbar, statt des einstweiligen Rechtsschutzes zunächst die Leistung unter Vorbehalt zu beziehen und eine endgültige Klärung der Angemessenheit im normalen Erkenntnisverfahren zu erreichen[435].

d) Die Begründungspflicht des § 6 I S.3 EnWG

Lehnt der Netzbetreiber den Vertragsschluß mit dem Interessenten ab, ist er nach § 6 I S.3 EnWG bereits im vorprozessualen Stadium[436] zur schriftlichen Begründung seiner Ablehnungserklärung verpflichtet. Die Begründungspflicht ist nicht auf bestimmte Ablehnungsgründe beschränkt.

Der Wortlaut der Norm führt über die Erkenntnis, daß eine schriftliche Ablehnungserklärung ohne Angabe von Gründen den Anforderungen des Satzes 3 nicht genügt, nicht hinaus. Insbesondere enthält § 6 I S.3 EnWG keine Vorgaben zur Detailliertheit der Ablehnungsbegründung. Unergiebig ist die Begründung des Gesetzgebers, der sich auf die Wiedergabe des Wortlauts der Vorschrift beschränkt[437]. Der Inhalt der Regelung erschließt sich deshalb nur durch Ermittlung des Zwecks der Norm. Die Begründungspflicht des § 6 I S.3 EnWG soll zum einen dem Durchleitungsinteressenten helfen, zum frühestmöglichen Zeitpunkt Klarheit über seine Rechtsposition zu erlangen und ihn so in die Lage versetzen, alles zur Interessenwahrung Erforderliche zu veranlassen. Zum anderen soll sie aber auch den Netzbetreiber zwingen, sich der Ablehnung mit der gebotenen Sorgfalt zu widmen[438].

Deshalb muß die Ablehnung so konkret begründet werden, daß der Zugangsinteressent ohne weiteres in der Lage ist zu erkennen, aus welchem Grund der Betreiber die Mitbenutzung seines Versorgungsnetzes ablehnt und welche Tatsachen dem zugrunde lie-

---

435 Vgl. OLG Karlsruhe, GRUR 1980, 811, 812 f (Lesezirkel); **Markert**, in: Immenga/Mestmäcker, GWB, § 26 Rdnr. 305; **Staudinger-Bork**, Vorbem zu §§ 145 ff, Rdnr. 34.

436 Daß der Netzbetreiber für die sachliche Rechtfertigung der Zugangsverweigerung die Darlegungs- und Beweislast trägt, folgt bereits aus § 6 I S.2 EnWG, so schon: BT-Wirtschaftsausschuß, BT-Drs. 13/9211, S. 24.

437 Vgl. BT-Wirtschaftsausschuß, BT-Drs. 13/9211, S. 24.

438 Insoweit stimmt der Zweck der Norm mit dem des § 564 b III BGB überein; so auch: **Büdenbender**, Schwerpunkte Rdnr. 217. Zum Zweck des § 564 b III BGB: RegE, MietrechtsreformG, BT-Drs. 6/1549, 6 f.

gen. Dementsprechend ist der Netzbetreiber etwa bei Kapazitätsmangel zu einer sehr detaillierten Begründung verpflichtet, bei der Berufung auf Art. 4 § 2 NeuregelungsG genügt hingegen die Angabe dieser Vorschrift[439].

Die Verletzung der Begründungspflicht des Netzbetreibers aus § 6 I 3 EnWG zieht nicht die Unwirksamkeit der Ablehnungserklärung nach sich. Hierin unterscheidet sich § 6 I 3 EnWG von der Begründungspflicht des Vermieters bei der Kündigung von Wohnraum nach § 564 b III BGB und der Begründungspflicht des Arbeitgebers bei der Kündigung von Berufsausbildungsverhältnissen nach § 15 III BBiG, bei denen die Begründungspflicht ausdrücklich zur Wirksamkeitsvoraussetzung erhoben worden ist[440].

> **§ 564 b III BGB:** Als berechtigte Interessen des Vermieters werden nur die Gründe berücksichtigt, die in dem Kündigungsschreiben angegeben sind, soweit sie nicht nachträglich entstanden sind.

> **§ 15 III BBiG:** Die Kündigung muß schriftlich und in den Fällen des Absatzes 2 unter Angabe der Kündigungsgründe erfolgen.

Rechtsdogmatisch handelt es sich bei der Begründungspflicht aus § 6 I 3 EnWG um eine Nebenpflicht, die keinen Anspruch auf Erfüllung gewährt. Der tragende Grund dieser Zuordnung liegt in der Wertung, daß die Rechtsordnung für die Pflichtverletzung durch die Verpflichtung zum Schadenersatz hinreichend entschädigt[441]. Die Begründungspflicht des § 6 I 3 EnWG dient in erster Linie der Prüfung der Erfolgsaussichten gerichtlichen Rechtsschutzes durch den Zugangsbegehrenden. Fehlt der ablehnenden Erklärung des Netzbetreibers eine ausreichende Begründung, so besteht die Gefahr, daß der Durchleitungspetent mit den Kosten eines unnützen Rechtsstreits belastet wird. Diese Gefahr wird mit der Gewährung eines Schadenersatzanspruches vollständig kompensiert.

Schadenersatz bedeutet dann aber nicht, daß der Zugangsinteressent so gestellt werden muß, als ob die Ablehnung überhaupt nicht erklärt worden wäre, sondern lediglich so, als ob ihm die Begründung rechtzeitig mitgeteilt worden wäre.

Ist die Begründung der Ablehnung nicht Wirksamkeitsvoraussetzung, so muß es dem Ablehnenden gestattet sein, noch im Prozeß sich auf alle Gründe zu berufen, die seine Ablehnung rechtfertigen können. Ein Nachschieben von Ablehnungsgründen ist nicht

---

439 Zu Art. 4 § 2 NeuregelungsG: **Lukes**, BB 1998, Beilage 12 zu Heft 48, S. 15.

440 Zu § 564 b BGB: statt vieler: **Staudinger-Sonnenschein**, § 564 b Rdnr. 169. Zu § 15 III BBiG: vgl. nur: **MünchKomm-Schwerdtner**, § 626 Rdnr. 258 m.w.N.

441 Eingehend: **Stürner**, JZ 1976, 384, 385, 389.

ausgeschlossen[442]. Voraussetzung ist jedoch, daß die Rechtfertigungsgründe schon zur Zeit der Erklärung der Ablehnung objektiv vorgelegen haben, mögen sie auch nicht den eigentlichen Anlaß der Ablehnung gebildet haben.

4. TEIL: DIE ANSPRUCHSVORAUSSETZUNGEN DES § 6 I S. 1 EnWG

A. Die Parteien des Durchleitungsvertrages

Das Gesetz spricht von „Betreiber von Elektrizitätsversorgungsnetzen" als Duchleitungsverpflichtetem und „anderen Unternehmen" als Durchleitungsberechtigtem.

I. Der Anspruchsberechtigte

Das EnWG knüpft in § 6 I S.1 EnWG an das „Unternehmen" an. Ein einheitlicher, allgemeingültiger Unternehmensbegriff existiert nicht[443].
Bereits das EnWG a.F. kennt den Begriff „Energieversorgungsunternehmen".

> **§ 2 II EnWG a.F.:** Energieversorgungsunternehmen im Sinne dieses Gesetzes sind ohne Rücksicht auf Rechtsformen und Eigentumsverhältnisse alle Unternehmen und Betriebe, die andere mit elektrischer Energie oder Gas versorgen oder Betriebe dieser Art verwalten (öffentliche Energieversorgung).

Die Eigenschaft „Energieversorgungsunternehmen" kann nach dieser Definition sowohl Betrieben als auch Unternehmen zukommen. Unter einem „Betrieb" versteht man den Teil der Wirtschaftsgüter einer Person, der technisch, wirtschaftlich oder organisatorisch zu einer Einheit zusammengefaßt war, ohne juristisch Selbständigkeit zu besitzen[444]. Da es hierfür nicht auf eine eigene Rechtspersönlichkeit ankommt, konnten auch Regiebetriebe der Gemeinden oder Elektrizitätswerke eines industriellen Unterneh-

---

[442] So auch: **Harms**, RdE 1999, 165, 175.

[443] Zum Unternehmensbegriff statt vieler: **K. Schmidt**, § 4 I 1 (S. 63 ff).

[444] Vgl. nur: **Danner**, in: Eiserer/Riederer/Obernolte/Danner, § 2 EnWG a.F. Anm. 4a (S. I 71 a). S. auch die Parallele des Begriffs „Betrieb" im Arbeitsrecht (§ 613 a BGB), vgl. dazu: **Berkowsky**, in: Richardi/Wlotzke (Hrsg.), § 120 Rdnr. 47.

mens, soweit sie jedenfalls theoretisch selbständig hätten geführt werden können, Energieversorgungsunternehmen im Sinne des § 2 II a.F. EnWG sein[445].

Unternehmen im Sinne des § 2 II EnWG a.F. als Oberbegriff ist die Einheit von Vermögenswerten, Tätigkeiten und Personen, die dem Zweck dienen, andere mit Elektrizität oder Gas zu versorgen[446]. Der Begriff „Unternehmen" beschränkt sich also nicht auf die Suche nach einer als solchen erkennbaren funktionalen Einheit, sondern ist der Inbegriff aller materiellen und immateriellen Werte, die der Unternehmer zum Zweck seiner wirtschaftlichen Betätigung und zur Teilnahme am Geschäftsverkehr benötigt, so daß ein Unternehmen auch aus mehreren Betrieben bestehen kann[447]. Die Zuordnung dieses einem bestimmten Zweck dienenden Sondervermögens zum Kreis der Energieversorgungsunternehmen setzte, da zentrales Anliegen dieser Begriffsdefinition die Festlegung der Reichweite energieaufsichtsrechtlicher Befugnisse war, nicht voraus, daß das Unternehmen rechtliche Selbständigkeit besaß[448]. Die Rechtsfähigkeit ist allein vom Unternehmensträger, dem Unternehmer, abzuleiten, den alle Rechte und Pflichten treffen[449].

Deshalb mußte bereits auf der Grundlage des alten Rechts in den Fällen, in denen der Begriff des Unternehmens als Anknüpfungspunkt bestimmter Rechte und Pflichten benutzt wurde, zwischen dem Rechtsobjekt (Unternehmen) und dem Rechtssubjekt (Unternehmensträger) getrennt werden und auf den Unternehmer als den Träger der Rechtsfähigkeit abgestellt werden.

Hieran hat sich durch die Reform des Energierechts 1998 nichts geändert. Mit „Unternehmen" im Sinne des § 6 I S.1 EnWG ist demzufolge der Träger des Unternehmens angesprochen. Das „Unternehmen" im Sinne des § 6 I S.1 EnWG ist nicht auf eine bestimmte Zweckverfolgung beschränkt, muß also im Unterschied zu § 2 III EnWG weder andere mit Energie versorgen noch ein Netz für die allgemeine Versorgung betreiben. Es genügt jede selbständige, nicht rein private und außerhalb des Erwerbslebens liegende Tätigkeit einer Person, die auf die Erzeugung oder Verteilung von Waren

---

445 Vgl. **Tegethoff/Büdenbender/Klinger**, § 2 EnergG Anm. 3a Rdnr. 2 (S. I 88); **Danner**, in: Eiserer/Riederer/Obernolte/Danner, § 2 EnWG a.F. Anm. 4a (S. I 71 a); **Darge/Melchinger/Rumpf**, § 2 Anm. 11 b) 1 (S. 89).

446 Vgl. nur: **Tegethoff/Büdenbender/Klinger**, § 2 EnergG Anm. 3a Rdnr. 1 (S. I 88).

447 Vgl. **Darge/Melchinger/Rumpf**, § 2 Anm. 11 b) 1 (S. 89).

448 Statt vieler: **Danner**, in: Eiserer/Riederer/Obernolte/Danner, § 2 EnWG a.F. Anm. 4a (S. I 71 a).

449 **Tegethoff/Büdenbender/Klinger**, § 2 EnergG Anm. 3 a Rdnr. 1 (S. I 88).

oder gewerblichen Leistungen gerichtet ist[450]. Folglich haben nur diejenigen Rechtssubjekte keinen Anspruch nach § 6 I S.1 EnWG, die bei Abschluß des Durchleitungsvertrages nicht in Ausübung ihrer gewerblichen oder selbständigen beruflichen Tätigkeit handeln[451]. Diese Auslegung trägt der unterschiedlichen Wortwahl des Gesetzes in den §§ 6 und 10 EnWG Rechnung. Im Unterschied zu § 6 EnWG ist nach § 10 EnWG nämlich „jedermann" anschluß- und versorgungsberechtigt.

II. Der Anspruchsverpflichtete

Adressat des netzzugangsrechtlichen Kontrahierungszwangs ist der „Betreiber von Elektrizitätsversorgungsnetzen". Ein Netz ist die Gesamtheit mehrerer untereinander verbundener Leitungen zur Energieversorgung. Deshalb ist derjenige, der ausschließlich Betreiber einer oder mehrerer einzelner Direkt- oder Stichleitungen ist, ohne daß diese an das Netz eines Betreiberunternehmens angeschlossen sind, nicht dem Kontrahierungszwang des § 6 I S.1 EnWG unterworfen[452]. Auf die Funktion des Netzes kommt es ebensowenig an wie auf die Spannungsebene des Leitungsnetzes[453].
Betrieben wird das Versorgungsnetz von demjenigen, der den bestimmenden bzw. maßgeblichen Einfluß auf den Einsatz des Netzes hat[454]. Das ist regelmäßig der Inhaber der rechtlichen oder tatsächlichen Verfügungsgewalt. Neben dem Eigentümer des Versorgungsnetzes kommt dafür auch ein sonst dinglich oder obligatorisch Berechtigter in Betracht[455].

---

450 Zum Unternehmensbegriff des Wettbewerbsrechts: BGHZ 74, 359, 364; 137, 297, 304; aus der Literatur statt vieler: **Emmerich**, § 2 Anm. 1 a (S. 17); **Immenga**, in: Immenga/Mestmäcker, GWB, § 1 Rdnr. 34 ff. Dieser Unternehmerbegriff dürfte sich von dem des verbraucherschutzorientierten des § 14 BGB dadurch unterscheiden, daß letzterer nur die Rechtssubjekte erfaßt, die Leistungen am Markt anbieten, **Palandt-Heinrichs**, § 14 Rdnr. 2.

451 Vgl. **Büdenbender**, Schwerpunkte, Rdnr. 153; **Danner**, in: Eiser/Riederer/Obernolte/Danner, § 6 EnWG Rdnr. 5.

452 Vgl. **Recknagel**, in: Böwing u.a. (Hrsg.), EnWG 1998, § 6 Anm. 6.2. (S. 114), § 5 (S. 106).

453 Vgl. **Büdenbender**, Schwerpunkte Rdnr. 151.

454 Vgl. die Definition des Anlagenbetreibers nach dem BImSchG. S. hierzu: **Jarass**, BImschG, § 3 Rdnr. 70 - 73 m.w.N.

455 Vgl. **Büdenbender**, Schwerpunkte, Rdnr. 151; **Kunze**, in: Böwing u.a. (Hrsg.), EnWG 1998, § 4 Anm. 2.1 (S. 72); **Recknagel**, in: Böwing u.a. (Hrsg.), EnWG 1998, § 6 Anm. 5 (S. 114). Vgl. zum „Anlagenbetreiber" im Atomrecht auch: BVerwGE 90, 255, 262.

Im Unterschied zum allgemeinen kartellrechtlichen Anspruch auf Zugang zu fremden Infrastruktureinrichtungen nach § 19 IV Nr. 4 GWB[456] setzt § 6 I S.1 EnWG nicht voraus, daß der Netzbetreiber zugleich auf dem Elektrizitätsabsatzmarkt tätig ist.

B. Die Bedingungen des Durchleitungsvertrages

Der Kontrahierungszwang beseitigt nicht nur die Abschlußfreiheit der Parteien. Er engt zugleich die inhaltliche Gestaltungsfreiheit der Parteien ein, indem mit ihm die Verpflichtung einhergeht, den Vertrag zu angemessenen Bedingungen einzugehen[457]. Überwiegend kann der den Kontrahierungszwang anordnenden Norm selbst nicht entnommen werden, wann die Vertragsbedingungen „angemessen" sind[458].
Teilweise aber hat der Gesetzgeber das mit der inhaltlichen Konkretisierung „angemessener Vertragsbedingungen" verbundene Problem durch mehr oder weniger konkrete normative Vorgaben selbst entschärft. Ein Beispiel sehr detaillierter Regelung sind die §§ 4-8 EEG. Hier ist die Vergütung für aus erneuerbaren Energieträgern gewonnenen Stroms kilowattstundengenau festgelegt. Häufiger beschränkt sich der Gesetzgeber auf die Vorgabe eines reinen Vergleichsmaßstabes. § 24 TKG ordnet etwa an, daß sich die Entgelte für den telekommunikationsrechtlichen Netzzugang an den Kosten effizienter Leistungsbereitstellung zu orientieren haben[459]. Auch der am gegen sich selbst geübten Verhalten des Netzbetreibers orientierte Maßstab des § 6 I S.1 EnWG ist nur ein solcher Vergleichsmaßstab.

I. Der Maßstab des § 6 I S.1 EnWG im allgemeinen

Außer Streit steht zunächst lediglich, insbesondere unter Berücksichtigung der umfassenden Ermächtigung des § 6 II EnWG („die Gestaltung der Verträge nach Absatz 1 zu regeln und Kriterien zur Bestimmung der Durchleitungsentgelte festzulegen"), daß sich die „Bedingungen" des § 6 I S.1 EnWG auf den gesamten Vertragsinhalt beziehen[460].

---

456 Vgl. zu § 19 IV Nr. 4 GWB: **Schultz**, in: Langen/Bunte, § 19 Rdnr. 152. Für den Konzern genügt, daß eine rechtlich selbständige Tochtergesellschaft auf dem vor- oder nachgelagerten Markt tätig ist, **Lutz**, RdE 1999, 102, 107.

457 S. oben Teil 3: A I.

458 Z.B. §§ 14 AEG, 826 BGB, 20 GWB. Teilweise ist auf die Angemessenheit auch ausdrücklich Bezug genommen worden, z.B. § 61 I 1 UrhG und § 11 WahrnG.

459 Vgl. auch §§ 22, 39 PBefG; 5 PflVersG iVm. KfzPflVVO.

460 Vgl. **Britz**, in: Ludwig/Odenthal, § 6 EnWG Rdnr. 32; **Büdenbender**, Schwerpunkte, Rdnr. 219; **Danner**, in: Eiser/Riederer/Obernolte/Danner, § 6 EnWG Rdnr. 8; **T. Müller**, S. 183; **Recknagel**, in: Böwing u.a. (Hrsg.), EnWG 1998, § 6 Anm. 9 (S. 117).

Der Wortlaut „in Rechnung gestellt" deutet demgegenüber ausschließlich auf eine zahlenmäßige Darstellung der Geschäftsvorfälle hin, die nur das Durchleitungsentgelt darstellen könnte. Unbestritten ist darüber hinaus, daß § 6 I S.1 EnWG ein Bekenntnis zu sachgerechter Kostenzuordnung zu entnehmen ist[461]. Dieses Bekenntnis zwingt, abgesehen von einer allgemeinen Toleranzbreite, zur Berücksichtigung der speziellen Auswirkungen jeder beantragten Durchleitung. Dadurch wird z.B. verhindert, daß die mit einer höheren Gesamtauslastung des Netzes durch zunehmende Leitungsverluste und evtl. eintretende Lastflußänderungen proportional steigenden Kosten des Netzbetriebs nicht auf den Verursacher, den Durchleitungspetenten, abgewälzt werden können. Dieser Überlegung trägt die Öffnungsklausel des Pkt. 1.8. der VV II Rechnung:

> **Pkt.: 1.8. VV II:** Im Interesse niedriger Netznutzungsentgelte für alle Netznutzer sollen für Einspeisung und Entnahme das vorhandene Netz genutzt und der Bau von zusätzlichen Leitungen möglichst vermieden werden. Zu diesem Zweck kann der Netzbetreiber von der pauschalierten Berechnung des Netznutzungsentgelts abweichen.

Nicht zu übersehen sind die mit der Anwendung dieses Vergleichsmaßstabes verbundenen Probleme, die auf der einen Seite mit der Anwendung eines einzelfallbezogenen Maßstabes zwangsläufig verbunden sind[462], auf der anderen Seite aber auch durch die konkrete Ausgestaltung des § 6 EnWG hervorgerufen werden. Der Maßstab des § 6 I EnWG bewegt sich im Schnittpunkt zwischen Rechts- und Wirtschaftswissenschaft und sowohl der Gesetzgeber des EnWG als auch der der EltRL benutzen ein technisch gekennzeichnetes Vokabular, welches sich nicht ohne weiteres in die betriebswirtschaftlich - kaufmännische bzw. handelsrechtliche Terminologie der Rechnungslegung einordnen läßt[463].

So gehören etwa die Begriffe „tatsächlich oder kalkulatorisch in Rechnung gestellt" zum Bereich betrieblicher Rechnungslegung, speziell zum Teilbereich „Buchhaltung". Je nachdem, ob die Buchhaltung an Zahlungsströme oder an Realgüterbewegungen anknüpft, werden die pagatorische und die kalkulatorische Buchhaltung unterschieden[464].

---

461 Vgl. **Büdenbender**, ZIP 2000, 2225, 2229.

462 Einzelfallbezogene Preisfindungsmaßstäbe haben den Nachteil, daß sie mangels hinreichender Vergleichbarkeit der einzelnen Durchleitungsvorgänge untereinander dem Netzinhaber großen Raum für Manipulationen eröffnen, **Vollmer**, JNpolÖ Bd. 16 (1997), S. 147, 160.

463 **Röhricht/Cebulla**, in: VersWirt 1999, 5 f.

464 **Moews**, Kosten- und Leistungsrechnung, S. 2. Pagatorische Buchhaltung oder Finanzbuchhaltung knüpft an Einnahmen und Ausgaben an und erfaßt Güterbewegungen nur insoweit, als mit ihnen tatsächliche Zahlungsvorgänge verbunden sind. Die kalkulatorische Buchhaltung zählt zur inter-

Das EnWG schließt nicht aus, daß die kalkulatorische Buchhaltung, deren Rechtsgrundlage für EltVU § 9 II EnWG ist, unter Ausnutzung bilanzieller Gestaltungsspielräume auch dann zugrunde gelegt werden darf, wenn eine tatsächliche Rechnungslegung möglich wäre, also im Verhältnis zu verbundenen oder assoziierten Unternehmen. Mit der Einbeziehung des Verhaltens des Netzbetreibers gegenüber verbundenen oder assoziierten Unternehmen inkorporierte der Gesetzgeber zwei Rechtsbegriffe des Handelsgesetzbuches (HGB) in das EnWG[465]. „Verbundene Unternehmen" definiert das Gesetz in § 271 II HGB. Sie zeichnen sich dadurch aus, daß ein oder mehrere Unternehmen als Tochterunternehmen unter der einheitlichen Leitung eines Mutterunternehmens stehen und nach den Vorschriften über die Vollkonsolidierung in einen Konzernabschluß einzubeziehen sind[466]. „Assoziierte Unternehmen" (§ 311 I S.1 HGB) sind dadurch gekennzeichnet, daß ein in den Konzernabschluß einbezogenes, einflußnehmendes Unternehmen auf die Geschäfts- und Finanzpolitik eines nicht in den Konzernabschluß einbezogenen Unternehmens, an dem das einflußnehmende Unternehmen nach § 271 I HGB beteiligt ist, einen maßgeblichen Einfluß ausübt. Der Gesetzgeber vermutet widerlegbar, daß von einem Stimmrechtsanteil von 20 % an ein maßgeblicher Einfluß gegeben ist, § 311 I S.2 HGB.

II. Das Durchleitungsentgelt

Nach einhelliger Einschätzung wird die Höhe des Durchleitungsentgeltes in maßgeblicher Weise darüber entscheiden, ob sich in der Elektrizitätswirtschaft tatsächlich wettbewerbliche Verhältnisse durchsetzen werden[467].

1. Die Ermittlung des Durchleitungsentgelts auf der Grundlage des § 6 I S.1 EnWG

a) Die Kontrolle der Preisstruktur des Durchleitungsentgelts

Ziel der Preisstrukturkontrolle ist die möglichst verursachungsgerechte Verteilung der Gesamtkosten der Leistungserstellung auf die verschiedenen Kostenträger eines Unter-

---

nen Betriebsbuchhaltung und erfaßt Realgüterbewegungen im Rahmen betrieblicher Produktionsprozesse auch insoweit, als mit den Gütervorgängen reale Zahlungsströme nicht verbunden sind. Ihre Aufgabe besteht in der Ermittlung der Selbstkosten für einen bestimmten Produktionsprozeß.

465 Vgl. Diskussionspapier des Fachausschusses für öffentliche Unternehmen und Verwaltungen des Instituts der Wirtschaftsprüfer, in: VersWirt 1998, 252, 256; **Recknagel**, in: Böwing u.a. (Hrsg.), EnWG 1998, § 6 Anm. 8.2. (S. 116).

466 Statt vieler: **Morck**, in: Koller/Roth/Morck, § 271 Rdnr. 6.

467 Vgl. nur: **Büdenbender**, Schwerpunkte, Rdnr. 218.

nehmens[468]. Das Gebot der Verursachungsgerechtigkeit bezieht sich auf die Trennung der verschiedenen Unternehmensbereiche, da die Belastung des Durchleitungsentgeltes mit durchleitungsfremden Kosten wegen der dann eintretenden Subventionierung der netzbetreibenden Versorgungsunternehmen zu erheblichen Wettbewerbsverfälschungen führen kann.

Elektrizitätsversorgungsunternehmen der allgemeinen Versorgung[469] müssen nach § 9 I EnWG unabhängig von ihrer Rechtsform einen Jahresabschluß nach den für Kapitalgesellschaften geltenden Vorschriften der §§ 264 - 289 HGB aufstellen und nach §§ 316 - 324 HGB prüfen lassen. Er ist zu veröffentlichen (§§ 325 - 329 HGB) bzw. zur Einsicht bereit zu halten (§ 9 I S.2 EnWG). Außerdem unterliegen sie der Pflicht des § 9 II EnWG zur buchhalterischen Entflechtung ihre Geschäftsbetriebs. Praktisch erfolgt die Umsetzung der Pflicht zur buchhalterischen Trennung der Geschäftsbereiche also über die Einrichtung getrennter Konten, die im Ergebnis zur Aufstellung getrennter Bilanzen und Gewinn- und Verlustrechnungen führt, für die die §§ 264 ff HGB gelten[470].

Ein separates Konto für den Erzeugungsbereich hat selbstverständlich jedes Unternehmen zu führen, das selbst Elektrizität durch Primärenergieverbrauch erzeugt[471]. In gleicher Weise sind Unternehmen der Pflicht zur Führung eines Erzeugungskontos unterworfen, die Strom zwar aus fremden Kraftwerken beziehen, diese aber wie eigene steuern (Vertragserzeugung)[472]. Eine Begrenzung erfährt die Pflicht zur Darstellung der Aktivität „Erzeugung" durch den handelsrechtlichen Grundsatz der Wesentlichkeit[473].

---

468 Vgl. **Immenga**, Strompreise, S. 47; **Jungtäubl**, S. 152.

469 Trotz der zentralen Bedeutung des Begriffes „allgemeine Versorgung" enthält das Gesetz keine nähere Erläuterung dieses Begriffes. Viel spricht dafür, „allgemeine Versorgung" im Sinne des § 2 III EnWG nicht als mit der Formulierung „allgemeine Versorgung von Letztverbrauchern" im Sinne des § 10 EnWG gleichbedeutend anzusehen, so: Diskussionspapier des Fachausschusses für öffentliche Unternehmen und Verwaltungen des Instituts der Wirtschaftsprüfer, in: VersWirt 1998, 252, 253; a.A. **Ehlers/Pünder**, in: Achterberg/Püttner/Würtenberger (Hrsg.), § 4 Rdnr. 29.

470 Vgl. Diskussionspapier des Fachausschusses für öffentliche Unternehmen und Verwaltungen des Instituts der Wirtschaftsprüfer, in: VersWirt 1998, 252, 254.

471 Zum Begriff „Erzeugung": **Kunze**, in: Böwing u.a. (Hrsg.), EnWG 1998, § 9 Anm. 3.2.1. (S. 173).

472 Vgl. **Kunze**, in: Böwing u.a. (Hrsg.), EnWG 1998, § 9 Anm. 3.2.1(S. 173); **VKU/VDEW** Stellungnahme v. 15.10.1998, S. 9; a.A. für weitergehende Trennung in Eigen- und Vertragserzeugung: Diskussionspapier des Fachausschusses für öffentliche Unternehmen und Verwaltungen des Instituts der Wirtschaftsprüfer, in: VersWirt 1998, 252, 253.

473 **Kunze**, in: Böwing u.a. (Hrsg.), EnWG 1998, § 9 Anm. 3.2.3 (S. 176); **VKU/VDEW** Stellungnahme v. 15.10.1998, S. 9.

Im Schrifttum ist, angelehnt an das Tarifgenehmigungsverfahren nach § 12 Bundestarifordnung Elektrizität (BTOElt), vorgeschlagen worden, die Grenze dort zu ziehen, wo die Erzeugung 5 % des Gesamterlöses übersteigt[474] oder, entsprechend den Grundsätzen des International Accounting Standard (IAS 14), von 10 % der Gesamtstromabgabe auszugehen[475].
Ein spezielles Konto für den Übertragungsbereich haben alle Netzbetreiber einzurichten, deren Versorgungsnetz der Übertragung elektrischer Energie dient. Entscheidend ist nicht die Spannungsebene des Netzes, sondern deren Funktion[476]. Deshalb kann ein 110-kV Netz sowohl Übertragungs- als auch Verteilungszwecken dienen. Eine darüber hinausgehende, generelle Pflicht zur Herauslösung des Netzbetriebs besteht nicht[477]. Die Verteilung von Strom erfaßt den Transport mit mittlerer oder niedriger Spannung zur Belieferung von Abnehmern[478].
Ob dem Erzeugungsbereich auch die Handels- und Vertriebsaktivitäten des vom Unternehmen selbst erzeugten Stroms zuzuordnen sind oder als eigene Aktivität abzubilden sind[479], kann offenbleiben. Jedenfalls sind sie nicht den Bereichen „Übertragung“ oder „Verteilung“ zuzuordnen[480]. Der Netzbetreiber hat nur technische Aufgaben zu erfül-

---

474 Vgl. **Kunze**, in: Böwing u.a. (Hrsg.), EnWG 1998, § 9 Anm. 3.2.3 (S. 176).

475 So: **VKU/VDEW** Stellungnahme v. 15.10.1998, S. 9.

476 Vgl. **Kunze**, in: Böwing u.a. (Hrsg.), EnWG 1998, § 9 Anm. 3.2.1. (S. 174). S. hierzu auch die Definition des Begriffs „Übertragungsnetz“ in der Anlage 1 zur VV II: „Übertragungsnetze sind Netze, die der Übertragung elektrischer Energie zu nachgeordneten Verteilungsnetzen dienen. Im allgemeinen beschränken sich Übertragungsnetze auf die Spannungsebenen 220 und 380 kV; in besonderen Fällen kann auch ein 110 kV-Netz seiner Aufgabe nach ein Übertragungsnetz sein“.

477 Mit ausführlicher Begründung: **Kunze**, in: Böwing u.a. (Hrsg.), EnWG 1998, § 9 Anm. 3.2.2 (S. 174 f); a.A. Fachausschuß für öffentliche Unternehmen und Verwaltungen des Instituts der Wirtschaftsprüfer in Deutschland e.V., in: Die Wirtschaftsprüfung, 1998, 827, 829. Nach Ansicht von **Theobald**, WuW 2000, 231, 244 ist aus Gründen der Rechtsklarheit der Gesetzgeber zur Präzisierung aufgerufen.

478 Vgl. **Kunze**, in: Böwing u.a. (Hrsg.), EnWG 1998, § 9 Anm. 3.2.1 (S. 173). S. zum Begriff „Verteilung“ auch die Definition in Art. 2 Ziffer 6 EltRL: „Der Transport von Elektrizität mit mittlerer oder niederer Spannung über Verteilungsnetze zum Zweck der Stromversorgung von Kunden“.

479 So: Diskussionspapier des Fachausschusses für öffentliche Unternehmen und Verwaltungen des Instituts der Wirtschaftsprüfer, in: VersWirt 1998, 252, 253 f.

480 Vgl. auch: Diskussionspapier des Fachausschusses für öffentliche Unternehmen und Verwaltungen des Instituts der Wirtschaftsprüfer, in: VersWirt 1998, 252, 253; a.A. **Kunze**, in: Böwing u.a. (Hrsg.), EnWG 1998, § 9 Anm. 3.2.2 (S. 174); **Röhricht/Cebulla**, VersWirt 1999, 5, 7 ff.

len[481]. Art. 8 EltRL spricht nicht gegen diese Einordnung. Er erfordert nicht, daß dem Netzbetrieb auch die Aktivität „Handel und Vertrieb“ zuzuordnen ist. Die Inanspruchnahme von Erzeugungsanlagen in Art. 8 EltRL betrifft ebenso wie in Art. 11 I, III EltRL für Verteilungsnetzbetreiber nicht die gesamten Vertriebsaktivitäten des EltVU, sondern nur diejenigen, die für die Kraftwerkssteuerung zur Aufrechterhaltung eines ausgeglichenen Netzzustandes (Systemsteuerung) erforderlich sind[482]. Allein der Gewährleistung eines diskriminierungsfreien Einsatzes der Erzeugungsanlagen zu diesem Zweck dient das unter dem Vorbehalt der Verfügbarkeit stehende Wirtschaftlichkeitsprinzip des Art. 8 II 2 EltRL. Für diese Auslegung spricht im übrigen die Rechtsauffassung der Kommission zur Frage der zutreffenden Ermächtigungsgrundlage der Braunkohleschutzklausel des Art. 4 § 3 NeuregelungsG:

> „Die Bestimmung über eine vorrangige Behandlung gemäß Artikel 8 Absatz 4 rechtfertigt unter keinen Umständen die Ablehnung eines Antrags auf Netzzugang oder auf Übertragung. Artikel 8 Absatz 4 und auch Artikel 8 Absatz 3 sind als Sonderbestimmungen anzusehen, die vor dem Hintergrund des in Artikel 8 Absatz 2 dargelegten Prinzips der Kraftwerkseinsatzplanung gemäß wirtschaftlichen Vorrangs zu verstehen sind. Das vorliegende Verfahren - für bilaterale Stromaufkäufe zwischen zugelassenen Kunden und Stromerzeugern gegebenenfalls den Netzzugang abzulehnen - geht eindeutig über den Geltungsbereich dieser Bestimmung hinaus“[483].

Auch § 2 S.3 StrEinspG idF. v. 19.04.1998 (vgl. Art. 3 § 2 NeuregelungsG) kann nicht als Argumentationsgrundlage für die gegenteilige Rechtsansicht herangezogen werden[484], denn seit dem 01.04.2000 gilt statt dessen § 10 II S.3 EEG. Anstelle der Erlaubnis „Mehrkosten auf Grund der §§ 2 und 4 können bei der Rechnungslegung der Verteilung oder Übertragung zugeordnet werden“ (§ 2 S. 3 StrEinspG) beschränkt sich § 10 II S.3 EEG ausdrücklich darauf, daß die Netzbetreiber den auf sie entfallenden Kostenanteil der Netzkosten bei der Ermittlung des Durchleitungsentgelts in Ansatz bringen können. Unter Berücksichtigung dieser Rechtsänderung ist überhaupt fraglich, ob § 2 S.3 StrEinspG tatsächlich auch andere Mehrkosten als die reinen Netzkosten

---

481 Vgl. **Jarass**, S. 47.

482 „Inanspruchnahme“ in Art. 7 V EltRL ist definiert als die Auswahl der Kraftwerke für die tatsächliche Stromerzeugung, vgl. **Europäische Kommission**, Zweiter Bericht an den Rat und das Europäische Parlament, S. 45, Stichwort: Kraftwerkseinsatzplanung.

483 Europäische Kommission, Entscheidung v. 08. Juli 1999, Tz. 25.

484 So noch: **Kunze**, in: Böwing u.a., EnWG 1998, § 9 Anm. 3.2.2. (S. 175).

berücksichtigt wissen wollte[485]. Für die vergleichbare Regelung des § 3 I S.4 KWK-G, die sich zwar im Unterschied zu § 10 II 3 EEG nicht ausdrücklich auf die Netzkosten beschränkt, dürfte im Ergebnis aber vor allem unter Berücksichtigung der speziellen Ausgleichsregelungen in den §§ 3 II und 5 das Gleiche wie für § 10 II S.3 EEG gelten[486].
Würde dem Bereich „Übertragung bzw. Verteilung" die Aktivität „Handel und Vertrieb" zugeordnet, entstünde außerdem Rechtfertigungsbedarf für den entstehenden Konflikt zwischen § 4 III EnWG und § 6 I EnWG. Er resultiert daraus, daß § 4 III S.1 EnWG mit seiner auf Übertragungsnetzbetreiber beschränkten Pflicht zur Festlegung objektiver Kriterien für die Einspeisung und die Benutzung von Verbindungsleitungen und der Pflicht zur diskriminierungsfreien Anwendung dieser Maßstäbe dann auch für Durchleitungssachverhalte herangezogen werden könnte. Dieser Maßstab ist im Unterschied zu § 6 I S.1 EnWG nicht auf das Verhalten des Netzbetreibers gegenüber sich selbst beschränkt und geht über die Verpflichtung zur Veröffentlichung reiner Richtwerte hinaus[487].

Ohne die Pflicht zur getrennten Rechnungslegung ist es für Dritte unmöglich, die unternehmensintern in Rechnung gestellten tatsächlichen oder kalkulatorischen Aufwendungen zu ermitteln und zu kontrollieren, ob durchleitungsfremde Kosten eingepreist worden sind. Sie ist deshalb unabdingbare Mindestvoraussetzung für die Einführung wettbewerblicher Strukturen[488].
Mit der Pflicht zur getrennten Kontoführung ist dem Interesse an der Verhinderung von Quersubventionen indes nicht vollständig Rechnung getragen. Insbesondere bei der Zuordnung von Gemeinkosten, also solchen, die sich keiner einzelnen Bezugsgröße zuordnen lassen[489], verbleibt dem Unternehmen ein Gestaltungsspielraum, der je nach unternehmerischer Motivation genutzt werden kann[490].

---

485 Bejahend: **Salje**, StrEinspG, § 2 Rdnr. 40 ff.

486 So auch: **Raabe/Meyer**, NJW 2000, 2253, 2254.

487 Vgl. **Britz**, in: Ludwig/Odenthal (Hrsg.), § 6 EnWG, Rdnr. 98 f, die im Konfliktsfall § 6 EnWG als lex specialis vorgehen lassen will.

488 Vgl. **Zander/Riedel/Held/Ritzau/Tomerius**, S. 23.

489 Ansonsten ist die direkte Zuordnung vorrangig, § 9 II EnWG: „soweit eine direkte Zuordnung nicht möglich ist oder mit unvertretbarem Aufwand verbunden wäre".

490 Vgl. **Brunekreeft/Keller**, ZfEW 2000, 155, 158; **Büdenbender**, ZIP 2000, 2225, 2234; **Eickhof/Kreikenbaum**, WuW 1998, 666, 675; ebenso für den Eisenbahnsektor: **Fromm**, DVBl.

§ 9 III S.1 EnWG verpflichtet lediglich zur Offenlegung des generellen Verteilungsschlüssels, der nach § 9 II S.3 EnWG verursachungsgerecht, sachbezogen, nachvollziehbar und nachprüfbar sein muß. Durch diesen gesetzlich legitimierten Freiraum unterscheidet sich ihre Buchführung von derjenigen eigentumsrechtlich nach Erzeugung, Übertragung und Verteilung getrennter Unternehmen, bei denen Gemeinkosten nicht anfallen[491]. Eine Sonderstellung nehmen aufgrund des § 4 IV EnWG die Höchst- und Hochspannungsnetzbetreiber ein.

Die Pflicht zur organisatorisch/personellen Trennung des Übertragungsbereiches bewirkt in erheblichem Umfang den Wegfall von Gemeinkosten.

Eine Preishöhenkontrolle des Durchleitungsentgeltes kann nur über die kartellrechtliche Mißbrauchsaufsicht erfolgen[492].

b) Durchleitungsentgelt und stranded costs

Diese Anforderungen an die Rechnungslegung der vertikal integrierten Netzbetreiber geben zugleich Antwort auf die Frage, ob das Durchleitungsentgelt mit sog. „stranded costs"[493] belastet werden darf. Mit „stranded costs" werden die Kosten bezeichnet, die bislang allenfalls teilweise im Preis weitergegeben werden konnten und voraussichtlich auch in Zukunft unter Wettbewerbsbedingungen weder von selbst ggf. unter Einsatz von Rationalisierungsmaßnahmen und Vertragsanpassungen abgebaut noch überwälzt werden können[494].

Abzugrenzen sind „stranded costs" vor allem von unternehmerischen Fehlinvestitionen. Damit sind solche Investitionen gemeint, denen schon nach altem Recht wegen des Bekenntnisses zu rationeller Betriebsführung die Anerkennung versagt bleiben mußte[495].

1994, 187, 192 f. Betriebswirtschaftlich wird diese Frage dem Bereich der Kostenträger- und Kostenstellenrechnung zugeordnet, für das als internes Informationsinstrument keine festen Regeln bestehen. Vgl. dazu: **Nolte**, S. 44 ff.

491 Deshalb weisen einige Autoren darauf hin, daß ein Ende der Quersubventionierung erst mit der institutionellen Trennung von Netz und sonstigen Sparten des Unternehmens erreicht werden kann, vgl. **Eickhof/Kreikenbaum**, WuW 1998, 666, 675, Fußn. 15.

492 Vgl. **Bericht des AK Energiepolitik**, S. 16; **Zinow**, in: Wiedemann (Hrsg.), § 34 Rdnr. 161 f.

493 Synonym werden die Begriffe „stranded investments", **Ufer**, ET 1998, 247, 248 und „Transformationskosten", **Schneider**, S. 508 verwendet.

494 Vgl. **Schmitt**, ET 1998, 143, 144; **Schneider**, S. 349.

495 Vgl. **BKartA**, Bericht 1983/1984, S. 114. Der dort dargestellten Entscheidung des BKartA lag folgender Sachverhalt zugrunde: Das Lieferunternehmen hatte einen Gas-/Ölkombiblock errichtet, der infolge stark gestiegener Ölpreise gegenüber einem Fremdbezug unwirtschaftlich arbeitete. Die Fixkosten der Stillegung dieser Anlage wurde an die Abnehmer weitergegeben. Da eine

Zur Gruppe der unternehmerischen Fehlinvestitionen gehören auch die Investitionen, deren Fehlcharakter sich erst nachträglich aufgrund des Risikos verschlechterter negativer Investitionsauslastung z.B. wegen Marktaustritten und Eigenerzeugung herausstellt, denn bereits im monopolistischen System mußte diese Gefahr in die Absatzplanung der Versorgungsunternehmen einbezogen werden[496].

Das EnWG erlaubt eine Berücksichtigung dieser von individuellen unternehmerischen Fehlentscheidungen freien Kostengruppe bei der Ermittlung des Durchleitungsentgeltes nicht[497]. Die Pflicht zur buchhalterischen Entbündelung zeigt deutlich, daß nur die Kosten des Netzbetriebs zur Berechnung des Durchleitungsentgelts herangezogen werden dürfen. „Stranded costs" beruhen aber vornehmlich auf erheblichen Überkapazitäten im Erzeugungsbereich und nicht auf Überkapazitäten im Netzbereich.

Zwar hat der Gesetzgeber noch in der amtlichen Begründung betont, daß:

> es im Einzelfall von Bedeutung sein könne, „ob Investitionen des Netzbetreibers, die unter dem bisher geltenden Recht einer versorgungswirtschaftlich rationellen Betriebsführung entsprachen, so gravierend und unvermeidbar entwertet werden, daß eine Durchleitung auch angesichts des gewollten Wettbewerbs unzumutbar ist"[498].

Diesem Bekenntnis des Gesetzgebers kann aber kein Hinweis auf die Einbeziehung von stranded costs in die Berechnung der Durchleitungsentgelte entnommen werden, denn einmal wird es durch die spätere Aufnahme funktionell ähnlicher, speziellerer Sonderregelungen, wie z.B. § 6 III EnWG, Art. 4 §§ 2 und 3 NeuregelungsG praktisch entwertet[499] und außerdem bezieht sich diese Aussage des Gesetzgebers statt auf die Höhe der Durchleitungsentgelte auf die Rechtfertigung einer Netzzugangsverweigerung.

---

solche Überwälzung im Wettbewerb nicht möglich gewesen wäre, stellte das BKartA einen Preismißbrauch fest.

496 Vgl. **Schmitt**, ET 1998, 143, 146.

497 A.A.: **Schmidt-Preuß**, RdE 1996, 1, 5 allerdings für die Rechtslage nach § 103 V S.2 Nr. 4 GWB a.F.

498 RegE, BT-Drs. 13/7274, S. 25.

499 Vgl. **Ufer**, ET 1998, 247, 248.
L. Müller, S. 84 berichtet von Erfahrungen aus den USA nach denen die Akzeptanz der Rechts auf Durchleitung dadurch erhöht werden konnte, daß der Staat Ersatz für die durch den Wettbewerb entstehenden „stranded costs" dadurch zugesichert hat, daß diese Kosten in einer Übergangszeit dem Durchleitungsentgelt hinzugerechnet werden dürfen. Die Europäische Kommission sieht dagegen in dieser Vorgehensweise einen Verstoß gegen das Mißbrauchsverbot.

2. Die Verbändevereinbarung zur Ermittlung eines angemessenen Netznutzungsentgelts

a) Privatwirtschaftliche Steuerungsinstrumente versus Netzzugangsverordnung (§ 6 II EnWG)

Von Anfang an entsprach der Verzicht auf den Erlaß einer Netzzugangsverordnung dem erklärten politischen Willen der Bundesregierung[500]. Statt einer auf § 6 II EnWG gestützten Rechtsverordnung über die Gestaltung der Verträge nach Absatz 1 des § 6 EnWG wollte sie das Ergebnis der Verhandlungen zwischen den drei beteiligten Wirtschaftsverbänden BDI, VIK und VDEW über eine Vereinbarung zur Bestimmung von Durchleitungsentgelten abwarten. Die Erwartung der Bundesregierung konnte sich auf konkrete Erfahrungen berufen, die mit diesem Instrumentarium bereits seit dem Ende der 70 - er Jahre in der Elektrizitätswirtschaft gemacht worden sind[501]. Der entscheidende Aspekt für die preisaufsichtsrechtliche Enthaltsamkeit des Gesetzgebers lag aber weniger in dem Vertrauen auf die Angemessenheit unternehmensautonomer Normierung als vielmehr in der Komplexität des zu regelnden Sachverhalts[502].

b) Der Inhalt der Verbändevereinbarung

Die erste Verbändevereinbarung vom 22. Mai 1998 ist mittlerweile durch die zweite am 14. 12. 1999 in Kraft getretene Verbändevereinbarung abgelöst worden. Sie gilt bis zum 31.12.2001. Ziel dieser Übereinkommen ist die Schaffung einer Basis für Vereinbarungen zwischen den Netzbetreibern und den Netznutzern für die schnelle Einführung wettbewerblicher Organisationsstrukturen, insbesondere hinsichtlich der Berechnung der Netzzugangsentgelte[503].

Kernelement der überarbeiteten Verbändevereinbarung ist das transaktionsunabhängige Netz-Punkt-Modell (point of connection tariff)[504]. Dadurch wird jeder Netznutzer einem Handelspunkt, also einer Stelle des Höchstspannungsnetzes, zugeordnet. Dies gilt

---

500 Vgl. Gegenäußerung der B-reg, BT-Drs. 13/7274, S. 36.

501 S. „Grundsätze über die Intensivierung der stromwirtschaftlichen Zusammenarbeit zwischen öffentlicher Elektrizitätsversorgung und industrieller Kraftwirtschaft" v. 01.08.1979, zuletzt geä. am 27.09.1994, abgedr. in: **Tegethoff/Büdenbender/Klinger**, 14. EL 10/95, § 103 GWB Anhang III, (S. II 318).

502 Vgl. **Schneider**, S. 460 m.w.N.

503 Vgl. Einleitung VV II.

504 Vgl. Ziff. 2.2.1. VV II. Es ersetzt die Strompfad - Methode der VV I.

gleichermaßen für die Versorgung durch den Netzbetreiber selbst wie für Durchleitungssachverhalte. Erfolgt die Versorgung der Abnehmer aus dezentralen Erzeugungsanlagen, ist der Netzbetreiber verpflichtet, die Mehrerlöse in Form einer Gutschrift der dezentralen Erzeugung zugute kommen zu lassen[505]. Mehrerlöse entstehen dadurch, daß die dezentrale Erzeugung zugleich den Bezug des Netzbetreibers aus dem Übertragungsnetz und infolgedessen auch seine Kosten für die Nutzung dieses Netzes reduziert.

Die Entgelte pro Spannungsebene sind bis auf die Transitkomponente entfernungsunabhängig[506]. Grundlage des Netznutzungsentgeltes sind wegen der hohen Fixkosten des Leitungsbetriebes Leistungspreise, die anhand der maximal benötigten Leistung des Abnehmers ermittelt werden[507]. Um dennoch der Tatsache Rechnung zu tragen, daß die Leistungsspitzen nur kurzzeitig in Anspruch genommen werden und sich die Leistungsspitzen verschiedener Abnehmer im Netz vermischen, wird das individuelle Nutzerverhalten über den Gleichzeitigkeitsfaktor berücksichtigt. Er gibt Auskunft darüber, mit welchem Anteil der individuelle Kunde zur gesamten Höchstlast des Netzes beiträgt.

Die Kosten werden nach dem Modell kalkulatorischer Rechnung ermittelt. Damit ist die Kalkulation dem Verfahren angelehnt, nach dem die Energieversorger bisher schon ihre Stromtarife berechnet haben[508]. Um dem Bereich „Netzbetrieb“ zu stärkerer Rationalität und Kosteneffektivität zu verhelfen, ist zusätzlich das Vergleichsmarktkriterium zu berücksichtigen[509]. In dem Durchleitungsentgelt ist neben dem Anteil für die Erbringung der notwendigen Systemdienstleistungen durch den Netzbetreiber ein pauschalierter Anteil für die Netzverluste enthalten[510].

---

505 Vgl. Ziff. 2.3.3. VV II.

506 Diese Transitkomponente beläuft sich auf 0,25 Pf/kWh und soll auch für Importe aus dem Ausland erhoben werden, vgl. **Zander/Riedel/Held/Ritzau/Tomerius**, S. 197. Die EltVU haben erklärt, auf eine Erhebung dieser Transitkomponente zwischen der Nord- und der Südhandelszone zu verzichten, s. Stromthemen, Heft 9/2000, S. 6. Die Auslandskomponente soll hingegen weiterhin erhoben werden. Hiergegen hat die Europäische Kommission nach vorläufiger Prüfung unter dem Gesichtspunkt des Art. 82 EG Bedenken. Sie hält eine Diskriminierung einzelner Abnehmer, insbesondere ausländische Anbieter von Elektrizität, für möglich, Entscheidung der Europäischen Kommission v. 13.06.2000, Sache Nr. COMP/M.1673-VEBA/VIAG, Fußn. 15.

507 Vgl. **Zander/Riedel/Held/Ritzau/Tomerius**, S. 31.

508 Vgl. **Zander/Riedel/Held/Ritzau/Tomerius**, S. 116.

509 Vgl. Ziff. 2.1.1. VV II, Anlage 3, Ziff. 4.

510 Vgl. Ziff. 2.4. VV II.

Bezogen auf den Wettbewerb um Klein- und Privatkunden gelten standardisierte Lastprofile[511], verbunden mit der Möglichkeit eines pauschalisierten Aufschlags als Gegenleistung für die mit dem Kundenwechsel verbundenen Aufwendungen des bisherigen Versorgers[512].

Zur vereinfachten Abwicklung von Durchleitungen trägt nicht zuletzt die Einrichtung eines Bilanzkreisverantwortlichen bei. Zum Bilanzkreisverantwortlichen kann der Händler eines Regelgebietes ernannt werden, der mehrere Abnehmer über mehrere Einspeiseorte versorgt. Er übernimmt als Schnittstelle zwischen den Netznutzern und dem Netzbetreiber die kommerzielle und administrative Verantwortung für den jeweiligen Bilanzkreis und hat die Möglichkeit, die jeweiligen Differenzen zwischen Ein- und Ausspeisung durch Saldierung zusammenzufassen und zu „glätten" und diese direkt mit dem Übertragungsnetzbetreiber abzurechnen[513]. Während bisher nach der VV I für jede Durchleitung ein Einzelfahrplan[514] eingereicht werden mußte, sind Fahrpläne nach der neuen Regelung generell nur noch insoweit nötig, als sie In- oder Exporte in oder aus dem Bilanzkreis betreffen oder für größere Kraftwerke zum Zweck der Betriebsplanung erforderlich sind.

Ergänzt wird die Verbändevereinbarung durch den technische Mindestanforderungen festlegenden „Grid Code" der Deutschen Verbundgesellschaft betreffend das Übertragungsnetz[515] und den „Distribution Code" der Verteilungsnetzbetreiber[516] für das Verteilungsnetz und den Metering Code der VDEW[517] vom Mai 1999 für die Meßverfahren.

---

511 Vgl. Ziff. 4.1. VV II. Standardisierte Lastprofile sollen im Sinne einer rationellen Betriebsführung bei Kleinkunden eine teure zeitgleiche Messung und ein komplexes Handling von Fahrplänen und Tagesprofilen ersparen, dazu: **Meier**, ET 2000, 30 ff.

512 Fraglich ist, ob diese Aufwendungen den Netzkosten zugeordnet werden können.

513 Vgl. zum Wesen von Bilanzkreisen: Ziff. 3 VV II und Anlage 2 der VV II. Der Bilanzkreisverantwortliche ist hingegen nicht berechtigt, diesen Zusatzbedarf selbst zur Verfügung zu stellen.

514 Fahrplan ist eine Vereinbarung über den zeitlichen Verlauf der Einspeise- oder Entnahmeleistung je Viertelstunde, Anlage 1 der VV II.

515 Veröffentlicht unter http://www.dvg-heidelberg.de; näher dazu: **Schwarz/Glaunsinger**, ET 1998, 618 ff.

516 **VDEW**, Netzregeln für den Zugang zu Verteilungsnetzen „Distribution Code", VDEW - Materialien M-12/99, Frankfurt/M., 6/99.

517 **VDEW**, VDEW-Richtlinie „Abrechnungszählung und Datenbereitstellung" - „Metering Code", VDEW - Materialien M-12/99, Frankfurt/M., 6/99.

5. TEIL: DIE NETZZUGANGSVERWEIGERUNGSGRÜNDE DES § 6 EnWG

A. Allgemeines zu den Netzzugangsverweigerungsgründen

Der Anspruch auf Mitbenutzung des fremden Leitungsnetzes nach § 6 I S.1 EnWG besteht nicht, wenn bereits die tatbestandlichen Voraussetzungen des Absatzes 1 Satz 1 nicht erfüllt sind oder wenn ein besonderer Ablehnungsgrund eingreift. Die Verweigerungsgründe des EnWG sind in § 6 I S.2 EnWG abschließend aufgezählt.

> **§ 6 I S.2 EnWG:** Dies gilt nicht [die Pflicht, anderen Unternehmen das eigene Versorgungsnetz für Durchleitungen zur Verfügung zu stellen; d. Verf.], soweit der Betreiber nachweist, daß ihm die Durchleitung aus betriebsbedingten oder sonstigen Gründen unter Berücksichtigung der Ziele des § 1 EnWG nicht möglich oder nicht zumutbar ist.

Zur Bestimmung des konkreten Aussagegehalts der Netzzugangsverweigerungsgründe müssen über die herkömmlichen Auslegungsregeln hinaus die Vorgaben der EltRL berücksichtigt werden[518]. Nach ständiger Rechtsprechung des EuGH ist bei der Auslegung richtlinienbeeinflußten nationalen Rechts der konkrete Richtlinieninhalt zu beachten, „um das mit der Richtlinie verfolgte Ziel zu erreichen und auf diese Weise Art. 189 EWG-Vertrag [jetzt Art. 249 EG; d.Verf.] nachzukommen“[519].
Hierauf wird bei der Erörterung der einzelnen Ablehnungsgründe näher eingegangen[520].

I. Die Verweigerungsgründe im schuldrechtlichen System der Einwendungen und Einreden

Streit besteht über die rechtliche Qualifizierung der Ablehnungsgründe. Nach einer Ansicht sind sie Einreden[521], nach anderer Ansicht sind die Verweigerungsgründe Ein-

---

518 Mit der Ablehnung des Netzzugangs befassen sich insbesondere Art. 3 III (Verhinderung der den EltVU übertragenen gemeinwirtschaftlichen Verpflichtungen), Art. 17 V (Kapazitätsmangel), Art. 19 V (Reziprozitätsklausel) und Art. 24 EltRL (Übergangsregelungen).

519 Vgl. EuGH, Slg. 1984, 1891, Tz. 26 (Von Colson und Kamann); EuGH, Slg. 1994, 3347 Tz. 26 (Faccini Dori).

520 Für Art. 3 II, III EltRL: vgl. Teil 5: C II 2; für Art. 17 V EltRL: vgl. Teil 5: B II 1; für Art. 19 V EltRL: vgl. Teil 6: B und für Art. 24 EltRL: vgl. Teil 6: C IV 2 b.

521 Vgl. LG Berlin, WuW DE-R 533, 536 (Fortum); **Danner**, in: Eiser/Riederer/Obernolte/Danner, § 6 EnWG Rdnr. 14; **Harms**, RdE 1999, 165, 167; **König/Theobald**, S. 277, 297; **Kellerhoff/Rinze**, RIW 1999, 738, 743 (für Art. 4 § 2 NeuregelungsG); **Theobald**, WuW 2000, 231, 237.

wendungen[522] im Sinne des bürgerlichen Rechts. Keinesfalls hat die richtige Zuordnung nur theoretische Bedeutung.

Während der Richter eine Einwendung schon dann berücksichtigen muß, wenn der Kläger selbst Tatsachen vorträgt, aus denen sich das Bestehen einer Einwendung ergibt[523], wird die Einrede im Prozeß nicht von Amts wegen beachtet, sondern muß vom Schuldner erhoben werden[524]. Steht dem Anspruch nur eine (peremptorische oder dilatorische) Einrede entgegen, so wird er bei deren Wegfall voll wirksam. Ist dagegen der Anspruch infolge einer rechtsvernichtenden Tatsache untergegangen, so kann er höchstens neu begründet werden[525].

Das BGB spricht an zahlreichen Stellen von Einreden[526] bzw. Leistungsverweigerungsrechten[527] und Einwendungen[528], ohne diese Begriffe selbst näher zu beschreiben. Nach Ansicht des Gesetzgebers des BGB bestand über beide Begriffe hinreichende Klarheit[529]. Einreden des materiellen Rechts sind all die Umstände, die die Befugnis gewähren, die Befriedigung eines Anspruches zu verweigern, obwohl der Anspruch an und für sich besteht[530]. Zum Wesen der Einrede gehört mithin, daß der zugrunde liegende Anspruch in seiner Existenz unberührt bleibt. Die Einrede richtet sich vielmehr nur gegen die rechtliche Durchsetzbarkeit des Anspruches[531]. Die rechtshindernden und rechtsvernichtenden Tatsachen werden demgegenüber als „Einwendung“ bezeichnet. Einwendungen entziehen mit und durch ihren Eintritt dem Recht seinen Bestand, wäh-

---

522 Vgl. **Britz**, in: Ludwig/Odenthal, § 6 EnWG Rdnr. 116; **Kühne**, RdE 2000, 1, 3; **Recknagel**, in: Böwing u.a. (Hrsg.), EnWG 1998, § 6 Anm. 11.1. (S. 119).

523 Etwas anderes gilt nur für die Einwendungen, die erst nach Ausübung eines Gestaltungsrechts berücksichtigt werden dürfen, z.B. § 123 BGB, vgl. **Roth**, S. 239.

524 BGHZ 1, 229, 239; **Larenz/Wolf**, § 18 IV 3 (S. 360); a.A. **Schlosser**, JuS 1966, 257, 263 ff, 265.

525 Vgl. **Enneccerus/Nipperdey**, 2. Halbbd., S. 1386; **Roth**, S. 37.

526 Z.B. §§ 320, 771, 390 S. 1, 768 I S.1, II, 813 I S.1 BGB.

527 Z.B. §§ 222 I, 273 I, 478 I S.1, 821 BGB.

528 Z.B. §§ 404, 417 I S.1, 784 I, 986 BGB.

529 Vgl. Mot. I, § 182 (S. 341 f).

530 Mot. I, § 190 Anm. II, S. 359.

531 **Langheineken**, S. 46 f.

rend Einreden begrifflich notwendig das Vorhandensein eines gegnerischen Anspruchs voraussetzen[532].

Ein erster Hinweis für die Einordnung einer Norm in die Kategorie der Einwendungen oder Einreden kann dem Wortlaut der Vorschrift entnommen werden. Einreden sind oftmals so formuliert, daß ihre Abhängigkeit von der Geltendmachung durch den Berechtigten durch Hinweise wie: „kann verweigern" oder „ist berechtigt" erkennbar ist. Die Formulierung „dies gilt nicht" in § 6 I S.2 EnWG deutet deshalb eher auf eine Einwendung hin. Verläßliche Schlüsse läßt der Wortlaut einer Bestimmung hingegen nicht zu, wie insbesondere der Streit um die Einordnung des § 986 BGB zeigt[533]. Während der Wortlaut „kann verweigern" eindeutig auf eine Einrede hinweist, wirkt das Recht zum Besitz nach mittlerweile überwiegender aber nicht unbestrittener Meinung nicht bloß als Einrede, um Wertungswidersprüche zu § 1004 II S.2 BGB zu vermeiden[534].

Deshalb gelangt der mit dem Erlaß der Vorschrift verfolgte gesetzgeberische Zweck in den Blickpunkt der Betrachtung. Da Einreden verzichtbare Rechte gewähren und rechtliche Wirkung nur entfalten, wenn der Verpflichtete sich auf dieselbe beruft[535], wird eine Einwendung dort um so eher vorliegen, wo die Rechtsordnung in der Berücksichtigung des betroffenen Aspekts ein unabwendbares Bedürfnis sieht[536]. Das Bedürfnis nach einer willensunabhängigen Berücksichtigung ist um so stärker, je mehr der Gegenstand der Norm die Sphäre des Schuldners verläßt und gemeinwohlbezogene Aspekte beinhaltet[537]. Es wäre unbillig, wenn der Durchleitungsinteressent im Versäumnisverfahren mit seiner Klage auf Netzzugang durchdringen könnte, obwohl aus seinem Vortrag hervorgeht, daß der beantragten Durchleitung Gemeinwohlinteressen von überragendem Gewicht entgegenstehen. Aus diesem Grunde spricht der energiepolitische Gemeinwohlbezug einzelner Ablehnungsgründe des § 6 I S.2 EnWG eher für eine Einwendung[538].

---

[532] Vgl. Mot. I, § 190 Anm. II, S. 359. **Langheineken**, S. 46.

[533] Vgl. dazu: **Staudinger-Gursky**, § 986 Rdnr. 1 ff m. ausf. Darstellung. des Streitstandes.

[534] Vgl. nur: BGHZ 82, 13, 18; **Palandt-Bassenge**, § 986 Rdnr. 1; a.A. **Raiser**, in: FS Wolf, S. 123, 125 ff.

[535] Vgl. **Jahr**, JuS 1964, 125, 126 f; **Roth**, S. 142.

[536] Vgl. **Roth**, S. 163, 240, 259.

[537] Vgl. **Roth**, S. 259.

[538] Vgl. **Kühne**, RdE 2000, 1, 3.

Auch die Berücksichtigung dieses Bedürfniskriteriums entfaltet nur indizielle Wirkung. Ansonsten wäre es widersprüchlich, daß es nach unbestrittener Auffassung Einwendungen gibt, die von der Ausübung eines Gestaltungsrechts[539] abhängig sind, z.B. die Anfechtung nach §§ 123 BGB[540]. (Durch Gestaltungsrecht begründete) Einwendungen unterscheiden sich von den Einreden in ihrer Wirkung auf den betroffenen Anspruch. Der Verzicht auf die Erhebung der Einrede bewirkt, daß der betroffene Anspruch wieder auflebt, ohne daß es einer Neubegründung des Anspruchs bedarf[541]. Einreden liegen also typischerweise dann vor, wenn die zur Erhebung berechtigte Partei ein Interesse am Fortbestand des Zuweisungsgehalts des berührten Rechts hat. Ein schutzbedürftiges Interesse, das, statt zum Untergang des Anspruchs nur zu einer Änderung des Anspruchs des Durchleitungspetenten führt, ist vor allem unter Berücksichtigung der Tatsache, daß der Anspruch auf Vertragsschluß ein gesetzliches Schuldverhältnis begründet, das automatisch mit dem Vorliegen aller Tatbestandsmerkmale entsteht, nicht anzuerkennen.

Bereits für § 10 I S.2 EnWG, der die Vorschrift des § 6 I S.2 EnWG a.F. übernimmt, war anerkannt, daß dieser Rechtfertigungsgrund in die Gruppe der Einwendungen einzuordnen war[542].

§ 6 I S.3 EnWG kann als Argument für die gegenteilige Auffassung nicht herangezogen werden[543]. Die Begründungspflicht ist normativierter Ausdruck einer aus § 242 BGB abgeleiteten Auskunftspflicht. Solche Informationspflichten können anerkanntermaßen auch zum Zweck der Erhebung von Einwendungen bestehen[544].

Die Netzzugangsverweigerungsgründe sind deshalb nach alledem als Einwendungen anzusehen. Sie vernichten den Anspruch des Vertragsinteressenten aus § 6 I S.1 EnWG in allen Funktionen. Allein die Reziprozitätsklausel ist als Gestaltungsrecht von der

---

[539] Gestaltungsrechte begründen keine Ansprüche im Sinne des § 194 BGB, sondern das Recht auf eine bestimmte Rechtslage ausschließlich durch eigenes Handeln einzuwirken, **Staudinger-Dilcher**, Einl zu §§ 104-185, Rdnr. 48 m.w.N.

[540] S. **Roth**, S. 239.

[541] Vgl. Mot. I, § 190 Anm. II (S. 360); **Jahr**, JuS 1964 218, 220 ff m.w.N.

[542] Vgl. **Darge/Melchinger/Rumpf**, § 6 Anm. 8 a.

[543] So aber **Harms**, RdE 1999, 165, 167.

[544] Vgl. BAG NJW 1974, 1348; **Soergel - Wolf**, § 260 Rdnr. 25; **Winkler v. Mohrenfels**, S. 30.

Ausübung durch den Netzbetreiber abhängig. Es steht allein im Ermessen des Netzbetreibers, ob er sich hierauf beruft[545].

II. Die Bindung der Ablehnungsgründe an die Berücksichtigung der Ziele des § 1 EnWG

Die rechtfertigende Wirkung einer Ablehnungserklärung steht nach der Formulierung in § 6 I S.2 EnWG unter dem Vorbehalt der Vereinbarkeit der Ablehnungserklärung mit den energiepolitischen Zielen des § 1 EnWG. Die Schwierigkeiten, die Reichweite dieses Verweises eindeutig festzulegen, beginnen bereits mit der Unbestimmtheit der einzelnen Zielfestlegungen und der in § 1 EnWG angelegten Zielkonflikte. Nicht verwunderlich ist deshalb die Feststellung, daß die Verweisung auf den Generalzweck des Gesetzes in der praktischen Rechtsanwendung fast keine Rolle spielen werde[546].

1. Die Zielfestlegungen des EnWG

> **§ 1 EnWG:** Zweck des Gesetzes ist eine möglichst sichere, preisgünstige und umweltverträgliche leitungsgebundene Versorgung mit Elektrizität und Gas im Interesse der Allgemeinheit.

a) Die Sicherheit der Versorgung

Das Ziel einer möglichst sicheren Versorgung entspricht nicht nur wörtlich dem EnWG 1935, sondern auch inhaltlich. Eine sichere Versorgung ist dann gewährleistet, wenn Sicherheit sowohl hinsichtlich der technischen Fragen und der Bedarfsdeckung als auch hinsichtlich politischer Aspekte gegeben ist[547]. Die politische Versorgungssicherheit zielt dabei insbesondere auf die Minderung der Importabhängigkeit ab[548] und die mengenmäßige Versorgungssicherheit dagegen auf die jederzeit ausreichende Deckung des Bedarfes der Energieverbraucher[549]. Die technische Versorgungssicherheit bedeutet die

---

[545] Vgl. den Wortlaut des Art. 4 § 2 NeuregelungsG: „EltVU können den Netzzugang ... ablehnen".

[546] So: **Recknagel**, in: Böwing u.a. (Hrsg.), EnWG 1998, § 6 Anm. 13.2 (S. 125).

[547] Vgl. RegE, BT-Drs. 13/7274, S. 14; **Ehlers/Pünder**, in: Achterberg/Püttner/Würtenberger (Hrsg.), § 4 Rdnr. 12; **Tegethoff/Büdenbender/Klinger**, 18. EL 12/99, § 1 EnWG Rdnr. 15 ff m.w.N (S. I 12 ff).

[548] Vgl. **Winje/Witt**, S. 196.

[549] Vgl. RegE, BT-Drs. 13/7274, S. 14.

Vermeidung von Unterbrechungen der Stromversorgung im Interesse der Verbraucher und das Gebot, Gefährdungen von Menschen und Sachen zu vermeiden[550].

b) Die Preisgünstigkeit der Versorgung

Mit der Ersetzung des Begriffes „billig" in der Präambel des EnWG 1935 durch „preisgünstig" im EnWG 1998 sind inhaltliche Änderungen nicht verbunden[551]. Gemeint ist im Interesse der Abnehmer und der Leistungsfähigkeit der Volkswirtschaft ein möglichst niedriger Preis für Elektrizität, der allerdings nicht im Sinne von absoluter Billigkeit zu verstehen ist[552]. Dies setzt voraus, daß die Versorgung rationell, effizient und kostensparend durchgeführt wird[553].

c) Die Umweltverträglichkeit der Energieversorgung

Neu aufgenommen in den Katalog des § 1 EnWG ist das Ziel einer möglichst umweltverträglichen leitungsgebundenen Energieversorgung. Seine Bedeutung erschöpft sich nicht in der ausdrücklichen Anerkennung des Beitrags energierechtlicher Vorschriften zum Umweltschutz, sondern geht über die bisherige Rechtslage hinaus, nach der ein sparsamer Umgang mit Primärenergieressourcen Element einer auf Sicherheit und Preisgünstigkeit ausgerichteten Energiepolitik war[554]. Neu sind insbesondere die ökologisch motivierten Vorschriften der §§ 3 I Nr. 2, 6 III, 10 II S.3, 13 I S.2 EnWG.
Der Gesetzgeber des EnWG 1998 hat seine Vorstellungen von einer umweltverträglichen Energieversorgung in § 2 IV EnWG konkretisiert. Diese Definition des Begriffs „Umweltverträglichkeit" übernimmt im wesentlichen die bereits 1989 in der Neufassung der BTOElt formulierten Einzelziele (§ 1 I S.1 BTOElt). Rationeller und sparsamer Umgang mit Energie bezieht sich vornehmlich auf den Energieverbrauch, wobei „rationell" eher auf die Bedarfsplanung bezogen ist und mit „sparsam" zum Ausdruck gebracht werden soll, daß sich der Verbrauch am Bedarf orientieren sollte. Unter scho-

---

550 Vgl. RegE, BT-Drs. 13/7274, S. 14; **Büdenbender**, Energierecht, Rdnr. 70 ff.

551 **W. Schneider**, in: Böwing u.a. (Hrsg.), EnWG 1998, § 1 Anm. 4.3. (S. 42). Vgl. **Büdenbender**, Energierecht, der schon den damaligen Begriff „billig" mit preisgünstig gleichsetzte, Rdnr. 70; ebenso: **Danner**, in: Eiser/Riederer/Obernolte/Danner, Vorb. zum EnWG a.F., Kap. A (S. 14d).

552 Vgl. RegE, BT-Drs. 13/7274, S. 14; **W. Schneider**, in: Böwing u.a. (Hrsg.), EnWG 1998, § 1 Anm. 4.3. (S. 42).

553 RegE, BT-Drs. 13/7274, S. 14.

554 Vgl. Energieprogramm der Bundesregierung 1973, BT-Drs. 7/1057 Rdnr. 13, 78. Dazu auch: **Baur**, Vergütungen für Strom, S. 31 ff.

nender und dauerhafter Nutzung der Ressourcen sind, neben der hohen Effizienz der Energieversorgung, die Berücksichtigung der Klimaschutzziele und die Interessen künftiger Generationen beim Einsatz von Energierohstoffen zu verstehen[555].

2. Die Bedeutung von Zielfestlegungen im allgemeinen

Es entspricht moderner Gesetzgebungstechnik, die allgemeinen Zwecke oder Zielsetzungen normativer Vorgaben dem Gesetzeswerk voranzustellen[556]. Der Normgeber verfolgt damit vorrangig zwei Ziele. Erstens will er über seine Absichten Rechenschaft ablegen, um so der Rechtsanwendung eine erste Orientierung über Zuschnitt und Aufgabe des Gesetzes zu ermöglichen und zweitens sollen die Ziele Richtschnur für die Auslegung unbestimmter Rechtsbegriffe und für die Ausübung behördlichen Ermessens sein[557].

Der Einfluß von Zielfestlegungen auf die Auslegung der nachfolgenden Vorschriften des jeweiligen Gesetzeswerks äußert sich darin, daß die für die Ermittlung des konkreten Gehalts einer Gesetzesvorschrift notwendige Erforschung der ratio legis auch von allgemeinen Erfahrungen beeinflußt wird. Dazu wird gefragt, welche Ziele der Gesetzgeber im allgemeinen verfolgt, wenn er unter den vorliegenden Umständen eine rechtliche Anordnung wie die auszulegende Norm erläßt[558]. Da jede Rechtsnorm an den Kriterien der Rechtssicherheit und Rechtsklarheit als an den ihr vorgegebenen Zielen nicht nur ausgerichtet sein soll, sondern auch ausgerichtet ist, gilt die Vermutung, daß ein willkürlicher, nicht zureichend durch Unterschiede im Sachverhalt begründeter Wechsel des Wertungsstandpunktes des Gesetzgebers nicht vorliegt[559].

3. Der ausdrückliche Verweis in § 6 I S.2 EnWG auf die allgemeinen Zielfestlegungen - Bedeutung und Reichweite

Einige Regelungen des EnWG (§§ 4 I, 6 I S.2) zeichnen sich dadurch aus, daß sie noch einmal ausdrücklich auf die Beachtung dieser Zielfestlegungen hinweisen. Will man

---

555 Vgl. Gesetzentwurf der SPD-Fraktion, BT-Drs. 13/7425, S. 13.

556 Vgl. § 1 BImSchG, § 1 AtG, § 1 BBodSchG, § 1 Krw-/AbfG.

557 Vgl. **Schoeneck**, in: Sanden/Schoeneck, § 1 Rdnr. 1. Kritisch: **Berkner/Hermann/Schmitz**, RdE 1990, 2, 4. Nach der amtlichen Begründung ist § 1 EnWG „wichtig sowohl für die Auslegung der folgenden Bestimmungen als auch für die Praxis der Aufsicht über die Elektrizitäts- und Gasversorgungsunternehmen durch die Länder", RegE, BT-Drs. 13/7274, S. 13.

558 **Bydlinski**, S. 454.

559 **Bydlinski**, S. 455.

diesem zusätzlichen Verweis nicht nur deklaratorischen Charakter beimessen, liegt es nahe, auf die energiepolitischen Ziele des EnWG nicht nur nachrangig im Rahmen der teleologischen Auslegung[560] einzugehen, sondern sie als Tatbestandsmerkmal mit eigenständigem Regelungsgehalt der jeweiligen Vorschriften zu verstehen[561].
Mit dieser Qualifizierung ist allerdings noch nichts über den Einfluß der Ziele des § 1 EnWG auf die konkrete Einzelfallentscheidung gesagt. Fraglich ist in erster Linie, ob angesichts des möglichen Zielkonflikts der verschiedenen energiepolitischen Zielsetzungen die Rechtsanwendung zur selbständigen Abwägung und Gewichtung der einzelnen Ziele berechtigt ist und das der Rechtsprechung in diesen Fällen unvermeidbar anhaftende Unsicherheitsrisiko hingenommen werden muß oder ob sich der Verweis auf die Aufgabenstellung des EnWG in dem Hinweis auf die Beachtung der gesetzlich vorgezeichneten Lösungen einzelner Zielkonflikte erschöpft.
Maßgebend für die Auslegung einer Gesetzesvorschrift ist der in dieser zum Ausdruck kommende objektivierte Wille des Gesetzgebers, so wie er sich aus dem Wortlaut der Gesetzesbestimmung und dem Sinnzusammenhang ergibt, in den diese hineingestellt ist[562]. Dem Ziel, den im Gesetz objektivierten Willen des Urhebers zu erfassen, dienen die nebeneinander zulässigen, sich gegenseitig ergänzenden Methoden der Auslegung aus dem Wortlaut der Norm, aus ihrem Zusammenhang, aus ihrem Zweck sowie aus den Gesetzesmaterialien und aus der Entstehungsgeschichte[563].

a) Der Wortlaut

Der Wortlaut läßt ein eindeutiges Auslegungsergebnis nicht zu. „Berücksichtigen" meint nach herkömmlichem Sprachgebrauch „bei seinen Überlegungen beachten", „nicht übergehen" bzw. „in seine Überlegungen einbeziehen". Damit bewegt sich die gesetzliche Vorgabe zwischen gänzlicher Unbeachtlichkeit der Ziele des § 1 EnWG und der konkreten Festlegung eines bestimmten energiepolitisch erwünschten Zustandes. Der Gesetzgeber beschreibt mit „unter Berücksichtigung" vielmehr einen dynamischen Prozeß, der lediglich die Richtung der Entscheidung angibt.

---

560 Auf teleologische Auslegungskriterien kann nur zurückgegriffen werden, falls die wörtliche, historische und systematische Auslegung nicht ergeben haben, daß der Gesetzgeber mit der auszulegenden Vorschrift von den allgemeinen Zielen abweichen wollte, vgl. nur: **Bydlinski**, S. 454.

561 Vgl. auch: **W. Schneider**, in: Böwing u.a. (Hrsg.), EnWG 1998, § 1 Anm. 1 (S.39): „unmittelbare und nicht zu unterschätzende Bedeutung".

562 BVerfGE 1, 299, 312; 11, 126, 130; 19, 354, 362.

563 BVerfGE 11, 126, 130.

b) Die Absicht des Gesetzgebers

Die Entstehungsgeschichte des Gesetzes spricht für eine restriktive Auslegung. In den Materialien zum EnWG äußert sich der Gesetzgeber insbesondere zur Bedeutung des Zieles umweltverträglicher Energieversorgung. Er betont:

> „eine staatliche Steuerung des Kraftwerkseinsatzes nach ökologischen Gesichtspunkten ist weder im bisherigen noch im künftigen Recht vorgesehen. Diese Entscheidung ist u.a. auch mit Rücksicht auf die Selbstverpflichtungserklärungen der Stromwirtschaft zur Kohlendioxidminderung sachgerecht[564].
> Darüber hinaus können in dem wettbewerblicher ausgestalteten Rahmen umweltpolitische Ziele besser und wirkungsvoller durch generelle Rahmenbedingungen - wie Umweltstandards oder finanzielle Be- und Entlastungen - erreicht werden als durch Einzelfallentscheidungen“[565].

Dieser Intention liefe eine Ermächtigung zur eigenständigen richterlichen Gewichtung und Wertung der Ziele des § 1 EnWG innerhalb jedes einzelnen Durchleitungssachverhaltes zuwider, weil sie von der Wirkweise her einer staatlichen Steuerung des Kraftwerkseinsatzes vergleichbar ist. Gestützt wird dieses Ergebnis dadurch, daß die Bundesrepublik nur die Schutzklauseln des § 6 III EnWG und des Art. 4 § 3 NeuregelungsG der Europäischen Kommission zur Prüfung vorlegte[566]. Nach dem System der Richtlinie (vgl. Art. 3 und 24 EltRL) hätten aber alle Rechtsvorschriften, die das Recht auf Netzzugang aus energiepolitischen Gründen beschränken, der Kommission mitgeteilt werden müssen bzw. hätten ihrer Genehmigung bedurft. Überdies ordnet Art. 3 II 2 EltRL an, daß „diese Verpflichtungen klar definiert, transparent, nichtdiskriminierend und überprüfbar“ sein müssen. Auch unter diesem Gesichtspunkt begegnet die weite Auslegung des § 6 I S.2 EnWG rechtlichen Bedenken[567].

c) Systematische Gesichtspunkte

Die systematische Auslegung berücksichtigt die Stellung der Norm innerhalb des jeweiligen Gesetzes. Bedeutung gewinnt dabei nicht nur die Gegenüberstellung verschiedener Begriffe eines Gesetzes, sondern auch ihr Standort innerhalb der Rechtsord-

---

564 RegE, BT-Drs. 13/7274, S. 10.

565 RegE, BT-Drs. 13/7274, S. 13.

566 Vgl. **Papoutsis**, ZNER 1998, Heft 3, 66 ff.

567 Zurückhaltend auch: **Rebentisch**, in: Hake/Kraft/Kugeler/Pfaffenberger/Wagner, S. 257, 261 f und **Schneider**, S. 456: „nur in Fällen einer evidenten Beeinträchtigung von Zielen des § 1 EnWG“.

nung[568]. Erste Erkenntnisse können deshalb aus dem privatrechtlichen Charakter der Norm gezogen werden. Das Privatrecht ist im Grundsatz auf den Ausgleich individueller Interessen gerichtet, weshalb eine Auslegung der Formulierung „unter Berücksichtigung der Ziele des § 1 EnWG" im Sinne eines umweltrechtlichen Optimierungsgebots[569] ausscheidet. Allerdings ist das heutige Privatrecht nicht mehr auf den rein individuellen Interessenausgleich beschränkt, sondern in mehr oder minder großem Maße auch Medium der Sozialgestaltung.
Aussagekräftiger als die Zugehörigkeit einer Regelung zu einem bestimmten Rechtsgebiet ist deshalb die Tatsache, daß der Gesetzgeber verschiedentlich selbst durch seine Freiheit, steuernd auf den Abwägungsprozeß Einfluß zu nehmen, eine Entscheidung vorgezeichnet hat. Wegen der Bindung an Recht und Gesetz ist diese Vorgabe für den Richter verbindlich. § 16 EnWG ist ein Beispiel einer solchen Entscheidungsvorgabe.

> **§ 16 I S.1 EnWG:** Energieanlagen sind so zu errichten und zu betreiben, daß die technische Sicherheit gewährleistet ist.

Aus dieser, die Bestimmungen der 2. Durchführungsverordnung zum alten EnWG ersetzenden Vorschrift[570] ergibt sich, daß die Gewährleistung der technischen Sicherheit ohne Rücksicht auf Aspekte der Umweltverträglichkeit oder Preiswürdigkeit, also selbst bei erheblichen negativen Effekten für den Strompreis oder den Umweltschutz, Priorität hat[571].
In diese Kategorie der unmittelbaren gesetzlichen Vorgabe des Einflusses der Zielsetzungen des EnWG fällt auch § 6 III EnWG, der das Ziel umweltverträglicher Energieversorgung für den Bereich des Netzzuganges konkretisiert. Nur unter den sehr engen Voraussetzungen dieses Tatbestandes wollte der Gesetzgeber eine Privilegierung ökologisch wertvollen Stromes bei der Durchleitung auch zu Lasten des Interesses an möglichst preisgünstiger Versorgung verwirklicht wissen. Einer weiten Auslegung steht deshalb die Gefahr der Umgehung der besonderen Voraussetzungen der gesetzlichen Entscheidungsvorgaben entgegen[572].

---

568 Statt vieler: **Larenz**, Methodenlehre, S. 324 ff.

569 Das Wesen eines solchen Gebots besteht darin, daß es in der Abwägung Vorrang vor anderen Interessen hat, vgl. **Bender/Sparwasser/Engel**, § 3 Rdnr. 169.

570 Vgl. RegE, BT-Drs. 13/7274, S. 22.

571 Vgl. **Ehlers**, S. 73 ff; **ders./Pünder**, in: Achterberg/Püttner/Würtenberger (Hrsg.), § 4 Rdnr. 15. Vgl. auch die Problematik der Kollision von Schutz- und Förderungszweck im Atomrecht, dazu: BVerwG, DVBl. 1972, 678, 680.

572 Allgemein zum Verhältnis von Sondertatbestand und Generalklausel: **Bydlinski**, S. 447.

Die Formulierung „bei der Beurteilung der Zumutbarkeit nach Absatz 1 Satz 2 ist besonders zu berücksichtigen“ in § 6 III EnWG steht dem nicht entgegen. Auf den ersten Blick könnte sie allerdings so verstanden werden, daß Aspekte des Umweltschutzes bei der Abwägung nach § 6 I 2 EnWG stets zu beachten sind, mit dem besonderen Gewicht des Absatzes 3 aber nur, wenn seine strengen tatbestandlichen Voraussetzungen erfüllt sind. Zwingend ist dieses Verständnis nicht, denn § 6 III EnWG selbst steht zunächst nur einer Auslegung des § 6 I S.2 EnWG entgegen, die seine Einbeziehung in die Interessenabwägung des Absatzes 1 kategorisch verneint. In welchen Konstellationen Allgemeininteressen tatsächlich Einfluß auf die Abwägung zu nehmen vermögen, ist eine Frage, deren Beantwortung sich allein nach der Vorschrift des § 6 I S.2 EnWG richtet.

d) Teleologische Auslegung

Gegen die Zulässigkeit richterlicher Eigengewichtung der Ziele des § 1 EnWG spricht nicht bereits der „Grundsatz“, daß eine Ausnahmevorschrift stets deren engstmöglichste Auslegung erzwinge. Der Zweck einer Ausnahmevorschrift erfordert nicht generell eine möglichst enge Auslegung, sondern eine solche, die mit dem Zweck der Ausnahmevorschrift übereinstimmt[573].

Ein wichtiger Hinweis darauf, welche Bedeutung dem Verweis in § 6 I S.2 EnWG auf § 1 EnWG zukommt, läßt sich der § 1 EnWG stark ähnelnden Vorschrift des § 1 BTOElt entnehmen.

> **§ 1 I S.1 BTOElt:** Elektrizitätsversorgungsunternehmen mit allgemeiner Anschluß- und Versorgungspflicht nach § 6 EnWG haben für die Versorgung in Niederspannung allgemeine Tarife anzubieten, die den Erfordernissen
>
> - einer möglichst sicheren und preisgünstigen Elektrizitätsversorgung,
> - einer rationellen und sparsamen Verwendung von Elektrizität,
> - der Ressourcenschonung und möglichst geringen Umweltbelastung genügen.

Nach gefestigter Auffassung beschreibt § 1 I BTOElt nur ein offenes Leitbild, das einen nachvollziehbaren Inhalt erst durch eine zusätzliche, konkrete Ausgestaltung der einzelnen Zielvorgaben in den nachfolgenden Vorschriften dieser Rechtsverordnung

---

573 Vgl. **Bydlinski**, S. 81.

erhält[574]. Die Zieltrias des § 1 BTOElt wirkt also trotz eines § 6 I S.2 EnWG vergleichbaren ausdrücklichen Hinweises in einzelnen Vorschriften der BTOElt (vgl. § 4 BTOElt) nur insoweit, als der Gesetzgeber ausdrücklich eine konkrete Ausgestaltung der energiepolitischen Ziele vorgezeichnet hat.

Zweifel an einer hohen Relevanz der energiepolitischen Ziele des EnWG für Durchleitungsstreitigkeiten werden zusätzlich dadurch genährt, daß der Gesetzgeber generell bei Deregulierungs- und Liberalisierungsmaßnahmen tendenziell zurückhaltend gegenüber der Anreicherung normativer Vorgaben um Allgemeinwohlinteressen ist[575].

Für diese Auslegung spricht auch der besonders enge funktionale Zusammenhang des § 6 EnWG mit dem Kartellrecht. Das Kartellrecht verbietet zwar nicht jede Berücksichtigung außerwettbewerblicher Zielsetzungen[576] wie exemplarisch die Entscheidungen „Anwaltsbücherdienst"[577] und „Bahnhofsbuchhandel"[578] zeigen. Die Tatbestände des Kartellrechts, die auch außerwettbewerblichen Interessen zu dienen bestimmt sind, zeichnen sich aber dadurch aus, daß sie in konkreten Einzeltatbeständen niedergelegt sind und der Gesetzgeber auf generalklauselartige Ausnahmen von grundsätzlichen Verboten des GWB generell verzichtet hat[579]. Gerade dieser Verzicht zeigt, daß der Rechtsanwendung eine Instrumentalisierung des GWB, mit der das Mißbrauchsverbot zur wirtschaftlichen Lenkung eingesetzt werden kann, fremd bleiben muß[580].

> „Bei der nach § 26 II GWB vorzunehmenden Interessenabwägung ist auf die Individualinteressen und nicht auf eine gesamtwirtschaftliche Betrachtungsweise abzustellen. Für eine gesamtwirtschaftliche Betrachtungsweise, die im

---

574 Vgl. **Berkner/Hermann/Schmitz,** RdE 1990, 2, 4; **Berkner/Hermann/Le Nestour/Rupp/Schmitz,** EW 1990, 76, 88; **Tegethoff/Büdenbender/Klinger,** 13. EL 10/93, § 1 BTOElt, Rdnr. 5 (S. III B 6).

575 Vgl. auch **Fromm,** DVBl. 1994, 187, 193.

576 Vgl. dazu: **Carlhoff,** in: Frankfurter Kommentar, § 26 Rdnr. 253 m.w.N.

577 BGH, WuW/E BGH 1584 ff, insb. 1586 (Anwaltsbücherdienst).

578 BGH, WuW DE-R 134 ff, insb. 135 ff (Bahnhofsbuchhandel).

579 BGH, BB 1981, 807, 809; vgl. **Baur/Weyer,** in: Frankfurter Kommentar, § 22 Rdnr. 505 ff. So enthielten etwa § 103 V - VII GWB a.F. eine spezielle kartellrechtliche Mißbrauchsaufsicht als Korrelat zur Freistellung der Gebietsschutzverträge in der Energiewirtschaft.

580 Vgl. BGH, WuW/E BGH 2707, 2715 (Krankentransportunternehmen II); **Immenga,** in: Immenga/Mestmäcker, GWB, § 104 a Rdnr. 2; **Immenga/Mestmäcker,** in: Immenga/Mestmäcker, GWB, Einl. B, Rdnr. 31; **Klaue,** in: Immenga/Mestmäcker, GWB, Vor § 103 Rdnr. 16; **Möschel,** WuW 1999, 5, 7.

> Ergebnis auf wirtschaftspolitische Überlegungen hinausliefe, ist kein Raum"[581].

Diese Sichtweise hat der BGH vor kurzem in der Entscheidung „Flugpreisspaltung" bestätigt. Der BGH verneinte zur Feststellung eines Preismißbrauchs im Unterschied zum Berufungsgericht[582] ein Rekurrieren auf luftverkehrspolitische Zielsetzungen[583].

Eine Berücksichtigung energiewirtschaftlicher Zielsetzungen auch im Rahmen der Entscheidung über die Gestattung der Durchleitung setzt daher voraus, daß diese wettbewerbsfremden Ziele hinreichend konkret gefaßt sind. Diesem Erfordernis wird nur eine Auslegung gerecht, die den Verweis in § 6 I S.2 EnWG auf § 1 EnWG nur als Hinweis auf die Beachtung der speziellen gesetzlichen Entscheidungsvorgaben begreift.

e) Verfassungsrechtliche Anforderungen

Dieses restriktive Verständnis des Einflusses energiepolitischer Ziele bedarf verfassungsrechtlicher Absicherung. Weder der Staatszielbestimmung Umweltschutz des Art. 20 a GG noch dem in Art. 20 I GG enthaltenen Sozialstaatsprinzip, auf die sich die energiepolitischen Zielfestlegungen des § 1 EnWG zurückführen lassen, kommt unmittelbare Rechtswirkung zu[584]. Die verfassungsrechtlichen Vorgaben wirken lediglich als Prinzipien oder Rechtsgrundsätze, die zu ihrer Verwirklichung der Konkretisierung durch Unterprinzipien und Einzelwertungen mit selbständigem Sachgehalt bedürfen[585]. Bei der Ermittlung des spezifischen Einflusses derartiger offener Tatbestände auf die Rechtsanwendung darf der schrankensetzende, also Gestaltungsspielraum für die politische Ausgestaltung lassende Charakter nicht außer Betracht bleiben[586]. Er bedingt die Anerkennung eines gesetzgeberischen Primats bei der Konkretisierung. Das BVerfG kann dem Gesetzgeber erst entgegentreten, wenn die Grenzen dieses politischen Handlungsspielraumes eindeutig überschritten sind. Das ist nicht schon dann der Fall, wenn das erlassende Organ bestimmte inhaltliche Fragen nicht beantwortet hat. Staatszielbestimmungen haben für den Gesetzgeber nur insoweit Bedeutung, als sie ihm die Rich-

---

581 BGH, JZ 1992, 211, 214 (Einzelkostenerstattung).

582 KG, WuW/E DE-R 124 ff (Flugpreis Berlin-Frankfurt/M.).

583 BGH, WuW/E DE-R 375, 377 ff (Flugpreisspaltung).

584 Statt vieler: **Starck**, in: v. Mangoldt/Klein/Starck, Art. 3 I Rdnr. 28.

585 Vgl. zum Regelungsgehalt von Rechtsprinzipien: **Larenz**, Methodenlehre, S. 169 ff.

586 Vgl. BVerfGE 36, 1, 14; vgl. auch BVerfGE 18, 121, 124; 38, 1, 17.

tung gesetzgeberischen Tätigwerdens vorgeben. Deshalb kann staatszielbezogene Gesetzgebung nur insoweit auf seine Vereinbarkeit mit der verfassungsrechtlichen Direktive überprüft werden, als es um die Folgerichtigkeit und Systemgerechtigkeit gesetzgeberischer Tätigkeit geht[587]. Dabei prüft das BVerfG, ob die bei der rechtlichen Ordnung eines Bereiches erst vom Gesetzgeber als maßgebend zugrunde gelegten Wertentscheidungen bei der Ausgestaltung auch folgerichtig durchgehalten werden[588]. Die Kontrolle der vom Gesetzgeber getroffenen Wertentscheidung selbst erfolgt allein an dem Maßstab, den die Verfassung durch Kompetenzregeln, Grundrechte und sonstige Bestimmungen zieht[589].

Deshalb begegnet diese Auslegung, die den Einfluß energiepolitischer Erwägungen für die Entscheidung über den Netzzugang auf die Beachtung der gesetzlich vorgegebenen Zielkonkretisierungen begrenzt, keinen verfassungsrechtlichen Bedenken. Den Anforderungen des aus dem Rechtsstaatsprinzip abgeleiteten Gewaltenteilungsgrundsatzes trägt dieses Auslegungsergebnis sogar in höherem Maße Rechnung. Wenn die Legislative auf die Lösung dieser Zielkonflikte verzichtet, verlagert sich die Entscheidung in den Bereich der Exekutive. Die ausführende Gewalt wäre dann nicht mehr mit dem Vollzug des Gesetzes im engeren Sinne befaßt, was zu erheblichem Rechtfertigungsbedarf hinsichtlich der Legitimation führte.

f) Zwischenergebnis

Der im EnWG zum Ausdruck gekommene objektivierte Wille des Gesetzgebers besteht darin, daß die energiepolitischen Ziele nur insoweit verwirklicht werden sollten, als sie im Gesetz selbst konkretisiert sind. Ein Gestaltungsspielraum, der zur selbständigen richterlichen Gewichtung der Ziele des § 1 EnWG berechtigt, besteht nicht[590].

Als Selbstverpflichtung des Gesetzgebers haben diese generellen Zielsetzungen vornehmlich Bedeutung für die rechtsetzende Tätigkeit, z.B. auf der Grundlage der §§ 6 II,

---

587 Vgl. nur: **Starck**, in: v. Mangoldt/Klein/Starck, Art. 3 I Rdnr. 29.

588 Vgl. **Starck**, in: v. Mangoldt/Klein/Starck, Art. 3 I Rdnr. 44.

589 **Starck**, in: v. Mangoldt/Klein/Starck, Art. 3 Rdnr. 287.

590 Ähnlich restriktiv: **A.R. Börner**, Verswirt. 1999, 77, 80 f; **Rebentisch**, in: Hake/Kraft/Kugeler/Pfaffenberger/Wagner, S. 257, 261 f; **Schneider**, S. 456.

10 III EnWG, aber auch für die Konkretisierung einzelner Begriffe des EnWG mittels Verwaltungsvorschrift[591].

III. Die Interessenabwägung innerhalb des § 6 I S.2 EnWG

1. Unzumutbarkeit als Rechtsbegriff

Obwohl das Begriffspaar „Zumutbarkeit" und „Unzumutbarkeit" als allgemeiner Rechtsbegriff in allen Teilen der Rechtsordnung eine Rolle spielt, sind bislang alle rechtstheoretischen Versuche, diesen Begriff näher zu fassen, unvollkommen geblieben[592]. Einigkeit konnte nur insoweit erzielt werden, daß das Prinzip der Unzumutbarkeit der Durchbrechung einer rechtssicheren Beurteilung zugunsten der Gerechtigkeit im Einzelfall dient[593]. Diese Auflockerung der Rechtssicherheit und Rechtsverbindlichkeit bedarf sorgfältiger Begründung, will man nicht den Bedeutungsgehalt von Rechtssicherheit und Rechtsverbindlichkeit ad absurdum führen und einer umfassenden Billigkeitsrechtsprechung Tür und Tor öffnen[594]. Deshalb ist die Einschränkung der Ordnungsfunktion der Rechtsnormen und die damit verbundene Beschränkung der Rechtssicherheit nur soweit gerechtfertigt, wie die verbindliche Kraft der Rechtsregel unberührt bleibt. Unbedingten Geltungsanspruch besitzt eine Rechtsnorm nur für die nach der Lebenserfahrung voraussehbaren Fallgestaltungen. Bei völlig abnormer Gestaltung der zugrunde liegenden tatsächlichen Verhältnisse muß die Rechtsnorm dagegen „in ihrer Starrheit aufgelockert und in ihrer Scharfkantigkeit abgeschliffen werden"[595]. Daraus wird deutlich, daß durch den Rückgriff auf die umfassende Abwägung eine an sich gegebene formale Rechtsstellung nur begrenzt werden darf, um Ausnahmefälle zu beschreiben[596]. Dort, wo die Annahme abnormaler Sachverhalte wegen der Komplexität der zu bewertenden Interessen in gesteigertem Maße naheliegt, und es dem Gesetzgeber unmöglich ist, die Reichweite von Handlungs- und Duldungspflichten bzw. der ihnen entsprechenden Rechte durch eine generelle Norm festzulegen, hat er teilweise

---

[591] Vgl. dazu im einzelnen **Kloepfer**, S. 165. Diese Selbstverpflichtungen bewirken eine Selbstbindung des Gesetzgebers und führen für Maßnahmen, mit denen der Gesetzgeber von den Prinzipien abweichen will, zu einem erhöhten Begründungszwang, vgl. **ders.** a.a.o.

[592] Vgl. **Erman-Belling**, § 626 Rdnr. 37 ff; **Henkel**, FS Mezger, S. 249, 260; **Preis**, S. 142 f.

[593] Vgl. **Preis**, S. 143.

[594] Vgl. **Preis**, S. 144.

[595] Vgl. **Henkel**, FS Mezger, S. 249, 261; **Preis**, S. 144.

[596] Vgl. BGHZ 68, 299, 304; **Erman - Werner**, § 242 Rdnr. 6; **Esser/E. Schmidt**, § 10 III 2 f (S. 180); **Soergel - Teichmann**, § 242 Rdnr. 7.

selbst bereits durch Aufnahme eines Zumutbarkeitsvorbehaltes die Legitimationsgrundlage für eine an Billigkeitsgesichtspunkten orientierte Rechtsanwendung gegeben[597]. In beiden Fällen enthält der Verweis auf die „Zumutbarkeit“ oder “Unzumutbarkeit“ nicht mehr als einen Hinweis an das zur Entscheidung berufene Organ, es möge die Grenzziehung, die sich der rechtssatzmäßigen, begrifflich - abstrakten Regelung entzieht, an Hand eines regulativen Prinzips durchführen, das als solches nicht selbst den Inhalt der Entscheidung angibt. Es weist lediglich den Weg, durch die Anweisung nämlich, aus der Gesamtheit aller im Einzelfall erkennbaren Umstände und der sich darbietenden Wertungsgesichtspunkte durch konkrete Zumessung die zweifelhaften Grenzen von Berechtigungen und Rechtspflichten zu bestimmen[598]. Diese mit dem Zumutbarkeitskriterium verbundene Pflicht zur umfassenden Interessenabwägung ist in Literatur[599] und Rechtsprechung[600] heute allgemein anerkannt.

2. Unmöglichkeit und Interessenabwägung

Wenn auch der Zumutbarkeitsvorbehalt in § 6 I S.2 EnWG stets zur umfassenden Interessenabwägung nötigt, so ist er nicht deren einzige Grundlage. Entgegen dem ersten Anschein kommt auch die Fallgruppe der „Unmöglichkeit der Durchleitung“ nicht ohne Zumutbarkeitserwägungen aus. Unmöglich ist die Leistungserbringung dann, wenn der geschuldete Leistungserfolg endgültig nicht mehr bewirkt werden kann[601]. Trotz des zunächst rein technisch anmutenden Charakters ist die Bestimmung des durch § 6 I S.1 EnWG geschuldeten Leistungserfolgs selbst sehr stark von Wertungen abhängig[602].

---

597 Gesetzgebungspolitisch wird die Verwendung des Zumutbarkeitsbegriffes dann zweifelhaft, wenn sich der Gesetzgeber einer möglichen Bewertung entzieht und dem Richter keine genügenden Wertungsmaßstäbe für die Entscheidung im Einzelfall zur Verfügung stehen. Der Gesetzgeber sollte das Zumutbarkeitskriterium nur verwenden, wenn eine hinreichende normative Einbindung vorhanden ist und die gesetzgeberische Wertung in der jeweiligen Rechtsmaterie plastisch genug ist, vgl. **Preis**, S. 143 ff, 158 ff.

598 Vgl. **Henkel**, FS Mezger, S. 249, 268.

599 Vgl. nur: **Larenz**, Schuldrecht AT, § 10 II c (S. 135).

600 Vgl. RGZ 100, 129, 133; 146, 385, 396 f; BGHZ 16, 105, 107.

601 Statt vieler **Palandt-Heinrichs**, § 275 Rdnr. 4.

602 **Harms**, RdE 1999, 165, 167; **Schneider**, S. 455.

3. Struktur der Interessenabwägung

Jede Interessenabwägung besteht aus zwei Elementen, der Interessenfeststellung und der nachfolgenden Interessenbewertung[603]. Diese Trennung ist notwendig, weil erst die Feststellung der maßgeblichen Interessen eine erschöpfende Interessenbewertung ermöglicht[604]. Im Rahmen der ersten Stufe, der Interessenfeststellung, sind nach der Bestimmung der Interessenträger die betroffenen Interessen zu ermitteln.

a) Die Interessenträger

Interessenträger sind diejenigen Rechtssubjekte, deren Interessen bzw. Begehrensvorstellungen in der Abwägung zu berücksichtigen sind. Die privatrechtliche Ausgestaltung des Anspruchs auf Netzzugang bewirkt, daß als Interessenträger nur die unmittelbar beteiligten Parteien berücksichtigt werden können[605]. Gesichtspunkte, die eindeutig über die Interessenlage der Beteiligten hinausgreifen, haben außer Betracht zu bleiben[606]. Die Unbeachtlichkeit solcher Interessen auf der Ebene der Interessenträger schließt ihre mittelbare Berücksichtigung[607] hingegen ebensowenig aus, wie ihre mögliche Relevanz für den Abwägungsmaßstab[608].

Wenn der Durchleitungsempfänger nicht Partei des Durchleitungsvertrages ist, sind seine Interessen als Drittinteressen also grundsätzlich unbeachtlich. Dagegen wird eingewandt, ein solcher, nur formale Aspekte berücksichtigender Standpunkt werde den tatsächlichen Gegebenheiten des Durchleitungsvorganges nicht gerecht. Der Durchleitungsadressat sei nicht bloß außenstehender Dritter, sondern integraler Bestandteil des

---

603 Vgl. **Carlhoff**, in: Frankfurter Kommentar, § 26, Rdnr. 251; **Lukes**, BB 1986, 2074, 2077. **Markert**, in: Immenga/Mestmäcker, GWB, § 26 Rdnr. 196 ff unterteilt die Interessenbewertung in zwei Schritte: Abwägung der Individualinteressen und normative Bewertung im Lichte des GWB und gelangt so zu einer dreistufigen Prüfung.

604 **Lukes**, BB 1986, 2074, 2077.

605 Vgl. allgemein: BGH, JZ 1992, 211, 214 (Einzelkostenerstattung); **v. Gamm**, NJW 1980, 2489. 2496; **Lübbert**, in: Wiedemann (Hrsg.), § 29 Rdnr. 23; **Preis**, S. 238; **T. Müller**, S. 129 f; a.A. offenbar für § 6 EnWG: **Böwing**, in: VEnergR 96, 59, 64.

606 Vgl. zur Interessenabwägung nach § 20 I GWB: BGH, WuW/E BGH 1629, 1632 (Modellbauartikel II); **Markert**, in: Immenga/Mestmäcker, GWB, § 26 Rdnr. 197. Deshalb kann sich die Unzumutbarkeit nur auf den Netzbetreiber und nicht auf die Allgemeinheit beziehen, vgl. dazu: **Lukes**, BB 1998, Beilage 12 zu Heft 48, S. 13.

607 Den Charakter als Individualinteresse verliert ein Ziel nicht schon dann, wenn seine Verfolgung gleichzeitig im Interesse Dritter liegt; deutlich: BGH, WuW/E BGH 2707, 2715 (Krankentransportunternehmen II).

608 Vgl. **Markert**, in: Immenga/Mestmäcker, GWB, § 26 Rdnr. 197.

Durchleitungsvorganges selbst. Seine Belange müsse sich der Lieferant im Verhältnis zum Netzbetreiber schon aus Eigeninteresse zu eigen machen, um seinen geplanten Energieabsatz zu erreichen[609]. Eine Verpflichtung zur Geltendmachung der Interessen Dritter widerspricht aber eindeutig der zivilrechtlichen Konstruktion des Netzzugangsanspruchs. Praktisch wird sich allerdings in der Regel der Lieferant tatsächlich schon aus Eigeninteresse die Belange des Durchleitungsempfängers zu eigen machen.

b) Die Ermittlung der konkret betroffenen Interessen

aa) Der allgemeine Rahmen

Die Feststellung der konkret betroffenen Interessen ist in erster Linie keine rechtliche Frage sondern ein Problem ihrer tatsächlichen Ermittlung. Keinesfalls ausreichend ist die Berufung auf das bei jedem Marktteilnehmer vorhandene Interesse, daß er am Marktgeschehen durch einen nach seiner autonomen Entscheidung möglichst günstigen Einsatz der Produktionsmittel ein möglichst günstiges Ergebnis erzielt[610]. Dieses allgemeine Interesse kann nur sehr schwer Grundlage für eine Abwägung sein, weil der notwendige Einzelfallbezug noch nicht hergestellt werden könnte[611]. Dementsprechend darf sich die Ermittlung der betroffenen Interessen nicht darin erschöpfen, zugunsten des Durchleitungspetenten das Interesse am Netzzugang und zugunsten des (vertikal integrierten) Netzbetreibers das Interesse an Ablehnung des Netzzuganges zum Schutz eigener Vertriebsaktivitäten zu würdigen. Vielmehr gilt es, diese generellen Interessen mit Unterinteressen aufzufüllen. Je weiter der Kreis der maßgeblichen Interessen gezogen wird, um so eher wird die Abwägungsentscheidung dem Kriterium der „Billigkeit" entsprechen[612]. Interessen, die nicht auf das wirtschaftliche Austauschverhältnis des in Aussicht genommenen Durchleitungsvertrages selbst bezogen sind, können eine Verweigerung niemals rechtfertigen. Unterinteressen müssen immer auf die grundlegenden Interessen Bezug nehmen[613].

Zugunsten des Netzbetreibers können beispielsweise folgende Interessen berücksichtigt werden:

---

609 **Büdenbender**, Schwerpunkte, Rdnr. 215.

610 **Lukes**, BB 1986, 2074, 2079.

611 Vgl. **Lukes**, BB 1986, 2074, 2079.

612 Vgl. **Larenz**, Geschäftsgrundlage, S. 118.

613 Vgl. **Hubmann**, AcP 155 (1956) S. 85, 104. Vgl. die Parallele im Arbeitsrecht: **Preis**, S. 224; **Staudinger - Preis**, § 626 Rdnr. 75.

- Abwehr und Schutz vor Wettbewerbern zur Sicherung der eigenen Position auf dem Elektrizitätsabsatzmarkt (Schutz und Ausweitung eigener unternehmerischer Tätigkeit)
- Erreichung und Erhaltung der Wirtschaftlichkeit
- Wahrung des geschäftlichen Rufs
- Bevorzugung konzerninternen Bedarfs
- Vorhaltung möglichst hoher Reservekapazitäten
- Schutz eigener Erzeugungsanlagen
- Quersubventionen anderer Bereiche durch hohe Durchleitungsentgelte
- Vermeidung von stranded costs
- Sicherung von Monopolgewinnen
- Einhaltung eigener Verpflichtungen aus §§ 4 I und 16 I EnWG
- Erzielung eines möglichst hohen Durchleitungsentgeltes
- Abwehr der Beeinträchtigung der Kostenstruktur durch die Gewährung des Netzzuganges
- Erfüllung bereits bestehender Liefer- und Durchleitungsverträge
- Interesse an vorrangiger Eigennutzung freier Kapazität
- Ausschluß einer Verpflichtung zum Netzausbau
- jederzeitige Lösbarkeit der Durchleitungsverträge für den Netzbetreiber
- möglichst weitgehende Haftungsfreizeichnung
- Schutz vor unzuverlässigen Vertragspartnern.

Zugunsten des Durchleitungspetenten können gewürdigt werden:

- wirtschaftliche Interessen an der Ausweitung der Absatzmenge
- kurze Entscheidungsfristen hinsichtlich der Zugangsgewährung
- das Anerbieten günstiger vertraglicher Bedingungen durch den Netzbetreiber
- ein unentgeltlicher oder doch ein möglichst preisgünstiger Netzzugang
- die Pflicht des Netzbetreibers, sich bei der Vergabe wie eine unabhängige Stelle zu verhalten
- Übernahme aller Systemdienstleistungen durch den Netzbetreiber
- Bindung der Kündigungsfristen des Durchleitungsvertrages an die entsprechenden Fristen des Liefervertrages
- Pflicht des Netzbetreibers zur Kapazitätserweiterung
- eine möglichst weitgehende Verantwortungsübernahme durch den Netzbetreiber

Aus dem Kreis der im Einzelfall relevanten Interessen müssen nach allgemeiner Ansicht bereits auf der Stufe der Interessenfeststellung die Interessen herausgefiltert werden, die in ihrem Ansatz oder ihrer Durchsetzung gegen gesetzliche Vorschriften verstoßen[614]. Soweit z.B. ein Interesse auf die Verwirklichung eines gegen § 138 BGB

---

614 Vgl. BGH, WuW/E BGH 2707, 2716 (Krankentransportunternehmen II); **Lukes**, BB 1986, 2074, 2079; **Markert**, in: Immenga/Mestmäcker, GWB, § 26 Rdnr. 200.

verstoßenden Verhaltens gerichtet ist, führt deren Rechtswidrigkeit zum Ausschluß des betroffenen Aspekts aus der Interessenabwägung[615].

bb) Der Einfluß der Unbundlingvorgaben auf die Interessenfeststellung

Teilweise wird im Schrifttum die Position vertreten, die Pflicht zum organisatorischen Unbundling (§ 4 IV EnWG, Art. 7 VI EltRL) führe für Übertragungsnetzbetreiber[616], nach einer noch weitergehenden Ansicht sogar für Verteilungsnetzbetreiber[617], zur Begrenzung des Kreises der anerkennenswerten Interessen auf ausschließlich netzbetreiberspezifische Interessen.

Unbestritten ist zunächst der Ausgangspunkt dieser Streitfrage. Die Entbündelungsvorschriften des Art. 7 VI EltRL und des § 4 IV EnWG beinhalten statt einer Pflicht zur gesellschaftsrechtlichen Trennung nur eine solche zur organisatorischen Trennung des Übertragungssystems von den Unternehmensbereichen Erzeugung, Verteilung und den sonstigen Aktivitäten außerhalb des Elektrizitätssektors eines vertikal integrierten Versorgungsunternehmens[618].

Obwohl nach dem dieser Arbeit zugrunde liegenden Konzept die Aktivität „Handel mit Elektrizität" nicht dem Übertragungs- oder Verteilungsbereich zuzuordnen ist[619], folgt daraus nicht, daß dem Netzbetreiber verwehrt ist, Vertriebsinteressen geltend zu machen.

Die Entstehungsgeschichte des Art. 7 VI der Richtlinie und die des Art. 4 IV EnWG sprechen für eine Vertriebsinteressen desselben Unternehmens einbeziehende Betrachtung. Im ursprünglichen Richtlinienentwurf war anstelle einer nur organisatorischen Entflechtung eine vollständige gesellschaftsrechtliche Trennung der verschiedenen Bereiche eines EltVU vorgesehen, die unbestreitbar zum Ausschluß netzbetriebsfremder

---

615 Vgl. BGH, WuW/E BGH 1783, 1785 f (Neue Osnabrücker Zeitung); BGH, WuW/E BGH 2195, 2199 f (Abwehrblatt II); BGH, WuW/E BGH 2707, 2716 (Krankentransportunternehmen II).

616 So: **Giermann**, RdE 2000, 221, 229; **Rapp-Jung**, RdE 1997, 133, 135; **Walter/v.Keussler**, RdE 1999, 223, 226. In diese Richtung auch: **Recknagel**, in: Böwing u.a. (Hrsg.), EnWG 1998, Art. 4 § 2 Anm. 1 (S. 309), der die Konsequenzen hieraus aber durch eine Verpflichtung zur Geltendmachung im Drittinteresse relativiert.

617 So: **Giermann**, RdE 2000, 221, 229. Ähnlich **Salje**, der die analoge Anwendung des § 4 IV EnWG auf Verteilungsnetzbetreiber fordert, **ders.**, EEG, § 3 Rdnr. 80.

618 Vgl. **Ehlers/Pünder**, in: Achterberg/Püttner/Würtenberger (Hrsg.), § 4 Rdnr. 77; **Kunze**, in: Böwing u.a., (Hrsg.), EnWG 1998, § 4 Anm. 5.2 (S. 82); **Schulte-Beckhausen**, RdE 1999, 51, 58; **Walter/v.Keussler**, RdE 1999, 190, 192.

619 S. oben Teil 4: B II 1 a.

Interessen geführt hätte. Die gesellschaftsrechtliche Entflechtung hat sich aber im Hinblick auf die Eigentumsordnung der Mitgliedsstaaten und den Umfang staatlicher Regelung nicht durchsetzen können[620]:

> **Art. 9 II Richtlinien-E:** Der Betreiber eines Übertragungsnetzes nimmt vom Kauf oder Verkauf von Elektrizität Abstand mit Ausnahme von Fällen, in denen solche Geschäfte in Verbindung stehen mit
> - Hilfsdiensten im Sinne von Absatz 4 dieses Artikels,
> - Elektrizität, die von Produktionsanlagen erzeugt wird, auf die im Artikel 13 Absatz 4 Bezug genommen ist[621].

Die Eigentumsordnung wird von der Pflicht zur gesellschaftsrechtlichen Trennung in erster Linie durch die damit verbundene Unerheblichkeit von Handels- und Vertriebsinteressen tangiert. Aus diesem Grund spricht viel für die Annahme, daß mit einer nur organisatorischen Entflechtung gerade keine so weitgehende Interessentrennung beabsichtigt war[622]. Der deutsche Gesetzgeber betonte:

> „Ein alternativer Reformansatz wäre ein allgemeines Netzzugangsrecht Dritter mit strikter Trennung von Netz und Erzeugung/Beschaffung bei den Energieversorgungsunternehmen. Regulierungsdichte und bürokratischer Aufwand wären beträchtlich. Verfassungsrechtlich ergäben sich erhebliche Risiken, die die Realisierung eines solchen Modells ausschließen oder doch erheblich verzögern könnten“[623].

Systematische Erwägungen weisen in dieselbe Richtung. Trotz vergleichbarer Interessenlage für den Verteilungsnetzbetreiber hat das EnWG auf ein organisatorisches Unbundling der Verteilungsabteilung verzichtet (vgl. § 4 IV EnWG) und nur eine buchhalterische Entflechtung (§ 9 EnWG) vorgesehen, die ausschließlich auf die Ermittlung eines diskriminierungsfreien Durchleitungsentgelts gerichtet ist[624]. Außerdem hätte unter der Annahme, daß lediglich netzbetriebsbezogene Interessen des Netzbetreibers in der Abwägung berücksichtigungsfähig sind, die kartellrechtliche Vorschrift des § 19 IV

---

620 Vgl. **Kuhnt**, in VEnergR Bd. 71, 81, 91. Auch die neuesten Entwicklungen im Postbereich deuten darauf hin, daß eine buchhalterische Trennung zur Durchsetzung des Diskriminierungsverbots ausreichend ist, vgl. HB v. 19.03.2001/Nr. 55, S. 15.

621 Vorschlag der Kommission für eine Richtlinie des Rates betreffend gemeinsame Vorschriften für den Elektrizitätsbinnenmarkt, ABl.EG Nr. C/65/4 v. 14.03.1992.

622 So auch: **Büdenbender**, WuW 2000, 119, 126 f.

623 RegE, BT-Drs. 13/7274, S. 12.

624 Vgl. **Ehlers/Pünder**, in: Achterberg/Püttner/Würtenberger (Hrsg.), § 4 Rdnr. 38; **Lukes**, BB 1998, 1217, 1222.

Nr. 4 GWB für den Zugang zu Elektrizitätsversorgungsnetzen keine nennenswerte Bedeutung, da die möglichen Fälle mißbräuchlichen Verhaltens mit § 19 IV Nr. 2 und 3 GWB erfaßt werden könnten[625].

Die Entbündelungsvorgaben der Richtlinie und des EnWG haben nach alledem für den Bereich „Netzzugang" allein die Aufgabe, zur Ermittlung eines diskriminierungsfreien Durchleitungsentgelts beizutragen[626]. Die im Vergleich zur buchhalterischen Trennung der Verteilungsnetzbetreiber belastendere Verpflichtung der Übertragungsnetzbetreiber zur organisatorischen Entflechtung des Bereichs „Betrieb des Übertragungsnetzes" rechtfertigt sich mit der stärkeren Bedeutung dieser Spannungsebene für die Durchleitungsvorgänge und dem daraus folgenden höheren Interesse an der Ermittlung angemessener Durchleitungsentgelte durch den weitergehenden Ausschluß von Gemeinkosten. Die Entbündelungsvorgaben treffen keine Aussage für die Entscheidung über das „Ob" der Gewährung des Netzzugangs und beschränken nicht den Kreis der abwägungsrelevanten Interessen des Netzbetreibers.

c) Der Abwägungsmaßstab

Ermittlung und Anwendung des Abwägungsmaßstabes sind die zentralen Punkte der Interessenabwägung. Auch dort, wo der Gesetzgeber einen Interessenkonflikt nicht oder nicht hinreichend selbst gelöst hat, sondern dem Rechtsanwender eine eigenständige Güter- und Interessenabwägung auferlegt, ist der Richter bei seiner Abwägung keineswegs im Sinne einer Beliebigkeit der Wertungen frei. Seine Entscheidung hat sich innerhalb des Wertungszusammenhanges des Rechtssystems unter Berücksichtigung allgemeiner Rechtsprinzipien und der Sonderwertungen des angesprochenen Teilgebietes zu bewegen[627]. Diese, mit jeder Rechtsnorm verbundene Lösung von Interessenkonflikten herauszuarbeiten, ist das besondere Problem, vor das sich die praktische Rechtsanwendung gestellt sieht. Hierbei muß sie auf die innerhalb der Auslegung entwickelten Erkenntnisse, beginnend bei Sinn und Zweck der jeweiligen Vertragsnorm

---

625 Ähnlich: **Schultz**, in: Langen/Bunte, § 19 Rdnr. 152.

626 Im Ergebnis ebenso: **Büdenbender**, WuW 2000, 119, 126. **Stewing**, EuR 1993, 41, 57 bezeichnet das Unbundling als das allgemein bekannte und praktizierte „Profitcenter - Denken".

627 Vgl. **Preis**, S. 189 m.w.N.

über einfachgesetzliche Wertungen und Grundsätze bis hin zu verfassungs- und rechtsethischen Prinzipien, zurückgreifen[628].

Für den Abwägungsmaßstab allgemeingültige Kriterien aufstellen zu wollen, verbietet sich schon wegen der Berücksichtigung aller Umstände des Einzelfalles[629]. Im Ergebnis würde deren Zulassung nichts anderes bedeuten als die gerade nicht gewollte kasuistische Rechtsnorm, auf die der Gesetzgeber mit § 6 I S.2 EnWG bewußt verzichtet hat[630]. Hingegen ist die Aufzählung einzelner Bewertungsfaktoren im Sinne von Präferenzregeln möglich[631].

Auf einer ersten Stufe kann die abstrakte Wertigkeit eines Interesses berücksichtigt werden[632]. Soweit verschiedene Stufen der Rechtsordnung betroffen sind, gebührt dem Interesse der höheren Rangordnung der Vorzug. Deshalb stehen verfassungsrechtliche Wertentscheidungen über einfachgesetzlichen und diese wiederum über untergesetzlichen Rechtsnormen[633].

Aber auch für Interessen der gleichen Rangstufe lassen sich der (Gesamt-) Rechtsordnung Anhaltspunkte einer Privilegierung oder Hintanstellung entnehmen[634]. Hat das Gesetz z.B. das Interesse an einer jederzeit ausreichenden Elektrizitätsversorgung durch §§ 305 a und 316 b StGB und § 16 I EnWG besonders hervorgehoben, so kann dem Aspekt der Aufrechterhaltung der Versorgungssicherheit besondere Bedeutung beigemessen werden.

> **§ 305 a I StGB:** Wer rechtswidrig
> 1. ein fremdes technisches Arbeitsmittel von bedeutendem Wert, das für die Errichtung einer Anlage oder eines Unternehmens im Sinne des § 316 b I Nr. 1 oder 2 oder einer Anlage, die dem Betrieb oder der Entsorgung einer solchen Anlage oder eines solchen Unternehmens dient, von wesentlicher Bedeutung ist, ganz oder teilweise zerstört, wird ... bestraft.

---

628 Vgl. BVerfG NJW 1984, S. 1741, 1743; **MünchKomm-Gottwald**, § 315 Rdnr. 20; **Preis**, S. 155 f.

629 Vgl. **Hubmann**, AcP 155 (1956), S. 85, 133.

630 Vgl. allgemein zur Interessenabwägung: **Preis**, S. 241 f.

631 Vgl. **Gern**, DÖV 1986, 462, 466 ff; **Preis**, S. 242, 244 ff.

632 Vgl. **Gern**, DÖV 1986, 462, 466 f; **Hubmann**, AcP 155 (1956), S. 85, 101 ff.

633 **Gern**, DÖV 1986, 462, 466 f; **Preis**, S. 245.

634 Vgl. **Hubmann**, AcP 155 (1956), S. 85, 102.

§ 316 b I Nr.2 StGB: Wer den Betrieb
2. einer der öffentlichen Versorgung mit Wasser, Licht, Wärme oder Kraft dienenden Anlage oder eines für die Versorgung der Bevölkerung lebenswichtigen Unternehmens dadurch verhindert oder stört, daß er eine dem Betrieb dienende Sache zerstört, beschädigt, beseitigt, verändert oder unbrauchbar macht oder die für den Betrieb bestimmte elektrische Kraft entzieht, wird ... bestraft.

Hervorgehobenes Gewicht mißt der Gesetzgeber aber auch der Funktionsfähigkeit des Wettbewerbs bei, wie die Regelungen des GWB zeigen. Zu berücksichtigen sind deshalb auch die Auswirkungen auf den Wettbewerb. Dabei kann bereits aus der Regelung des § 6 I EnWG geschlossen werden, daß dem Interesse am Netzzugang grundsätzlich Vorrang vor den Interessen des Netzbetreibers gebührt. Das Gesetz geht von der Unzulässigkeit der Verweigerung des Netzzuganges aus und gestattet sie nur im Sinne von Ausnahmen, wenn die Mitbenutzung für den Netzbetreiber unmöglich oder unzumutbar ist[635].
Die abstrakte Wertigkeit einander gegenüberstehender Interessen genügt zur Abwägung nicht, weil der Einzelfallbezug nur unter Einbeziehung des Gewichts, das den konkreten Interessen nach Ort, Zeit und den Umständen des Einzelfalles zukommt, hergestellt werden kann[636]. Er kann im Einzelfall sogar durch die intensivere Beeinträchtigung eines rangniederen Interesses zur Verdrängung eines abstrakt ranghöheren Gutes führen. Auf der Stufe der einzelfallbezogenen Präferenzregeln kann zunächst das tatsächliche Betroffensein eines Belangs, also das quantitative Maß seines Betroffenseins bedeutsam sein[637]. Sind also einzelne Belange in besonderem Maße negativ betroffen, so können diese in der konkreten Situation entgegenstehende, andere Belange dann überwiegen, soweit jedenfalls die Betroffenheit der anderen Belange nicht gleichermaßen hoch zu veranschlagen ist. Je entfernter jedoch ein derartiges Parteiinteresse von der konkreten Vertragssituation ist, desto weniger Gewicht darf ihm zugemessen werden[638]. Einen anderen Bewertungsfaktor beschreibt das Prioritäts- oder Präventionsprinzip. Zahlreiche Interessenkonflikte löst die Rechtsordnung nach diesem Prinzip (vgl. §§ 519 II, 659 BGB, 804 III ZPO). Eine weitere wichtige Präferenzregel folgt aus der Summierung der schutzwürdigen Interessen einer Partei (Kumulationsprinzip). Je

---

[635] Vgl. RegE, BT-Drs. 13/7274, S. 11; BT-Wirtschaftsausschuß, BT-Drs. 13/9211, S. 24.

[636] **Gern**, DÖV 1986, 462, 467; **Hubmann**, AcP 155 (1956), S. 85, 107 ff; **Preis**, S. 245 f.

[637] Vgl. RGZ 152, 251, 253; BGH JZ 1952, 366.

[638] vgl. **Preis**, S. 238.

mehr Interessen eine Partei zu ihren Gunsten in den Rechtsstreit einbringen kann, desto eher wird dem Begehren dieser Partei entsprochen werden können[639]. Zumeist werden eine Vielzahl von Präferenzregeln zusammenwirken, die sich zum Teil ergänzen, zum Teil aber auch einander widersprechen.

Der Kontrolle des hiernach gewonnenen Abwägungsergebnisses dienen die aus allgemeinen Rechtsprinzipien abgeleiteten Vorrangregeln wie die Angemessenheit, die Üblichkeit, die Verkehrssitte und die Verhältnismäßigkeit[640]. Ihre Einbeziehung in den Abwägungsmaßstab soll verhindern, daß das an sich nachrangige Interesse völlig unberücksichtigt bleibt bzw. mehr als nötig eingeschränkt wird.

Die Anwendung und einzelfallbezogene Umsetzung dieser Präferenzregeln ermöglicht niemals eine allgemeingültige Aussage zur Interessenabwägung. Stets geht es um die Festlegung bestimmter Vorzugstendenzen, die unter dem Vorbehalt der Einzelfallbewertung nur die Richtung der Entscheidung angeben können.

B. Die Unmöglichkeit der Durchleitung als Verweigerungsgrund im Sinne des § 6 I S.2 EnWG

Die nachfolgende Darstellung der Verweigerungsgründe orientiert sich an der durch den Wortlaut dieser Vorschrift nahegelegten Einteilung der Ablehnungsgründe in solche wegen Unmöglichkeit und solche wegen Unzumutbarkeit[641].

I. Der Unmöglichkeitsbegriff des EnWG

Der Ausdruck „nicht möglich“ in § 6 I S.2 EnWG könnte dem des BGB (vgl. §§ 275, 280, 848 und 2171 S.1 BGB) entsprechen. Dem bürgerlichen Recht liegt jedoch kein einheitlicher Unmöglichkeitsbegriff zugrunde. Im Sinne des allgemeinen Leistungsstörungsrechts der §§ 275 ff BGB beschreibt „Unmöglichkeit“ nach allgemeiner Ansicht einen Zustand, in dem der geschuldete Leistungserfolg von niemandem erbracht wer-

---

639 Vgl. **Hubmann**, AcP 155 (1956), S. 85, 107.

640 Vgl. BGH, WuW/E BGH 1429, 1432 (Asbach-Fachgroßhändlervertrag); BGH, WuW/E BGH 1646, 1647 (Vermittlungsprovision für Flugpassagen II); **Hubmann**, AcP 155 (1956), S. 85, 124 f; **Markert**, in: Immenga/Mestmäcker, GWB, § 26 Rdnr. 210; **MünchKomm-Gottwald**, § 315 Rdnr. 20.

641 Der Gesetzgeber unterteilte die Verweigerungsgründe in betriebsbedingte oder sonstige Gründe, vgl. BT-Wirtschaftsausschuß, BT-Drs. 13/9211, S. 24. In der Literatur sind weitere Kategorien vorgeschlagen worden: **Büdenbender**, Schwerpunkte, Rdnr. 163: absolute und relative Gründe; **Böwing**, in: VEnergR 96, 59, 62 ff: praktisch wirksame und praktisch unwirksame Verweigerungsgründe; **Kühne**, RdE 2000, 1, 3: betreibersphären- und gemeinwohlbezogene Gründe; **Walter/v.Keussler**, RdE 1999, 190, 193: unbefristete und befristete Verweigerungsgründe.

den kann[642]. Kann die Verpflichtung allein vom Schuldner nicht mehr erfüllt werden (subjektive Unmöglichkeit), spricht das Gesetz von Unvermögen (§ 275 II BGB). Außerhalb der §§ 275 ff BGB (z.B. §§ 351 S.1, 848, 2171 S.1, 2172 I BGB) hält sich das Gesetz nicht an diese Terminologie des allgemeinen Leistungsstörungsrechts[643], so daß mit „unmöglich" auch die subjektive Unmöglichkeit gemeint sein kann. Außerdem kennt das BGB neben „unmöglich" auch den Ausdruck „nicht möglich" (vgl. §§ 251 I, 818 II BGB), der sowohl die objektive Unmöglichkeit als auch das Unvermögen erfaßt[644].

Die Schwierigkeit, Unmöglichkeit und Unzumutbarkeit der Zugangsgewährung in § 6 I S.2 EnWG trennscharf zu unterscheiden, ist nicht ein auf § 6 I S.2 EnWG beschränktes Problem. Vielmehr spiegeln sich hier die grundlegenden Unsicherheiten der Reichweite des Unmöglichkeitsbegriffes bei Gattungsschulden wider.
Unbestritten ist der Ausgangspunkt dieser Abgrenzung: Objektive Unmöglichkeit ist dann gegeben, wenn kein Stück aus der durch Auslegung zu ermittelnden geschuldeten Gattung mehr vorhanden ist[645]. Fraglich ist demgegenüber, ob es überhaupt angemessen ist, von einem Unvermögen zur Beschaffung von Gattungsgegenständen zu sprechen, denn der Schuldner kann in vielfältiger Weise auf die Erbringung der Leistung Einfluß nehmen. Im Grunde genommen stellt sich deshalb in diesen Konstellationen nur die Frage, bis zu welcher Grenze der Schuldner verpflichtet ist, sich um die Beseitigung von Leistungshindernissen zu bemühen, vgl. § 279 BGB. Je weiter der Kreis der Beschaffungsschulden zu ziehen ist, desto enger ist der Bereich, in dem dem Unvermögen befreiende Kraft zukommen kann. Da die zur Ermittlung des Beschaffungsrisikos erforderliche Auslegung bereits auf die Ausgestaltung des konkreten Vertrages zurückgreifen muß, werden jedenfalls gattungstypische Risiken nicht mehr für die, gedanklich der Bestimmung der konkret geschuldeten Leistung, nachfolgende Prüfung eines Freiwerdens von der Leistungspflicht wegen subjektiver Unmöglichkeit herangezogen werden können[646]. Befreiende Wirkung kann dem Unvermögen bei Gattungsschulden nur

---

642 Statt vieler: **Palandt-Heinrichs**, § 275 Rdnr. 4.

643 Z.B. erfaßt nach allgemeiner Ansicht § 351 sowohl die objektive als auch die subjektive Unmöglichkeit, vgl. nur **Palandt-Heinrichs**, § 351 Rdnr. 2.

644 Vgl. nur **Palandt-Heinrichs**, § 251 Rdnr. 3; **Palandt - Thomas**, § 818 Rdnr. 16.

645 Statt vieler **Palandt-Heinrichs**, § 279 Rdnr. 5.

646 Zu den gattungstypischen Risiken gehören alle Leistungshindernisse, die darauf beruhen, daß der Schuldner nicht die Bezugsquellen kennt, daß er keinen Marktzugang hat oder daß er nicht über

in den Fällen zukommen, in denen die Erbringung des Leistungserfolges an atypischen Risiken scheitert[647]. Hierzu zählen insbesondere die Leistungshindernisse, die in der Person des Schuldners begründet sind, z.B. Krankheit oder unberechtigte Freiheitsentziehung[648]. Für die Verpflichtung des Betreibers eines Elektrizitätsversorgungsnetzes, dieses Netz für Durchleitungen zur Verfügung zu stellen, ist das Auftreten derartiger Leistungshindernisse praktisch ausgeschlossen, so daß der Unmöglichkeitsbegriff des § 6 I S.2 EnWG in erster Linie auf die objektive Unmöglichkeit bezogen ist.

Im Gegensatz dazu müssen der Fallgruppe der Unzumutbarkeit der Zugangsgewährung all die Fallgestaltungen zugeordnet werden, in denen atypische Risiken nicht den Eintritt des Leistungserfolges gänzlich zu verhindern vermögen. Hier bleibt die Bewirkung der Leistung zwar möglich, dem Schuldner würde durch den Fortbestand seiner Leistungspflicht aber eine überobligatorische Anstrengung zugemutet werden.

II. Die Verpflichtung zur Leistung - Inhalt und Grenzen der Einstandspflicht des Netzbetreibers

Die Verpflichtung zur Leistung ist abhängig vom jeweiligen Beschaffungsrisiko, das der Schuldner übernommen hat. Die Bestimmung der Grenze, bis zu der der Schuldner sich um die Beseitigung von Leistungshindernissen zu bemühen hat, hängt von den Umständen des Einzelfalles, insbesondere von der Risikoverteilung innerhalb des Schuldverhältnisses ab[649].

1. Kapazitätsmangel und Netzausbaupflicht

a) Kapazitätserweiterung auf eigene Kosten

Das Beschaffungsrisiko läge vollständig beim Netzbetreiber, wenn er im Fall eines Kapazitätsmangels zum Ausbau des Leitungsnetzes auf eigene Kosten verpflichtet wäre.

---

die nötigen Mittel verfügt, um alle sich am Markt bietenden Möglichkeiten auszuschöpfen. Vgl. dazu: RGZ 99, 1, 2; **Erman-Battes**, § 279 Rdnr. 6; **Larenz**, Schuldrecht AT, § 21 I d (S. 316 f); **MünchKomm-Emmerich**, § 279 Rdnr. 13 f.

647 Vgl. **MünchKomm-Emmerich**, § 279 Rdnr. 13 ff; **Palandt-Heinrichs**, § 279 Rdnr. 6 f ; nach a.A. sollen auch diese Risiken in die Prüfung des Umfangs der Einstandspflicht einbezogen werden, s. die Nachweise bei: **Staudinger-Löwisch**, § 279 Rdnr. 18 ff.

648 Vgl. **MünchKomm-Emmerich**, § 279 Rdnr. 15.

649 Vgl. nur: **MünchKomm-Emmerich**, § 275 Rdnr. 95 m.w.N.

aa) Anhaltspunkte aus der Entstehungsgeschichte des § 6 EnWG

In den Vorarbeiten zum EnWG 1998 blieb die Netzausbaufrage nicht unerörtert. Vor allem der VIK plädierte bereits seit langem für eine ausdrückliche Aufnahme einer Ausbaupflicht[650]. Seine Forderungen vermochten sich im Gesetzgebungsverfahren nicht durchzusetzen. Sowohl in der amtlichen Begründung des Regierungsentwurfs des EnWG 1998 als auch in der Gegenäußerung der Bundesregierung zur Stellungnahme des Bundesrates ist nur von „vorhandenen Kapazitäten" die Rede[651].

bb) Die Gesetzessystematik

Der allgemeinen Norm über den Betrieb von Elektrizitätsversorgungsnetzen, dem § 4 EnWG, kann kein Anhaltspunkt für eine Verpflichtung zur Kapazitätserweiterung entnommen werden.

> **§ 4 I EnWG:** Elektrizitätsversorgungsunternehmen sind zu einem Betrieb ihres Versorgungsnetzes verpflichtet, der eine Versorgung entsprechend den Zielen des § 1 sicherstellt.

Zwar spricht auf den ersten Blick die Bezugnahme auf „ihr" Versorgungsnetz für die gegenständliche Beschränkung auf die bereits vorhandene Anlage[652], andererseits kommt aber auch eine energiepolitisch motivierte Deutung des Begriffs „Betrieb" in Betracht. In diesem Sinne wäre der Netzbetreiber verpflichtet, ein jederzeit dem Bedarf an Liefer- und Durchleitungskapazität entsprechendes Elektrizitätsversorgungsnetz vorzuhalten.

Ein Argument gegen eine Ausbaupflicht des Netzbetreibers leitet ein Erklärungsansatz im Schrifttum aus dem Vergleich des § 4 I EnWG mit seiner Richtliniengrundlage ab. Aus der klaren Trennung zwischen Betrieb und Ausbau des Netzes in Art. 7 I und Art. 10 II EltRL folge, daß eine über den reinen Betrieb hinausgehende Ausbauverpflichtung vom deutschen Energiewirtschaftsgesetz anders formuliert worden wäre[653]. Für dieses Argument spricht zwar die eindeutige begriffliche Trennung von Betrieb und Ausbau in der Richtlinie. Zu überzeugen vermag dieser Hinweis nicht. Die Strombinnenmarktrichtline differenziert ebenfalls zwischen Betrieb und Wartung, ohne daß deshalb dem § 4 I EnWG die Pflicht zur Wartung unbekannt bliebe. Nach unbestrittener

---

[650] Vgl. VIK - Mitt. 1978, 125, 129; 1994, 20, 23.

[651] RegE, BT-Drs. 13/7274, S. 11 und Gegenäußerung der B-reg, BT-Drs. 13/7274, S. 30.

[652] In diesem Sinne auch: **Harms**, RdE 1999, 165, 167.

[653] So: **Kunze** in: Böwing u.a. (Hrsg.), EnWG 1998, § 4 Anm. 2.3.2. (S.73).

Ansicht muß die Pflicht zur Wartung des Leitungssystems dem Betrieb hinzugerechnet werden, da ohne sie ein zuverlässiger Netzbetrieb unmöglich ist[654].

Gegen eine Ausbaupflicht spricht aber der Vergleich mit §§ 3 I S.3 EEG und 10 I S.1, 2 EnWG.

> **§ 3 I S.3 EEG:** Ein Netz gilt auch dann als technisch geeignet, wenn die Abnahme des Stroms unbeschadet des Vorrangs nach Satz 1 erst durch einen wirtschaftlich zumutbaren Ausbau des Netzes möglich wird; in diesem Fall ist der Netzbetreiber auf Verlangen des Einspeisewilligen zu dem unverzüglichen Ausbau verpflichtet.

> **§ 10 I S.1, 2 EnWG:** Energieversorgungsunternehmen haben für Gemeindegebiete, in denen sie die allgemeine Versorgung von Letztverbrauchern durchführen, Allgemeine Bedingungen und Allgemeine Tarife für die Versorgung in Niederspannung oder Niederdruck öffentlich bekanntzugeben und zu diesen Bedingungen und Tarifen jedermann an ihr Versorgungsnetz anzuschließen und zu versorgen. Diese Pflicht besteht nicht, wenn der Anschluß oder die Versorgung für das Energieversorgungsunternehmen aus wirtschaftlichen Gründen nicht zumutbar ist.

§ 10 EnWG läßt zwar eine Pflicht zum Netzausbau nicht mit derselben Deutlichkeit wie § 3 I S.3 EEG erkennen. Dennoch war es in Literatur und Rechtsprechung einhellige Ansicht, daß die Unzumutbarkeit nicht mit fehlender Kapazität begründet werden konnte[655]. Die Reform des Energierechts 1998 hat hieran nichts geändert[656]. Im Wege eines argumentum e contrario kann daraus abgeleitet werden, daß in den Fällen, in denen das Energiewirtschaftsgesetz zur Ausbaupflicht schweigt und die Unmöglichkeit ausdrücklich als Ablehnungsgrund anerkennt, der Adressat des Kontrahierungszwanges nicht zur Kapazitätserweiterung verpflichtet ist[657].

Die Anschluß- und Versorgungspflicht des § 10 I EnWG wirft die Frage auf, ob eine Ausbaupflicht nicht wenigstens in dem Umfang besteht, wie die Durchleitung der Versorgung bisheriger Tarifvertragskunden dient. Dafür scheint zu sprechen, daß der Netz-

---

654 Insoweit auch: **Kunze** in: Böwing u.a. (Hrsg.), EnWG 1998, § 4 Rdnr. 2.3.1. (S.73).

655 S. dazu: BGH, Rechtsbeilage 1971, 17, 20; **Danner**, in: Eiser/Riederer/Obernolte/Danner, § 6 EnWG a.F., Anm. 4 b cc) (S. I 154); **Tegethoff/Büdenbender/Klinger**, § 6 EnergG, 4. Teillfg., Rdnr. 65 (S. I 300).

656 Vgl. **Hempel**, in: Böwing u.a. (Hrsg.), EnWG 1998, Art. 1 § 10 Anm. 5.1. (S. 216).

657 Ähnlich: **Britz**, in: Ludwig/Odenthal, § 6 EnWG Rdnr. 68.

betreiber sich dem Abnehmer gegenüber nach § 10 EnWG auch nicht auf Kapazitätsmangel berufen kann. Allerdings würden auf diese Weise die entscheidenden Unterschiede zwischen beiden Sachverhaltskonstellationen ignoriert[658]. Während eine Investitionspflicht im Rahmen des § 6 EnWG vorrangig konkurrentennützig ist, ist sie im Rahmen der allgemeinen Versorgungspflicht des § 10 EnWG Ausdruck des Allgemeininteresses an möglichst umfassender Versorgung der Allgemeinheit mit Elektrizität und fördert den eigenen Absatz des belasteten EltVU[659].

cc) Die Verteilung des Beschaffungsrisikos in anderen Rechtsbereichen

Ausdrücklich auf die Zugehörigkeit des Risikos ausreichender Kapazität zum Bereich des Gläubigers hingewiesen wird im Personenbeförderungsrecht und im Eisenbahnrecht:

> **§ 22 Nr. 2 PBefG:** Der Unternehmer ist zur Beförderung verpflichtet, wenn die Beförderung mit den regelmäßig eingesetzten Beförderungsmitteln möglich ist.
>
> **§ 10 Nr. 2 AEG:** Öffentliche Eisenbahnverkehrsunternehmen, die dem Personenverkehr dienen, sind zur Beförderung von Personen und Reisegepäck verpflichtet, wenn die Beförderung mit den regelmäßig verwendeten Beförderungsmitteln möglich ist.

Den dem Schutz des Wettbewerbs verpflichteten allgemeinen Vorschriften des GWB und der auf den Telekommunikationssektor beschränkten Vorschrift des § 33 I TKG sind Verpflichtungen des marktbeherrschenden Unternehmens, über die vorhandenen Möglichkeiten hinaus durch Schaffung neuer Kapazitäten, Wettbewerbern einen Netzzugang zu ermöglichen, ebenso unbekannt[660].

Zum gleichen Ergebnis führt die Berücksichtigung allgemeiner Grundsätze des Kontrahierungszwangs. Das Charakteristikum des Kontrahierungszwangs besteht in der Sicherung der Vertragsbegründungsfreiheit und führt zu einer Verpflichtung zur Leistung auch gegen den Willen des Schuldners[661]. Der Berechtigte eines Kontrahierungszwan-

---

[658] Vgl. **Büdenbender**; Schwerpunkte, Rdnr. 178 f; **Ungemach/Wißmann/Cameron/Styles**, ET 1997, 364, 367. Im Ergebnis ebenso: **Schweers**, S. 86.

[659] Vgl. **Büdenbender**; Schwerpunkte, Rdnr. 178.

[660] Vgl. **Markert**, in: Immenga/Mestmäcker, GWB, § 26 Rdnr. 237; Für § 103 V S.2 Nr. 4 GWB a.F.: **Tegethoff/Büdenbender/Klinger**, § 103 GWB, 13. EL/10/93, Rdnr. 494 (S. II 264 f). Für § 33 TKG: **Piepenbrock**, in: Büchner u.a. (Hrsg.), § 33 Rdnr. 57.

[661] Vgl. **Nipperdey**, S. 15; **Palandt-Heinrichs**, Einf. v § 145 Rdnr. 8.

ges kann als Leistung immer nur dasjenige erwarten, was üblicherweise vom Verpflichteten angeboten würde. Dort, wo die nachgefragte Leistung gewissermaßen „aus dem Stand" beliebig vermehrbar ist, besteht eine uneingeschränkte Pflicht zur Kapazitätserweiterung[662]. Ansonsten ist der Unternehmer nur verpflichtet, mit Mitteln seines eigenen Betriebes zu leisten, nicht aber die Leistung aus einer Gattung oder mit Mitteln einer Gattung als solcher zu bewirken[663].
Abweichungen von diesem Grundsatz sind, abgesehen von den ausdrücklich gesetzlich angeordneten Fällen, allenfalls dort gerechtfertigt, wo zur Befriedigung existenziellen Bedarfs spezialgesetzlich eine Kontrahierungspflicht angeordnet ist, bei der die Leistungspflicht gegenüber bestimmten Abnehmern von vornherein feststeht und deren Nachfragehäufigkeit berechenbar ist, z.B. § 10 I EnWG[664]. § 6 EnWG verpflichtet den Netzbetreiber zur Netzöffnung nicht im Interesse einer jederzeit gesicherten Versorgung der Abnehmer mit Elektrizität, sondern im Interesse der wettbewerblichen Steuerung des Elektrizitätsmarktes, vor allem also wegen des Preissenkungspotentials. Die Pflicht zur Durchleitung kann deshalb nicht zur Folge haben, dem Schuldner jegliches Beschaffungsrisiko aufzuerlegen.

Ähnlich restriktiv wird die Verpflichtung zur Schaffung neuer Kapazitäten im öffentlichen Recht betrachtet[665]. Ein aus grundrechtlichen Wertentscheidungen und aus dem Sozialstaatsprinzip abgeleiteter einklagbarer Individualanspruch des Bürgers auf Schaffung neuer Kapazitäten besteht nach der Rechtsprechung des BVerfG grundsätzlich nicht[666]. Staatliche Teilhaberechte stehen unter dem Vorbehalt des Möglichen im Sinne dessen, was der Einzelne vernünftigerweise von der Gesellschaft beanspruchen kann[667].

---

662 Vgl. **Busche**, S. 594.

663 Vgl. **Bülck**, S, 115; **Nipperdey**, S. 111 f. In diesem Umfang ist es dann aber auch gerechtfertigt, von einem Betriebszwang zu sprechen vgl. , **Bülck**, S, 115; **Busche**, S. 209 iVm. Fußn. 307; **Nipperdey**, S. 112 f; **Weber**, S. 475.

664 Vgl. **Busche**, S. 593 f; **U. Scholz**, S. 187.

665 Vgl. VGH München, NVwZ 1982, 120, 121; Püttner/Lingemann, JA 1984, 121, 127.

666 BVerfGE 33, 303, 332 ff zur Frage der Erweiterung der Ausbildungskapazität vor dem Hintergrund des Art. 12 GG unter besonderer Betonung des Spannungsverhältnisses zwischen den individuellen Belangen und den Gemeinschaftsinteressen.

667 BVerfGE 33, 303, 333; Die Entscheidung hierüber liegt in erster Linie beim Gesetzgeber, a.a.O.

dd) Die Ausbaupflicht nach der „essential-facilities" Doktrin

Die „essential facilities"-Doktrin fordert keine generelle Erweiterungspflicht des Infrastruktureinrichtungsbetreibers. Insbesondere *Markert* hat auf die der europarechtlichen „essential facilities"-Doktrin vergleichbare US - amerikanische Rechtsprechung zu Sec. 2 Sherman Act hingewiesen und dargestellt, daß sie keine Verpflichtung zur Erweiterung der Kapazität kennt[668].

Auch das BKartA hat zwischenzeitlich in Übereinstimmung mit der Rechtsprechung der Europäischen Kommission[669] ausdrücklich anerkannt, daß abgesehen vom Einsatz redispatchender Maßnahmen eine Erweiterungspflicht des Netzbetreibers allenfalls insoweit anerkannt werden kann, als der Engpaß gerade auf der Ausrichtung der Infrastruktureinrichtung auf nur einen Nutzer beruht und die Kapazitätserweiterung den Bestand der Einrichtung nicht grundsätzlich in Frage stellt oder seinen Charakter ändert[670]. Tragende Überlegung dieser Rechtsprechung war das Ziel, die typischerweise auf die Bedürfnisse des bisherigen einzigen Nutzers dieser Anlage beschränkte Kapazität durch eine begrenzte Erweiterungspflicht des Einrichtungsbetreibers zur Einführung wettbewerblicher Strukturen zu erweitern, ohne dem Kapazitätsmangel seine rechtfertigende Wirkung zu nehmen. In den Fällen hingegen, wo sich die Einführung wettbewerblicher Strukturen (größtenteils) kapazitätsneutral vollzieht, bedarf es des mit dieser (wenn auch begrenzter) Ausbaupflicht verbundenen zusätzlichen Eingriffs in das Recht des Infrastruktureinrichtungsbetreibers nicht.

ee) Zwischenergebnis

Eine Ausbaupflicht auf eigene Kosten des Elektrizitätsversorgungsnetzbetreibers für Durchleitungen besteht nicht[671].

---

668 **Markert**, FS Mestmäcker, S. 661, 667; ebenso: **Schindler**, Fußn. 650.

669 Europäische Kommission, Entscheidung v. 14.01.1998, ABl.EG Nr. L 72/30, S. 43 ff (FAG); vgl. **Stollhoff**, S. 170 Fußn. 241.

670 BKartA, WuW/E DE-V 253, 258 (Puttgarden).

671 H.M. vgl. nur: **A.R. Börner**, RdE 2000, 55, 56; **Britz**, in: Ludwig/Odenthal, § 6 EnWG Rdnr. 68; **Büdenbender**, Schwerpunkte, Rdnr. 179; **Danner**, in: Eiser/Riederer/Obernolte/Danner, § 6 EnWG Rdnr. 14; **Kühne**, RdE 2000, 1, 3; **Papier**, BB 1997 1213, 1219; **Recknagel**, in: Böwing u.a. (Hrsg.), EnWG 1998, § 6 Anm. 11.3.2. (S. 120); **Schmidt-Preuß**, RdE 1996, 1, 5; **Walter/v.Keussler**, RdE 1999, 223, 224.

b) Kapazitätserweiterung auf Kosten des Durchleitungspetenten

In der energierechtlichen Literatur plädieren einige Autoren dafür, eine Ausbaupflicht des Netzbetreibers wenigstens in den Fällen anzuerkennen, in denen der Durchleitungspetent sich zur Übernahme der Kosten bereit erklärt[672].

Nicht nur die wörtliche Auslegung des § 6 EnWG und seine Entstehungsgeschichte sind unergiebig, auch der Elektrizitätsbinnenmarktrichtlinie (vgl. Art. 17 V EltRL) ist im Unterschied zu der Gasbinnenmarktrichtlinie (GasRL) eine klare Aussage zur Netzausbaupflicht des Netzbetreibers nicht zu entnehmen.

> **Art. 17 II S.1 GasRL:** Die Mitgliedstaaten können die erforderlichen Maßnahmen ergreifen, um zu gewährleisten, daß Erdgasunternehmen, die den Netzzugang aufgrund unzureichender Kapazitäten oder eines mangelnden Netzverbundes verweigern, für den erforderlichen Ausbau Sorge tragen, soweit dies wirtschaftlich vertretbar ist oder wenn ein potentieller Kunde bereit ist, hierfür zu zahlen.

In erster Linie sind deshalb teleologische Argumente ausschlaggebend. Ausgangspunkt ist hierbei die Betrachtung der zivilrechtlichen Ausgestaltung des Netzzugangsrechts durch § 6 I S.1 EnWG. Da der Schuldner zur Kapazitätserweiterung auf eigene Kosten nicht verpflichtet ist, steht seine Leistungspflicht unter dem Vorbehalt freier Kapazität. Die Pflicht des Netzbetreibers aus § 6 I S.1 EnWG stellt deshalb eine beschränkte Gattungsschuld dar, bei der der Schuldner nur aus einem bestehenden Kontingent zu leisten hat. Die Gefahr der Erschöpfung der Netzkapazität fällt vollständig in den Risikobereich des Gläubigers.

Eine Ausbaupflicht selbst unter Übernahme der anfallenden Kosten durch den Durchleitungsinteressenten läßt sich deshalb nur über die Anerkennung einer Mitwirkungspflicht des Netzbetreibers begründen. Ursprung dieser Mitwirkungspflichten ist § 242 BGB[673]. Die Parteien des Schuldvertrages sind nach Treu und Glauben nicht nur im eigenen Interesse, sondern wegen des Gebots der Rücksichtnahme auch im Interesse der Gegenseite verpflichtet, die Voraussetzungen für die ordnungsgemäße Durchführung des Vertrages zu schaffen.

---

[672] Vgl. **Kunze**, in: Böwing u.a. (Hrsg.), EnWG 1998, § 4 Anm. 2.3.3. (S. 74); **Recknagel**, in: Böwing u.a. (Hrsg.), EnWG 1998, § 6 Anm. 11.3.2. (S. 120 f); **Walter/v.Keussler**, RdE 1999, 223, 224. Ähnlich für den Bereich der Telekommunikation: **Piepenbrock**, in: Büchner u.a. (Hrsg.), § 33 Rdnr. 57.

[673] Vgl. nur **Palandt-Heinrichs**, § 242 Rdnr. 32 ff m.w.N.

Die Ausfüllung dieser relativ offenen Wertungen ist abhängig von dem Inhalt und dem Zweck des die Parteien verbindenden Schuldverhältnisses[674]. Ist das Schuldverhältnis maßgeblich von einem Interessengegensatz zwischen den Begehrensvorstellungen des Schuldners und denen des Gläubigers gekennzeichnet, wie es in der Mehrzahl der Austauschverträge vorliegt, besteht lediglich die Pflicht zur billigen Rücksichtnahme auf die Interessen des anderen Teiles. Eine gesteigerte Pflichtigkeit im Sinne tätiger Wahrnehmung der fremden Interessen existiert, wenn eine Partei entweder eine fremdnützige Tätigkeit wahrnimmt (Interessenwahrungsverträge), oder wenn zwischen ihnen ein Verhältnis des Zusammenwirkens besteht (sog. Gemeinschaftsverträge)[675]. Fremdnützig in diesem Sinne ist eine Leistung nicht schon dann, wenn ihre Erbringung im Interesse des anderen Teiles liegt, sondern erst dann, wenn sie treuhänderische Elemente beinhaltet[676].

Die Verbindung zwischen Durchleitungspetenten und dem Netzbetreiber wird wesentlich durch die konträren Interessen bestimmt, so daß sie sich im Verhältnis zueinander nur auf billige Rücksichtnahme auf die Interessen des jeweils anderen Teils berufen können. Billige Rücksichtnahme, als schwächste Form der gegenseitigen Unterstützung, vermag eine Mitwirkungspflicht nur zu begründen, falls das Hindernis in den Risiko- und Verantwortungsbereich beider Parteien fällt oder einer der Partner in dem primär ihm obliegenden Verantwortungsbereich zur Erreichung des Vertragszwecks auf den anderen angewiesen ist, und diesem die Hilfe ohne Preisgabe eigener Interessen möglich und zumutbar ist[677].

Der Vertragsinteressent wäre dann auf den Betreiber des Elektrizitätsversorgungsnetzes angewiesen, wenn die Durchführung der Kapazitätserweiterung durch den Interessenten selbst aus tatsächlichen oder rechtlichen Gründen ausgeschlossen ist. Tatsächliche Umstände stehen dieser Selbstvornahme jedenfalls, soweit es um die Netzerweiterung durch zusätzlichen Leitungsbau geht, wegen ihres Charakters als vertretbare Handlung nicht entgegen.

---

674 Vgl. **Soergel-Teichmann,** § 242 Rdnr. 41 ff.

675 Vgl. **Soergel-Teichmann,** § 242 Rdnr. 40 ff; **Staudinger-J. Schmidt,** § 242 Rdnr. 845.

676 Vgl. **Staudinger-J. Schmidt,** § 242 Rdnr. 845 m.w.N.

677 Vgl. **Staudinger-J. Schmidt,** § 242 Rdnr. 846 ff.

Einer Netzerweiterung durch den Durchleitungspetenten selbst könnte das Interesse an der Verhinderung der Zersplitterung des Leitungsnetzes entgegengehalten werden[678]. Dieses Interesse wird aber bereits durch die Vorschrift des § 947 II BGB vollständig befriedigt. Literatur und Rechtsprechung betrachten Elektrizitätsübertragungsleitungen als Zubehör (§ 97 BGB) des Betriebsgrundstücks des EVU[679], so daß sie bewegliche Sachen im Sinne des § 947 I BGB sind. Zu wesentlichen Bestandteilen einer einheitlichen Sache verbunden sind die Einzelsachen dann, wenn sie nach der Verkehrsanschauung ihre Selbständigkeit dauernd verloren haben und nur noch Bestandteile einer Sacheinheit sind (§ 93 BGB). Maßgebend dafür, wann Einzelsachen voneinander nicht getrennt werden können, ohne daß der eine oder andere Bestandteil zerstört oder in seinem Wesen verändert wird, sind wirtschaftliche Gesichtspunkte[680]. Eine Trennung der zusätzlichen Leitungskapazität von dem bisherigen Versorgungsnetz wäre unzweifelhaft unwirtschaftlich. Von den gesamten Kosten der Energieversorgung entfallen 2/3 auf den Bereich der Übertragung und Verteilung der Elektrizität[681] und hiervon wiederum 25 % auf die Montage der Leitungsstrecke[682]. In Abweichung von der Regelung des § 947 I BGB erwirbt der Netzbetreiber nach Absatz 2 dann Alleineigentum an der gesamten Versorgungsleitung, wenn das bereits existierende Versorgungsnetz nach der Verkehrsauffassung als die Hauptsache anzusehen ist, ohne Rücksicht auf ihren wirtschaftlichen Wert, wenn also die übrigen Teile fehlen könnten, ohne daß das Wesen bzw. die Funktion der Sache dadurch beeinträchtigt werden[683]. Das bereits bestehende Versorgungsnetz des Netzbetreibers könnte selbst dann seinen Zweck erfüllen bzw. seinem Wesen entsprechend zur Stromübertragung eingesetzt werden, wenn der angebaute Teil fehlen würde. Umgekehrt läßt sich die neu angeschlossene Versorgungsleitung mangels Anbindung an eine Elektrizitätserzeugungsquelle bzw. an das bisherige Netz nicht zur Elektrizitätsübertragung verwenden. Eigentümer eines neu errichteten

---

678 Im Rahmen der Frage, ob die Versorgungsleitung wesentlicher Bestandteil des überquerten Grundstückes ist, ist anerkannt, daß legitimer Grund die Verhinderung einer Vielzahl von Eigentümern ist, vgl. **Staudinger-Dilcher**, § 94 Rdnr. 8.

679 Jedenfalls soweit die Leitung über nicht dem EVU gehörenden Grund und Boden verläuft, RGZ 87, 43, 48; BGHZ 37, 353, 356; **Staudinger-Dilcher**, § 94 Rdnr. 8.

680 Vgl. nur: **Staudinger-Wiegand**, § 947 Rdnr. 5 m.w.N.

681 **Happoldt/Oeding**, S. 1.

682 Vgl. **L. Müller**, S. 158.

683 Vgl. **Palandt-Bassenge**, § 947 Rdnr. 5; **Soergel-Mühl**, § 947 Rdnr. 4.

Leitungsteiles wird unabhängig davon, wer die Ausführung tatsächlich übernommen hat, der Eigentümer des alten Leitungsnetzes.
Tatsächliche Gründe stehen einer Selbstvornahme der notwendigen Kapazitätserweiterung also ebensowenig entgegen wie rechtliche Gründe, so daß derjenige, auf den der zusätzliche Kapazitätsbedarf zurückzuführen ist, zur Erweiterung der Kapazität nicht auf den Netzbetreiber angewiesen ist. Der Netzbetreiber ist zum Netzausbau selbst bei Kostenübernahme durch den Durchleitungspetenten nicht verpflichtet.

Die für den eigentlichen Anschluß der neuen Leitung an das bereits vorhandene Netz erforderlichen elektrizitätstechnischen Informationen können demgegenüber nicht ohne entsprechende Auskünfte und Unterstützungshandlungen des Netzbetreibers erfolgen. In diesem Umfang besteht jedenfalls eine Mitwirkungspflicht des Netzbetreibers. Er kann sich also zur Verhinderung der Herstellung des Anschlusses nicht auf Eigentums- oder Besitzschutzrechte (§§ 859, 862, 1004 BGB) berufen. Gerade dieser in wettbewerblich organisierten Märkten sensitive Bereich wird praktisch oftmals der Grund dafür sein, daß der Netzbetreiber sich, ohne dazu rechtlich verpflichtet zu sein, zum Ausbau der Kapazität gegen Übernahme der Kosten bereit erklärt.

Das auf diesem Ergebnis beruhende Folgeproblem betrifft die Höhe der in Geld zu bemessenden Entschädigung für den Rechtsverlust des Durchleitungspetenten, § 951 I BGB. Das Besondere an diesem Vergütungsanspruch des Durchleitungspetenten ist, daß der Netzbetreiber etwas vergüten soll, was er gar nicht haben will. Für die Höhe der Geldentschädigung müssen deshalb die Grundsätze über die aufgedrängte Bereicherung[684] maßgeblich sein. Abgesehen vom dogmatischen Weg herrscht in Literatur und Rechtsprechung Einigkeit darüber, daß in diesen Fällen die Bereicherung des Schuldners nach subjektiven Maßstäben zu ermitteln ist[685]. Der Gläubiger des Bereicherungsanspruches bleibt auf dasjenige beschränkt, was der Schuldner an zusätzlichen Einnahmen aus dem Erlangten wirklich erzielen kann. Dies ist im Regelfall nur das Durchleitungsentgelt. Praktisch also ist der Durchleitungspetent solange von der Zahlung eines Netzzugangsentgeltes befreit (§ 389 BGB), solange er die Leitung nutzt und sich die Leitung noch nicht amortisiert hat. Die Gefahr der Nichtamortisation der Errichtungskosten liegt demnach beim Durchleitungspetenten, nicht beim Netzbetreiber.

---

684 Zusammenfassung des Meinungsstandes über die Behandlung der aufgedrängten Bereicherung bei: **MünchKomm-Lieb**, § 812 Rdnr. 258 ff.

685 Statt vieler: **Palandt-Bassenge**, § 951 Rdnr. 21 m.w.N.

2. Beseitigung des Kapazitätsmangels durch Eingriff in die Betriebsstruktur

Beruft sich der Betreiber eines Elektrizitätsversorgungsnetzes auf Kapazitätsmangel, hängt dessen Anerkennung als Rechtfertigungsgrund weiter davon ab, ob der Netzbetreiber zur Erhöhung der für Durchleitungen zur Verfügung stehenden Kapazität durch Eingriff in bestehende Liefer- bzw. Durchleitungsverpflichtungen oder bei ineffektiver Netzauslastung zum Redispatch[686] verpflichtet ist.

a) Vorrang für bestehende Liefer- und Durchleitungsverpflichtungen

Die Wortlautauslegung des § 6 EnWG bleibt unergiebig, da die Vorschrift zur Kapazitätsberechnung keine Aussage trifft. Lenkt man demgegenüber den Blick auf die Entstehungsgeschichte der gesetzlichen Regelung, finden sich Hinweise, die für die Unantastbarkeit bestehender Verpflichtungen sprechen. Bereits in der Begründung des Gesetzentwurfs der Bundesregierung zum EnWG 1998 steht das Bekenntnis zur „Durchleitung" unter dem Vorbehalt „nicht ausgelasteter Leitungskapazität"[687].

Gegen einen Eingriff in bestehende Verpflichtungen spricht auch, daß sich die Erwartung des Durchleitungspetenten nach der gesetzlichen Vorstellung darauf beschränkt, die Möglichkeiten zu beseitigen, mit denen das Eigentum am Elektrizitätsversorgungsnetz zur Beschränkung des Wettbewerbs genutzt werden kann. Die Verpflichtung nach § 6 EnWG mit ihrem Ziel der Einführung wettbewerblicher Strukturen kann nicht weiter gehen, als die Wirkungen funktionierenden Wettbewerbs. Im System wirksamen Wettbewerbs geht die Beschaffungspflicht des Schuldners einer Vorratsschuld nicht soweit, die Nachfrage selbst unter Eingriff in bereits bestehende Verpflichtungen zu decken[688]. Die alten Gläubiger und die neuen Nachfrager bilden keine Solidargemeinschaft, die eine jeweils gleichmäßige Bedarfsdeckung erfordert (pacta sunt servanda). Aus diesem Grund läßt sich auch der Rechtsprechung zur „essential facilities"-Doktrin nicht entnehmen, daß die Pflicht zur Öffnung wesentlicher Einrichtungen den Eingriff in bestehende Verpflichtungen rechtfertigt[689]. Im Ergebnis würde die Zulassung der

---

686 Unter redispatchenden Mitteln werden hierbei sowohl „Gegengeschäfte" als auch die „adaptierte Kraftwerkseinsatzplanung" verstanden, vgl. die Definitionen dieser Begriffe in: **Europäische Kommission**, Zweiter Bericht an den Rat und das Europäische Parlament, S. 8, 45.

687 RegE, BT-Drs. 13/7274, S. 11.

688 Vgl. zum Untergang der Leistungspflicht einer Vorratsschuld: **Esser - E. Schmidt**, § 13 I 2b (S. 225 f).

689 Vgl. insbesondere die bei **Markert**, FS Mestmäcker, 661, 668 f dargestellten Fallbeispiele aus der US-amerikanischen Rechtsprechung zu Sec. 2 Sherman Act.

Einschränkung bereits vergebener Kapazität sogar das Entstehen von Wettbewerb verhindern, denn kaum ein Abnehmer würde sich freiwillig dem Risiko nachträglicher Kürzung seiner Elektrizitätslieferung aussetzen. Diese Gefahr teilweiser Nichtbelieferung widerspräche außerdem dem energiewirtschaftlichen Grundsatz jederzeit ausreichender Bedarfsdeckung, wie er insbesondere in der Anschluß- und Versorgungspflicht des § 10 EnWG zum Ausdruck gekommen ist.
Eine weitergehende Privilegierung des Bedarfs von Newcomern kann höchstens in den Fällen in Betracht kommen, in denen die Regelungen nicht nur von den grundlegenden Axiomen der Privatrechtsgesellschaft wie Parteiautonomie und Wettbewerb bestimmt werden, sondern von spezifischen, überwiegend politisch motivierten Leitlinien getragen werden. Ein Beispiel hierfür ist § 3 I EEG, der ein Vorrangprinzip beinhaltet, das sogar über die gleichmäßige Behandlung des potentiellen Nutzers mit den Altgläubigern hinausgeht und zu einer uneingeschränkten Bedarfsdeckung des neuen Nachfragers verpflichtet[690].

Bereits vereinbarte Liefer- oder Durchleitungsverpflichtungen des Netzbetreibers sind gegen ihre Einschränkung wegen nachträglichen Kapazitätsbedarfs geschützt[691]. Dieser Schutz gilt auch zu Lasten nachträglich entstehenden eigenen Bedarfs des Netzbetreibers selbst[692]. Eine andere Bewertung muß in den Fällen Platz greifen, in denen die Kapazität nur reserviert ist, ohne daß an ihrer Belegung ein anerkennenswertes Interesse sichtbar wird. Dies betrifft innerhalb der sog. take-or-pay Verpflichtungen den Bereich, der über den tatsächlich beanspruchten Bedarf hinausgeht[693]. Es hieße die Zielvorstellung des § 6 EnWG in ihr Gegenteil zu verkehren, falls es in der Hand des Netzbetreibers läge, sich vertraglich mit seinem gesamten Bedarf an einen Vorlieferanten auf der

---

690 Vgl. dazu: BT-Wirtschaftsausschuß, BT-Drs. 14/2776, S. 22; **Salje**, EEG, § 3 Rdnr. 45 ff.

691 H.M. vgl. BKartA, WuW DE-V 149, 152 (Berliner Stromdurchleitung); **Büdenbender**, Schwerpunkte, Rdnr. 170; **Ehlermann**, RdE 1993, 41, 44; **Danner**, in: Eiser/Riederer/Obernolte/Danner, § 6 EnWG Rdnr. 14; **Harms**, RdE 1999, 165, 167; **Markert**, WuW 1995, 560, 565; **T. Müller**, S. 159 ff; **Recknagel**, in: Böwing u.a. (Hrsg.), EnWG 1998, § 6 Anm. 12.2 (S.122); **Stewing**, S. 121 f; **Vollmer**, JNpolÖ Bd. 16 (1997), S. 147, 155. Unklar hinsichtlich eigener Lieferverpflichtungen des Netzbetreibers: **Schultz**, in: Langen/Bunte, § 19 Rdnr. 169: „Beruht ein Engpaß allerdings auf der Inanspruchnahme durch den Inhaber der Infrastruktureinrichtung, so scheidet die Annahme von Unmöglichkeit aus, da dieser seine Nutzung grds. zurückfahren kann".

692 Vgl. **A.R. Börner**, Verswirt. 1999, 77, 80, es sei denn, der eigene Bedarf ist bei Vertragsschluß offengelegt worden.

693 Ähnlich: **Harms**, RdE 1999, 165, 167.

Basis einer take-or-pay Klausel zu binden, um auf diese Weise die Durchleitung überhaupt zu verweigern[694]. Selbst im Bereich der Gaswirtschaft, wo die Begründung von take-or-pay Verpflichtungen nicht nur der Verhinderung von stranded costs, sondern auch der Gewährleistung der Versorgungssicherheit dient, hat die Gasbinnenmarktrichtlinie ein anerkennenswertes Interesse an solchen Vertragsgestaltungen nur unter engen Voraussetzungen bejaht[695]:

> **Erwägungsgrund (30) Satz 1-4 GasRL:** „Langfristige Verträge mit unbedingter Zahlungsverpflichtung sind eine Marktrealität zur Sicherung der Gasversorgung der Mitgliedstaaten. Insbesondere für den Fall, daß ein Erdgasunternehmen aufgrund von Verträgen mit unbedingter Zahlungsverpflichtung in ernsthafte wirtschaftliche Schwierigkeiten gerät oder geraten würde, sollten Ausnahmen von bestimmten Vorschriften dieser Richtlinie vorgesehen werden. Diese Ausnahmen dürfen den Zweck dieser Richtlinie, nämlich die Liberalisierung des Binnenmarktes für Erdgas, nicht unterlaufen. Alle nach Inkrafttreten der vorliegenden Richtlinie eingegangenen oder erneuerten Verträge mit unbedingter Zahlungsverpflichtung müssen mit Sorgfalt geschlossen werden, damit eine nennenswerte Marktöffnung nicht behindert wird“[696].

b) Pflicht des Netzbetreibers zur möglichst effektiven Auslastung des Versorgungsnetzes

Während unter der Geltung des EnWG 1935 jede Effizienzsteigerung des Netzbetriebs ausschließlich dem EltVU selbst zugute kam und deshalb schon unternehmerischen Grundsätzen entsprechend im ureigensten Interesse der Unternehmen lag, hat sich diese Situation seit Inkrafttreten des reformierten EnWG grundlegend gewandelt. Verbesserungen der Betriebsführung im Bereich der Elektrizitätsinfrastruktur kommen durch die damit verbundene Kapazitätserweiterung nicht mehr ausschließlich dem Netzbetreiber selbst zugute. Die gewonnene Kapazität steht aufgrund der Netzöffnungspflicht des § 6 EnWG nun auch für Durchleitungen zur Verfügung. Diese Konkurrentennützigkeit der Rationalisierungsmaßnahmen bewirkt einen Zielkonflikt zwischen Effizienzstreben und der Sicherung der Marktstellung.

---

694 So bereits **Klaue**, BB 1997, 2288, 2289 für die Aufnahme- und Vergütungspflicht von in Eigenanlagen erzeugter Elektrizität.

695 Zur take-or-pay-Problematik im Gasbereich, vgl. **T. Müller**, S. 134 f.

696 Vgl. auch: Gegenäußerung der B-reg. zur 6. GWB-Novelle, BT-Drs. 13/9720, S. 80 und § 6 a Abs. 3 des Entwurfs eines Ersten Gesetzes zur Änderung des Gesetzes zur Neuregelung des Energiewirtschaftsrechts, BR-Drs. 20/01 v. 05.01.01.

Der Verzicht auf Rationalisierungsmaßnahmen, mit denen sich der Netzbetreiber durch die Erhebung von Durchleitungsentgelten sogar eine zusätzliche Einnahmequelle erschließen kann, wird unter Berücksichtigung der gesamten Zielsetzung des § 6 EnWG nicht als schutzwürdig angesehen werden können. Dabei fällt zunächst zugunsten des Netzbetreibers ins Gewicht, daß es grundsätzlich ebenso Sache des marktbeherrschenden Unternehmens ist, den Einsatz seiner Produktionsmittel zu steuern, wie seinen Vertriebsweg frei zu gestalten[697]. Diesem Interesse kann grundsätzlich nicht der Vorwurf mißbräuchlicher Ausnutzung einer marktbeherrschenden Stellung gemacht werden, selbst dann nicht, wenn das wirtschaftliche Interesse durch die Lieferverweigerung auf den ersten Blick nachteilig beeinflußt wird. Dies beruht darauf, daß das zu respektierende wirtschaftliche Interesse des Unternehmens sich nicht auf den unmittelbaren Absatz der Produkte beschränkt, sondern auch auf den Gewinn auf anderen Märkten gerichtet sein kann[698].
Der Betreiber eines Elektrizitätsversorgungsnetzes kann sich hierauf nicht berufen. Gerade die spezielle Wertung des § 6 I EnWG zeigt, daß der Netzbetreiber sich zur Sicherung seiner eigenen Marktposition nicht auf die Interessen berufen darf, mit denen er seine Position als Einrichtungsbetreiber zur Stabilisierung seiner Marktstellung auf dem Elektrizitätsabsatzmarkt einsetzen könnte. Deshalb ist im Schrifttum unumstritten, daß der Netzbetreiber zur effektiven Auslastung seines Netzes, ggf. unter Einsatz redispatchender Mittel, verpflichtet ist[699]. Die notwendigen Kosten können bei der Festsetzung des Durchleitungsentgeltes berücksichtigt werden[700]. Im Einzelfall schließt diese Verpflichtung des Infrastruktureinrichtungsbetreibers zu effektivem Einsatz seiner Produktionsmittel auch bauliche Änderungen ein. Diese dürfen aber weder den Bestand der

---

[697] Vgl. zur Freiheit der Gestaltung der Absatzsysteme: **Markert**, in: Immenga/Mestmäcker, GWB, § 26 Rdnr. 222 ff m. umfangreichen Nachw. aus der Rspr.

[698] Vgl. OLG, WuW/E OLG 4753, 4762 (VW-Leasing) unter Hinweis auf: BGH, WuW/E BGH 1211, 1216 (Kraftwagen-Leasing).

[699] Vgl. dazu: **Bericht des AK Energiepolitik**, S. 13, **Böwing**, in: Schwarze (Hrsg.), Netzzugang, 181, 188; **Deselears**, EuZW 1995, 563, 568; **Europäische Kommission**, Zweiter Bericht an den Rat und das Europäische Parlament, S. 8; **Möschel**, in: Immenga/Mestmäcker, EG-Wettbewerbsrecht, Art. 86 Rdnr. 263; **Klopfer/Schulz**, S. 56 ff, 90 f; **MK**, 10. Hauptgutachten, Tz. 798; **T. Müller**, S. 162; **Perner/Riechmann/Schulz**, 174; **Schindler**, S. 116; **Schultz**, in: Langen/Bunte, § 19 Rdnr. 169.

[700] BKartA, WuW/E DE-V 253, 259 (Puttgarden) mit dem zusätzlichen Hinweis, der Infrastrukturbetreiber könne seine Erweiterungsarbeiten von der Leistung entsprechender Sicherheiten abhängig machen. Vgl. auch die Öffnungsklausel Pkt. 1.8. der VV II.

Einrichtung in Frage stellen noch sein Wesen verändern[701]. Bezogen auf den Bereich der Elektrizitätsversorgungsnetze sind hiervon nur die reinen Netzverstärkungsmaßnahmen erfaßt, nicht aber die Errichtung zusätzlicher Übertragungs- oder Verteilungsleitungen.

Die dem Netzbetreiber für den Nachweis eines Kapazitätsmangels obliegende Darlegungs- und Beweislast schließt aufgrund der Pflicht zur effektiven Auslastung seiner Infrastruktur den Nachweis ein, daß eine effizientere Ausnutzung der vorhandenen Kapazitäten nicht möglich ist.

3. Vorrang zugunsten der Nutzungsinteressen des Netzbetreibers

Da das netzbetreibende Elektrizitätsversorgungsunternehmen berechtigt ist, auch Interessen seiner Erzeugungsabteilung innerhalb der Vergabeentscheidung zu berücksichtigen, stellt sich als erstes die Frage, welches Gewicht diesen eigenen Interessen im Verhältnis zu denen der Wettbewerber beigemessen werden darf. Ist der Netzbetreiber bei begrenzter Kapazität zur vorrangigen Befriedigung eigenen Bedarfs berechtigt ist oder hat er die eigenen Interessen als nur gleichberechtigt in die Abwägung einzustellen?

a) Wortlautauslegung und historische Interpretation

Nach dem Wortlaut des § 6 I S.1 EnWG haben EltVU anderen Unternehmen den Zugang zum Elektrizitätsversorgungsnetz zu nicht ungünstigeren als unternehmensintern in Rechnung gestellten Bedingungen zu gewähren. Mit der Anlehnung an die unternehmensinternen Bedingungen wird nach dem Wortlaut nur die Ausgestaltung des Netzzuganges erfaßt. Im Unterschied zum „Wie“ wird die vorgelagerte Frage des „Ob“ des Netzzugangs von den „Bedingungen des Netzzuganges“ schon sprachlich nicht erfaßt[702].

Das BKartA[703] vertritt die Rechtsauffassung, daß der Gesetzgeber bereits mit der Beschränkung des Wortlauts in § 6 I S.1 EnWG auf den Netzbetreiber zum Ausdruck bringen wollte, daß dieser bei der Verteilung freier Kapazität Nutzungsinteressen der Vertriebsabteilung seines Unternehmens nur gleichberechtigt mit denen der Wettbewerber berücksichtigen darf. Angesichts der Formulierung in Art. 4 § 2 NeuregelungsG

---

701 Vgl. Europäische Kommission, Entscheidung v. 14.01.1998, ABl.EG Nr. L 72/30, S. 46 (FAG); BKartA, WuW/E DE-V 253, 258 f (Puttgarden).

702 In diesem Sinne auch: **Britz**, in: Ludwig/Odenthal, § 6 EnWG Rdnr. 62; **Büdenbender**, WuW 2000, 119, 124 f; offengelassen bei: **Apfelstedt**, ZNER 1998, Heft 3, 26, 31.

703 BKartA, WuW DE-V 149, 154 (Berliner Stromdurchleitung).

ist zweifelhaft, ob der Wortlaut bereits eine so weitgehende Schlußfolgerung zuläßt. Dort steht nach eindeutiger gesetzlicher Formulierung das Ablehnungsrecht nicht nur dem „Netzbetreiber“, sondern dem „Elektrizitätsversorgungsunternehmen“ zu.
Die einzige Quelle, die Rückschlüsse auf die Absicht des Gesetzgebers zuläßt, nämlich der Bericht des Ausschusses für Wirtschaft[704], spricht die Frage der Berechtigung zur Bevorzugung unternehmenseigenen Bedarfs des Netzbetreibers nicht an.

b) Der Einfluß der Unbundlingvorgaben

Das Diskriminierungsverbot, das seine Grundlage in den §§ 4 III, 6 I EnWG, Art. 3 I S.1, 7 V, 16 EltRL hat, enthält selbst keine verbindlichen Konturen. Inhaltlich beschränkt es sich auf die Vorgabe, daß eine abweichende Beurteilung zweier Sachverhalte stets auf zureichenden Rechtfertigungsgründen beruhen muß[705].
Die spezielle Ausformung des Nichtdiskriminierungsgrundsatzes in den Vorschriften über das Unbundling vertikal integrierter Elektrizitätsversorgungsunternehmen betrifft nur die Erbringung der sog. Systemdienstleistungen durch den Netzbetreiber, nicht aber den Bereich „Netzzugang“[706]. Den Unbundlingvorschriften des EnWG und der Richtlinie läßt sich daher nicht entnehmen, daß der Netzbetreiber die eigene Vertriebsabteilung nicht bevorrechtigt behandeln dürfte[707]. Selbst für diesen Bereich der Systemsteuerung ist fraglich, ob sich aus den Entflechtungsvorgaben ein entsprechendes Gleichbehandlungsgebot ableiten läßt. Hätten das Europäische Parlament und der Rat mit Art. 7 V und 11 II EltRL regeln wollen, daß der Netzbetreiber nicht berechtigt ist, eigene Erzeugungsanlagen bevorrechtigt einzusetzen, hätte es nahegelegen, in Art. 7 V und 11 II EltRL an erster Stelle nicht das Tochterunternehmen, sondern das eigene Unternehmen zu nennen.

> **Art. 7 V EltRL:** Der Netzbetreiber enthält sich jeglicher Diskriminierung gegenüber den Netzbenutzern oder den Kategorien von Netzbesuchern, insbesondere zugunsten seiner Tochterunternehmen oder Aktionäre.

Zwar hat die Aufzählung in Art. 7 V und 11 II der Richtlinie nur beispielhaften Charakter, die Formulierung „insbesondere“ deutet aber an, daß besonders wichtige Aspekte aufgezählt sind. Die Konjunktion „oder“ in Art. 7 V EltRL besagt, daß der Begriff

---

704 BT-Wirtschaftsausschuß, BT-Drs. 13/9211.

705 Vgl. für das Gemeinschaftsrecht nur: EuGH, Slg. 1994, 5039 Tz. 68, 69 (Deutschland/Rat).

706 S. oben: Teil 5: IV 3 b, bb.

707 **Jarass**, S. 47. Zweifelnd auch: **Britz**, in: Ludwig/Odenthal, § 6 EnWG Rdnr. 63 f.

„Aktionäre" keinen über den des Tochterunternehmens hinausgehenden Regelungsgehalt hat und meint deshalb nur Anteilseigner des Netzbetreibers[708].

c) Der Vorrang der Eigennutzung vor dem Hintergrund der Einführung von Wettbewerb

Nach nationalem Kartellrecht dürfen vertikal integrierte Normadressaten des Mißbrauchstatbestandes ihren eigenen und konzernverbundene Unternehmen ihren konzerninternen Bedarf grundsätzlich bevorzugt bedienen. Die Förderung eigenen Absatzes ist solange kartellrechtlich unbedenklich, als sie auf eine Stärkung der eigenen Wettbewerbsfähigkeit zielt[709]. Eine Repartierungspflicht besteht nicht schon dann, wenn die Wettbewerbschancen eines Abnehmers durch den Lieferengpass leiden. Dahinter steht vor allem die Überlegung, daß das Unternehmen bzw. der Unternehmensverbund Last und Risiko der vorgeschalteten Stufe selbst trägt, einstufige Wettbewerber dagegen in Zeiten der Überschußproduktion dem marktbeherrschenden Unternehmen auch keine Abnahmegarantie gewähren[710]. Die Grenze der privilegierten Behandlung eigenen Bedarfs und konzerninternen Bedarfs ist erst dann erreicht, wenn mit der Bevorzugung eine nicht nur vorübergehende und nicht nur unerhebliche Gefährdung des Restwettbewerbs verbunden ist. Nach der Rechtsprechung zur mangelbedingten Abhängigkeit muß es sich um strukturelle Krisen handeln[711].

Da die Besonderheit der „essential facilities"-Doktrin gegenüber normalen Liefer- bzw. Bezugsverweigerungsfällen darin liegt, daß es weniger um den Schutz des Restwettbewerbs geht, als vielmehr um die Einführung wettbewerblicher Strukturen durch Marktöffnung, liegt der Schwerpunkt der Interessenabwägung auf der Beurteilung der Auswirkungen zugangsbeschränkender Maßnahmen. Die „essential facilities"-Doktrin geht aber nicht soweit, daß monopolistische Infrastruktureinrichtungen generell im Sinne eines „common carriers" geöffnet werden sollen[712]. Die Stellungnahme des Bundesrates zum Entwurf eines Sechsten Gesetzes zur Änderung des GWB betont deshalb zu § 19 IV Nr. 4 GWB:

---

708 Vgl. auch: Gegenäußerung der B-reg, BT-Drs. 13/7274, S. 34.

709 Vgl. nur: BGH, WuW/E BGH, 2755, 2758 f (Aktionsbeträge); **Markert**, in: Immenga/Mestmäcker, GWB, § 26 Rdnr. 221 und oben: Teil 2: A II 1.

710 Vgl. **Carlhoff**, in: Frankfurter Kommentar, § 26 Rdnr. 318.

711 S. oben Teil 2: A II 1. Vgl. auch **Oechsler**, ZHR 164 (2000), 479, 506.

712 Vgl. **Deselears**, EuZW 1995, 563, 568; **Markert**, FS Mestmäcker, 661, 670; **Möschel**, in: Immenga/Mestmäcker, EG-Wettbewerbsrecht, Art. 86 Rdnr. 261.

> „der Inhaber wird durch die Zugangsregelung in der eigenen Nutzung seiner Einrichtung nicht beeinträchtigt und erhält über die Entgelte Dritter angemessene Beiträge zur Deckung der Gesamtkosten der Einrichtung, so daß die Öffnung der Einrichtung für Dritte nicht in seine Eigentumsrechte eingreift“[713].

Steht dem Interesse des Petenten an der Mitbenutzung der wesentlichen Einrichtung ein konkretes und ernsthaftes unternehmerisches Interesse des Anlagenbetreibers an der Eigennutzung der verfügbaren Kapazität entgegen, kommt es wegen der Gleichgewichtigkeit dieser Interessen und wegen der im Licht der auf die Freiheit des Wettbewerbs gerichteten Zielsetzung des GWB hervorgehobenen Bedeutung des Preis- und Leistungswettbewerbs allein auf das öffentliche Interesse an funktionierendem Wettbewerb an[714]. Geht es um Marktöffnung, liegt eine einer strukturellen Krise auf einem bereits eröffneten Markt vergleichbare Situation erst dann vor, wenn durch den bevorrechtigten Einsatz eigener Produktionsmittel für eigene Zwecke das Entstehen von Wettbewerb in erheblichem Maße gefährdet ist[715]. Dieser Einschränkung (vgl. auch § 19 IV Nr. 1 GWB) steht nicht entgegen, daß § 6 EnWG generell die Möglichkeiten ausschließen will, mit deren Hilfe der Netzbetreiber das Leitungseigentum zur Sicherung seiner Marktposition einsetzen kann. In diesem Fall beruht die Ablehnung des Netzzugangs nämlich weniger auf der Dispositionsbefugnis des Netzeigentümers als vielmehr auf dessen eigenen wettbewerblichen Aktivitäten.
Das BKartA bejahte in der Entscheidung „Berliner Stromdurchleitung“ die Gefahr erheblicher Wettbewerbsbeschränkung:

> „anderenfalls könnte dem Eigentümer der Elektrizitätsversorgungsnetze jedenfalls in Fällen knapper Kapazität zugleich die Befugnis zur Monopolisierung des nachgelagerten Marktes zufallen, die jedoch über die Wahrnehmung bloßer Eigentumsinteressen hinausginge und zugleich in die Rechte Dritter, nämlich der anderen Marktteilnehmer, eingreifen würde“[716].

Es ist dieser Erwägung allerdings nicht weiter nachgegangen, da sich seiner Ansicht nach die Verneinung eines Vorrangs der Eigennutzung deutlich aus dem Wortlaut des

---

713 Stellungnahme des BR zum RegE GWB-Novelle, BT-Drs. 13/9720, S. 74.

714 Deutlich: BKartA, WuW/E DE-V 253, 262 (Puttgarden).

715 Ähnlich: **Oechsler**, ZHR 164 (2000), 479, 506, 507: „nachhaltige Schädigung der Wettbewerbsstruktur“

716 BKartA, WuW DE-V 149, 155 (Berliner Stromdurchleitung).

§ 6 EnWG und dem Diskriminierungsverbot in Verbindung mit den Entflechtungsvorgaben ergebe[717].

Die Einführung eines wettbewerblichen Ordnungsrahmens in der Elektrizitätswirtschaft unterscheidet sich grundlegend von der Einführung von Wettbewerb in anderen Wirtschaftsbereichen. Wettbewerb in der Stromwirtschaft läßt sich grundsätzlich ohne Inanspruchnahme zusätzlicher Kapazität bewerkstelligen[718] und im Versorgungsgebiet der Bundesrepublik steht ausreichende Leitungskapazität zur Verfügung. Die Gefahr erheblicher Wettbewerbsbeeinträchtigung besteht deshalb nicht. Einzelne Mangelsituationen, wie z.B. der auf der speziellen Versorgungssituation Westberlins beruhende temporäre Kapazitätsengpaß, vermögen die Gefahr erheblicher Wettbewerbsbeeinträchtigung jedenfalls nicht zu begründen.

Das Entstehen eines wettbewerblich strukturierten Elektrizitätsabsatzmarktes könnte aber dann gefährdet sein, wenn man den Absatzmarkt nicht als durch die nationalen Grenzen beschränkt ansieht, sondern ihn auf das Gebiet der Mitgliedstaaten der Europäischen Union erweitert. Die Entwicklung eines funktionierenden Elektrizitätsbinnenmarktes hängt maßgeblich davon ab, daß auch grenzüberschreitende Durchleitungen in größerem Umfang ermöglicht werden. Zur Zeit spielt Importwettbewerb aus dem europäischen Ausland nur eine untergeordnete Rolle. Für Deutschland liegt die Importquote bei 5 %[719]. Eine Ursache hierfür sind die an den Kuppelstellen (Interkonnektoren) bestehenden Engpässe[720]. Die Verpflichtung des Netzbetreibers zum Redispatch unter Einschluß der Pflicht zur Erweiterung der Kapazität an diesen Interkonnektoren kann die Beeinträchtigung des Entstehens wettbewerblicher Strukturen allein nicht auffangen, denn ihr Ausbau beansprucht voraussichtlich mehrere Jahre[721].

Selbst wenn nicht in Abrede gestellt werden kann, daß der Vorrang der Eigennutzung das Entstehen wettbewerblicher Strukturen beeinträchtigen kann, so führt diese „Beeinträchtigung" dennoch nicht zu erheblichen Risiken für die Entstehung von Wettbewerb.

---

717 Vgl. BKartA, WuW DE-V 149, 154 ff (Berliner Stromdurchleitung).

718 Vgl. oben: Teil 1: C.

719 Vgl. **Möschel**, HB v. 02./03.02.2001, S. 2. Vgl. auch die Darstellung des Import-/Exportverhältnisses und seine Entwicklung bei: **VDEW** (Hrsg.), S. 66, 74.

720 **Europäische Kommission**, Zweiter Bericht an den Rat und das Europäische Parlament, S. 6 ff. Auflistung der Engpässe unter http://www.dvg-heidelberg.de, Rubrik: Strommarkt.

721 Vgl. **Möschel**, HB v. 02./03.02.2001, S. 2.

Im Unterschied zur Puttgarden - Entscheidung des Kartellamts geht es beim Einsatz des Leitungsnetzes für eigene Liefertätigkeit um den Einsatz der wesentlichen Einrichtung, um auf demselben Markt wie der Zugangsinteressent tätig zu werden. Deshalb kann nicht bereits aus der Intensität der Wettbewerbsbeschränkung auf den verschiedenen Märkten und aus der Tatsache, daß der Interessent auf dem Markt mit der höheren Wettbewerbsbeschränkung tätig werden will, auf ein Überwiegen seiner Interessen geschlossen werden. Ausschlaggebend muß der Vergleich der wettbewerblichen Auswirkungen auf die Marktstruktur und auf die Nachfrager bei Vorrang der Eigennutzung und bei Ablehnung eines entsprechenden Rechts auf bevorrechtigten Zugriff im Fall begrenzter Kapazität durch den Einrichtungsbetreiber selbst sein, da der Schutz des Wettbewerbs kein Selbstzweck ist. Das BKartA betonte in der Puttgarden - Entscheidung, daß:

> „das öffentliche Interesse an Wettbewerb auch nicht etwa dadurch gemindert wird, daß die Scandlines - Unternehmen ihre Preise und Leistungen auf der Vogelfluglinie theoretisch selbst stärker differenzieren könnten. Hierdurch würden wettbewerbliche Verhältnisse lediglich simuliert. Das bietet keine annähernd ebenso effektive Gewähr für wettbewerbskonformes Verhalten (und die daraus resultierenden Vorteile für den Verbraucher) wie struktureller Wettbewerb, zumal die Einhaltung solcher Verhaltenszusagen praktisch nicht überwacht werden könnte“[722].

Einer Übertragung dieser Erwägung auf den Verteilungsstreit zwischen Netzbetreiber und Durchleitungspetenten um begrenzte Kapazität an den Interkonnektoren steht entgegen, daß hier die Absage an tatsächlichen Wettbewerb stets nur für die Zeit bis zur Fertigstellung der Kapazitätserweiterung erfolgt. Der Netzbetreiber ist aufgrund seiner Pflicht zum Redispatch zur Netzverstärkung verpflichtet. Anders als im Fall dauerhaft simulierten Wettbewerbs sind die aus dem Vorrang der Eigennutzung resultierenden Nachteile für die Verbraucher gering und beziehen sich wegen der Homogenität der Ware „Elektrizität“ ausschließlich auf den Preis. Es ist zu erwarten, daß die wegen der privilegierten Nutzung ermöglichte Senkung des Preisniveaus des vertikal integrierten Betreibers des Elektrizitätsversorgungsnetzes auch den Verbrauchern zugute kommt. Zugunsten der eigenen Interessen des Netzbetreibers spricht außerdem - wenn auch nicht so gewichtig[723] - daß trotz Vorrangs eigenen Bedarfs keine Nachfrage auf dem Elektrizitätsabsatzmarkt ungedeckt bleibt.

---

[722] BKartA, WuW/E DE-V 253, 257 f (Puttgarden).

[723] Vgl. BKartA, WuW/E DE-V 253, 258 (Puttgarden).

d) Grundrechtliche Erwägungen

Im Schrifttum wird der Vorrang der Eigennutzung auch mit verfassungsrechtlichen Erwägungen, insbesondere mit solchen aus Art. 14 I GG begründet[724]. In erster Linie beruft sich dieser Argumentationsansatz auf den vor allem in bezug auf die Kündigung von Wohnraummietverhältnissen[725] von der Rechtsprechung herausgearbeiteten Grundsatz, daß dem Eigentümer eine Rechtsposition verbleiben müsse, die den Namen "Eigentum" noch verdient. Dies sei dann nicht mehr der Fall, wenn sich das Recht des Eigentümers in der Zurverfügungstellung seines Eigentums gegen Entgelt beschränke[726]. Diesem Grundsatz ist entgegenzuhalten, daß zwischen der Kündigung von Wohnraummietverhältnissen wegen Eigenbedarfs des Vermieters und der Frage nach der privilegierten Behandlung unternehmenseigenen Bedarfs an Durchleitungskapazität für den „Transport" elektrischer Energie vor dem Hintergrund der eigentumsrechtlichen Garantie[727], strukturelle Unterschiede von erheblichem Gewicht bestehen[728]. Fraglich ist bereits, ob die Privatnützigkeit, „also die Zuordnung des Eigentumsobjekts zu einem Rechtsträger, dem es als Grundlage privater Initiative von Nutzen sein soll, als auch die grundsätzliche Verfügungsbefugnis über den Eigentumsgegenstand"[729], jedenfalls in den Fällen, in denen der private Nutzen sich auf die Erzielung finanzieller Erträge beschränkt, durch die Pflicht zur Benutzung wegen des Vorbehalts eines angemessenen Entgelts überhaupt berührt ist. Auf jeden Fall darf, worauf das BKartA im Beschluß „Berliner Stromdurchleitung" deutlich hingewiesen hat, nicht unberücksichtigt bleiben, in welcher Weise der Grundrechtsträger zu seinem Eigentum gekommen ist[730]. Wenn auch nicht wie bei den ohne eigenes Zutun erworbenen staatlichen Ansprüchen die Qualifizierung als Eigentum im verfassungsrechtlichen Sinn gänzlich zu verneinen ist, so müssen doch Einschränkungen des Eigentumsschutzes um so eher hingenommen

---

724 Vgl. **Büdenbender**, WuW 2000, 119, 129 ff; **Dreher**, DB 1999, 833, 838; **Fischer-Zernin/Ende**, ZUR 1999, 205, 207; **Schnelle**, EuZW 1994, 556, 561.

725 Vgl. BVerfGE 68, 361 ff; 79, 292 ff; 89, 237 ff.

726 Vgl. **Büdenbender**, WuW 2000, 119, 129 ff.

727 Das Ziel des eigentumsrechtlichen Garantie besteht darin, dem Grundrechtsträger einen Freiraum in vermögensrechtlicher Hinsicht zu eröffnen und ihm so die Entfaltung und eigenverantwortliche Gestaltung des Lebens zu ermöglichen, vgl. BVerfGE 68, 193, 222.

728 Vgl. auch: **Theobald/Zenke**, WuW 2001, 19, 27.

729 Vgl. BVerfGE 50, 290, 339; 91, 294, 308.

730 BKartA, WuW DE-V 149, 156 (Berliner Stromdurchleitung).

werden, als sie nicht auf eigener Anstrengung und Initiative beruhen[731]. Eigentumsrechtliche Positionen weisen eine erhöhte Sozialpflichtigkeit auf, soweit sie unter völligem oder teilweisem Ausschluß unternehmerischer Risiken erworben worden sind[732].

e) Der Bedarf verbundener Unternehmen

Vom Vorrang der Eigennutzung ist entgegen einer vereinzelten Literaturstimme[733] auch die Belieferung des Tochterunternehmens durch das Mutterunternehmen, den Netzbetreiber selbst, erfaßt[734].
Vom Vorrang der Eigennutzung ausgeschlossen ist aber der Bedarf konzernverbundener Unternehmen des Netzbetreibers[735]. Das Bestreben des Gesetzgebers, wirtschaftliche Verflechtungen nicht als Rechtfertigungsgrund einer Ungleichbehandlung anzuerkennen, kommt deutlich in Art. 7 V und 11 II EltRL zum Ausdruck. Diese Wertung ist nicht auf die von Art. 7 V und 11 II EltRL erfaßte Pflicht der Netzbetreiber zum Betrieb eines den Zielen der Richtlinie entsprechenden Übertragungs- oder Verteilungsnetzes beschränkt, sondern läßt sich auf die Vergabe von Durchleitungskapazität übertragen. Im Wege richtlinienkonformer Auslegung des § 6 I S.1 EnWG darf deshalb der Bedarf konzernverbundener Unternehmen nur gleichberechtigt mit dem dritter Unternehmen behandelt werden[736].

f) Zusammenfassung

Für die aufgeworfene Rechtsfrage ergibt sich danach folgendes: Allein aus dem Gebot der Nichtdiskriminierung und den Unbundlingvorgaben lassen sich inhaltliche Aussagen zur Zulässigkeit der privilegierten Behandlung eigenen Bedarfs noch nicht entnehmen[737]. Entscheidend ist daher, ob das Ziel des § 6 EnWG über die Einführung wett-

---

731 Statt vieler: **Pieroth/Schlink**, Rdnr. 907 m.w.N., vgl. auch: Stellungnahme des BR zum RegE GWB-Novelle, BT-Drs. 13/9720, S. 73.

732 Vgl. auch: BKartA, WuW DE-V 149, 156 (Berliner Stromdurchleitung).

733 So: **Giermann**, RdE 2000, 222, 225.

734 Vgl. **Büdenbender**, Schwerpunkte, Rdnr. 172.

735 Vgl. **Büdenbender**, Schwerpunkte, Rdnr. 172; **Recknagel**, in: Böwing u.a. (Hrsg.), EnWG 1998, § 6 Anm. 12.3.1 (S. 123).

736 S. **Büdenbender**, Schwerpunkte, Rdnr. 172; ebenso: **Schweers**, S. 85.

737 Ähnlich: LG Hamburg, RdE 2000, 231, 232; a.A. BKartA, WuW DE-V 149, 154 f (Berliner Stromdurchleitung); **Schultz**, in: Langen/Bunte, § 19 Rdnr. 171.

bewerblicher Strukturen auf dem Elektrizitätsabsatzmarkt dem Vorrang der Eigennutzung entgegensteht. Diese Prüfung hat ergeben, daß trotz Anerkennung des Vorrangs der eigenen Interessen die Einführung von Wettbewerb nicht in erheblichem Umfang beeinträchtigt wird. Mithin darf der Netzbetreiber Kapazität für eigene Stromtransporte vorrangig belegen[738]. Der Vorrang der Eigennutzung schließt auch das Recht ein, bei nachweisbarem zukünftigen Eigenbedarf des Netzbetreibers aktuelle Netzzugangsbegehren Dritter entsprechend zeitlich zu befristen. Er geht jedoch nicht soweit, daß die Möglichkeit des Netzzugangs bereits dann entfällt, wenn der Netzbetreiber die freie Kapazität in der Vergangenheit irgendwann einmal selbst genutzt hat[739].

4. Der Maßstab für die Verteilung restlicher Kapazität an Konkurrenten

Gesetzlich ungeregelt geblieben ist nicht nur das Verhältnis zwischen konkurrentennützziger Vergabe freier Leitungskapazität und unternehmensinternem Bedarf, sondern auch für einen rein konkurrentennützigen, altruistischen Verteilungsstreit um begrenzte Kapazität fehlen Vergabekriterien[740].

a) Die Verteilungsproblematik im Lichte des allgemeinen Diskriminierungsverbots des § 20 I GWB (§ 26 II GWB a.F.)

Den Netzbetreiber trifft der Vorwurf mißbräuchlichen Verhaltens wegen ungleicher Behandlung anderer Unternehmen nur, wenn die Interessenabwägung zwischen seinen Interessen und denen des benachteiligten Unternehmens unter Berücksichtigung der Zielsetzung des § 1 EnWG zu dem Ergebnis führt, daß eigene Belange zurücktreten müssen[741].

---

738 In diesem Sinne auch: **Baur/Moraing**, S. 57; **A.R. Börner**, in: Schwarze (Hrsg.), Netzzugang, S. 137, 178 f; **Britz**, in: Ludwig/Odenthal, § 6 EnWG Rdnr. 66; **Büdenbender**, WuW 2000, 119, 133; **Dreher**, DB 1999, 833, 839; **Fischer-Zernin/Ende**, ZUR 1999, 205, 206; **Hermes**, S. 479; **MK**, 10. Hauptgutachten, Tz. 797; **Vollmer**, JNpolÖ Bd. 16 (1997), S. 147, 154 f; a.A. BKartA, WuW/E DE-V, 149, 154 ff (Berliner Stromdurchleitung) (Die Bewag hat die Beschwerde gegen diese Entscheidung zurückgenommen, weil die Bewag sich nicht als Wettbewerbsverweigerer sehen wollte und ohnehin kein Konkurrent an einer echten Durchleitung interessiert war, ZfK 1/2000, 7.); **Schultz**, in: Langen/Bunte, § 19 Rdnr. 171.

739 Vgl. BKartA, WuW DE-V 149, 152 (Berliner Stromdurchleitung); **Papier**, BB 1997, 1213, 1219; a.A. **Schmidt-Preuß**, AG 1996, 1, 8; allerdings unter Geltung des alten Rechts.

740 Teilweise wird eine gesetzliche Regelung des Verteilungsmaßstabes für nötig gehalten, **Badura**, FS Friauf, 529, 543. Vgl. auch: BVerwGE 82, 246, 254 f für die Vergabe von Start- und Landerechten.

741 Vgl. zu § 26 II GWB a.F.: BGH, WuW/E BGH, 2707, 2716 (Krankentransportunternehmen II); WuW/E BGH 2683, 2686 (Zuckerrübenanlieferungsrecht).

Das eigene Interesse des Anbieters kann bspw. in der Fortsetzung einer sich bereits bewährten Zusammenarbeit oder in einer gebündelten Auftragsvergabe bestehen[742]. Das die Leistung nachfragende Unternehmen wird sich regelmäßig auf sein Interesse an einem Zutritt zum Markt bzw. auf das Interesse an der Sicherung seiner Marktstellung berufen[743]. Nach der Rechtsprechung wird die Interessenabwägung regelmäßig zu Gunsten des Normadressaten ausfallen, wenn im Interesse der Sicherheit und der Aufrechterhaltung seines Geschäfts bestimmte Anforderungen an die Zulassung von Bewerbern gestellt werden, die zur Einengung des Bewerberkreises führen und den Markteintritt neuer Anbieter nicht gänzlich verhindern[744]. Dementsprechend ist eine negative Vorauswahl der Bewerber an Hand gewisser Mindestanforderungen (bestimmtes Maß an Zuverlässigkeit, gewisse Gewähr für die finanzielle und technische Leistungsfähigkeit) grundsätzlich rechtlich unbedenklich.

Übersteigt nach der Vorauswahl die Zahl der Bewerber noch immer die vorhandene Kapazität, bedarf es eines zweiten Schrittes, der eigentlichen Verteilungsentscheidung. Hierbei ist der Anbieter grundsätzlich frei[745]. Ein mißbräuchliches Verhalten liegt nur dann vor, wenn überhaupt kein angemessenes Auswahlverfahren durchgeführt worden ist. Als angemessene Kriterien werden unter anderem Repartierung, Verlosung, Rotation und Qualitätsauswahl betrachtet[746]. Ihre Anwendung im Einzelfall steht aufgrund der Abhängigkeit der Verteilungsmaßstäbe von der Beschaffenheit des knappen Gutes unter dem Vorbehalt ihrer praktischen Eignung[747]. Der Repartierungsgrundsatz versagt, wo die begehrte Ware oder Dienstleistung nicht weiter unterteilt werden kann. Das Rotationsprinzip kann dort keine Berücksichtigung finden, wo aus Gründen der Wirtschaftlichkeit mit der Zuteilung des knappen Gutes eine längerfristige Inanspruchnahme verbunden sein muß und eine große Zahl von Bewerbern um die freie Kapazität streiten. Eine an Qualitätskriterien orientierte Vergabe kann sinnvoll nur eingesetzt werden, wenn sich sachgerechte Kriterien für eine Qualitätsauswahl treffen lassen.

---

742 Vgl. BGH, WuW/E BGH, 2683, 2687 (Zuckerrübenanlieferungsrecht).

743 Vgl. OLG Karlsruhe, WuW/E OLG 5505, 5514 (Quote folgt Fläche).

744 BGH, WuW/E BGH 2683, 2687 (Zuckerrübenanlieferungsrecht).

745 Vgl. KG, WuW/E OLG 5787, 5794 (Angebot eines knappen Gutes); OLG Hamburg, WuW/E OLG 3871, 3872 (Nachspieltheater); **Immenga**, NJW 1995, 1921, 1926.

746 Vgl. **Immenga**, NJW 1995, 1921, 1926.

747 Vgl. **Immenga**, in: NJW 1995, 1921, 1926.

b) Die Verteilung begrenzter Kapazität in anderen liberalisierten Wirtschaftszweigen

Für die Vergabe von Schienenwegskapazität hat der Gesetzgeber eine detaillierte Regelung getroffen. Von der Vergabeentscheidung ausgeschlossen werden dürfen zunächst nur die Bewerber, die die für einen sicheren Betrieb der Eisenbahninfrastruktur erforderlichen technischen und betrieblichen Anforderungen nicht erfüllen, § 3 I Nr. 3 EIBV. Für die zweite Stufe, die positive Zuordnung der begrenzten Kapazität, sieht die Verordnung in § 4 V S.3 das Auktionsverfahren vor.

Das Verfahren für die Vergabe von Lizenzen auf Telekommunikationsmärkten durch die Regulierungsbehörde erfolgt grundsätzlich ebenfalls nach dem Versteigerungsverfahren (§ 11 IV TKG)[748].

Das wettbewerbliche Problem dieses Verfahrens liegt in der Begünstigung wirtschaftlich mächtiger Nachfrager und in der Benachteiligung von Newcomern[749].

c) Öffentlich - rechtliche Verteilungslenkung

Das öffentliche Recht beschäftigt sich in sehr unterschiedlichen Konstellationen mit der Verteilung beschränkter Kapazitäten. Im Gemeinderecht geht es um die Zulassung zu öffentlichen Einrichtungen, im öffentlichen Beförderungsrecht um die Vergabe von Taxi- und Güterkraftverkehrsgenehmigungen oder von Luftverkehrsgenehmigungen nach dem LuftVerkehrsG[750], im Außenwirtschaftsrecht um die Genehmigung zur Einfuhr bestimmter Waren. Trotz der hohen Bedeutung und Praxisrelevanz des Themas hat sich bislang keine spezielle Dogmatik zum Verteilungsmaßstab für den Fall des Bewerberüberhanges entwickelt[751]. Im Folgenden sollen beispielhaft zwei Bereiche öffentlich - rechtlicher Verteilungslenkung näher dargestellt werden, und zwar die Zulassung zu Messen und Ausstellungen und die Erteilung der Genehmigung nach § 3 II des Außenwirtschaftsgesetzes (AWG) zur Einfuhr bestimmter Waren.

Rechtsgrundlage für die Zulassung zu Messen, Ausstellungen, Volksfesten etc. sind in erster Linie die §§ 70 und 70 a GewO. Diesen Vorschriften lassen sich normative Vorgaben nur für die erste Stufe der Verteilungsentscheidung entnehmen. Die eigentliche Auswahl unter den Bewerbern, die zweite Stufe, regeln die Vorschriften der GewO

---

[748] Zu den verfassungsrechtlichen Fragen, **Ruffert**, AöR 124 (1999), 237, 259 ff.

[749] Vgl. **Rummer**, NJW 1988, 225, 233.

[750] Dazu: BVerwGE 82, 246 ff; **Badura**, in: FS Friauf, 529, 537 f.

[751] Vgl. **Koenig**, S. 131.

nicht. In der Praxis werden unterschiedliche Auswahl- und Vergabekriterien verwendet, z.B. „bekannt und bewährt"[752], ferner die Verteilung nach dem Prioritätsprinzip[753] oder das Losverfahren[754]. Die Auswahl unter diesen Maßstäben steht im pflichtgemäßen Ermessen des Veranstalters und unterliegt nach § 114 VwGO nur eingeschränkter gerichtlicher Prüfung[755].

Das AWG stellt die Einfuhr bestimmter Waren unter den Vorbehalt behördlicher Genehmigung (§ 3 II AWG). Dabei kann sich die Konstellation ergeben, daß von mehreren Bewerbern die Einfuhr beantragt wird und ein höherer Bedarf angemeldet wird als insgesamt zulässig ist. Nach bereits bekanntem Muster werden zunächst die Anträge von der Verteilung ausgeschlossen, die bestimmte Anforderungen, wie z.B. fristgerechter Eingang oder persönliche Zuverlässigkeit des Antragstellers, nicht erfüllen. Im Unterschied zur Regelung in der GewO nimmt das AWG auch zur eigentlichen Verteilungsentscheidung Stellung. Einmal stellt das Gesetz die Entscheidung unter das Gebot volkswirtschaftlich möglichst zweckmäßiger Kapazitätsauslastung (§ 3 II S.2 AWG). Daraus wird ein Verbot der Aufteilung nach Köpfen abgeleitet, falls die Einzelquoten zu klein werden[756]. Darüber hinaus erlaubt § 3 II S. 3 AWG aber auch die stärkere Betonung von Interessen besonders Betroffener. Diese Regelung dient dem Schutz traditioneller Einführer und wird dadurch begrenzt, daß die Chancen von Neubewerbern nicht unangemessen benachteiligt werden dürfen[757]. Wie bei der Zulassung zu Ausstellungen, Messen etc. steht der Genehmigungsbehörde auch bei der Wahl des konkreten Maßstabs nach dem AWG ein gerichtlicher Kontrolle entzogener Beurteilungsspielraum zu. Der Behörde steht es frei, nach Gesichtspunkten der Zweckmäßigkeit eine bestimmte Wahl zu treffen, sofern der Einzelne gerecht und nicht unangemessen hart behandelt wird[758].

---

752 Vgl. VGH München, NVwZ 1982, 120, 121; **Schönleiter**, in: Landmann/Rohmer-Schönleiter, § 70 Rdnr. 21.

753 Vgl. OVG Münster, NJW 1969, 1077, 1078; Bedenken gegen das Prioritätsprinzip bei: **Roth**, WiVerw 1985, 46, 53 m.w.N.

754 Vgl. OVG Lüneburg, GewArchiv 1982, 304, 305.

755 Vgl. **Zuck**, S. 63.

756 Vgl. BVerwGE 5, 334, 339, **Zuck**, S. 133.

757 Vgl. BVerwG, DVBl. 1972, 895, 896; BVerwGE 31, 289, 290.

758 Vgl. BVerwGE 31, 289, 290; **Zuck**, S. 147 f.

d) Die Verteilungsproblematik nach allgemeinen Vertragsrecht

Fraglich ist, wie nach allgemeinem Vertragsrecht der begrenzte Vorrat, der zur Befriedigung aller Gläubiger nicht ausreicht, unter ihnen aufzuteilen ist. Die ältere Rechtsprechung hatte aus § 242 BGB die Verpflichtung abgeleitet, den verbliebenen Warenvorrat anteilig zu verteilen, soweit der Schuldner sich nicht durch die Ausübung eines Rücktrittsrechtes von seiner Leistungspflicht befreien konnte[759]. Neuere Rechtsprechung zu diesem Problem existiert nicht. In der Literatur sind die Stellungnahmen uneinheitlich[760]. Während ein Teil des Schrifttums eine Pflicht zur Repartierung nicht über den Bereich des § 26 II S.2 GWB hinaus zulassen will[761], plädieren andere unter Verweis auf den Grundsatz von Treu und Glauben generell für eine Verpflichtung des Schuldners zur anteiligen Befriedigung aller Gläubiger[762].

e) Schlußfolgerungen für die Verteilung freier Leitungskapazität zum Zweck der Durchleitung

Existieren normative Vorgaben für die Verteilungsentscheidung, sind sie zumeist auf die Vermeidung einer Verteilungsentscheidung gerichtet, indem sie im Interesse der Funktionsfähigkeit der Anlage im weitesten Sinne bestimmte Zulassungsanforderungen vorgeben. In diese Kategorie fallen all diejenigen energierechtlichen Ablehnungsgründe, die unabhängig von der Leitungskapazität die Verweigerung des Netzzugangs zu rechtfertigen vermögen, wie z.B. eine finanzielle Unzuverlässigkeit des Durchleitungspetenten. Andererseits schränkt § 6 I S.1 EnWG die im Rahmen der negativen Vorauswahl schutzwürdigen Interessen des Netzbetreibers durch das Gleichbehandlungsgebot ein. Fragen der Vertragslaufzeit können deshalb, obwohl der Netzbetreiber oftmals ein originäres Interesse an langen Vertragslaufzeiten hat, im Unterschied zur Rechtslage nach § 20 I GWB, eine ungleiche Behandlung nicht rechtfertigen[763].

---

[759] Vgl. RGZ 84, 125, 128; 100, 134, 137; OLG Augsburg, JW 1919, 736, 737; a.A. OLG Dresden JW 1917, 978 (Verteilung nach dem Prioritätsprinzip). Die Entscheidung RGZ 91, 312, 313 anerkannte, daß der Schuldner berechtigt ist, das zur Deckung eigenen Bedarfs Notwendige zurückzubehalten.

[760] Eingehend: **Wolf**, JuS 1962, 101, 103 ff.

[761] Vgl. **MünchKomm-Emmerich**, § 243 Rdnr 23.

[762] Vgl. **Soergel-Teichmann**, § 243 Rdnr. 6; **Staudinger-Löwisch**, § 279 Rdnr. 16.

[763] So auch: **Schweers**, S. 85 f; a.A. **Büdenbender**, in: VEnergR Bd. 91, 73, 89.

In vielen Fällen genügt dieser Prüfungsschritt hingegen nicht, weil auch trotz Vorauswahl oftmals mehr Bewerber vorhanden sind als es der zu vergebenden Kapazität entspricht. Die Elektrizitätsbinnenmarktrichtlinie legt keine speziellen Vorschriften für die Verwaltung knapper Verbindungskapazitäten fest[764]. Verfassungsrechtliche Vorgaben für die Ausgestaltung der Verteilungsverfahren folgen in engen Grenzen lediglich aus der grundrechtsschützenden und Rechtsgüterkollisionen ausgleichenden Verantwortung des Staates. Da aus staatlichen Schutzpflichten individuelle Ansprüche nur in wenigen Fällen ableitbar sind[765] und im hier betroffenen Bereich wirtschaftsrechtlicher Gesetzgebung der Gesetzgeber ohnehin größere Gestaltungsspielräume hat, lassen sich für die Verteilungsentscheidung des Elektrizitätsversorgungsnetzbetreibers aus der Verfassung keine bestimmten Maßstäbe ableiten[766]. Für die eigentliche Verteilungsentscheidung besteht also in erheblichem Umfang Entscheidungsfreiheit des Anbieters. Sie ist in der Regel nur durch äußerste Grenzen beschränkt und nur dann auf ein bestimmtes Verfahren beschränkt, wenn allein dieses eine diskriminierungsfreie Vergabe sichert[767].
Wegen der tatsächlichen Besonderheiten des Zugangs zu Elektrizitätsversorgungsnetzen scheiden einige Vergabemaßstäbe von vornherein aus. Die mit der Verteilung von Transportkapazität zum Zweck der Durchleitung verbundene Notwendigkeit einer längerfristigen Inanspruchnahme läßt das Rotationsprinzip als ungeeignet erscheinen. Die Homogenität des durchzuleitenden Gutes bewirkt, daß auch die an Qualitätsmerkmalen orientierten Vergabemaßstäbe außer Betracht bleiben müssen. Unter dem Blickwinkel der auf die Freiheit des Wettbewerbs gerichteten Zielsetzung des GWB werden Referenz- bzw. Quotenreferenzverfahren jedenfalls dann, wenn es – wie hier - um die Einführung wettbewerblicher Strukturen geht, ebenfalls kritisch betrachtet werden müssen. Ausgangspunkt der Verteilung freier Kapazität in Elektrizitätsversorgungsnetzen kann deshalb das Windhund- oder Prioritätsprinzip sein[768]. Anträge auf Durchleitung elektri-

---

764 Vgl. auch: **Europäische Kommission**, Zweiter Bericht an den Rat und das Europäische Parlament, S. 7.

765 Vgl. dazu: BVerfGE 39, 1, 44 ff; 46, 160, 164 f; 56, 54, 80 ff.

766 Vgl. **Koenig**, S. 356. Zurückhaltender: **Badura**, in: FS Friauf, 529, 543.

767 Vgl. KG, WuW/E OLG 5787, 5794 (Angebot eines knappen Gutes).

768 Vgl. auch: Ziff. 2.2.2. (5) GridCode: Die Überprüfung der ÜDL-Anmeldungen wird täglich auf der Basis aller bis zum Redaktionsschluß eingetroffenen Anmeldungen durchgeführt. Ist die Sicherheit oder Zuverlässigkeit des Systembetriebs gefährdet, so werden diejenigen ÜDL nicht genehmigt, die zur Gefährdung des Sytembetriebs beitragen - in umgekehrter Reihenfolge der Anmeldung.

scher Energie werden hiernach in der Reihenfolge ihres Eingangs vollständig bedient, bis die Kapazität erschöpft ist. Dieses Verfahren bietet den Vorteil, daß es leicht zu handhaben ist und eine schnelle Entscheidung ermöglicht[769]. Zur Verhinderung des Mißbrauchs dieses Verfahrens durch Anmeldung eines überhöhten Bedarfs wird dem Durchleitungspetenten eine erhöhte Begründungslast auferlegt werden müssen[770]. In der Praxis wird das Prioritätsprinzip soweit modifiziert werden müssen, daß der zeitliche Rahmen nicht kleiner als ein Tag ist. Gehen innerhalb dieser Frist mehrere, das Kontingent übersteigende Durchleitungsanträge ein, muß das Prioritätsprinzip z.B. durch das Pro rata Verfahren (Verteilung prozentual zur Antragsmenge) ergänzt werden. Die Grenzen dieses Verteilungsschlüssels sind erreicht, wenn die Einzelmengen zu klein werden und für den Durchleitungspetenten kein wirtschaftlicher Nutzen mehr entsteht[771]. Das Pro rata Verfahren hat gegenüber dem reinen Repartierungsprinzip nach Köpfen den Vorteil, daß es das Ziel volkswirtschaftlich zweckmäßiger Kapazitätsauslastung besser verwirklicht.

Denkbar ist aber auch die Verteilung nach dem Versteigerungsverfahren, ähnlich der Verteilung der UMTS - Lizenzen nach § 11 IV TKG oder der Schienenwegskapazität im Eisenbahnsektor.

Sollte sich im Einzelfall nach bereits abgeschlossener Kapazitätsverteilung das Kontingent durch Aufgabe einzelner Nutzungsbegehren nachträglich erhöhen, so hat sich auch diese Rückflußverteilung an den oben dargestellten Maßstäben zu orientieren[772].

III. Die betriebsbedingte Unmöglichkeit

Die Unmöglichkeit ist betriebsbedingt, wenn ihre Ursache eine betriebliche ist. Der Netzbetreiber muß auch unter Einbeziehung der Durchleitung einen Betrieb des Versorgungsnetzes gewährleisten, der den Anforderungen des § 4 I EnWG entspricht.

Deshalb ist der Kontrahierungszwang aus § 6 I EnWG ausgeschlossen, wenn die Einspeisung der durchzuleitenden Energie und deren Entnahme an anderer Stelle ggf. trotz Einsatz redispatchender Mittel die Einhaltung der notwendigen sicherheitstechnischen

---

Offengelassen im Bewag - Beschluß des BKartA (BKartA, WuW DE-V 149, 157 (Berliner Stromdurchleitung)).

769 Dazu: **Rummer**, NJW 1988, 225, 229 f.

770 Ähnlich: KG, WuW/E OLG 1507, 1513 (Chemische Grundstoffe II).

771 Vgl. BVerwGE 31, 289, 290; KG, WuW/E OLG, 1507, 1512 f (Chemische Grundstoffe II); **Büdenbender**, Schwerpunkte, Rdnr. 174; **Schultz**, in: Langen/Bunte, § 20 Rdnr. 157.

772 Vgl. zur Verteilung von Rückflüssen: **Rummer**, NJW 1988, 225, 234.

Vorkehrungen, die zur Verhinderung von Kurzschlüssen, von Netzüberlastungen sowie von Spannungs- und Frequenzänderungen erforderlich sind, gefährdet[773].
Der Hauptanwendungsfall der betriebsbedingten Unmöglichkeit ist der des Kapazitätsmangels[774]. Kapazitätsengpässe können auch auf rechtlichen Gründen beruhen, etwa durch Anordnungen der Energieaufsicht[775].

IV. Die Unmöglichkeit des Zugangs zu Elektrizitätsversorgungsnetzen aus sonstigen Gründen

In der Formulierung „betriebsbedingte oder sonstige Gründe" kommt zum Ausdruck, daß die Ursache der Unmöglichkeit an und für sich unbeachtlich ist[776]. Der Netzbetreiber kann sich zur Rechtfertigung der Ablehnung des Netzzugangs auf jedwede Unmöglichkeit der Leistung berufen. Die Unmöglichkeit der Leistung kann auf tatsächlichen, rechtlichen und wirtschaftlichen[777] Gründen beruhen. Die Betonung der „betriebsbedingten Gründe" in Satz 2 des § 6 I EnWG hat nur insoweit Bedeutung, als damit auf das besondere Gewicht der betriebsbedingten Gründe hingewiesen werden sollte.
„Sonstige Gründe" im Sinne des § 6 I S.2 EnWG sind alle Gründe, die außerhalb der Betriebsbedingtheit liegen. Ein sonstiger Grund, der zur Unmöglichkeit der Leistung führt, ist etwa der Verzicht auf den Alleinversorgerstatus im Einzelfall.

C. Die Unzumutbarkeit des Netzzuganges als Verweigerungsgrund im Sinne des § 6 I S.2 EnWG

Der Anspruch auf Zugang zu fremden Elektrizitätsversorgungsnetzen ist nicht nur bei Unmöglichkeit der Mitbenutzung ausgeschlossen, sondern auch dann, wenn die

---

773 Vgl. **Büdenbender**, Kartellaufsicht, S. 315 f zur Rechtslage nach § 103 V S. 2 Nr. 4 GWB a.F.; vgl. auch **T. Müller**, S. 158.

774 Vgl. BT-wirtschaftsausschuß, BT-Drs. 13/9211, S. 24; **Klafka/Ritzau/Zander/Held**, ZNER 1997, Heft 1, 40, 43.

775 **Schultz**, in: Langen/Bunte, § 19 Rdnr. 169; vgl. auch: BKartA, WuW/E DE-V, 149, 151 (Berliner Stromdurchleitung).

776 Vgl. zu § 19 IV Nr. 4 GWB: RegE GWB-Novelle, BT-Drs. 13/9720, S. 51.

777 Während die Gleichbehandlung von wirtschaftlicher und rechtlicher Unmöglichkeit früher weit verbreiteter Auffassung entsprach, setzte sich zunehmend die Erkenntnis durch, daß die Fälle der wirtschaftlichen Unmöglichkeit nach den Grundsätzen des Wegfalls der Geschäftsgrundlage zu lösen sind, vgl. dazu: **Palandt-Heinrichs**, § 275 Rdnr. 12.

Durchleitung dem Netzbetreiber unzumutbar ist, § 6 I S.2 EnWG. Bereits § 6 I EnWG 1935 stellte seinen Satz 2 über die Pflicht des EltVU, jedermann an sein Versorgungsnetz anzuschließen und zu versorgen, unter den Vorbehalt der wirtschaftlichen Zumutbarkeit.

I. Konkretisierung des Rechtsbegriffes „Unzumutbarkeit" in § 6 I S.2 EnWG mittels Fallgruppenbildung

Die Erfüllung einer Leistung ist dem Schuldner unzumutbar, wenn sie zwar möglich ist, ihm jedoch Opfer auferlegen würde, die der Gläubiger trotz eines berechtigten Erfüllungsinteresses nach dem Gebot der Rücksichtnahme nicht verlangen kann, weil sich der Schuldner durch außerhalb seines Einfluß- und Risikobereiches liegender Umstände in einer Not- oder Zwangslage befindet oder durch die Erfüllung der Leistung in eine solche geraten würde[778]. Da die Konkretisierung des (Un-)Zumutbarkeitsbegriffes allgemeingültiger Aussagen unzugänglich ist, soll im Folgenden nur versucht werden, die Richtung der Güter- und Interessenabwägung für einige Fallkonstellationen vorzuzeichnen.

Die Unzumutbarkeit der Leistung kann sich sowohl aus objektiven Merkmalen des Durchleitungsbegehrens ergeben als auch in der Person des Durchleitungspetenten begründet sein.

1. Unzumutbarkeitsgründe aus der Sphäre des Durchleitungspetenten

a) Unzuverlässigkeit des zukünftigen Vertragspartners

Für die Verpflichtung eines EVU der allgemeinen Versorgung von Letztverbrauchern (§ 10 I EnWG) war schon nach alter Rechtslage unbestritten, daß Zahlungsunfähigkeit, Zahlungsverweigerung, Stromdiebstahl oder Unzuverlässigkeit der Abnehmer bei der Handhabung ihrer Verbrauchsgeräte, soweit dadurch eine Gefahr für die Sicherheit der allgemeinen Stromversorgung hervorgerufen werden konnte, zur Verweigerung von Anschluß und Versorgung berechtigten[779]. Diese in der Person des Vertragsinteressen-

---

[778] Vgl. **Larenz**, Geschäftsgrundlage, S. 117.

[779] Vgl. **Büdenbender**, Energierecht, Rdnr. 799; **Danner**, in: Eiser/Riederer/Obernolte/Danner, § 6 EnWG a.F., Anm. 5 a bb (S. 160 f); **Evers**, S. 130.

ten wurzelnden Gründe wirtschaftlicher Unzumutbarkeit leiten ihre Rechtfertigungswirkung daraus ab, daß sich die Leistung des EVU und die Gegenleistung des Vertragspartners in diesen Fällen nicht in einem angemessenen Verhältnis einander gegenüberstehen[780]. Der Berechtigte des Kontrahierungszwanges gibt von vornherein zu erkennen, seine Leistungspflichten nicht erfüllen zu wollen. Zwangsläufig wird die wirtschaftliche Leistungsfähigkeit des EVU beeinträchtigt. Die Lasten hätten nicht nur die Versorgungsunternehmen selbst, sondern letztendlich auch die Allgemeinheit zu tragen. Diese Wertung ist nicht nur auf den Anspruch auf Anschluß und Versorgung beschränkt. Sie muß vor allem unter Anbetracht der energiepolitischen Zielsetzungen des Gesetzes auf den auf wettbewerbliche Öffnung des Elektrizitätsmarktes bezogenen Kontrahierungszwang des § 6 EnWG übertragen werden[781]. Infolgedessen darf der Netzbetreiber den Zugang verweigern, wenn dem Petenten die klassischen gewerberechtlichen Voraussetzungen fehlen[782].
Entsprechend dem Ausnahmecharakter des § 6 I S.2 EnWG kann der Betreiber eines Elektrizitätsversorgungsnetzes sich nur dann auf die Verweigerung des Netzzuganges berufen, wenn ausreichende Sicherung auf andere Weise nicht erreicht werden kann[783]. Hierzu zählt vor allem die Möglichkeit von Vorauszahlungen und Sicherheitsleistungen.

b) Unzumutbarkeit wegen korrespondierender Durchleitungsverweigerung

Im energierechtlichen Schrifttum wird zum Teil die Weigerung des Durchleitungsinteressenten, Wettbewerbern Nutzungsrechte am eigenen Versorgungsnetz einzuräumen, als Rechtfertigungsgrund angesehen[784]. Die Position kann sich auf die Absicht des Gesetzgebers berufen:

> „daß damit Kartellbehörden und Gerichte im Vergleich zu einem speziellen gesetzlichen Durchleitungstatbestand auch mehr Spielraum haben, das eige-

---

780 Vgl. **Büdenbender**, Energierecht, Rdnr. 801.

781 Vgl. BT-Wirtschaftsausschuß, BT-Drs. 13/9211, S. 24; **Britz**, in: Ludwig/Odenthal, § 6 EnWG Rdnr. 77; **Büdenbender**, Schwerpunkte, Rdnr. 183; **Haag**, in: Schwarze (Hrsg.), Netzzugang, S. 57, 62 ; **Kühne**, RdE 2000, 1, 3; **Lutz**, RdE 1999, 102, 108; **T. Müller**, S. 165; **Walter/v.Keussler**, RdE 1999, 223, 225.

782 Vgl. **Basedow**, JNpolÖ Bd. 16 (1997), S. 121, 130.

783 Vgl. **T. Müller**, S. 166.

784 Vgl. **Büdenbender**, Schwerpunkte, Rdnr. 187 ff; **Kühne**, RdE 2000, 1, 3; **v.Wallenberg**, K&R 1999, 152, 156.

> ne Verhalten des Durchleitungsinteressenten in die Abwägung einzubeziehen"[785].

Das BKartA teilt diese Rechtsauffassung[786] . Auch in der Rechtsprechung ist dieser Gedanke aufgegriffen worden:

> „Der Normadressat kann sich auf seine berechtigte und von der Rechtsordnung anerkannte Interessenverfolgung berufen, ohne vorher insoweit jeweils noch besondere Verfahren durchführen zu müssen, die ihm die sachliche Berechtigung seiner Interessen bescheinigen"[787].

Die Kritik weist zu Recht darauf hin, daß der Schutz der Rechtsordnung in erster Linie der Rechtsordnung selbst obliegt und nicht dem Einzelnen überlassen ist. Der in Anspruch genommene Netzbetreiber ist zur Durchsetzung seiner Rechte dem jetzt um Zugang nachsuchenden Unternehmen gegenüber auf eine gerichtliche Klärung seines Durchleitungsanspruches beschränkt[788].
Das hinter der Anerkennung dieses Ablehnungsgrundes stehende Prinzip ist das des Rechtsmißbrauchs bei eigenem gesetzes- oder vertragswidrigen Verhalten[789]. Der Berechtigte übt seinerseits ein Verhalten nicht, daß dem von ihm beanspruchten Handeln rechtlich zu entsprechen hätte. Allerdings gilt nicht schlechthin der Grundsatz, daß nur der selbst Rechtstreue seinerseits Rechtstreue verlangen könnte[790]. Anderenfalls bestünde die Gefahr, daß der von der Rechtsordnung vorgegebene Rahmen von allgemeinen Billigkeitsvorstellungen verdrängt würde[791].

---

785 RegE, BT-Drs. 13/7274, S. 25.

786 Vgl. BKartA, RdE 1992, 197, 201 (Gasdurchleitung), so auch: BKartA, RdE 2000, 31, 38 (Berliner Stromdurchleitung).

787 BGH, WuW/E BGH 2535, 2540 (Lüsterbehangsteine).

788 vgl. **Giermann**, RdE 2000, 222, 229; **Walter/v.Keussler**, RdE 1999, 223, 225; zurückhaltend auch: **T. Müller**, S. 170.

789 Dazu im allgemeinen: **MünchKomm-Roth**, § 242 Rdnr. 417 ff; **Soergel-Teichmann**, § 242 Rdnr. 287 ff; **Staudinger-J. Schmidt**, § 242 Rdnr. 688.

790 Vgl. BGH NJW 1971, 1747 f; BAG DB 1988, 2569, 2570; **MünchKomm-Roth**, § 242 Rdnr. 417; **Palandt-Heinrichs**, § 242 Rdnr. 46.

791 Darauf weist der BGH deutlich hin, vgl. BGH, WM 1984, 936, 937: „Anderenfalls [Unterlassen der nach dem Gesetz eröffneten Rechtsschutzmöglichkeiten; d.Verf.] bestünde die Gefahr, daß die dem einzelnen Rechtsverhältnis eigene Sachgesetzlichkeit, die im dispositiven Recht eine typische Ausprägung gefunden hat, von allgemeinen Billigkeitsvorstellungen verdrängt wird".

Im Gegenteil, grundsätzlich wird selbst bei eigenem rechtswidrigem Handeln der eigene Anspruch beibehalten und nur die dafür vorgesehene Sanktion des Gegners ausgelöst[792]. Lediglich in Ausnahmefällen bei besonderem rechtlichen Zusammenhang zwischen der beanspruchten und der selbst geübten Verhaltensweise kann der Rechtsanspruch angesichts des eigenen Verhaltens als rechtsmißbräuchlich erscheinen[793]. Es geht in diesen Fällen um Regelungen, die neben die gesetzlichen Abwehrrechte der §§ 254, 273, 320, 387 BGB treten und ihre Berechtigung daraus ableiten, daß ein Schutzbedürfnis besteht, das von diesen gesetzlichen Bestimmungen nicht befriedigt werden kann[794].

Dies setzt einmal voraus, daß der Rechtsverstoß der anderen Vertragspartei eindeutig zu bejahen ist[795]. Deshalb genügt der bloße Streit zwischen den Parteien über die Berechtigung zur Ablehnung der Durchleitung nicht[796]. Selbst wenn der frühere Vertragsverstoß des Durchleitungspetenten mit hinreichender Sicherheit festgestellt werden kann, müßte ein Schutzbedürfnis des nun in Anspruch genommenen Netzbetreibers bestehen, das sich aus der Unvollständigkeit der gesetzlichen Regelung ergibt und es rechtfertigt, die in ihren Kriterien unklaren und zu Billigkeitsentscheidungen im Einzelfall neigende Anwendung der Theorie der „unclean hands" zuzulassen. Obwohl im Wettbewerbsrecht die Grenzen für die Beachtlichkeit des Einwands eigener Pflichtverletzungen des Berechtigten im allgemeinen weiter gezogen werden müssen, damit der Anspruchsgegner vor dem Gläubiger keinen Wettbewerbsvorsprung in unzulässiger Weise erlangt[797], besteht nach überwiegender Ansicht dann ein Bedürfnis für die Einschränkung dieses Grundsatzes, wenn öffentliche Belange entgegenstehen[798]. Für den Bereich unlauteren Wettbewerbs hat der BGH dies klar bestätigt: unlautere Wettbewerbsmaßnahmen dürfen nicht deshalb unbeanstandet bleiben, weil mehrere Wettbe-

---

792 **Soergel-Teichmann**, § 242 Rdnr. 287 m.w.N.

793 **MünchKomm-Roth**, § 242 Rdnr. 417.

794 So: **Soergel-Teichmann**, § 242 Rdnr. 287.

795 Vgl. BKartA, RdE 1992, 197, 201 (Gasdurchleitung).

796 Vgl. **Emmerich**, § 20 Anm. 8 a (S. 242).

797 Vgl. **MünchKomm-Roth**, § 242 Rdnr. 431 m.w.N.

798 Vgl. **Prölss**, ZHR 132 (1969), 35, 65 f.

werber sich ihrer in gleicher Weise bedienen mit der Folge, daß damit auch ein die Allgemeinheit berührendes öffentliches Interesse außer Betracht bleiben müßte[799].
Diese Begründung ist verallgemeinerungsfähig. Überall dort, wo mit der Entscheidung über die Berechtigung zur Ausübung bestimmter Rechte trotz Verletzung eigener früherer oder gegenwärtiger Pflichten nicht nur Individualinteressen betroffen sind, sondern auch Allgemeininteressen berührt werden und die Beachtlichkeit eigener Vertragstreue geeignet ist, das Allgemeininteresse erheblich zu beeinträchtigen, können eigene Pflichtverletzungen keinen Einfluß auf die Rechtsausübung haben.
Zweifelsohne könnte die Anerkennung dieses „unclean hands" - Gedankens für die Entscheidung des Netzbetreibers nach § 6 EnWG die Einführung von Wettbewerb erheblich gefährden. Der von der unberechtigten Verweigerung Betroffene wäre nicht auf die Geltendmachung der von der Rechtsordnung zur Verfügung gestellten Rechtsschutzmöglichkeiten angewiesen, sondern könnte sich wegen dieses Rechtsverstoßes stets auf den Ausschluß des Anspruchs nach § 6 EnWG in umgekehrter Richtung berufen. Begünstigt würde diese Entwicklung durch die starke Verflechtung der Elektrizitätsversorgungsunternehmen untereinander.
Eine korrespondierende Durchleitungsverweigerung des Vertragsinteressenten vermag die Ablehnung eines umgekehrten Zugangsanspruches nicht zu rechtfertigen[800].

2. Unzumutbarkeit wegen objektiver Merkmale des Durchleitungsbegehrens

Die Unzumutbarkeit des Netzzugangs kann auch unabhängig von der Person des Durchleitungsbegehrenden begründet sein.

a) Schutz vor durchleitungsbedingtem Konkurs

Wirtschaftliche Unzumutbarkeit steht dem Anspruch auf Anschluß und Versorgung zu allgemeinen Bedingungen und Tarifen (§ 10 I EnWG) nach überwiegender Ansicht dann entgegen, wenn das einzelne Versorgungsverhältnis außerhalb der Bandbreite der vom EltVU zugrunde gelegten Kalkulation liegt. Einem Abnehmer könne nicht ein Anspruch gewährt werden, der in einer Vielzahl von Fällen zur Unwirtschaftlichkeit des

799 BGH NJW 1971, 1749.

800 So auch: **Giermann**, RdE 2000, 222, 229; **Walter/v.Keussler**, RdE 1999, 223, 225; a.A.: RegE, BT-Drs. 13/7274, S. 25; BKartA, RdE 2000, 31, 38 (Berliner Stromdurchleitung); **Kühne**, RdE 2000, 1, 3.

gesamten Unternehmens führen würde[801]. Der Ausschluß der Anschluß- und Versorgungspflicht in diesen Fällen beruht auf der Erwägung, daß das verpflichtete Unternehmen bei der Kalkulation seiner Preise normale Abnahmeverhältnisse mit einer gewissen Schwankungsbreite nach oben und unten zugrunde legt. Fällt das anvisierte Vertragsverhältnis jedoch aus diesem Rahmen hinaus, würde die Versorgung dieser Abnehmer eine Subvention durch die Mehrzahl der Verbraucher darstellen, die das Gesetz im Interesse der Gesamtheit der Abnehmer zu vermeiden sucht[802].

Kann dieser Argumentationsansatz auf den Anspruch aus § 6 I EnWG übertragen werden?
Bereits der Wortlaut der Anspruchsgrundlage gibt hierauf eindeutige Auskunft. § 6 I EnWG räumt dem Berechtigten des Kontrahierungszwangs von vornherein nur einen Anspruch auf Mitbenutzung zu den Bedingungen ein, die den unternehmensintern in Rechnung gestellten entsprechen. Da die internen Bedingungen aber jedenfalls einen wirtschaftlichen Betrieb zu sichern vermögen, kann sich eine Gefahr für die Rentabilität des Unternehmens nicht unmittelbar aus der Gestaltung des Durchleitungsvertrages ergeben.
Eine Gefahr für die Rentabilität des (vertikal integrierten) Elektrizitätsversorgungsunternehmens kann allein auf einem durch den Verlust von Abnehmern beruhenden Umsatz- und Gewinnrückgang basieren, soweit dieser Verlust durch eigene wettbewerbliche Aktivitäten (Kundenzuwachs an anderer Stelle und Rationalisierung des Geschäftsbetriebs) nicht kompensiert werden kann.
Der mit der Anerkennung dieses Verweigerungsgrundes verbundene Konflikt besteht im Widerspruch zum Bekenntnis des EnWG zu Wettbewerb. Die Einführung marktwirtschaftlicher Strukturen ist untrennbar mit der Inkaufnahme eines selbstgesteuerten Ausleseprozesses verbunden. Nach der Ansicht des Gesetzgebers sollten gerade durch die stärkere Betonung unternehmensindividueller Verantwortung Potentiale erschlossen werden, die zur Senkung der im internationalen Vergleich hohen nationalen Strompreise beitragen:

> „Der Markt soll über die Leistungsfähigkeit eines Unternehmens entscheiden"[803].

---

801 Vgl. **Tegethoff/Büdenbender/Klinger**, § 6 EnergG, 4. Teillfg., Rdnr. 106 ff (S. I 318 ff); **Darge/Melchinger/Rumpf**, § 6 Anm. 9 a II (S. 168); **Evers**, S. 131.

802 Vgl. dazu: **Büdenbender**, Energierecht, Rdnr. 791; **Danner**, in: Eiser/Riederer/Obernolte/Danner, § 6 EnWG a.F. Anm. 5 a aa (S. 158 ff); **Evers**, S. 131.

803 RegE, BT-Drs. 13/7274, S. 13.

Wäre den Unternehmen durch die Anerkennung des Ablehnungsgrundes „Schutz vor durchleitungsbedingtem Konkurs" eine Wirtschaftlichkeitsgarantie gewährt, liefe der Zwang zu rationellerer Betriebsführung weitgehend leer. Die generelle Berücksichtigungsfähigkeit verschlechterter Investitionsauslastung widerspricht also eindeutig der Zielsetzung des EnWG[804].

Die Frage reduziert sich deshalb darauf, ob wenigstens in Ausnahmefällen, in denen sich die wettbewerblich bedingte, verschlechterte Investitionsauslastung durch höhere Preise oder durch das Ausscheiden des Unternehmens vom Markt auf die Kunden auswirkt, zur Verweigerung der Durchleitung berechtigen kann[805].
Der Relevanz wettbewerblich bedingter Nachteile aus der Betätigung des (vertikal integrierten) EltVU auf dem geöffneten Elektrizitätsmarkt für die Entscheidung über die Gewährung des Netzzugangs steht zum einen entgegen, daß selbst die Anerkennung von stranded costs in der Phase des Übergangs von der Monopol- zur Wettbewerbswirtschaft durch das EnWG ausgeschlossen ist[806]. Zum anderen kann zur Begründung eines Vorrangs wettbewerblicher Eigensteuerung auf § 6 III EnWG zurückgegriffen werden. Nicht nur, daß der Gesetzgeber mit dieser Schutzklausel den Vorrang der Pflicht des Netzbetreibers zu wettbewerblicher Eigeninitiative durch Ausschöpfung aller sich bietenden Möglichkeiten zur Rationalisierung des Geschäftsbetriebs und des Verkaufs der privilegierten Elektrizität betont, sondern gerade die Gesetzessystematik zeigt, daß Wirtschaftlichkeitsüberlegungen eben nur bei diesen besonders schutzwürdigen Erzeugungsanlagen (vgl. § 2 IV EnWG) Platz greifen sollen.
Die gegenteilige Auffassung weist darauf hin, daß, wenn schon eine Verschlechterung der Versorgungsstruktur eine Beschränkung der Berufswahlfreiheit zu rechtfertigen vermag (vgl. § 3 II S.2 EnWG), es erst recht zulässig sein müsse, solche Belange in die Abwägung über den Netzzugang einzustellen[807]. Aus sich heraus ist dieser Schluß nicht verständlich. § 3 II S.2 EnWG soll der Gefahr erheblicher Verschlechterung der Versorgungsbedingungen vorbeugen, die sich bei ausreichender Sättigung der Versorgung in einem bestimmten Gebiet durch das Hinzutreten neuer Wettbewerber ergeben

---

[804] Unstreitig: Vgl. RegE, BT-Drs. 13/7274, S. 25; **Britz**, in: Ludwig/Odenthal, § 6 EnWG Rdnr. 72; **Büdenbender**, Schwerpunkte, Rdnr. 195; **Schüppstuhl/Maier**, WuW 1995, 374, 378.

[805] So: **Büdenbender**, Schwerpunkte, Rdnr. 197; **Lutz**, RdE 1999, 102, 109; **Papier**, BB 1997, 1213, 1218.

[806] S. oben Teil 4: B II 1 b.

[807] Vgl. **Büdenbender**, Schwerpunkte, Rdnr. 197.

kann[808]. Eine vergleichbare Gefahr der Interessen der betroffenen Abnehmer liegt selbst im Fall des konkursbedingten Wegfalls des bislang verpflichteten Unternehmens nicht vor. Zwar läuft der Anspruch des Abnehmers gegen den bisherigen Lieferanten aus § 10 I EnWG, weil der Anspruchsverpflichtete entfallen ist, ebenso leer wie der ausschließlich Unternehmen berechtigende Anspruch aus § 20 GWB. Dem Abnehmer steht aber der gleichwertige Anspruch aus § 826 BGB auf Versorgung mit elektrischer Energie zur Seite. Das Verbot der vorsätzlich sittenwidrigen Schädigung umfaßt die Verpflichtung jedes marktstarken Anbieters einer lebenswichtigen Versorgungsaufgabe, Interessenten von der Belieferung nicht ohne sachlichen Grund auszuschließen[809]. Bereits sehr früh ist der Gehalt der auf den Tatbestand der vorsätzlich sittenwidrigen Schädigung nach § 826 BGB gestützten Kontrahierungspflicht in der Rechtsprechung dargestellt worden:

> „Die wirtschaftliche Anforderung, daß diejenigen Gewerbe, die für das Gemeinwohl oder den Geschäftsverkehr unentbehrlich sind, niemandem ihre Dienste versagen sollen, bringt, zum Rechtsgebot ausgestaltet, auch eine Gebundenheit der Vertragsbedingungen mit sich. Ein Transportzwang verpflichtet den Unternehmer, welcher dem Publikum seine Dienste unter bestimmten Bedingungen öffentlich anbietet, die auf ihn angewiesenen Interessenten mit gleichem Maße zu messen und spricht demselben das Recht ab, willkürlich oder aus illoyalen Gründen den Einzelnen von den dem Publikum sonst dargebotenen Transportbedingungen auszuschließen“[810].

Ursprünglich vom Reichsgericht in ständiger Rechtsprechung nur auf Unternehmen in Monopolstellung beschränkt[811], ist diese Lehre unter dem Einfluß der Sozialstaatsklausel und unter dem Einfluß der kartellrechtlichen Wertung des § 20 GWB auf eine am Schutzbedürfnis orientierte Interpretation erweitert worden[812]. Das Schutzbedürfnis richtet sich zum einen nach der (Un-) Entbehrlichkeit der nachgefragten Güter für das Gemeinwohl und zum anderen nach der durch die Lieferverweigerung bedingten Gefährdung notwendiger Lebensbedürfnisse oder Belange des einzelnen und der Allge-

---

808 Vgl. **Tegethoff/Büdenbender/Klinger**, § 3 EnWG, 19. EL 06/00, Rdnr. 47 ff (S. I 24 ff).

809 Vgl. **Bydlinski**, AcP 180 (1980), 1, 33 ff; **Kilian**, AcP 180 (1980), 47, 61 ff; **MünchKomm-Kramer**, Vor § 145 Rdnr. 13 f; ähnlich: **Palandt-Heinrichs**, Einf v § 145 Rdnr. 10.

810 RGZ 48, 114, 127; vgl. auch: 115, 254, 258 ff; 132, 273, 275.

811 Vgl. auch: RGZ 48, 114, 127; 155, 257, 286.

812 Vgl. BGH, NJW 1990, 761, 762; **Bydlinski**, AcP 180 (1980), 1, 35; **Kilian**, AcP 180 (1980), 47, 60 f; **Staudinger-Oechsler**, § 826 Rdnr. 429, 433, 437.

meinheit[813]. Angesichts der überragend wichtigen Bedeutung einer ausreichenden Versorgung der Allgemeinheit mit Elektrizität[814] wird das Schutzbedürfnis der Abnehmer, die in einem wettbewerblich organisierten System keinen vertragswilligen Stromlieferanten finden oder nur zu erheblich schlechteren Bedingungen versorgt werden würden, nicht verneint werden können. Sie haben gegen jeden marktstarken Anbieter elektrischer Energie Anspruch auf Anschluß und Versorgung zu angemessenen Bedingungen. Der Netzzugang darf also nicht zum Schutz vor durchleitungsbedingtem Konkurs verweigert werden[815].

b) Unzumutbarkeit bei Streit um die Gültigkeit von Elektrizitätslieferverträgen

Steht die Unwirksamkeit eines Liefervertrages aufgrund kartellbehördlicher oder gerichtlicher Entscheidung eindeutig fest, hat der Lieferant wegen der Abhängigkeit des Durchleitungsvertrages vom Liefervertrag (§ 139 BGB) kein schutzwürdiges Interesse an einer Durchleitung[816].

Problematisch sind die Konstellationen, in denen das Schicksal bestehender Liefer- oder Durchleitungsverträge ungeklärt ist.

Die überkommene Struktur des Elektrizitätsmarktes, die im wesentlichen durch die vertikale Integration der Energieversorgungsunternehmen gekennzeichnet ist, ermöglicht den Netzbetreibern, sich auf ihre vorgefundene Position zu berufen, um sich die in Rechtsprechung[817] und Literatur[818] stark umstrittene Frage nach der Gültigkeit langfristiger Bezugsbindungen für eigene Interessen nutzbar zu machen. Da diese Verhaltensweise zur Gruppe der leistungsfremden Wettbewerbsmaßnahmen gehört, ist dieses unternehmerische Verhalten, wenn auch nicht schlechthin, so doch eher ungerechtfer-

---

813 Vgl. BGHZ 63, 282, 285; BGH, NJW 1990, 761, 762 f; **Bydlinski**, AcP 180 (1980), 1, 37.

814 Vgl. BVerfGE 66, 248, 258.

815 Vgl. auch: **Bergmann**, S. 20; deutlich: **T. Müller**, S. 142.

816 Vgl. **Britz**, in: Ludwig/Odenthal, § 6 EnWG Rdnr. 69; **Fischer-Zernin/Ende**, ZUR 1999, 205, 207.

817 Vgl. LG Mannheim, WuW DE-R, 298 ff; LG Köln, ZNER 2000, 132 ff; LG Düsseldorf, RdE 2000, 83 f.

818 Vgl. **Baur**, RdE 1997, 41 ff; **A.R. Börner**, ET 1999, 405 ff; **Kühne**, BB 1997, Beilage 19 zu Heft 50, **Lukes**, BB 1999, Beilage 8 zu Heft 21; **Markert**, ZNER 1998, Heft 4, 3 ff; **ders.** EuZW 2000, 427 ff.

tigt als eine leistungsgerechte Wettbewerbshandlung[819]. Überdies begründet die Anerkennung eines Rechts auf Ablehnung des Netzzugangs bis zur verbindlichen Klärung der Vereinbarkeit des alten Liefervertrages mit den kartellrechtlichen Vorgaben die Gefahr weitgehenden Ausschlusses von Wettbewerb und steht dem Ziel des § 6 EnWG diametral entgegen.

Schützenswerte Interessen des Netzbetreibers werden bei einer Ablehnung dieses Rechtfertigungsgrundes nicht verletzt. Sein Interesse an der Fortsetzung des eigenen Elektrizitätsliefervertrages kann der Netzbetreiber in dem Verhältnis verfolgen, in dem es entstanden ist, nämlich zwischen ihm und dem Abnehmer. Hierfür stehen ihm die allgemeinen Instrumente, Klage auf Erfüllung und ggf. Übergang zum Anspruch auf Schadenersatz wegen Nichterfüllung zur Verfügung.

Diese Maßstäbe gelten auch für die Sachverhaltskonstellationen, in denen der Netzbetreiber am Streit um die Gültigkeit des Elektrizitätsliefervertrages nicht unmittelbar beteiligt ist. Besteht z.B. ein Durchleitungsvertrag zwischen dem Netzbetreiber N und dem Lieferanten L zur Versorgung des Abnehmers A und begehrt nun das konkurrierende Lieferunternehmen K die Durchleitung zur Versorgung des A, so muß der Netzbetreiber N, wenn er nicht ohnehin bei ausreichender Kapazität eine Doppeleinspeisung zuläßt, zugunsten des K die Durchleitung gestatten, wenn A von K beliefert werden möchte. Ihm kann eine Pflichtverletzung im Verhältnis zum bisherigen Lieferanten L mit der Folge entsprechender Schadenersatzpflichten mangels Verschuldens (§ 276 BGB) nicht zur Last gelegt werden. Mit der Entscheidung des Abnehmers, die Elektrizität nicht mehr vom bisherigen Lieferanten L zu beziehen, ist gleichzeitig die Berechtigung des Netzbetreibers N verbunden, den Durchleitungsvertrag wegen Wegfalls des Leistungssubstrats außerordentlich zu kündigen.

Deshalb darf dem Netzbetreiber bei der Vergabeentscheidung zur Verhinderung einer Schiedsrichterposition kein Einschätzungsspielraum in der Frage der Wirksamkeit bestehender Lieferverpflichtungen verbleiben[820]. Allein der Abnehmer hat darüber zu entscheiden, von welchem Unternehmen er beliefert werden möchte[821]. Diese Lösung stellt sicher, daß der Streit um die Gültigkeit des Liefervertrages in dem Verhältnis ausgetragen wird, in dem er entstanden ist. Ausgeschlossen ist mit diesem Ergebnis auch die Gefahr, daß trotz zweifelhafter Wirksamkeit des Liefervertrages der Netzbetreiber

---

[819] S. oben Teil 2: A II 1.

[820] So auch: LG Hamburg, RdE 2000, 231, 232; LG Dortmund, BB 2000, 2325, 2327; LG Berlin, WuW/E DE-R 533, 537 (Fortum); **Bericht des AK Energiepolitik**, S. 15; **T. Müller**, S. 168; **Theobald/Zenke**, WuW 2001, 19, 29; a.A. **Zinow**, in: Wiedemann (Hrsg.), § 34 Rdnr. 151.

[821] Vgl. auch: **Böwing**, in: VEnergR 96, 59, 66; **ders.** in: Schwarze (Hrsg.), Netzzugang, 181, 187.

die Möglichkeit hätte, den Drittbezug unter Ausnutzung seiner eigenen Position zu verhindern und auf diese Weise seine eigene Lieferung durchzusetzen.

II. Die Schutzklausel des § 6 III EnWG

1. Grundzüge der Regelung

Systematisch ist § 6 III EnWG kein selbständiger Verweigerungsgrund. Er gehört, wie bereits der Wortlaut deutlich zum Ausdruck bringt, zur Gruppe der Ablehnungsgründe wegen Unzumutbarkeit. Zur Rechtfertigung der Ablehnungserklärung des Netzbetreibers führt deshalb nicht bereits die Erfüllung seiner tatbestandlichen Voraussetzungen, sondern erst die Feststellung, daß die Interessen des Netzbetreibers gegenüber denen des Durchleitungspetenten überwiegen[822]. Das besondere Gewicht ökologischer Gesichtspunkte wirkt im Ergebnis innerhalb der Interessenabwägung aber als Präferenzregel[823]. Sind die besonderen Voraussetzungen des § 6 III EnWG erfüllt, wird das das System des verhandelten Netzzugangs kennzeichnende Regel-/ Ausnahmeverhältnis umgekehrt und dem Umweltschutz im Grundsatz Vorrang vor dem Wettbewerb eingeräumt[824].

§ 6 III dient dem Schutz des Allgemeininteresses an ökologisch sinnvoller Stromerzeugung[825] und ist Ausdruck der besonderen Verantwortung des EnWG für die Nutzung von Kraft-Wärme-Kopplung (KWK) und erneuerbaren Energien, vgl. § 2 IV EnWG. Die ökologischen Vorteile der Energieerzeugung aus erneuerbaren Energiequellen und in KWK - anlagen können nur um den Preis zum Teil erheblich höherer Erzeugungskosten erreicht werden. In einem wettbewerblich orientierten System, in dem der wirtschaftliche Erfolg mangels qualitativer Unterschiede der Handelsware „Strom" im wesentlichen vom Preis abhängt, besteht die Gefahr, daß der Einsatz von KWK - anlagen zum Wettbewerbsnachteil führt.

Wäre es bei der ursprünglichen Absicht der Regierungskoalition geblieben, auf eine besondere Betonung der ökologischen Ziele innerhalb der Durchleitungsfrage zu verzichten und stattdessen den Interessen des Umweltschutzes über die Zieltrias des Art. 1 § 1 NeuregelungsG, über die Begriffsbestimmung des Art. 1 § 2 NeuregelungsG und

---

822 So auch: **Harms**, RdE 1999, 165, 168.

823 Vgl. **Britz**, in: Ludwig/Odenthal, § 6 EnWG, Rdnr. 78; **Harms**, RdE 1999, 165, 168; **Salje**, UPR 1998, 201, 205.

824 Vgl. **Britz**, in: Ludwig/Odenthal, § 6 EnWG Rdnr. 78.

825 Vgl. BVerfG, RdE 2000, 194, 197.

durch die Selbstverpflichtung der Stromwirtschaft in Art. 3 § 4a NeuregelungsG auch innerhalb der Mißbrauchsaufsicht nach dem GWB Rechnung zu tragen, wären Umweltschutzgesichtspunkte wie alle anderen relevanten Aspekte auch gleichberechtigt[826] in die Abwägung eingeflossen. Demgegenüber sah der Gesetzentwurf der SPD - Fraktion in seinem § 17 eine Abnahme- und Vergütungspflicht des Netzbetreibers für in KWK - anlagen erzeugten Strom und für Elektrizität aus erneuerbaren Energien vor[827].

> **§ 17 des Gesetzes über die Elektrizitätswirtschaft:**
> (1) Der Netzzugang von Elektrizität aus erneuerbaren Energien und Kraft-Wärme - Kopplung hat Vorrang vor allen anderen Netzzugängen.
> (2) Der Netzzugang von Elektrizität aus erneuerbaren Energien und Kraft-Wärme - Kopplung erfolgt unentgeltlich.
> (3) Wer ein überörtliches oder örtliches Netz betreibt, ist verpflichtet, die ihm angebotene Elektrizität aus erneuerbaren Energien und Kraft-Wärme - Kopplungs - Anlagen abzunehmen.
> (4) Der aufnehmende Netzbetreiber zahlt dem Einspeiseberechtigten eine Mindestvergütung nach den Grundsätzen vermiedener Bezugskosten zuzüglich eines Umweltaufschlages.

Letztendlich verwarf der Gesetzgeber des EnWG zwar eine derart weitgehende Privilegierung ökologisch wertvollen Stroms, verstärkte aber auf Vorschlag des Bundestagswirtschaftsausschusses das Gewicht umweltverträglicher Energieerzeugung bei der Entscheidung über den Netzzugang um die Anweisung in § 6 III EnWG.
Neben dem Bemühen des Gesetzgebers, in die Abwägung über den Netzzugang verstärkt umweltpolitische Gesichtspunkte einfließen zu lassen, bewirkt § 6 III EnWG zugleich Schutz vor stranded costs[828]. Diese dualistische Ausrichtung des Absatzes 3 wirft die Frage auf, welcher der beiden Zwecke vorrangig ist. Wird dem Schutz von stranded investments höheres Gewicht beigemessen, ist es dem Netzbetreiber tendenziell eher untersagt, sich auf das besondere Gewicht des Absatzes 3 zu berufen, wenn er nur Bezieher des auf diese Weise erzeugten Stroms ist. Steht hingegen der umweltpolitische Bezug des § 6 III EnWG im Vordergrund, kommt es auf die Zugehörigkeit der Erzeugungsanlagen zum Betrieb des Netzbetreibers nicht an.
Gegen die erstgenannte Deutung spricht, daß in den Fällen des Fremdbezugs von Ökostrom dem besonderen Gewicht umweltverträglicher Energieerzeugung in der Interes-

---

826 Gegenäußerung der B-reg, BT-Drs. 13/7274, S. 31.

827 Gesetzentwurf der SPD-Fraktion, BT-Drs. 13/7425, S. 7; ähnlich Gesetzesantrag des Saarlandes, BR-Drs. 556/97.

828 Vgl. **Ufer**, ET 1998, 247, 248.

senabwägung überhaupt nicht Rechnung getragen werden könnte. Außerdem müßten in diesem Fall über eine teleologische Reduktion neue Anlagen aus dem Anwendungsbereich der Vorschrift ausgeklammert werden. Die stärkere Betonung umweltpolitischer Zielsetzungen der Ökoschutzklausel vermeidet dagegen die Gefahr, daß ein Gesetzeszweck vollständig auf der Strecke bleibt. Zudem läßt die Elektrizitätsbinnenmarktrichtlinie erkennen, daß § 6 III EnWG vorrangig den Umweltschutz betont. Läge das Hauptziel der Regelung in der Verhinderung von stranded costs, würde es sich um eine nach Art. 24 EltRL genehmigungspflichtige Übergangsregelung handeln.

> **Art. 24 I S.1 EltRL:** Mitgliedstaaten, in denen aufgrund der Bestimmungen dieser Richtlinie vor Inkrafttreten dieser Richtlinie auferlegte Verpflichtungen oder erteilte Betriebsgarantien möglicherweise nicht erfüllt werden, können eine Übergangsregelung beantragen, die ihnen von der Kommission unter anderem unter Berücksichtigung der Dimension des betreffenden Systems, des Verbundgrads des Systems und der Struktur seiner Elektrizitätsindustrie gewährt werden kann.

Die Bundesregierung hat stattdessen allein die Braunkohleschutzklausel des Art. 4 § 3 NeuregelungsG der Kommission gem. Art. 24 EltRL zur Notifizierung vorgelegt[829]. Richtliniengrundlage des § 6 III EnWG ist Art. 3 III EltRL[830], der insbesondere die Einführung von Schutzmaßnahmen im Interesse des Umweltschutzes gestattet.

§ 6 III EnWG dient folglich in erster Linie der Sicherung umweltverträglicher Energieerzeugung[831]. Die Verhinderung von stranded costs ist nur mittelbare Folge[832] des besonderen Interesses an der Sicherung des Einsatzes erneuerbarer Energien oder KWK-anlagen, indem der Gesetzgeber den betroffenen Anlagen eine Wirtschaftlichkeitsgewähr zusichert. Deshalb kann der Netzbetreiber das besondere Gewicht des § 6 III EnWG selbst dann in die Abwägung einbeziehen, wenn er die verdrängte privilegierte Elektrizität nicht in eigenen Anlagen erzeugt, sondern nur von Dritten bezieht[833].

---

829 Vgl. Europäische Kommission, Entscheidung v. 08. Juli 1999, Tz. 4.

830 Ebenso: **Schulte-Beckhausen**, RdE 1999, 51, 56. Ähnlich: **Britz**, in: Ludwig/Odenthal, § 6 EnWG Rdnr. 88; **Papoutsis**, ZNER 1998, Heft 3, S. 66, 67.

831 Vgl. **Britz**, in: Ludwig/Odenthal, § 6 EnWG Rdnr. 78.

832 Vgl. auch: BVerfG, RdE 2000, 194, 197: „reflexartige" Begünstigung; **Büdenbender**, Schwerpunkte, Rdnr. 207.

833 H.M. vgl. BVerfG, RdE 2000, 194, 197; **A.R. Börner**, Verswirt. 1999, 77, 80; **Britz**, in: Ludwig/Odenthal, § 6 EnWG Rdnr. 85; **Büdenbender**, Schwerpunkte, Rdnr. 207; **Gronau**, in: Böwing u.a. (Hrsg.), EnWG 1998, § 6 Anm. 19 (S. 134); **Harms**, RdE 1999, 165, 169; **Kühne**, RdE 2000, 1, 4; a.A. **Danner**, in: Eiser/Riederer/Obernolte/Danner, § 6 EnWG Rdnr. 14. Allerdings

2. Die Richtlinienvorgabe des Art. 3 III EltRL

Art. 3 III EltRL bildet die primärrechtliche Vorschrift des Art. 86 II EG nach. Da auch das Sekundärrecht den Anforderungen primärrechtlicher Vorgaben genügen muß, konzentrieren sich die folgenden Ausführungen auf die Prüfung der Tatbestandsmerkmale des Art. 86 II EG.

> **Art. 3 III EltRL:** Die Mitgliedstaaten können beschließen, die Regelungen der Art. 5, 6, 17, 18 und 21 nicht anzuwenden, soweit ihre Anwendung die Erfüllung der den Elektrizitätsunternehmen übertragenen gemeinwirtschaftlichen Verpflichtungen de jure oder de facto verhindern würde und soweit die Entwicklung des Handelsverkehrs nicht in einem Ausmaß beeinträchtigt wird, das den Interessen der Gemeinschaft zuwiderläuft. Zu den Interessen der Gemeinschaft gehört insbesondere der Wettbewerb um zugelassene Kunden in Übereinstimmung mit dieser Richtlinie und Art. 90 [Art. 86 EG; d.Verf.] des Vertrags.

> **Art. 86 II EG:** Für Unternehmen, die mit Dienstleistungen von allgemeinem wirtschaftlichen Interesse betraut sind oder den Charakter eines Finanzmonopols haben, gelten die Vorschriften dieses Vertrages, insbesondere die Wettbewerbsregeln, soweit die Anwendung dieser Vorschriften nicht die Erfüllung der ihnen übertragenen besonderen Aufgabe rechtlich oder tatsächlich verhindert. Die Entwicklung des Handelsverkehrs darf nicht in einem Ausmaß beeinträchtigt werden, das dem Interesse der Gemeinschaft zuwiderläuft.

Art. 86 II EG trägt dem nationalen Interesse an selbständiger Gestaltung der Wirtschaftspolitik trotz zunehmenden Wettbewerbsdrucks des Binnenmarktkonzepts Rechnung[834]. Der Dienstleistungsbegriff des Art. 86 II EG entspricht nicht dem des Art. 50 EG[835]. Er schließt, auf den französischen Begriff des „Service public" zurückgehend, auch die Versorgung mit Sachleistungen ein[836].

---

bietet § 6 III EnWG keinen Schutz dagegen, daß die Abnehmer gegenüber ihren Ökostromlieferanten vertragsbrüchig werden und den Netzbetreiber auffordern, trotz des weiterhin gültigen Durchleitungsvertrages zwischen dem Netzbetreiber und dem bisherigen Lieferanten nun den Strom von einem dritten Anbieter durchzuleiten.

834 Vgl. nur EuGH, Slg. 1997, 5819 Tz. 55 (Kommission/Frankreich „Ausschließliche Ein- und Ausfuhrrechte").

835 H.M. vgl. nur: **Hochbaum**, in: Groeben/Thiesing/Ehlermann, Art. 90 Rdnr. 52; **Pernice**, in: Grabitz/Hilf, Art. Art. 90 Rdnr. 35.

836 Vgl. **Hochbaum**, in: Groeben/Thiesing/Ehlermann, Art. 90 Rdnr. 52 m.w.N.

Der Begriff des allgemeinen wirtschaftlichen Interesses kennzeichnet Dienstleistungen, bei denen es zweckmäßig oder notwendig ist, daß sich der Preis nicht nach dem Gesetz von Angebot und Nachfrage richtet und es sich, im Gegensatz zum Begriff des eigenen Interesses einer Privatperson oder einer einzelnen Gruppe, um ein solches handelt, das im allgemeinen öffentlichen Interesse liegt[837]. Dienstleistungen von allgemeinem wirtschaftlichen Interesse sind deshalb jedenfalls alle wirtschaftlichen Aktivitäten zur Sicherung einer unerläßlichen Grundversorgung der Allgemeinheit mit lebensnotwendigen Diensten (Daseinsvorsorge bzw. Universaldienstleistung)[838]. Weitgehend anerkannt ist, daß es sich bei der Versorgung mit Elektrizität um eine Dienstleistung von allgemeinem wirtschaftlichen Interesse handelt und damit das Anwendungsfeld des Art. 86 II EG eröffnet ist[839].

Darüber hinaus setzt die Berufung auf die Ausnahmevorschrift des Art. 86 II 1 EG voraus, daß Unternehmen vom Staat mit der Erbringung derartiger Dienstleistungen betraut worden sind. Erforderlich ist ein Akt öffentlicher Gewalt[840], der allerdings nicht zwingend durch eine Rechtsvorschrift erfolgen muß, sondern auch mittels öffentlich rechtlicher Konzession geschehen kann[841]. Die überwiegende Ansicht im Schrifttum geht davon aus, daß Elektrizitätsversorgungsunternehmen Unternehmen sind, die mit Dienstleistungen von allgemeinem wirtschaftlichen Interesse betraut sind[842]. Diese Vorstellung liegt auch der EltRL zugrunde:

> **Erwägungsgrund 18 EltRL:** Die Umsetzung dieser Richtlinie wird sich auf die Tätigkeit solcher Unternehmen [die mit Dienstleistungen von allgemei-

---

837 Vgl. Stellungnahme der Klägerin in: EuGH, Slg. 1991, 5889, 5895 (Hafen von Genua); **Dohms**, in: Wiedemann (Hrsg.), § 35 Rdnr. 285 f (S. 1118 f).

838 Vgl. **Dohms**, in: Wiedemann (Hrsg.), § 35 Rdnr. 290 ff (S. 1119 ff); **Mestmäcker**, in: Immenga/Mestmäcker, EG-Wettbewerbsrecht, Art. 37, 90 Kap. D Rdnr. 7 - 13; **Pernice**, in: Grabitz/Hilf, Art. 90 Rdnr. 35.

839 Vgl. **Baur**, RdE 1999, 85, 86; **Dohms**, in: Wiedemann (Hrsg.), § 35 Rdnr. 286 (S. 1118 f); **Hüffer/Ipsen/Tettinger**, S. 129; **Tettinger**, DVBl. 1994, 88, 89.

840 Vgl. EuGH, Slg. 1974, 313, Tz. 19/22 (BRT/SABAM und Fonior); EuGH, Slg. 1981, 2021, Tz. 7 (Züchner).

841 Vgl. EuGH, Slg. 1994, 1508 Tz. 47 (Almelo).

842 Vgl. **Basedow**, JNpolÖ Bd. 16 (1997), S. 121, 131; **Baur**, RdE 1992, 41, 44 unter Hinweis auf: EuGH, WuW/E EWG/MUV, 841, 848 (Flugtarife); **Emmerich**, Wirtschaftsrecht, S. 446; **Koch**, in: Grabitz/Hilf, vor Art. 85 Rdnr. 29; **Lukes**, RIW 1998, 581, 586; **Oppermann**, Rdnr. 1329 (S. 539); **Pernice**, in: Grabitz/Hilf, Art. 90 Rdnr. 37; **Pielow**, S. 85; **Rapp-Jung**, RdE 1994, 165, 168; **Schröter**, in: Groeben/Thiesing/Ehlermann, Vorb. zu den Art. 85-94 Rdnr. 41; **Scholz/Langer**, S. 161 f; **Jarass**, S. 88; **Seidel**, EuR 1988, 129 , 142.

> nem wirtschaftlichen Interesse betraut sind, vgl. Erwägungsgrund 17 EltRL; d. Verf.] auswirken[843].

Vom Bundeskartellamt und von Teilen des Schrifttums wird eine Betrauung im Sinne des Art. 86 II EG deutscher EltVU verneint[844]. Ob diese Position gemeinschaftsrechtlich zu dem Ergebnis führen müßte, daß Deutschland sich nicht auf die Ablehnungsermächtigungen der Richtlinie berufen könnte, die Ausdruck der Sonderregelung des Art. 86 II EG sind, muß bezweifelt werden. Die Zweifel beruhen darauf, daß im Gemeinschaftsrecht der Grundsatz gilt, daß sich die Ordnungszwänge, die sich aus der Errichtung des Gemeinsamen Marktes ergeben, nicht derart ungleichgewichtig auf die Mitgliedstaaten auswirken dürfen, daß sich für ihre ungleiche Belastung eine Begründung nicht mehr finden läßt[845]. Darüber hinaus steht es den Mitgliedstaaten tatsächlich frei, die Unternehmen durch einen hoheitlichen Akt mit der betreffenden Aufgabe zu betrauen. Auch die Europäische Kommission geht von einer Betrauung deutscher EVU im Sinne des Art. 86 II EG, soweit sie die Grundversorgung sichern, aus[846].
Für die in Art. 86 II EG vorgesehene Befreiung von den „Vorschriften dieses Vertrages"[847] genügt es nicht, daß das betreffende Unternehmen mit einer Dienstleistung von allgemeinem wirtschaftlichen Interesse betraut ist. Es ist außerdem erforderlich, daß die Anwendung der Vorschriften des Vertrages die Erfüllung der diesem Unternehmen übertragenen besonderen Aufgaben rechtlich oder tatsächlich verhindert und die Entwicklung des Handelsverkehrs nicht über Gebühr beeinträchtigt wird. Da es sich um eine Vorschrift handelt, die Ausnahmen von essentiellen Vertragsgarantien zuläßt, wird

---

843 Im übrigen läßt die Richtlinie in Art. 3 II, III EltRL erkennen, daß eine „Betrauung" jedenfalls für den Bereich der Elektrizitätswirtschaft schon in der Auferlegung gemeinwirtschaftlicher Verpflichtungen im Allgemeininteresse seitens der Mitgliedstaaten liegt, **Baur**, in: VEnergR 84, S. 13, 27.

844 Vgl. BKartA, WuW/E BKartA, 2859, 2867 (Stadt Nordhorn); WuW/E BKartA, 2648, 2654 (Ruhrgas/Thyssengas); **Arndt**, RIW 1989, Beilage 7 zu Heft 10/89, 21; **Dohms**, in: Wiedemann (Hrsg.), § 35 Rdnr. 300 ff (S. 1121 ff); **Hochbaum**, in: Groeben/Thiesing/Ehlermann, Art. 90 Rdnr. 84 ff; **Mestmäcker**, in: Immenga/Mestmäcker, EG-Wettbewerbsrecht, Art. 37/90 Kap. D Rdnr. 35; **Niederleithinger**, in: RTW 47, S. 63, 73 ff.

845 So: **Seidel**, EuR 1988, 129, 138. Ähnlich: **Hochbaum**, in: Groeben/Thiesing/Ehlermann, Art. 90 Rdnr. 86; **Niederleithinger**, in: RTW 47, S. 63, 79.

846 Vgl. Europäische Kommission, WuW/E EV 1887, 1897 (Jahrhundertvertrag VIK-GVSt).

847 Art. 86 II EG rechtfertigt auch Eingriffe in die Warenverkehrsfreiheit, EuGH, Slg. 1997, 5768, Tz. 26 ff (Kommission/Niederlande „Ausschließliche Einfuhrrechte"); EuGH, Slg. 1997, 5793 Tz. 38 ff (Kommission/Italien „Ausschließliche Ein- und Ausfuhrrechte"); EuGH, Slg. 1997, 5819, Tz. 44 ff (Kommission/Frankreich „Ausschließliche Ein- und Ausfuhrrechte").

der Anwendungsbereich des Art. 86 II EG vom Gerichtshof eng interpretiert[848]. Tatbestandlich greift er nicht bei jeder rechtlich oder tatsächlichen Beeinträchtigung der Aufgabenerfüllung ein, sondern setzt deren Verhinderung voraus[849]. Ob eine Verhinderung in diesem Sinne zu bejahen ist, hängt letztlich davon ab, wie weit die spezifischen übertragenen Aufgaben reichen. Allerdings läßt die aktuelle Rechtsprechung des EuGH zu Art. 86 II EG, wenn es um die Sicherung eines Universaldienstes geht, eine großzügigere Handhabung dieser Ausnahmevorschrift erkennen, begründet insbesondere in den Entscheidungen des EuGH zu den ausschließlichen Ein- und Ausfuhrrechten für Elektrizität und Gas:

> „Der Gerichtshof hat jedoch festgestellt, daß der Tatbestand des Art. 90 Absatz 2 EG-Vertrag nicht erst dann erfüllt ist, wenn das finanzielle Gleichgewicht oder das wirtschaftliche Überleben des mit einer Dienstleistung von allgemeinem wirtschaftlichen Interesse betrauten Unternehmens bedroht ist. Vielmehr genügt es, wenn ohne die streitigen Rechte die Erfüllung der dem Unternehmen übertragenen besonderen Aufgaben gefährdet wäre. Im Übrigen ergibt sich aus dem Urteil Courbeau, daß der Tatbestand des Artikels 90 Absatz 2 namentlich dann erfüllt ist, wenn die Beibehaltung dieser Rechte erforderlich ist, um ihrem Inhaber die Erfüllung seiner im allgemeinen wirtschaftlichen Interesse liegenden Aufgaben zu wirtschaftlich tragbaren Bedingungen zu ermöglichen“ [850].

Die gestiegene Bedeutung der Sicherung der Funktionsbedingungen für das Erbringen der Dienstleistungen von allgemeinem wirtschaftlichen Interesse äußert sich auch in der Anerkennung dieser Zielsetzung durch Art. 16 EG[851].

> **Art. 16 EG:** Unbeschadet der Art. 73, 86 und 87 und in Anbetracht des Stellenwerts, den Dienste von allgemeinem wirtschaftlichen Interesse innerhalb der gemeinsamen Werte der Union einnehmen, sowie ihrer Bedeutung bei der Förderung des sozialen und territorialen Zusammenhalts tragen die Gemeinschaft und die Mitgliedstaaten im Rahmen ihrer jeweiligen Befugnisse

---

[848] Vgl. EuGH, Slg. 1974, 313, Tz. 19/22 (BRT/SABAM und Fonior).

[849] Statt vieler: **Oppermann**, Rdnr. 1057 (S. 404).

[850] EuGH, Slg. 1997, 5768, Tz. 52 f (Kommission/Niederlande „Ausschließliche Einfuhrrechte“); vgl. auch: EuGH, Slg. 1997, 5793 Tz. 53 (Kommission/Italien „Ausschließliche Ein- und Ausfuhrrechte“); EuGH, Slg. 1997, 5819, Tz. 95 (Kommission/Frankreich „Ausschließliche Ein- und Ausfuhrrechte“); EuGH, Slg. 1993, 2563 Tz. 16 (Courbeau) und aus der neueren Rspr. das Urteil des EuGH zum Remailing, EuGH, NJW 2000, 2261.

[851] Diese Bestimmung weist eine Vielzahl offener Fragen auf, dazu: **Pielow**, S. 96 ff; **Tettinger**, RdE 1999, 45, 48 f. Vgl. zur Entstehungsgeschichte auch: **Dohms**, in: Wiedemann (Hrsg.), § 35 Rdnr. 405 ff (S. 1156).

und im Anwendungsbereich dieses Vertrages dafür Sorge, daß die Grundsätze und Bedingungen für das Funktionieren dieser Dienste so gestaltet sind, daß sie ihren Aufgaben nachkommen können.

Noch nicht abschließend geklärt ist die Frage, wann eine sachliche oder rechtliche Gefährdung der übertragenen Aufgabe vorliegt, ob es hierfür ausschließlich auf die Betrachtung des einzelnen übertragenen Dienstes ankommt[852] oder ob entscheidend ist, daß das betreffende Unternehmen insgesamt nicht mehr in der Lage ist, der Verpflichtung nachzukommen[853].
Neben der Sicherung der wirtschaftlichen Voraussetzungen, unter denen das betreffende Unternehmen tätig wird, kommt es aber auch auf den regulatorischen Rahmen für die Erbringung der Dienstleistung von allgemeinem wirtschaftlichen Interesse an, insbesondere auf Vorschriften über den Umweltschutz[854]. Können die Unternehmen, die hieraus erwachsenden Verpflichtungen nicht ohne Verstoß gegen die Wettbewerbsvorschriften erfüllen, ist von einer Rechtfertigung nach Art. 86 II EG auszugehen.
Die Grenzen dieses nationalen Ordnungsrahmens werden durch gemeinschaftsrechtliche Zielsetzungen gezogen, insbesondere durch die Gemeinschaftsschranke des Art. 86 II S.2 EG[855]. Die mit dem Übergang von einer „Verhinderung" zu einer bloßen „Gefährdung" einhergehende Stärkung der Befugnisse der Mitgliedstaaten in bezug auf die Steuerung der service public Unternehmen hat gleichzeitig zu einer höheren Bedeutung des Satzes 2 des Art. 86 II EG geführt[856]. Die richterliche Abwägung zwischen den nationalen Interessen an der Sicherung der Erbringung der entsprechenden Universalverpflichtung und dem gemeinschaftlichen Interesse an der Einhaltung der Regeln des EG-Vertrages hat zu berücksichtigen, daß der Rat mit dem Erlaß der EltRL dem Ziel der Vereinheitlichung der Elektrizitätsmärkte im Gemeinschaftsinteresse Rechnung trägt und auf diese Weise das Gemeinschaftsinteresse konkretisiert, in dem er eine gemein-

---

852 So der EuGH in der Remailing-Entscheidung, EuGH, NJW 2000, 2261, 2263 Tz. 50 ff; vgl. auch BGH, WuW/E BGH DE-R 1f (Auslandspost-Remailing).

853 So: Schlußanträge des GA in der Remailing-Entscheidung des EuGH (EuGH, NJW 2000, 2261; dort nicht abgedr.); vgl. dazu: **Bartosch**, NJW 2000, 2251, 2252.

854 Vgl. EuGH, Slg. 1994 1508 Tz. 49 (Almelo); **Dohms**, in: Wiedemann (Hrsg.), § 35 Rdnr. 315, 316 (S. 1128 f); **Pielow**, S. 87.

855 Vgl. **Dohms**, in: Wiedemann (Hrsg.), § 35 Rdnr. 315 (S. 1128).

856 Vgl. **Bartosch**, NJW 2000, 2251, 2252; **Ehricke**, EuZW 1998, 741, 746 f.

schaftsweite Regelung erläßt, die innerstaatliche Maßnahmen überflüssig macht[857]. Diese gemeinschaftsweite Regelung zielt hauptsächlich auf die Erreichung des in der Richtlinie detailliert beschriebenen Mindestmarktöffnungsgrades (vgl. Art. 3 III S.2 EltRL). Soweit also der staatliche Rechtsrahmen den sonstigen Vorgaben des EG-Vertrages entspricht und den Mindestmarktöffnungsgrad nicht in Frage stellt, dürfte unternehmerisches Handeln der EltVU, das diesen Vorgaben entspricht, von Art. 86 II EG gedeckt sein. Dieser Mindestmarktöffnungsgrad ist trotz der besonderen Einschränkungen des § 6 III EnWG und des Art. 4 § 3 NeuregelungsG gewährleistet. Die Regelung des § 6 III EnWG begegnet keinen europarechtlichen Bedenken[858].

3. Elektrizität aus Anlagen zur Nutzung erneuerbarer Energien

Das EnWG hat auf eine nähere Bestimmung des Begriffs „erneuerbare Energien" verzichtet[859]. Die amtliche Begründung des Regierungsentwurfs und die Stellungnahme des Bundestagswirtschaftsausschusses beschränken sich auf die Betonung der besonderen Bedeutung erneuerbarer Energien und der Kraft-Wärme-Kopplung[860]. Die Ursache hierfür liegt vermutlich darin, daß mit dem abschließenden Katalog des StrEinspG/EEG bereits eine hinreichende Definition erfolgt und anzunehmen ist, daß der Gesetzgeber einen Rechtsbegriff innerhalb desselben Rechtsgebietes nicht mit unterschiedlicher Bedeutung verwendet[861], zumal in den parlamentarischen Beratungen zur Reform des EnWG auch das Fördersystem des StrEinspG diskutiert worden ist[862].
Erneuerbar sind also entsprechend der Definition im StrEinspG/EEG nur die Energieträger Wasserkraft, Sonne, Wind, Deponiegas, Klärgas und Biomasse (§ 2 I S.1 EEG). Anlaß zu weiterer Prüfung bietet die Überlegung, ob die Beschränkungen des StrEinspG/EEG (§ 2 I, II EEG) auch innerhalb des § 6 III EnWG gelten.

---

857 Allgemein zur Richtliniengesetzgebung: **Dohms**, in: Wiedemann (Hrsg.), § 35 Rdnr. 373 (S. 1146); **Pernice**, in: Grabitz/Hilf, Art. 90 Rdnr. 58; **Stewing**, EuR 1993, 41, 60.

858 Vgl. **Papoutsis**, ZNER 1998, Heft 3, 66 ff; Europäische Kommission, Entscheidung v. 08. Juli 1999, Tz. 26 ff.

859 Im Gegensatz zu den Reformvorschlägen der SPD - Fraktion, des Saarlandes und der PDS - Fraktion, die eine exakte Aufzählung der erneuerbaren Energieträger enthielten; vgl. § 2 Nr. 7 SPD-E; § 2 Nr. 7 E des Saarlandes.

860 Vgl. z.B. RegE, BT-Drs. 13/7274, S. 17., 30 ff; BT-Wirtschaftsausschuß, BT-Drs. 13/9211, S. 24 f.

861 Vgl. **Bydlinski**, S. 447 f.

862 Vgl. BT-Wirtschaftsausschuß, BT-Drs. 13/9211, S. 25 f.

§ 2 I EEG: Dieses Gesetz regelt die Abnahme und Vergütung von Strom, der ausschließlich aus Wasserkraft, Windkraft, solarer Strahlungsenergie, Geothermie, Deponiegas, Klärgas, Grubengas oder aus Biomasse ...

§ 2 II EEG: Nicht erfasst wird Strom

1. aus Wasserkraftwerken, Deponiegas- oder Klärgasanlagen mit einer installierten elektrischen Leistung über fünf Megawatt oder aus Anlagen, in denen der Strom aus Biomasse gewonnen wird, mit einer installierten elektrischen Leistung über 20 Megawatt sowie
2. aus Anlagen, die zu über 25 Prozent der Bundesrepublik Deutschland oder einem Bundesland gehören, und
3. aus Anlagen zur Erzeugung von Strom aus solarer Strahlungsenergie mit einer installierten elektrischen Leistung über fünf Megawatt.

Die Reichweite der Ausschließlichkeitsklausel des § 2 I EEG ist selbst im Anwendungsbereich des StrEinspG/EEG nicht abschließend geklärt. Einigkeit besteht nur insoweit, als der Anwendung des EEG nicht entgegensteht, daß zur Stromerzeugung aus erneuerbaren Energien häufig eine Zünd- oder Stützfeuerung nötig ist[863]. Ungeklärt ist indessen, ob die Ausschließlichkeitsklausel im EEG auch soweit eingeschränkt werden darf, daß die Verpflichtungen nach dem StrEinspG/EEG bereits dann eingreifen, wenn nur eine „Mischgewinnung" erfolgt[864]. Wegen des identischen Schutzzweckes - Ressourcenschonung und Klimaschutz - des EEG und des § 6 III EnWG wird das Ergebnis dieser Streitfrage unmittelbaren Einfluß auf die Definition der „Anlagen zur Nutzung erneuerbarer Energien" in § 6 III EnWG haben.

Demgegenüber können die Ausschlußgründe des § 2 II EEG im EnWG keine Wirkung entfalten. Ihre Rechtfertigung leitet diese Ablehnung aus den unterschiedlichen Zwecksetzungen des § 2 II EnWG einerseits und dem § 6 III EnWG andererseits ab. Die anlagenbezogenen Ausschlußgründe des § 2 II Nr. 1 und 3 EEG sind deshalb in das EEG aufgenommen worden, weil dem Gesetzgeber generell wegen der Größenvorteile ab einer bestimmten Leistung die Wirtschaftlichkeit von Anlagen auch ohne eine besondere staatliche Förderung als hinreichend gesichert erschien, obwohl große und kleine Anlagen zur Elektrizitätserzeugung aus regenerativen Energieträgern gleichermaßen zum Umwelt- und Ressourcenschutz beitragen[865]. Diese Erwartung beruhte auf der Zu-

---

863 Vgl. BT-Wirtschaftsausschuß zum EEG, BT-Drs. 14/2776, S. 21.

864 Dazu: **Salje**, EEG, § 2 Rdnr. 71 ff m.w.N.

865 Vgl. Gesetzentwurf der CDU-/CSU Fraktion, BT-Drs. 11/7816, S. 4.

lässigkeit geschlossener Versorgungsgebiete. Mit der Einführung von Wettbewerb ist die Wirtschaftlichkeit von Anlagen zur Stromerzeugung aus erneuerbaren Energien durch ein zusätzliches Moment gefährdet, nämlich die Abwanderung von Abnehmern. Diese Gefahr ist nicht auf kleine Anlagen beschränkt.
Der Schutz des § 6 III EnWG wirkt ebenfalls zugunsten solcher Anlagen, an denen die öffentliche Hand mit mindestens 25 % beteiligt ist (§ 2 II Nr. 2 EEG). Die Gefahr der Unrentabilität droht Anlagen zur Erzeugung von Strom aus erneuerbaren Energieträgern unabhängig davon, ob sie sich im Besitz der öffentlichen Hand befinden oder nicht.

4. Elektrizität aus Kraft - Wärme - Kopplungsanlagen

Kraft - Wärme Kopplung ist die gleichzeitige Umwandlung von eingesetzter Energie in mechanische oder elektrische Energie und Nutzwärme in einer technischen Anlage, § 2 III S.1 KWK-G. Im Gegensatz zu konventionellen Großkraftwerken, bei denen zur Erzeugung mechanischer Energie durch Verbrennen fossiler Energieträger ein großes Wärmepotential zum Großteil ungenutzt in die Umgebung entweicht, wird diese Restwärme in KWK - anlagen zur Heizwasseraufwärmung oder Dampfproduktion genutzt[866]. Dadurch wird der Energienutzungsgrad von thermischen Kraftwerken beträchtlich erhöht und ein wesentlicher Beitrag zur Einsparung von Primärenergie und zur Sicherung der Ressourcen geleistet[867].
„Anlagen" im Sinne des § 6 III EnWG sind technische Produktionsstätten, in denen neben der Erzeugung elektrischer Energie gleichzeitig nutzbare Wärme gewonnen wird (§ 2 II S.2 KWK-G).

5. Die speziellen anlagenbezogenen Voraussetzungen des § 6 III EnWG für KWK-strom

Die Abwägungsklausel des § 6 III EnWG gilt zugunsten von Anlagen auf der Basis von Kraft - Wärme - Kopplung nur, wenn die dort genannten drei Voraussetzungen kumulativ erfüllt sind. Der Grund für diese besondere Restriktion besteht darin, daß der mit der Privilegierung verbundene Ausschluß von Wettbewerb durch den Einsatz einer Vielzahl von Anlagen mit einer nur sehr geringen und dem Ziel der Ressourcenschonung

[866] Vgl. **Schmitz/Koch**, S. 5, 31.

[867] Vgl. **L. Müller**, S. 260.

nur marginal entsprechenden Abwärmenutzung durch die Versorgungsunternehmen nach Ansicht des Gesetzgebers nicht zum Regelfall werden sollte[868].

a) Das Tatbestandsmerkmal „fernwärmeorientiert"

An erster Stelle nennt der Wortlaut des § 6 III EnWG das Kriterium der Fernwärmeorientiertheit der Anlage. Nach den Begriffsbestimmungen der Versorgungswirtschaft ist eine KWK-anlage wärmeorientiert ausgelegt, wenn die Gewinnung von Wärme vorrangig ist und die Erzeugung elektrischer Energie einen nachrangigen Einfluß auf die Hauptparameter der Anlage hat[869]. Dem Begriff der wärmeorientierten Betriebsweise wird der des stromorientierten Betriebs gegenübergestellt. Hier steht die Gewinnung elektrischer Energie im Vordergrund, die Wärmeerzeugung hat nur einen nachrangigen Einfluß auf die Konzeption der Anlage[870]. Das Tatbestandsmerkmal „fernwärmeorientiert" bezieht sich ausschließlich auf die Auslegung der Anlage, nicht auf den Betrieb der Anlage. Soll auf den Betrieb der Anlage abgestellt werden, wird nach branchenüblicher Terminologie der Ausdruck „wärmegeführt" verwendet[871]. Daß es nur auf die Konzeption der Anlage und nicht darauf ankommt, wie der Betrieb geführt ist, ergibt sich aber auch daraus, daß die betreffende Anlage nicht je nach Betriebsweise das eine Mal geschützt, das andere Mal ungeschützt sein kann[872]. In welchem Umfang diese Anlagen konkret wärmeseitig ausgelegt sein müssen, entscheidet sich nach der Branchenüblichkeit[873]. Als Anhaltspunkt wird im Schrifttum eine Größe von 2.500 Jahresstunden thermischer Vollast genannt[874]. Diese Größe soll einerseits gewährleisten, daß die Schutzwürdigkeit von Anlagen nicht deshalb entfällt, weil sie in thermisch

---

868 Vgl. **Rexrodt**, Stenographischer Bericht des Bundesrates zur 707. Sitzung am 19.12.1996, Plenarprotokoll 707, S. 694 f: „Auch Kraft-Wärme-Kopplung und Fernwärme müssen sich im Wettbewerb behaupten. Es geht nicht an, daß wir KWK dort durchsetzen und Wärmeversorgung dort vorsehen, wo es sich nicht lohnt, wo keine Abnehmer für Fernwärme vorhanden sind und diese in hohem Maße subventioniert werden muß, im ländlichen Raum oder in den Weichbildern der Städte."

869 **VDEW/BGW**, Begriffe, Nr. 1.13.2.; **Bericht des AK Energiepolitik**, S. 39, vgl. auch **Schmitz/Koch**, S. 22.

870 **VDEW/BGW**, Begriffe, Nr. 1.13.1.

871 **Gronau**, in: Böwing u.a. (Hrsg.), EnWG 1998, § 6 Anm. 19.1 (S. 135).

872 Vgl. **Britz**, in: Ludwig/Odenthal, § 6 Rdnr. 80; **Harms**, RdE 1999, 165, 169.

873 BT-Wirtschaftsausschuß, BT-Drs. 13/9211, S. 25.

874 Vgl. **Harms**, RdE 1999, 165, 170.

schwachlastigen Sommermonaten überwiegend oder ganz stromorientiert arbeiten, andererseits soll diese Größe aber verhindern, daß nur solche Anlagen geschützt werden, die thermisch nur während einiger kalter Wintermonate voll in Anspruch genommen werden können[875].

Im elektrizitätswirtschaftlichen Sinne ist „Fernwärme" der Oberbegriff für alle Formen der Wärmeversorgung. Er schließt deshalb im Gegensatz zum üblichen Sprachgebrauch die Nahwärmeversorgung, also den Wärmetransport über kurze Strecken, ein[876].

b) „Umwelt- und ressourcenschonend" im Sinne des § 6 III EnWG

Diese Privilegierungsvoraussetzung bedarf deshalb näherer Untersuchung, weil der Betrieb von KWK-anlagen generell umwelt- und ressourcenschonenden Charakter hat, vgl. § 2 IV EnWG.

Die in KWK-anlagen wirtschaftlich sinnvolle Nutzung der Abwärme vermeidet im Vergleich zur getrennten Strom- und Wärmeerzeugung eine doppelte Inanspruchnahme natürlicher Ressourcen. Das KWK - prinzip ermöglicht Brennstoffeinsparungen in der Größenordnung von rund 37 % gegenüber anderen Heizformen[877]. „Ressourcenschonend" bezieht sich also auf die Einsparung von Primärenergieträgern.

Die umweltschonende Arbeitsweise der KWK geht über die Ressourcenschonung hinaus und bezieht sich auf die Emissionswerte der Anlage[878]. Der Betrieb einer KWK-anlage läßt viele kleine kohle- oder ölbefeuerte Einzelheizungen entfallen und reduziert dadurch die Gesamtemissionsbelastung[879].

Für eine speziell tatbestandsbezogene Auslegung dieses Begriffspaares spricht, daß über § 2 IV EnWG hinaus ein nochmaliges Bedürfnis für eine nur klarstellende Betonung der besonders umweltfreundlichen Wirkungsweise von KWK-anlagen in § 6 III EnWG nicht bestanden hat und auch der Wirtschaftsausschuß des Deutschen Bundestages, auf den die Formel zurückgeht, betont hat, nur Anlagen schützen zu wollen, die einen ausreichend hohen Gesamtwirkungsgrad haben[880]. Folglich arbeitet nicht jede

---

[875] **Harms**, RdE 1999, 165, 169 f.

[876] Vgl. **VDEW/BGW**, Begriffe, Nr. 1.1.; **Gronau**, in: Böwing u.a. (Hrsg.), EnWG 1998, § 6 Anm. 19.1 (S. 135); **L. Müller**, S. 260.

[877] Vgl. Bergbau - Information Nr. 10/2000, S. 5.

[878] Vgl. **Bericht des AK Energiepolitik**, S. 39; **Britz**, in: Ludwig/Odenthal, § 6 Rdnr. 81.

[879] Vgl. **L. Müller**, S. 260.

[880] S. BT-Wirtschaftsausschuß, BT-Drs. 13/9211, S. 25.

KWK-anlage umwelt- und ressourcenschonend im Sinne des § 6 III EnWG[881]. Aus dem Anwendungsbereich dieser Norm fallen diejenigen KWK-anlagen heraus, deren Wirkungsgrad dem Durchschnitt der Branche nicht entspricht oder deren Emissionswerte über denen vergleichbarer Anlagen liegen[882].

c) Die technisch - wirtschaftliche Sinnhaftigkeit der Anlage

Die Auslegung dieses zweiten Begriffspaares hat zu berücksichtigen, daß der Begriff „technisch - wirtschaftlich sinnvoll" nicht in seine zwei Bestandteile zerlegt werden darf. Der Bindestrich zeigt, daß weder einseitig auf den Stand der Technik abgestellt werden darf noch allein Wirtschaftlichkeitserwägungen maßgeblich sein sollen[883]. Unter Berücksichtigung der Anordnung beider Adjektive wird wirtschaftlich als Korrektiv der technischen Sinnhaftigkeit verstanden werden müssen. Hiernach ist eine KWK-anlage nicht schutzwürdig, die zwar dem neuesten Stand von Wissenschaft und Technik entspricht, aber im Vergleich mit branchenüblichen Kriterien nur mit wirtschaftlich unvertretbarem Aufwand betrieben werden könnte. Ziel ist also nicht Umwelt- und KWK-schutz um jeden Preis, sondern nur, soweit er mit wirtschaftlich vertretbarem Aufwand erreicht werden kann. Die Vertretbarkeit bemißt sich für neu zu errichtende Anlagen danach, ob die Mehrkosten der KWK-anlage gegenüber den Kosten eines reinen Heizwerkes über die Erträge aus der Stromerzeugung gedeckt werden können[884]. Über die Schutzwürdigkeit bereits in Betrieb genommener Anlagen entscheidet dagegen die Frage, ob ihr Weiterbetrieb oder ihre Stillegung wirtschaftlich sinnvoller ist[885]. Hierfür können die Investitionskosten unberücksichtigt bleiben, da das Tatbestandsmerkmal „technisch-wirtschaftlich sinnvoll" nur einer Begrenzung des Kreises der privilegierten Anlagen dient und die „Verhinderung des wirtschaftlichen Betriebs" ein ausreichendes Korrektiv darstellt.

---

[881] Vgl. **Bericht des AK Energiepolitik**, S. 39; **Gronau**, in: Böwing u.a. (Hrsg.), EnWG 1998, § 6 Anm. 19.2 (S. 136).

[882] Vgl. **Bericht des AK Energiepolitik**, S. 39, **Danner**, in: Eiser/Riederer/Obernolte/Danner, § 6 EnWG Rdnr. 14; **Harms**, RdE 1999, 165, 170.

[883] **Harms**, RdE 1999, 165, 170.

[884] Vgl. **Bericht des AK Energiepolitik**, S. 40; **Danner**, in: Eiser/Riederer/Obernolte/Danner, § 6 EnWG Rdnr. 14.

[885] Vgl. **Harms**, RdE 1999, 165, 171.

Die Wirtschaftlichkeitsprüfung hat sich an aktuellen Maßstäben zu orientieren und ist nicht auf den Zeitpunkt der Errichtung der Anlage bezogen[886].

d) Der maßgebliche Zeitpunkt für den Nachweis der anlagenbezogenen Voraussetzungen

Maßgeblicher Zeitpunkt für die Erfüllung und den Nachweis der Kriterien des § 6 III EnWG ist der der Abgabe der schriftlich begründeten Ablehnungserklärung nach § 6 I S.3 EnWG[887]. § 6 I S.3 EnWG bewirkt keine Präklusion für nicht rechtzeitig erklärte Ablehnungsgründe[888]. Deshalb sind sowohl das Nachholen der Ablehnungserklärung als auch das Nachschieben von Tatsachen zulässig, die die Verweigerung des Netzzuganges begründen sollen und zwar bis zur letzten mündlichen Verhandlung. Unberührt bleibt das Recht des Durchleitungsinteressenten, Ersatzansprüche wegen der Verletzung der Pflicht aus § 6 I S.3 EnWG geltend zu machen.

6. Die Verdrängung privilegierter Elektrizität

Das besondere Gewicht des Absatzes 3 kommt in der Abwägung nur dann zum Tragen, wenn Elektrizität aus den soeben beschriebenen Anlagen durch die beantragte Durchleitung „verdrängt“ würde.

Zweifelsfrei kann eine Verdrängung im Sinne kausaler Verknüpfung nur dort festgestellt werden, wo der von der Durchleitung betroffene bisherige Lieferant seinen gesamten Elektrizitätsabsatz mit Strom aus dieser (diesen) Anlage(n) deckt. Jede Reduzierung der Absatzmenge führt zu einer Verdrängung geschützten Stromes. Erfolgt die Versorgung aus einem Mix zwischen privilegierter Elektrizität und konventionellem Strom, gestaltet sich die Betrachtung schwieriger. Aufgrund der physikalischen Gesetzmäßigkeiten läßt sich der vom Kunden entnommene elektrische Strom keiner bestimmten Anlage zuordnen. Eine kausale Verknüpfung von Durchleitung und Verdrängung ökologisch wertvollen Stroms kann deshalb eindeutig erst festgestellt werden, wenn der Netzbetreiber zuvor die Quote des Fremdbezugs oder die der Eigenerzeugung

---

886 Vgl. **Gronau**, in: Böwing u.a. (Hrsg.), EnWG 1998, § 6 Anm. 19.3.3. (S. 139); **Harms**, RdE 1999, 165, 169 ff.

887 **Harms**, RdE 1999, 165, 169. So auch: **Bericht des AK Energiepolitik**, S. 40.

888 S. oben Teil 3: B III 3 d.

herkömmlichen Stroms der jeweils betroffenen Laststufe (Grund- Mittel- oder Höchstlast) auf Null reduziert hat[889].
Vor dem Hintergrund des Zwecks des § 6 III EnWG muß aber über diese Form der Verdrängung hinaus auch eine solche kraft wirtschaftlichen Zwangs anerkannt werden. Eine Verdrängung in diesem Sinne liegt vor, wenn der aktuelle Anteil konventionellen Stroms an der Gesamtstromabgabe zur Subvention des Ökostroms notwendig ist und die beantragte Durchleitung diese erforderliche Menge konventionell erzeugten Stroms reduziert, so daß der Anteil von Ökostrom um den Teil gesenkt werden müßte, der trotz Durchleitung noch ausreichend subventioniert werden könnte[890].

7. Die Verhinderung des wirtschaftlichen Betriebes der Anlage

Folge im Sinne kausaler Verknüpfung der Verdrängung privilegierter Elektrizität muß die Verhinderung des wirtschaftlichen Betriebs der Anlage sein (vgl. § 6 III EnWG „dadurch"). Ist die Anlage aus einem anderen Grund als dem der Verdrängung von Elektrizität unwirtschaftlich, so genießt sie innerhalb der Prüfung der Unzumutbarkeit nach § 6 I S.2 EnWG nicht den besonderen Schutz des Absatzes 3[891].

a) Der Wirtschaftlichkeitsbegriff

Der „wirtschaftliche Betrieb" ist nach dem eindeutigen Gesetzeswortlaut auf die einzelne Anlage, nicht auf das gesamte Unternehmen bezogen. Ein wirtschaftlicher Betrieb ist gewährleistet, wenn bei rationeller Betriebsführung die Kosten aus Investitionen sowie aus Unterhalt und Erneuerung durch Erlöse aus dem Verkauf des in der Anlage erzeugten Produkts gedeckt sind und zudem ein angemessener Gewinn erwirtschaftet werden kann[892]. Dieser Wirtschaftlichkeitsbegriff lag auch dem kartellrechtlichen Zugangsanspruch des § 19 IV Nr. 4 GWB zugrunde:

> „Der Inhaber der wesentlichen Einrichtung darf bei der Festsetzung des Entgelts neben den Grenzkosten der Nutzung durch ein drittes Unternehmen

---

[889] Vgl. auch: **Gronau**, in: Böwing u.a. (Hrsg.), EnWG 1998, § 6 Anm. 19.4. (S. 140); **Harms**, RdE 1999, 165, 173.

[890] So: **Harms**, RdE 1999, 165, 174.

[891] Vgl. auch: **Bericht des AK Energiepolitik**, S. 41.

[892] **Bericht des AK Energiepolitik**, S. 41; **Danner**, in: Eiser/Riederer/Obernolte/Danner, § 6 EnWG Rdnr. 14.

auch weitere mit der Einrichtung in unmittelbarem Zusammenhang stehende Aufwendungen in angemessener Weise berücksichtigen“[893].

Unwirtschaftlich ist der Betrieb der Anlage dementsprechend nicht erst dann, wenn er nicht einmal in der Lage ist, die Grenzkosten des Fertigungsprozesses zu decken[894]. Mit dieser Auslegung wird insbesondere der Gefahr vorgebeugt, daß die Zugangseröffnungspflicht zu einer Zurückstellung notwendiger Investitionen führt bzw. der Anreiz zum Einsatz förderungswürdiger Energieerzeugungsanlagen verloren geht.

b) Die Verhinderung des wirtschaftlichen Betriebs, insbesondere unter Berücksichtigung der Verkaufspflicht verdrängten Stroms

Verhindert ist ein wirtschaftlicher Anlagenbetrieb, wenn die auf dem wettbewerbsbedingten Kundenverlust beruhende Auslastungsverringerung dazu führt, daß die Kosten die Erlöse übersteigen, nicht aber schon dann, wenn die Wirtschaftlichkeit lediglich erschwert oder behindert ist[895]. Daß nach § 6 III EnWG eine Behinderung nicht als ausreichend angesehen werden kann, ist Ausdruck des Bekenntnisses zum Wettbewerb, auch zu Lasten von KWK-anlagen und Anlagen zur Elektrizitätserzeugung aus regenerativen Energiequellen. In diesem Sinne ist § 6 III EnWG nicht mehr als ein letztmöglicher Schutzschild gegen Durchleitungen zur Sicherung des Fortbestandes der geschützten Anlagen.

Der Schutzzweck des § 6 III EnWG beschränkt sich auf die Kompensation der im Einzelfall möglichen negativen Folgen des Wettbewerbs für die Stromerzeugung in KWK-anlagen und der auf Basis erneuerbarer Energien arbeitenden Systeme. Mit ihm ist keine zusätzliche, durchleitungsunabhängige, Förderung dieser Anlagen verbunden. Diese Aufgabe übernehmen erstens das Fördersystem nach dem StrEinspG, das im Jahr 2000 durch das EEG erheblich ausgeweitet worden ist und zwar betreffs Energieerzeugung aus regenerativen Energiequellen und zweitens das Gesetz zum Schutz der Stromerzeugung aus Kraft-Wärme-Kopplung (KWK-G) für Elektrizitätserzeugung in KWK-anlagen. Eine Ausdehnung des Schutzes durch das EnWG war nicht beabsichtigt:

---

893 Stellungnahme des BR zum RegE, GWB-Novelle, BT-Drs. 13/9720, S. 74.

894 So aber: LG Berlin, WuW/E DE-R 533, 539 f (Fortum) für Art. 4 § 3 NeuregelungsG. **Knieps**, MMR 1998, 275, 278. Vgl. auch BVerfG, RdE 2000, 194, 197 f, wonach der Begriff „kostendekkend“ auch die Amortisation der in der Vergangenheit getätigten Investitionen erfaßt.

895 Vgl. **Gronau**, in: Böwing u.a. (Hrsg.), EnWG 1998, § 6 Anm. 19.6. (S. 141); **Harms**, RdE 1999, 165, 172.

„Das Stromeinspeisungsgesetz soll unabhängig von der Energierechtsreform möglichst rasch novelliert werden, um im Interesse der erneuerbaren Energie die notwendige Klarheit für Investoren zu schaffen. Darüber hinaus kann die Bedeutung von Kraft-Wärme-Kopplung und erneuerbaren Energien für eine umweltverträgliche Energieversorgung im Sinne von Art. 1 § 1 im Rahmen der Interessenabwägung über Durchleitungsbegehren nach den §§ 22 und 26 GWB voll zur Geltung gebracht werden“[896].

Der Schutz nach dem EnWG wirkt nach eindeutiger gesetzgeberischer Intention erst dann, wenn der Anlagenbetreiber die Gefahr für die Wirtschaftlichkeit seiner Anlage nachweisen kann, obwohl er alle Möglichkeiten des Verkaufs der verdrängten Elektrizität an Dritte bereits ausgeschöpft hat. Da der Stromverkaufspreis den Betrag darstellt, der zur Deckung der im Vergleich zu einem normalen Heizwerk höheren Kosten notwendig ist, kommt grundsätzlich nur ein kostendeckender Verkaufspreis in Betracht[897]. Ausnahmen können allenfalls dort anerkannt werden, wo kurzfristig ein Gewinn nicht zu erwarten ist, langfristig der wirtschaftliche Betrieb aber gesichert ist. In diesen Fällen ist der Anlagenbetreiber verpflichtet, jede sich bietende Möglichkeit zum Elektrizitätsverkauf zu nutzen[898].

8. Der durchleitungsfördernde Einsatz der Privilegierungstatbestände

Hieran schließt sich die Frage an, ob die Privilegierungstatbestände, insbesondere § 6 III EnWG, auch offensiv - durchleitungsfördernd wirken können.

Das energierechtliche Schrifttum beurteilt diesen Sachverhalt kontrovers. Während eine Ansicht den Zweck des § 6 EnWG vorrangig in der Förderung der Öffnung der Strommärkte sieht und dementsprechend eine durchleitungsfördernde Wirkung verneint[899], begründet die gegenteilige Auffassung[900] ihre Position mit der stärkeren Betonung der energiepolitischen Zielsetzungen:

---

[896] Gegenäußerung der B-reg, BT-Drs. 13/7274, S. 38.

[897] Vgl. **Bericht des AK Energiepolitik**, S. 42.

[898] Ebenso: **Gronau**, in: Böwing u.a. (Hrsg.), EnWG 1998, § 6 Anm. 19.7. (S. 143); **Harms**, RdE 1999, 165, 172; **Papoutsis**, ZNER 1998, Heft 3, S. 66, 67. Im österreichischen ElWOG ist diese Pflicht ausdrücklich anerkannt, § 20 I S.1 Nr. 4 ElWOG.

[899] Vgl. **Harms**, RdE 1999, 165, 168.

[900] Vgl. **Britz**, in: Ludwig/Odenthal, § 6 EnWG Rdnr. 71; **Büdenbender**, Schwerpunkte, Rdnr. 208; **Kühne**, RdE 2000, 1, 4. Strittig ist innerhalb dieser Position, ob § 6 III unmittelbar anwendbar ist oder ob auf § 6 I 2 EnWG zurückgegriffen werden muß.

> „Der Sinn des § 6 III EnWG geht jedoch dahin, eine energiepolitisch besonders zu fördernde Form der Energieerzeugung in Durchleitungsfragen zu beachten. Dabei macht es keinen Unterschied, ob eine ressourcenschonende Stromerzeugung auf den Markt drängt oder verdrängt zu werden droht; in jedem Fall geht es darum, einer primärenergieschonenden Stromerzeugung den Vorrang vor anderen Formen zu geben. Entscheidend ist folglich die „Primärenergie - Einsparbilanz" mit und ohne Durchleitung"[901].

Der Wortlaut des § 6 III EnWG läßt jedenfalls eine durchleitungsbegründende Wirkung ebenso wenig zu wie der des Art. 4 § 3 NeuregelungsG, weil „dadurch verdrängt" nur eine Sache werden kann, die vorher auf dem Markt vorhanden war[902]. Die Braunkohleschutzklausel bezieht sich sogar ausdrücklich nur auf die „Ablehnung" des Netzzugangs.

Über den insoweit eindeutigen Wortlaut des Gesetzes hinaus vermag nur eine analoge Anwendung dieser Gesichtspunkte eine durchleitungsfördernde Wirkung zu begründen. Die Analogie beruht darauf, daß infolge der Ähnlichkeit von gesetzlich geregeltem Tatbestand und planwidriger Lücke in der für die rechtliche Bewertung maßgebenden Hinsicht beide Tatbestände gleich zu bewerten sind, also auf der Forderung der Gerechtigkeit, Gleichartiges gleich zu behandeln[903]. Die Ausfüllung eines gesetzlich ungeregelt gebliebenen Konflikts mittels Analogie scheidet aus, wenn keine planwidrige Unvollständigkeit des Gesetzes vorliegt, sondern der Gesetzgeber zu dieser Frage bewußt geschwiegen hat[904].

§ 6 III EnWG bezweckt nach der gesetzlichen Konzeption nicht schlechthin den Schutz der dort näher bezeichneten Anlagen vor Wettbewerb. Der Gesetzgeber betonte, daß sich auch die KWK - anlagen und Anlagen zur Nutzung erneuerbarer Energien dem Wettbewerb zu stellen haben und eine bevorrechtigte Position nicht schon bei Beeinträchtigung ihres Betriebs, sondern erst bei der Verhinderung eines wirtschaftlichen Betriebs erhalten sollen[905]. Das Interesse an der Einführung wettbewerblicher Strukturen sollte nur insoweit dem Interesse an möglichst umweltverträglicher Elektrizitätserzeugung untergeordnet werden, als ansonsten ökologisch wertvoller Strom vom Markt

---

901 **Büdenbender**, Schwerpunkte, Rdnr. 208.

902 Vgl. **Büdenbender**, Schwerpunkte, Rdnr. 208.

903 Vgl. **Larenz**, Methodenlehre, S. 381.

904 Vgl. **Larenz**, Methodenlehre, S. 370.

905 Vgl. Gegenäußerung der B-reg, BT-Drs. 13/7274, S. 31; vgl. auch **Bericht des AK Energiepolitik**, S. 41.

verdrängt würde. Bereits die Beschränkung des § 6 III EnWG auf eine durchleitungshindernde Wirkung vermag einen wirtschaftlichen Betrieb der Anlage zu sichern. Der zusätzliche Schutz umweltverträglicher Energieerzeugung durch eine offensiv durchleitungsbegründende Wirkung des § 6 III EnWG geht also über die Regelungsabsicht des Gesetzes hinaus.

Die starke Betonung (energie-)politischer Zielsetzungen im Fall der analogen Anwendung der Schutzklauseln würde zudem die Konkretisierungsbefugnis politisch motivierter Entscheidungen zunehmend aus der Hand des Gesetzgebers in die der Kartellbehörden und -gerichte verlagern.

Eine analoge Anwendung des § 6 III EnWG sowie des Art. 4 § 3 NeuregelungsG scheiden deshalb aus. Auch über § 6 I S.2 EnWG läßt sich eine durchleitungsfördernde Wirkung nicht begründen. § 6 I S.2 EnWG vermag den Abwägungsmaßstab nur dann zugunsten der energiepolitischen Zielsetzungen des EnWG zu beeinflussen, wenn diese eine der Klarheit und Verbindlichkeit der Schutzklauseln des § 6 III EnWG und des Art. 4 § 3 NeuregelungsG vergleichbare Ausprägung im Gesetz gefunden haben[906].

Eine ganz andere Frage ist, ob das Gesetz, gemessen an der eigenen Regelungsabsicht, rechtspolitischer Kritik standhält. In diesem Fall führen Maßstäbe einer an das Gesetz herangetragenen, rechtspolitisch begründeten Kritik zum Urteil, daß das Gesetz eine Norm nicht enthält, die es enthalten soll. Hier ist zur Lückenfüllung grundsätzlich der Gesetzgeber berufen.

9. Zwischenergebnis:

Die Bundesregierung trug im Jahr 2000 mit der Änderung des StrEinspG und der Verabschiedung des KWK-G den bereits bei der Verabschiedung des EnWG im Jahre 1998 erhobenen Bedenken Rechnung, der Schutz umweltverträglicher Energieerzeugung nach dem EnWG setze zu spät ein[907]. Die Ausweitung dieses Fördersystems sichert in hohem Maße den privilegierten Erzeugungsanlagen trotz Wettbewerbs ihre Wirtschaftlichkeit. § 6 III EnWG wird also höchstens noch in den (seltenen) Fällen zum Einsatz kommen, in denen die KWK-anlagen oder die Anlagen zur Stromerzeugung aus erneuerbaren Energien nicht vom Anwendungsbereich des KWK-G oder des EEG erfaßt werden. § 6 III EnWG stellt sich daher eher als ein politisch wirksames Schlagwort ge-

---

[906] S. oben Teil 5: A III 3; a.A. **Britz**, in: Ludwig/Odenthal, § 6 EnWG, Rdnr. 71; **Cronenberg**, RdE 1998, 85, 89; **Harms**, RdE 1999, 165, 168.

[907] Vgl. **Bericht des AK Energiepolitik**, S. 42 f.

gen Wettbewerb im Interesse umweltverträglicher Energieerzeugung dar, als ein rechtliches Anwendungsproblem[908].

6. TEIL: DIE ABLEHNUNGSGRÜNDE AUßERHALB DES § 6 EnWG

A. Die Netzzugangsalternative des § 7 EnWG

I. Allgemeines - Entstehungsgeschichte und politischer Hintergrund der Regelung des § 7 EnWG

Das Verhältnis des Alleinabnehmermodells zum System des verhandelten Netzzugangs nach § 6 EnWG hat der Gesetzgeber mit der das Kapital „Netzzugang" (§§ 5-9 EnWG) einleitenden Bestimmung des § 5 EnWG eindeutig geregelt. Der Anspruch auf Mitbenutzung eines fremden Elektrizitätsversorgungsnetzes aus § 6 EnWG besteht nur, solange der verpflichtete Netzbetreiber nicht den Status des Alleinabnehmers hat. Obwohl die Genehmigung nach § 7 EnWG im Ergebnis wie ein Verweigerungsgrund wirkt, kann der Status „Alleinabnehmer" nicht als Ablehnungsgrund bezeichnet werden. Das Alleinabnehmermodell steht außerhalb des Systems des verhandelten Netzzugangs (vgl. § 5 EnWG). Die Nichterteilung der Genehmigung nach § 7 EnWG ist vielmehr negatives Tatbestandsmerkmal des Anspruches aus § 6 I S.1 EnWG.

Mit der Einführung des Alleinabnehmersystems durch § 7 EnWG hat der Gesetzgeber die Ermächtigung des Art. 16 EltRL ausgenutzt. Alleinabnehmer ist nach der Definition in Art. 2 Nr. 22 EltRL diejenige juristische Person, die in dem System, in dem sie eingerichtet ist, für den einheitlichen Betrieb des Übertragungssystems und/oder die zentralisierte Abnahme und den zentralisierten Verkauf der Elektrizität verantwortlich ist. Mit der Aufnahme der Netzzugangsalternative in die Elektrizitätsbinnenmarktrichtlinie wurde primär den Bedenken Frankreichs gegen die Liberalisierung der Strommärkte Rechnung getragen[909]. Sie berücksichtigt in erster Linie die besondere durch monopolistische Versorgung eines einzelnen staatlichen Unternehmens gekennzeichnete Struktur nationaler Elektrizitätsversorgungsmärkte[910]. Mit dem Alleinabnehmersystem verband

---

[908] So: **Böwing**, in: VEnergR 96, 59, 63. Ähnlich: **Britz**, in: Ludwig/Odenthal (Hrsg.), § 6 EnWG, Rdnr. 97.

[909] Vgl. **Baur**, ET 1996, 474, 475; **Britz**, in: Ludwig/Odenthal, § 7 EnWG, Rdnr. 4. Trotzdem hat sich noch nicht einmal Frankreich für die Umsetzung dieser Option entschieden, zum französischen Recht, vgl. **Lecheler/Gundel**, RdE 2000, 165, 167.

[910] Vgl. **Baur**, ET 1996, 474, 475.

sich die Hoffnung, die gewachsene Tradition der Organisationsstruktur zu sichern. Wegen der Verpflichtung zu gleichwertiger Marktöffnung war von Anfang an fraglich, ob die Netzzugangsvariante tatsächlich dem propagierten Schutzbedürfnis Rechnung tragen könnte[911].

Ursprünglich hatte die Bundesregierung auf die Umsetzung dieser Alternative verzichten wollen[912]. Erst der Bundesrat in seiner Stellungnahme zum Regierungsentwurf regte an:

> „die Einführung eines Alleinabnehmersystems auf der örtlichen Verteilungsstufe ist zu prüfen. Prüfungsbedürftig ist insbesondere, inwieweit und ggf. mit welchen Modifikationen ein solches System, richtlinienkonform ausgestaltet, sowohl dem Ziel wirksamen brancheninternen Wettbewerbs auf allen Stufen als auch den Anliegen der Kommunen und der kommunalen Wirtschaft Rechnung tragen könnte“[913].

Die Bundesregierung lehnte die Einführung eines Alleinabnehmers ab.

> „Die Bundesregierung hält es demgegenüber nicht für richtlinienkonform und nicht für praktikabel, das Alleinabnehmersystem auf der örtlichen Verteilungsstufe - wie es vom VKU gefordert wird - einzuführen. Das Alleinabnehmersystem nach der EltRL ist für große Flächenstaaten konzipiert worden, die nur ein oder wenige Versorgungsunternehmen haben. Die Europäische Kommission hat darauf hingewiesen, daß dieses System insbesondere für kleinere Alleinabnehmer mit großen Kunden erhebliche technische und wirtschaftliche Probleme aufwerfen würde. Die Einführung zweier unterschiedlicher Netzzugangssysteme bei Strom würde die Entwicklung wirksamen Wettbewerbs nachhaltig behindern“[914].

Sie betonte aber gleichzeitig, daß die Gespräche mit den Kommunen, insbesondere hinsichtlich der Möglichkeit zur Gestaltung der Vertragsbeziehungen, die denen des Alleinabnehmersystems gleichkommen, fortgesetzt werden sollten[915].

Letztendlich einigte man sich auf die Einführung des § 7 EnWG, der in seinen wesentlichen Zügen den Kompromißvorschlag der Bundesregierung umsetzt[916]. Als entschei-

---

911 Vgl. **Schneider**, S. 428; **Zinow**, EW 1998, 31, 33.

912 Gegenäußerung der B-reg, BT-Drs. 13/7274, S. 36 f.

913 Stellungnahme des BR, BT-Drs. 13/7274, S. 28.

914 Gegenäußerung der B-reg, BT-Drs. 13/7274, S. 36 f.

915 Vgl. Gegenäußerung der B-reg, BT-Drs. 13/7274, S. 37.

dende Vorteile des Alleinkäufermodells wurden die Erhaltung der umfassenden Versorgungszuständigkeit, die Gewährleistung der Anschluß- und Versorgungspflicht, die Möglichkeiten besseren Lastmanagments und die Sicherung der Konzessionsabgabe betont[917].

Die praktische Bedeutung des § 7 EnWG blieb bislang hinter dem argumentativen Aufwand, der zu seiner Einführung unternommen wurde, zurück. Bis Mitte 1999 sind von kommunalen EVU etwa 200 Anträge auf Erteilung einer Bewilligung nach § 7 EnWG gestellt worden, ca. 85 Anträge wurden positiv beschieden[918].

II. Die Rechtsbeziehungen zwischen den Beteiligten im Alleinabnehmersystem

Dem Alleinabnehmer bleibt im Verhältnis zu den Abnehmern, die im Gebiet, auf das sich die Bewilligung bezieht, ansässig sind, die Monopolstellung erhalten, ohne jedoch die Abnehmer von den günstigen Wirkungen des Wettbewerbs auszuschließen.

Zur Darstellung der zugrundeliegenden Rechtsverhältnisse eignen sich zwei Grundmodelle. Im ersten Modell bestehen zwischen dem Alleinabnehmer und dem Drittlieferanten nur abgeleitete vertragliche Ansprüche. Im Rahmen des sog. Abtretungsverfahrens[919] schließen dritter Anbieter und Kunde einen normalen Elektrizitätsversorgungsvertrag. Der Kunde zahlt an den dritten Anbieter den niedrigeren Lieferpreis. Seinen Anspruch auf Belieferung gegen das DrittEltVU tritt der Kunde erfüllungshalber im Rahmen eines weiteren Elektrizitätsliefervertrages an den Alleinabnehmer ab. Der Kunde erhält die gewünschte Elektrizitätsmenge vom Alleinabnehmer, an den er zusätzlich ein Entgelt für die Netzkosten entrichtet. Eine andere Variante des ersten

---

916 Zum Hintergrund der Verhandlungen: **Klumkar**, ZNER 1998, Heft 1, S. 26, 35 ff; **Friauf**, in: VEnergR 84, S. 55, 57 ff. Gleichzeitig entstand Streit hinsichtlich der Frage, ob die Wahlmöglichkeit nur für den jeweiligen Staat gilt, so: **Mombauer**, DÖV 1997, 571, 575; **Säcker/Busche**, ET 1998, 18, 21 ff oder ob auch innerhalb eines Mitgliedstaates die zwei Regelungen konkurrieren dürfen, so: **Lukes**, ET 1998, 26 ff; **ders.**, ET 1999, 80, 81; **Franke**, ET 1999, 273.

917 S. dazu: **VKU**, Anlage 1 zum VKU Nachrichtendienst Nr. 577 (Januar 1997); Anlage 1 zum VKU Nachrichtendienst Nr. 579 (März 1997).

918 Vgl. **Bericht des AK Energiepolitik**, S. 19 ff ; **Büdenbender**, Schwerpunkte, Rdnr. 344 (ohnehin wird die Bedeutung sehr skeptisch gesehen: **Zinow**, EW 1998, 31, 32 f; **Grawe**, EW 1997, 1309).

919 Dazu: **Ehlers/Pünder**, in: Achterberg/Püttner/Würtenberger (Hrsg.), § 4 Rdnr. 74 Fußn. 192. **Büdenbender**, Schwerpunkte, Rdnr. 393 ff mit der Einschränkung, daß Rechtsgrundlage der Ankaufpflicht nicht eine Abtretung ist, sondern die spezialgesetzliche Grundlage des § 7 II EnWG.

Grundmodells ist das Aufrechnungsverfahren[920]. Nach diesem tritt der Kunde seinen Lieferanspruch gegen das DrittEltVU zwar auch an den Alleinabnehmer ab, aber im Rahmen eines selbständigen Forderungskaufvertrages (fiktive Stromabnahme durch den Alleinabnehmer vom zu versorgenden Kunden). Die Höhe des Kaufpreises richtet sich nach den üblichen Konditionen des Alleinabnehmers abzüglich der Netzkosten. Letztendlich erfolgt die Elektrizitätsversorgung durch einen normalen Versorgungsvertrag mit dem Alleinabnehmer zu dessen Konditionen.

Im zweiten Modell[921] bestehen auch zwischen drittem EltVU und Alleinabnehmer originäre Vertragsbeziehungen. Zunächst schließen der Kunde und der Drittanbieter einen Vertrag, durch den der dritte Anbieter zum Abschluß eines Energieliefervertrages mit dem Alleinabnehmer und zur Abgabe der entsprechenden Menge Elektrizität an diesen verpflichtet wird. Für diese Lieferung erhält das einspeisende EltVU eine den Tarifen des Alleinabnehmers entsprechende Vergütung abzüglich des Netznutzungsentgeltes[922]. Die Versorgung des Kunden erfolgt auch hier wieder durch einen mit dem Alleinabnehmer zu schließenden Versorgungsvertrag. Allerdings ist der Kunde aus seinem Vertrag mit dem DrittEltVU berechtigt, den Saldo zwischen den Tarifen dieses Unternehmens und denen des Alleinabnehmers vom Drittanbieter zu fordern[923].

III. Vorfeldwirkungen der Bewilligung nach § 7 EnWG

Die Erteilung der Genehmigung über den Alleinabnehmerstatus durch die Energieaufsichtsbehörde schließt Ansprüche aus dem energierechtlichen Netzöffnungstatbestand des § 6 EnWG aus (§ 5 EnWG). Zugleich verliert der Netzbetreiber das Recht, die Durchleitung zur Versorgung einzelner Abnehmer des Gebietes zu gestatten, auf das sich die Genehmigung bezieht. Ihre Rechtfertigung leitet diese Beschränkung aus der Überlegung ab, daß, wenn bereits der Wortlaut des § 7 I S.3 EnWG eine auch nur auf Teile des Versorgungsgebietes beschränkte Wirkung verbietet, eine solche Wirkung

---

920 Dazu: **Britz**, RdE 1997, 85, 89; **Ehlers/Pünder**, in: Achterberg/Püttner/Würtenberger (Hrsg.), § 4 Rdnr. 74 Fußn. 192; **VKU**, Anlage 1 zum VKU Nachrichtendienst, Januar 1997, Nr. 577, S. 7.

921 Vgl. **Baur**, ET 1996, 474, 475; **Becker/Rosin**, ET 2000, 385 f; **Grawe**, EW 1997, 1309.

922 A.A. **Salje**, NVwZ 1998, 916, 920: maßgeblich für diese Vergütung ist der im Versorgungsvertrag des DrittEltVU mit dem Netzverbraucher ausgehandelte Preis abzüglich des Durchleitungsentgelts.

923 Vgl. **Ehlers/Pünder**, in: Achterberg/Püttner/Würtenberger (Hrsg.), § 4 Rdnr. 74 Fußn. 192; **Eickhof/Kreikenbaum**, WuW 1998, 666, 668.

auch nicht durch eine Verzichtserklärung des Alleinabnehmers im Einzelfall erreicht werden kann[924].

1. Der Streitstand

Kontrovers diskutiert wird, ob zur Sicherung des angestrebten Alleinabnehmerstatus bereits die Stellung des Antrags nach § 7 EnWG ausreicht, um den Durchleitungsanspruch des Interessenten einzuschränken. Begründet wird die Notwendigkeit solcher Vorfeldwirkungen der Genehmigungserteilung mit der Sicherung des status quo ante. Anderenfalls, so wird befürchtet, könne die Sperrwirkung des § 7 EnWG unterlaufen werden. Unter den Vertretern der bejahenden Ansicht ist wiederum streitig, ob allein die Antragstellung unter der Voraussetzung der Erfüllung aller notwendigen Mitwirkungspflichten zu entsprechenden Rechtsfolgen wie die Bewilligung nach § 7 EnWG selbst führen soll[925] oder ob der antragstellende Netzbetreiber nur berechtigt sein soll, die Vertragslaufzeit des Durchleitungsvertrages auf das voraussichtliche Ende des Verwaltungsverfahrens zu begrenzen[926].
In einigen Bundesländern trägt die Energieaufsicht der erheblich längeren Bearbeitungsdauer von Anträgen auf Erteilung einer Tarifgenehmigung nach § 7 III S.3 EnWG dadurch Rechnung, daß die Bewilligung des Status „Alleinabnehmer" schon vor der Tarifgenehmigung erteilt wird, jedoch unter der aufschiebenden Bedingung des Vorliegens eines genehmigten und veröffentlichten Netztarifs. Der Netzbetreiber, der sich unverzüglich für das Alleinabnehmersystem entschieden hat, die Bewilligung beantragt und bedingt erhalten hat, soll während dieses Schwebezustandes Durchleitungsbegehren ablehnen dürfen, wenn er bereit war, sich bereits nach den Grundsätzen des § 7 EnWG behandeln zu lassen[927].

2. Bewertung der Positionen und Schlußfolgerungen für einen Lösungsansatz

Diejenigen, die die Rechtsfolgen des § 7 EnWG auf den Zeitpunkt der Antragstellung vorverlegen wollen, bleiben eine Antwort auf die Frage nach der gesetzlichen Grundla-

---

924 Vgl. **Büdenbender**, Schwerpunkte, Rdnr. 384 ff.

925 So: **Franke**, ET 1999, 273, 276; ebenso: **Schweers**, S. 84.

926 So: **Büdenbender**, Schwerpunkte, Rdnr. 400; **Recknagel**, in: Böwing u.a. (Hrsg.), EnWG 1998, § 7 Anm. 2.4. (S. 148).

927 Vgl. **Bericht des AK Energiepolitik**, S. 21; **Franke**, ET 1999, 273, 276.

ge schuldig[928]. Nach allgemeinen verwaltungsrechtlichen Grundsätzen führt erst die Genehmigungserteilung zum Status Alleinversorger und deshalb zum Ausschluß des § 6 EnWG[929]. Offen geblieben ist auch das Folgeproblem, nämlich, nach welchen Maßstäben sich die Kapazitätsverteilung in den Fällen richtet, in denen der Netzzugang zunächst abgelehnt worden ist, sich aber später im Laufe des Genehmigungsverfahrens das Nichtvorliegen der Tatbestandsvoraussetzungen des § 7 EnWG herausstellt.

Der zweite Ansatz, der dem Schutzbedürfnis des Antragstellers dadurch entgegenkommen will, daß der Netzbetreiber berechtigt ist, den Netzzugang zeitlich zu befristen, ist wegen seiner Unbestimmtheit problematisch. Einerseits soll der Netzbetreiber nur dann zur Befristung berechtigt sein, wenn sein Antrag auf Genehmigung des Alleinversorgerstatus hinreichend Aussicht auf Erfolg hat. Andererseits soll die Wirkung sogar schon vor Antragstellung eintreten, nämlich, wenn sich die Erarbeitung des Antrages durch den Antragsteller selbst in einem fortgeschrittenen Bearbeitungsstadium befindet[930].

Beide Lösungsversuche sind getragen von der Überlegung, dem besonderen Schutzbedürfnis des Antragstellers, also des potentiellen Alleinabnehmers, Rechnung zu tragen[931].

Näher untersucht werden muß deshalb vorab, ob die Gefahr eines Leerlaufens der mit der Bewilligung nach § 7 EnWG verbundenen Sperrwirkung für einen verhandelten Netzzugang überhaupt besteht. Ein schutzwürdiges Interesse des Alleinabnehmers an einer Vorfeldwirkung der Genehmigung nach § 7 EnWG muß auf jeden Fall dann verneint werden, wenn mit der Erteilung der Genehmigung nach § 7 EnWG zugleich die Leistungspflichten aus einem zuvor geschlossenen Durchleitungsvertrag erlöschen.

In Betracht kommt ein Erlöschen nach § 275 I BGB, falls § 7 EnWG ein gesetzliches Verbot ist. Verbotsgesetze im Sinne des § 134 BGB sind Vorschriften, die eine nach der Rechtsordnung grundsätzlich mögliche Regelung wegen ihres Inhalts oder wegen der Umstände ihres Zustandekommens untersagen[932]. Sinn und Zweck des Alleinkäufermodells gebieten über den Wortlaut des § 5 EnWG hinaus, welcher nur den Kontrahierungszwang des § 6 I EnWG ausschließt, im Einzelfall dem Verzicht auf die Allein-

---

928 Vgl. **Büdenbender**, Schwerpunkte, Rdnr. 398; ablehnend auch: **Recknagel**, in: Böwing u.a. (Hrsg.), EnWG 1998, § 7 Anm. 2.4 (S. 148).

929 So auch: **Bericht des AK Energiepolitik**, S. 21.

930 Vgl. **Büdenbender**, Schwerpunkte, Rdnr. 401.

931 Vgl. **Büdenbender**, Schwerpunkte, Rdnr. 400; **Schweers**, S. 84.

932 Statt vieler: **Palandt-Heinrichs**, § 134 Rdnr. 5.

abnehmerstellung die rechtliche Anerkennung zu versagen[933]. Gerade die Aspekte der Erhaltung der umfassenden Versorgungszuständigkeit und der Gewährleistung der Anschluß- und Versorgungspflicht durch die Verhinderung des Herausbrechens einzelner lukrativer Abnehmer sind in der Diskussion um die Einführung der Netzzugangsalternative besonders betont worden[934]. Die Zulässigkeit des Verzichts auf den Alleinabnehmerstatus im Einzelfall, die voraussichtlich gerade die lukrativen Abnehmer betreffen würde, entzöge deshalb dem Alleinabnehmermodell seine Argumentationsgrundlage. § 7 EnWG ist ein gesetzliches Verbot iSd. § 134 BGB.

Zwar wirken Verbotsgesetze, die nach Vornahme eines im Zeitpunkt der Vornahme rechtmäßigen Rechtsgeschäfts erlassen worden sind, grundsätzlich nur für die Zukunft[935]. Wenn aber das Rechtsgeschäft noch nicht oder nur teilweise vollzogen worden ist, bleiben die bis zum Inkrafttreten des Verbotsgesetzes vorgenommenen Erfüllungshandlungen wirksam, während nach diesem Zeitpunkt das ursprünglich rechtmäßige und jetzt verbotene Rechtsgeschäft nicht mehr vollzogen werden darf[936]. Es bestehen keine Erfüllungsansprüche mehr[937].
§ 7 EnWG versagt aus diesem Grund freiwillig geschlossenen Durchleitungsverträgen die Anerkennung. Die Leistungspflichten der Parteien aus dem Durchleitungsvertrag gehen mit der Erteilung der Genehmigung nach § 275 BGB unter.

IV. Ergebnis

Die Nichterteilung der Genehmigung nach § 7 EnWG ist negatives Tatbestandsmerkmal des Anspruches auf Netzzugang nach § 6 I EnWG. Sobald die Genehmigung erteilt ist, haben andere Unternehmen gegen den Alleinabnehmer keinen Anspruch auf Durchleitung. Aus § 7 EnWG folgt aber nicht nur ein Verbot zu Lasten des Alleinabnehmers, im Einzelfall Durchleitungen zu gestatten, sondern aus dieser Regelung resultiert auch,

---

933 So: **Büdenbender**, Schwerpunkte, Rdnr. 385.

934 Vgl. **VKU**, Anlage 1 zum VKU Nachrichtendienst Nr. 577 (Januar 1997); Anlage 1 zum VKU Nachrichtendienst Nr. 579 (März 1997).

935 **Staudinger-Sack,** § 134 Rdnr. 55. Es sei denn sie haben sich ausdrücklich und zulässig Rückwirkung beigelegt, vgl. **MünchKomm-Mayer-Maly**, § 134 Rdnr. 20.

936 Vgl. BGHZ 45, 322, 325 ff; **Staudinger-Sack**, § 134 Rdnr. 55.

937 **Staudinger-Sack,** § 134 Rdnr. 55. Wegen § 309 BGB ist allerdings an einen Anspruch des Durchleitungsberechtigten aus § 307 I BGB zu denken. Nach § 307 I S.2 BGB tritt die Ersatzpflicht aber dann nicht ein, wenn der andere Teil die Unmöglichkeit kannte oder kennen mußte.

daß es zum Schutz des Antragstellers keiner Vorfeldwirkung hinsichtlich der Netzöffnungspflicht bedarf[938].

B. Die Reziprozitätsklausel (Art. 4 § 2 NeuregelungsG)

Der Ablehnungsgrund des Art. 4 § 2 Neuregelungsgesetz berechtigt Elektrizitätsversorgungsunternehmen, falls aus dem Ausland gelieferte Elektrizität durch ihr Netz geleitet werden soll und soweit der zu beliefernde Abnehmer dort nicht ebenfalls durch Dritte beliefert werden könnte, den Netzzugang zu verweigern. Er ist zeitlich befristet und gilt bis zum 31.12.2006.

Die Reziprozitätsklausel ist, wie ihr Wortlaut deutlich zeigt, ein Verweigerungsgrund mit selbständiger, abschließender Regelung[939]. Sind die tatbestandlichen Voraussetzungen des Art. 4 § 2 NeuregelungsG erfüllt, besteht, ohne daß es auf eine zusätzliche Interessenabwägung zwischen den Interessen des Durchleitungspetenten und des Netzbetreibers ankäme, kein Anspruch auf Abschluß eines Durchleitungsvertrages nach § 6 I S.1 EnWG[940].

I. Entstehungsgeschichte

Der ursprüngliche Gesetzentwurf der Bundesregierung zur Neuregelung des Energierechts aus dem Jahre 1997 verzichtete auf die explizite Regelung von Durchleitungsansprüchen, enthielt aber einen Vorbehalt entsprechender Anpassung des Gesetzesvorschlags an die endgültige Fassung der europäischen Binnenmarktrichtlinie für Elektrizität. Die mit der Richtlinie für die Mitgliedstaaten verbundene Pflicht zur Einführung wettbewerblicher Strukturen beschränkte sich gemäß Art. 19 EltRL auf eine schrittweise Öffnung der nationalen Elektrizitätsmärkte, die sich an der Gemeinschaftsquote bestimmter Großabnehmerklassen orientiert, Art. 19 I, II EltRL[941]. Den Richtlinienadressaten blieb es unbenommen, über diesen Mindeststandard der Richtlinie hinauszugehen. Um Ungleichgewichte bei der Öffnung der nationalen Elektrizitätsmärkte durch eine unterschiedliche Ausnutzung dieses Gestaltungsspielraums zu verhindern, ermäch-

---

938 Im Ergebnis ebenso: **Danner**, in: Eiser/Riederer/Obernolte/Danner, § 6 EnWG Rdnr. 14.

939 Vgl. **Kindermann**, in: Wortprotokoll, S. 85 f. Deshalb zählt Art. 4 § 2 NeuregelungsG zur Gruppe des absoluten Verweigerungsgründe, vgl. **Büdenbender**, Schwerpunkte, Rdnr. 164; a.A. bis zur 35. EL: **Danner**, in: Eiser/Riederer/Obernolte/Danner, vgl. Rdnr. 15 Fußn. 1 (S. 18).

940 **Büdenbender**, Schwerpunkte, Rdnr. 165; **Klemm**, EuZW 2000, 69, 70; **Recknagel**, in Böwing u.a. (Hrsg.), EnWG 1998, Art. 4 § 2, Anm. 1 (S. 309); **U. Scholz**, RdE 1999, 209, 211.

941 Zur Berechnung der nationalen Marktquoten: **Klemm**, EuZW 2000, 69, 70.

tigt die Richtlinie in Art. 19 V EltRL die Mitgliedstaaten, eine sog. Reziprozitätsklausel aufzunehmen.

> **Art. 19 V EltRL:** Ungleichgewichte bei der Öffnung der Elektrizitätsmärkte werden bis zu dem in Art. 26 genannten Zeitpunkt wie folgt vermieden:
> a) Elektrizitätsliefervertrage nach den Art. 17 und 18 mit einem zugelassenen Kunden aus dem System eines anderen Mitgliedstaates dürfen nicht untersagt werden, wenn der Kunde in den beiden betreffenden Systemen als zugelassener Kunde betrachtet wird.

Sie dient dem Schutz solcher EltVU, die in einem Mitgliedstaat ansässig sind, der seinen Markt über die Mindestöffnungsvorgabe der Richtlinie hinaus geöffnet hat, vor Nachteilen, die vom Wettbewerbsdruck ausländischer Anbieter ausgehen und denen wegen der niedrigeren Marktöffnung im Heimatland des konkurrierenden Anbieters nicht die Möglichkeit eröffnet ist, auf diesem ausländischen Markt die wettbewerblichen Nachteile der Netzöffnungspflicht zu kompensieren[942]. In ihrer Gegenäußerung zur Stellungnahme des Bundesrates schlug die Bundesregierung die Umsetzung des Art. 19 V EltRL in nationales Recht vor:

> „§ 2 setzt die Schutzklausel des Art. 19 V der Richtlinie um, die Wettbewerbsverzerrungen zu Lasten der Mitgliedstaaten vermeiden soll, die ihren Strommarkt über die Mindestanforderungen der Richtlinie hinaus öffnen“[943].

Entsprechend der Vorgabe des Art. 19 V iVm. 26 EltRL mußte auch Art. 4 § 2 NeuregelungsG zeitlich befristet werden[944].

Im Unterschied zu Art. 19 V EltRL knüpft Art. 4 § 2 NeuregelungsG nicht an den Liefervertrag, sondern an den Durchleitungsvertrag an[945]. Hiergegen erheben sich trotz des Vorrangs der Richtlinie keine rechtlichen Bedenken[946]. Zwar kann nicht von einem Untersagen im eigentlichen Wortlautsinn gesprochen werden. Die Richtlinie zeigt aber durch Art. 19 V S.1 lit. b, daß die Untersagung nicht im Sinne einer hoheitlichen Ver-

---

942 Vgl. **Büdenbender**, Schwerpunkte, Rdnr. 165.

943 Gegenäußerung der B-reg, BT-Drs. 13/7274, S. 34.

944 Während die Ermächtigung des Art. 19 V iVm. 26 EltRL nur bis zum 19.02.2006 reicht, gilt Art. 4 § 2 EnWG bis zum 31.12.2006.

945 Im Unterschied zur Rechtslage in Österreich, wo die Energieaufsicht nach §§ 13, 14 ElWOG die Befugnis hat, bestimmte Lieferverträge mit Auslandsberührung zu untersagen.

946 Vgl. auch die englische Fassung des Art. 19 V EltRL: „contracts for the supply of electricity“.

botsverfügung erfolgen muß[947]. Diese Auslegung wird durch Sinn und Zweck der Vorschrift bestätigt. Art. 19 V EltRL dient der Verhinderung von Ungleichgewichten bei der Liberalisierung der Elektrizitätsmärkte mit den Instrumentarien der Art. 17 und 18 EltRL. Art. 19 V EltRL bezieht die Untersagung also nur auf Elektrizitätslieferverträge, für die der Netzzugang nach den Art. 17 oder 18 EltRL erforderlich ist. Sowohl eine dem Wortlaut des Art. 19 V EltRL entsprechende Untersagung des Liefervertrages von dritter Seite als auch die Ablehnung des Netzzugangs durch den Netzbetreiber selbst werden dem Ziel der Norm, Ungleichgewichte bei der Liberalisierung der Elektrizitätsmärkte zu verhindern, gerecht. In beiden Fällen wird die Durchführung des Elektrizitätsliefervertrages verhindert. „Untersagung" im Sinne des Art. 19 V EltRL meint deshalb nur ein „Verhindern".

II. Die tatbestandlichen Voraussetzungen

1. Elektrizität aus dem Ausland

Der Ablehnungsgrund des Art. 4 § 2 NeuregelungsG betrifft Elektrizität, „die aus dem Ausland geliefert werden soll". Wann Elektrizität aus dem Ausland geliefert wird, erfordert zunächst Klarheit darüber, ob der Begriff „Ausland" des Art. 4 § 2 NeuregelungsG auf Mitgliedstaaten der Europäischen Union beschränkt ist oder ob auch Drittstaaten erfaßt werden.

a) Die Reichweite des Begriffes „Ausland" im Sinne des Art. 4 § 2 NeuregelungsG

Während ein Teil der Literatur die Einbeziehung von Drittstaaten wegen der ausschließlichen Kompetenz der Gemeinschaft nach Art. 133 EG ablehnt[948], plädieren andere für die Einbeziehung von Drittstaaten entweder im Anschluß an die Absicht des Gesetzgebers vermittels eines Erst - recht - Schlusses[949] oder unter Berufung auf Ausnahmebestimmungen des GATT[950].

Der Gesetzeswortlaut stützt die These, die eine Beschränkung des Anwendungsbereichs der Reziprozitätsklausel auf EU - Mitgliedstaaten verneint. „Ausland" als der Gegen-

---

947 Vgl. **Klemm**, EuZW 2000, 69, 71. **U. Scholz**, RdE 1999, 209, 210 spricht davon, daß die Richtlinie den Mitgliedstaaten in dieser Hinsicht einen Ermessensspielraum gewährt.

948 So: **Lukes**, RIW 1998, 581, 587.

949 So: **Büdenbender**, Schwerpunkte, Rdnr. 165; **Ehlers/Pünder**, in: Achterberg/Püttner/Würtenberger (Hrsg.) § 4 Rdnr. 65 Fußn. 164.

950 So: **Gersemann**, ZNER 1998, Heft 4, 15, 17 f; **Klemm**, EuZW 2000, 69, 72.

begriff zu „Inland“ schließt also, außer der Bundesrepublik selbst alle anderen Staaten ein. Diese Sichtweise entspricht der Vorstellung der Gesetzesverfasser. Die Bundesregierung betont in ihrer Gegenäußerung auf die Stellungnahme des Bundesrates:

> „Für die der Europäischen Union assoziierten Staaten sowie für sonstige Staaten muß diese Regelung erst recht gelten“[951].

Die Reziprozitätsklausel des Regierungsentwurfs entspricht insoweit dem Vorschlag der Opposition:

> **Art. 19 EnWG SPD-E:** Bis zum Ablauf des Jahres 2006 kann der Betreiber eines Netzes den Zugang zu dem Netz verweigern,
> 1. wenn Elektrizität aus einem anderen Mitgliedstaat der Europäischen Union oder einem Drittstaat geliefert werden soll und der zu beliefernde Kunde in diesem Mitgliedstaat oder einem Drittstaat nicht als Kunde zugelassen wäre oder
> 2. wenn Elektrizität aus einem anderen Mitgliedstaat der Europäischen Union oder einem Drittstaat geliefert werden soll und die zugrundeliegende Produktionsweise zu unverhältnismäßigen Umweltbelastungen führen würde.

Diese weite Auslegung ist zwingende Folge des mit der Schutzklausel von den Gesetzesverfassern beabsichtigten Schutzzwecks. Mit ihr sollte das Entstehen einer wettbewerblichen Schieflage aufgrund unterschiedlicher Marktöffnungsgrade vermieden werden[952]. Diese Gefahr hängt nicht von einer Mitgliedschaft in der EU ab. Dies anerkennt auch die Europäische Kommission in ihrem Zweiten Harmonisierungsbericht:

> „-Es würde ein grundlegender Widerspruch entstehen, nämlich, daß EU-Unternehmen im Vergleich zu Nicht-EU-Unternehmen einem restriktiveren Handelssystem unterliegen würden;
>
> -der Grund, warum die Reziprozitätsklausel in die Richtlinie aufgenommen wurde, ist der, daß Mitgliedstaaten erlaubt werden soll, die meisten oder alle inländischen Kunden zu liberalisieren, ohne einem unfairen Wettbewerb ausgesetzt zu werden. Infolgedessen erklären sich zahlreiche Mitgliedstaaten bereit, über das Mindestmaß von 25 % hinauszugehen. Wenn sich mit Drittländern ein wesentlich „unfairer“ Handel entwickelt, kann diese Tendenz gestoppt oder gar umgekehrt werden;[953]“

---

[951] Gegenäußerung der B-reg, BT-Drs. 13/7274, S. 35.

[952] Vgl. **Büdenbender**, Schwerpunkte, Rdnr. 165.

[953] **Europäische Kommission**, Zweiter Bericht der Kommission an den Rat und das Europäische Parlament, S. 27.

Die Vorgaben der Harmonisierungsrichtlinie vermögen dieses Ergebnis nicht zu beeinflussen. Die Elektrizitätsbinnenmarktrichtlinie ist ausschließlich auf die Errichtung und Sicherung der Funktionsfähigkeit eines Binnenmarktes für Elektrizität bezogen.

> **Erwägungsgrund (1):** Es müssen Maßnahmen zur Sicherstellung des einwandfreien Funktionierens des Binnenmarktes getroffen werden. Der Binnenmarkt umfaßt einen Raum ohne Binnengrenzen, in dem der freie Verkehr von Waren, Dienstleistungen und Kapital gewährleistet ist.
>
> **Erwägungsgrund (2):** Der Verwirklichung eines wettbewerbsorientierten Elektrizitätsmarkts ist ein wichtiger Schritt zur Vollendung des Energiebinnenmarktes.

Ermächtigungsgrundlage für die Elektrizitätsbinnenmarktrichtlinie waren die Vorschriften der Art. 57 II, 66, 100 a EGV, also Vorschriften zur Rechtsvereinheitlichung im Binnenmarkt. Diese Artikel haben als Kompetenznormen den Zweck, der Erfüllung der Aufgaben der Gemeinschaft zu dienen, wie sie im allgemeinsten in Art. 2 EG mit „Errichtung des Gemeinsamen Markts“ umschrieben sind[954]. Der EuGH definiert die Herstellung des Gemeinsamen Marktes als die Beseitigung aller Hemmnisse im innergemeinschaftlichen Handel mit dem Ziel der Verschmelzung der nationalen Märkte zu einem einheitlichen Markt[955]. Das Verhältnis der Mitgliedstaaten zu Drittstaaten regelt die Elektrizitätsbinnenmarktrichtlinie nicht[956]. Wenn der nationale Gesetzgeber die Reziprozitätsklausel auf das Verhältnis zu Drittstaaten ausweiten will, ist also zu prüfen, ob er hieran durch die Vorschriften des EG-Vertrages gehindert ist. Art. 10 II EG verpflichtet die Mitgliedstaaten zur Gemeinschaftstreue und damit nicht nur zu einer mit den Zielen der Gemeinschaft konformen innerstaatlichen Gesetzgebung, sondern auch zu einer die Regelungskompetenz innerhalb der Gemeinschaft beachtenden Rechtsetzung. In diesem Zusammenhang wird auf die Vorschrift des Art. 133 EG verwiesen[957].

> **Art. 133 I EG:** Die gemeinsame Handelspolitik wird nach einheitlichen Grundsätzen gestaltet; dies gilt insbesondere für die Änderung von Zollsätzen, den Abschluß von Zoll- und Handelsabkommen, die Vereinheitlichung

---

[954] Vgl. **Grabitz**, in: Grabitz/Hilf, Art. 235 Rdnr. 23.

[955] Vgl. EuGH, 1982, 1409 Tz. 33 (Gaston Schul); **Geiger**, Art. 2 Rdnr. 6.

[956] Vgl. auch: **Schanda**, § 14 Anm. B 5 (S. 83): „Kunde aus dem System eines anderen Mitgliedstaates“; a.A. **Gundel**, RdE 2000, 85, 90.

[957] Vgl. **Gundel**, RdE 2000, 85, 86 f; **Lukes**, RIW 1998, 581, 587; **Schanda**, § 14 Anm. zu §§ 13, 14 (S. 76); **Walter/v.Keussler**, RdE 1999, 223, 227.

der Liberalisierungsmaßnahmen, die Ausfuhrpolitik und die handelspolitischen Schutzmaßnahmen zum Beispiel im Fall von Dumping und Subventionen.

Die nach Art. 133 EG der Gemeinschaft zugewiesene ausschließliche Kompetenz zur Regelung der gemeinsamen Handelspolitik schließt den Erlaß autonomer außenhandelspolitischer Maßnahmen der Mitgliedstaaten definitiv aus, falls die Mitgliedstaaten zu einer solchen Regelung nicht ausdrücklich von der Gemeinschaft entweder durch den EGV selbst (etwa Art. 296 EG) oder durch besonderen Rechtsakt ermächtigt worden sind[958].

Der Verweis auf die Regelung des Art. 133 EG stieße rasch an seine Erklärungsgrenzen, wenn in der mit Reziprozitätserwägungen begründeten Verweigerung des Netzzugangs durch den Netzbetreiber keine, wie von Art. 133 EG gefordert[959], staatliche Maßnahme läge.

Allein die gesetzliche Normierung einzelner Verweigerungsgründe vermag nicht die notwendige staatliche Verantwortung zu begründen. Die Abgrenzung der Anwendungsbereiche des Art. 28, der Art. 3 I lit. g), 10 II iVm. 82 und der des Art. 133 EG von nichtstaatlichen Maßnahmen ist noch nicht abschließend geklärt. Als gesichert dürfte nur gelten, daß einerseits die staatliche Verantwortung jedenfalls nicht soweit reicht, um im Sinne einer Garantenpflicht jedes vertragswidrige unternehmerische Verhalten zu vermeiden[960], andererseits aber ein Rest an autonomer unternehmerischer Entscheidungsfreiheit die staatliche Zurechnung nicht zwangsläufig ausschließt. Trotz einer gewissen Eigenverantwortlichkeit der Unternehmen ist ihr Verhalten dem Staat zurechenbar, wenn letzterer dieses erzwungen oder zumindest angeregt hat[961].

Ein Erzwingen unternehmerischen Verhaltens liegt dann vor, wenn dem Normadressaten kein eigener Entscheidungsspielraum verbleibt. Die Entscheidung über die Ableh-

---

958 Vgl. EuGH, Slg. 1976, 1921 Tz. 31/37 (Donckerwolcke); **Lukes**, RIW 1998, 581, 587; **Vedder**, in: Grabitz/Hilf, Art. 113 Rdnr. 3 f.

959 Der freie Warenverkehr mit importierten Waren kann nur dann störungsfrei verlaufen, wenn an den Außengrenzen einheitliche Regeln gelten. Der Titel IX des Vertrages ergänzt deshalb die Bestimmungen über die Zollunion und den gemeinsamen Zolltarif im Titel I über den freien Warenverkehr, vgl. **Müller-Ibold**, in: Lenz, Vorb. Art. 131-134 Rdnr. 1 f.

960 Vgl. auch: **Britz**, S. 237 f; **Hüffer/Ipsen/Tettinger**, S. 186.

961 Vgl. EuGH, Slg. 1991, 1259 Tz. 56 (Endgeräte-Richtlinie); EuGH, Slg. 1995, 4186 Tz. 37 (Gebhard): „behindern oder weniger attraktiv machen können"; **van der Esch**, ZHR 155 (1991), 274, 276 ff; **Hochbaum**, in: Groeben/Thiesing/Ehlermann, Art. 90 Rdnr. 40; **Pernice**, in: Grabitz/Hilf, Art. 90 Rdnr. 46; zusätzlich ein „Bezwecken" fordernd: **v. Bogdandy**, in: Grabitz/Hilf, Art. 5 EGV Rdnr. 62.

nung der Durchleitung wird nicht von staatlicher Seite erzwungen, da die Unternehmen nicht verpflichtet sind, den Netzzugang zu verweigern (vgl. Art. 4 § 2 NeuregelungsG: „EltVU können ... ablehnen ...").

Ein Anregen in diesem Sinne setzt als unabdingbares Erfordernis voraus, daß die öffentliche Gewalt einen maßgeblichen Einfluß auf das Zustandekommen der Entscheidung ausüben kann[962]. Dies ist in der Rechtsprechung des EuGH bejaht worden, wenn das tatsächliche unternehmerische Verhalten in seinem Ursprung nicht von der staatlichen Anregung gelöst werden kann[963]. Eine staatliche Duldung oder wirtschaftspolitische Billigung wettbewerbsbeschränkender unternehmerischer Verhaltensweisen reicht zur Annahme staatlicher Verantwortung nicht[964]. Von der staatlichen Maßnahme gelöst werden kann unternehmerisches Verhalten, wenn es auch ohne den staatlichen Impuls durchgeführt worden wäre[965].

Der Reziprozitätseinwand wäre als allgemeines kartellrechtliches Prinzip selbst dann zu beachten, wenn er nicht ausdrücklich in Art. 4 § 2 NeuregelungsG aufgenommen worden wäre[966]. Hierfür spricht bereits der Wortlaut des Art. 19 V lit. a) EltRL. Indem Art. 19 V lit. a) negativ formuliert, daß bei fehlender Reziprozität Elektrizitätslieferverträge nicht untersagt werden dürfen, setzt die Norm ein Untersagungsrecht bei fehlender Reziprozität inzident voraus. Hierbei wird nicht an eine vorausgehende Umsetzung des Reziprozitätsgedankens in das Recht der Mitgliedstaaten angeknüpft. Art. 19 V EltRL spricht davon, daß „Ungleichgewichte bei der Öffnung der Elektrizitätsmärkte ... wie folgt vermieden werden ...". Nach dem System der Richtlinie wäre eine Umsetzungspflicht deutlich, z.B. durch die Formulierung: „Die Mitgliedstaaten treffen die erforderlichen Maßnahmen, um ... .", zum Ausdruck gebracht worden[967].

---

962 Vgl. **Becker**, in: Schwarze (Hrsg.), Art. 28 EGV Rdnr. 87; **Lux**, in: Lenz (Hrsg.), Art. 28 Rdnr. 17.

963 Vgl. EuGH, Slg. 1982, 4005, 4022 Tz. 23 ff (Werbekampagne für irische Produkte).

964 **van der Esch**, ZHR 155 (1991), S. 274, 278.

965 Vgl. zu § 103 V S. 2 Nr.4 GWB a.F.: **Arndt**, RIW 1989, Beilage 7 zu Heft 10/1989, S. 14; **Basedow**, JNpolÖ Bd. 16 (1997), S. 121, 126; **Hüffer/Ipsen/Tettinger**, S. 190; offengelassen bei **Dietze**, S. 109 f.

966 Vgl. LG Dortmund, Urteil v. 12.04.2001, Az.: 13 O 36/01, S. 21; **Büdenbender**, Schwerpunkte, Rdnr. 281. Hierin unterscheidet sich diese Fallkonstellation von den Sachverhalten, in denen die Quelle der Handlungsbefugnis ausschließlich eine staatliche Regelung ist. Hierzu zählen bspw. die den EuGH-Urteilen „Hafen von Genua" (EuGH, Slg. 1991, 5923 ff) und „Remailing" (EuGH, NJW 2000, 2261 ff) zugrundeliegenden Sachverhalte. Außerdem dürften in diese Kategorie § 6 III EnWG und Art. 4 § 3 NeuregelungsG fallen.

967 Vgl. auch: Art. 3 I S.1, 5 I S.1; 7 II S.1; 14 I; 15 I S.1; 17 I; 19 I EltRL.

Außerdem orientiert sich der EuGH bei der Auslegung des Mißbrauchsbegriffs an Geist, Aufbau und Wortlaut von Art. 82 sowie System und Zielen des Vertrages, insbesondere an Art. 3 lit. g) EG, der die Errichtung eines Systems vorsieht, das den Wettbewerb innerhalb des Gemeinsamen Marktes vor Verfälschungen schützt[968]. Dieses primärrechtliche Grundziel beinhaltet nach der Rechtsprechung des Gerichtshofes das Gebot der Sicherung der Chancengleichheit der einzelnen Wirtschaftsteilnehmer[969]. Die Sicherung der Chancengleichheit ist nicht auf das Verhältnis zwischen Unternehmen aus den einzelnen Mitgliedstaaten beschränkt, sondern beansprucht erst recht, jedenfalls bis zu dem Zeitpunkt, in dem die Gemeinschaft selbst durch ausdrückliche Regelung die Drittstaatenfrage gelöst hat[970], Geltung auch im Verhältnis zu Unternehmen aus Drittstaaten[971].

Damit steht nicht nur fest, daß die Ablehnung des Netzzugangs aus Reziprozitätserwägungen keine staatliche Maßnahme ist, sondern auch, daß unternehmerisches Verhalten, das sich zur Ablehnung des Netzzugangs gegenüber Unternehmen aus Drittstaaten auf den Reziprozitätsgedanken stützt, nicht mißbräuchlich im Sinne des Art. 82 EG ist[972].

Mangels staatlicher Zurechenbarkeit der Ablehnungsentscheidung des Netzbetreibers scheidet auch eine Verpflichtung der Mitgliedstaaten zu einer weitergehenden Netzzugangseröffnung aufgrund der Vorschriften des GATT[973] und der Europäischen Energiecharta (EEC) aus[974]. Deshalb bedarf es keiner Entscheidung, ob das Meistbegünsti-

---

968 **Dirksen**, in: Langen/Bunte, Art. 82 Rdnr. 74 m.w.N. aus der Rspr. des EuGH.

969 EuGH, Slg. 1991, 5973, 5981 Tz. 25 (RTT/GB-Inno-BM SA).

970 Die Kommission empfahl bereits in ihrem zweiten Harmonisierungsbericht über den Stand der Liberalisierung der Elektrizitätsmärkte vom Frühjahr 1999 den Abschluß „bilateraler Verträge oder Vereinbarungen zwischen der EU und Drittländern, die die Errichtung eines auf Reziprozität basierenden Rahmens erlauben und damit eine gleichwertige Marktöffnung und faire Wettbewerbsbedingungen sicherstellen würden", vgl. **Europäische Kommission**, Zweiter Bericht der Kommission an den Rat und das Europäische Parlament, S. 28. Vgl. auch § 14 III AEG für den Bereich der Eisenbahnverkehrswirtschaft.

971 **Gundel**, RdE 2000, 85, 92.

972 Folgt man dieser Rechtsauffassung nicht, ist an eine Rechtfertigung der Reziprozitätsklausel nach Art. 86 II EG zu denken.

973 Das GATS enthält entsprechende Garantien, so daß letztlich offen bleiben kann, ob das GATT oder das GATS tatbestandlich einschlägig ist, U. Scholz, RdE 1999, 209, 210. Wegen der entsprechenden Problematik innerhalb des primären Gemeinschaftsrechts Art. 28 - Art. 47 EG (zur Verwandtschaft der Grundfreiheiten des Primärrechts mit den Vorschriften des GATT, GATS, **Pescatore**, in: Hilf/Petersen, S. I ff) spricht allerdings mehr für die Anwendbarkeit des GATT.

974 A.A. **Gersemann**, ZNER 1998 Heft 4, 15, 17.

gungsprinzip des Art. I GATT berührt ist[975] und ob auf Schutz- und Ausnahmevorschriften des GATT (z.B. Art. XIV, XIX, XX) zurückgegriffen werden kann[976].
Bei einer § 13 des österreichischen Elektrizitätswirtschafts- und -organisationsgesetzes (ElWOG) vergleichbaren Regelung[977] liegt hingegen ein Verstoß gegen Art. 133 EG und gegen die Vorschriften des GATT nahe[978].

> **§ 13 II ElWOG:** Der Bundesminister für wirtschaftliche Angelegenheiten hat - sofern dies im Einklang mit den sich aus der Mitgliedschaft Österreichs bei der Europäischen Union ergebenden Verpflichtungen steht - den Abschluß eines Stromliefervertrages [...] zu untersagen wenn
>
> 1. die Stromlieferung vorwiegend aus Anlagen erfolgen soll, die nicht dem Stand der Technik entsprechen oder durch den Betrieb dieser Anlagen eine mittelbar oder unmittelbare Gefährdung von Personen oder Sachen [...] bewirkt wird oder bewirkt werden kann oder
> 2. Die Stromlieferung durch ein Unternehmen erfolgt, das seiner Preiskalkulation nicht alle Kosten zugrunde legt, die bei der Anwendung der Sorgfalt eines ordentlichen Kaufmanns der Kalkulation zugrunde zu legen sind; [...]
> 3. die Stromlieferung unter Mißbrauch einer marktbeherrschenden Stellung zum Nachteil insbesondere von Kunden oder unter Anwendung von Verdrängungspraktiken erfolgen soll oder
> 4. die Stromlieferung aus den Anlagen eines Unternehmens erfolgt, das nicht den Nachweis der ordnungsgemäßen Entsorgung der bei der Erzeugung anfallenden Abfälle erbringt und kein Konzept für künftig aus der Erzeugung anfallende Abfälle vorlegt.

Allerdings ist die Tragweite des Vorbehalts „sofern dies im Einklang mit den sich aus der Mitgliedschaft Österreichs bei der Europäischen Union ergebenden Verpflichtungen steht“ offen[979].

---

975 Verneinend: **U. Scholz**, RdE 1999, 209, 210; bejahend: **Gersemann**; ZNER 1998, Heft 4, 15, 17; **Klemm**, EuZW 2000, 69, 72; **Lukes**, RIW 1998, 581, 585.

976 Bejahend: **Gersemann**; ZNER 1998, Heft 4, 15, 17 f. Zweifelhaft ist die Berufung auf Ausnahmevorschriften durch einzelne EU - Mitgliedstaaten, da die Ausnutzung entsprechender Kompetenztitel stets in die ausschließliche Kompetenz der Gemeinschaft nach Art. 133 EG fiele, dazu: **Vedder**, in: Grabitz/Hilf, Art. 113 Rdnr. 10, 50, 118 ff.

977 Auch im niederländischen Energierecht ist dem Betreiber des Hochspannungsnetzes bei Nichtvorliegen der Reziprozität verboten, Auslandsstrom einzuführen, vgl. **Klemm** EuZW 2000, 69, 73.

978 Vgl. dazu: **Europäische Kommission**, Zweiter Bericht der Kommission an den Rat und das Europäische Parlament, S. 28; **Schanda**, Anm. zu §§ 13, 14 (S.76).

979 Vgl. **Gundel**, RdE 2000, 85, 86.

b) Die Lieferung „aus dem Ausland"

Ist über den Auslandsbegriff Einigkeit erzielt worden, stellt sich die Frage, wann Elektrizität aus diesem Gebiet „geliefert werden soll". Im wesentlichen werden zwei Anknüpfungspunkte diskutiert, ein rechtlicher und ein tatsächlicher. Nach dem rechtlichen Anknüpfungspunkt gewinnt der Liefervertrag maßgebliche Bedeutung. Elektrizität soll immer dann aus dem Ausland geliefert werden, wenn der Lieferant seinen tatsächlichen Sitz im Ausland hat[980]. Der auf tatsächliche Aspekte abstellende Deutungsvorschlag löst sich von der Ausgestaltung des Liefervertrages und stellt entweder auf den Ursprung der Elektrizität[981] oder auf den Ort der Einspeisung ab[982].

Bereits aus praktischen Gründen unpraktikabel und deshalb abzulehnen ist der Ansatz, der allein nach dem Ursprung der durchzuleitenden Elektrizität fragt. Abgesehen davon, daß sich bereits der Wortlaut des Art. 4 § 2 NeuregelungsG und der des Art. 19 V EltRL gleichermaßen auf die Lieferung statt auf die Erzeugung der Elektrizität beziehen[983], läßt sich der Ursprungsort der einmal ins Netz gelangten Elektrizität nicht mehr einer bestimmten Erzeugungsquelle zuordnen[984]. Darüber hinaus ist Art 4 § 2 NeuregelungsG nicht gegen die Ware „Strom" an sich gerichtet, sondern dient nur dem Ausgleich der wettbewerblichen Auswirkungen eines unterschiedlichen Grades an Marktöffnung in den einzelnen Mitgliedstaaten[985].

Gegen die den Ort der Einspeisung für ausschlaggebend haltende Ansicht spricht der Wortlaut der Schutzklausel. Er ist statt auf „aus dem Ausland in das Netz des deutschen EltVU eingespeiste Elektrizität" auf „aus dem Ausland gelieferte Elektrizität" bezogen. Würde allein auf den Ort der Einspeisung abgestellt[986], also den Ort, an dem das jeweilige EltVU den durchzuleitenden Strom übernimmt, so könnte das Recht zur Ablehnung des Netzzugangs im übrigen nur von den Netzbetreibern geltend gemacht werden,

---

980 So: **Kellerhoff/Rinze**, RIW 1999, 738, 746.

981 So: **Recknagel**, in: Böwing u.a. (Hrsg.), EnWG 1998, Art. 4 § 2 Anm. 3.3 (S. 312).

982 So: **Lukes**, BB 2000, Heft 6 „Die erste Seite"; im Ausgangspunkt auch: **U. Scholz**, RdE 1999, 209, 212.

983 Vgl. **U. Scholz**, RdE 1999, 209, 211.

984 Vgl. auch: **Böwing**, in: VEnergR 96, 59, 62.

985 Vgl. Gegenäußerung der B-reg, BT-Drs. 13/7274, S. 34; **Recknagel**, in Böwing u.a. (Hrsg.), EnWG 1998, Art. 4 § 2, Anm. 2 (S. 310); **Zander/Riedel/Held/Ritzau/Tomerius**, S. 109. **Recknagel**, a.a.O. Anm. 3.3 (S. 312) trägt diesen Bedenken dadurch Rechnung, daß es seiner Ansicht nach alternativ auf den Ort der Einspeisung ankommen soll.

986 So: **Lukes**, BB 2000, Heft 6 „Die erste Seite".

deren Versorgungsnetz unmittelbar an das Ausland grenzt und die die Elektrizität nicht nur zum Zweck des Transits übernehmen. Die letztgenannte Einschränkung resultiert daraus, daß nach einhelliger Meinung Art. 4 § 2 NeuregelungsG nicht Elektrizitätslieferungen von einem Land durch Deutschland in ein anderes Land im Wege des Transits betrifft[987].

Vorzugswürdig erscheint deshalb der auf den Sitz des Lieferanten abstellende Ausgangspunkt. Offen bleibt lediglich, ob es ausschließlich auf eine formale, an die Parteien des Liefervertrages anknüpfende Betrachtungsweise ankommen soll[988] oder ob in bestimmten Konstellationen wirtschaftliche Erwägungen mit berücksichtigt werden müssen[989]. Die wirtschaftliche Betrachtung soll der Gefahr der Gesetzesumgehung in den Fällen von Kettenlieferungen vorbeugen[990] und führt dazu, daß eine „Lieferung aus dem Ausland" im Einzelfall selbst dann bejaht werden könnte, wenn der Lieferant seinen Sitz im Inland hat. Mit inländischen Kettenlieferungen sind all diejenigen Fälle angesprochen, in denen ein inländisches EltVU ohne direkten Auslandskontakt die Elektrizität von einem anderen inländischen EltVU übernimmt, das seinerseits den Bedarf im Ausland deckt. Eine ausländische Kettenlieferung liegt vor, wenn ein in einem reziproken Land ansässiger Lieferant den nach Deutschland zu liefernden Strom selbst von einem Unternehmen aus einem nichtreziproken Land bezogen hat.

Problematisch ist bereits, daß eine Einbeziehung wirtschaftlicher Erwägungen dann versagt, wenn es sich um Börsengeschäfte handelt. Dies anerkennen selbst die Vertreter der eine wirtschaftliche Sichtweise fordernden Ansicht[991].

Seinem Wortlaut nach verlangt Art. 4 § 2 NeuregelungsG, daß es sich um „aus dem Ausland gelieferte Elektrizität" handelt. Gerade der Bezug zu Art. 19 V Nr. a EltRL zeigt, daß es hierbei nur um den der Durchleitung unmittelbar zugrunde liegenden Liefervertrag geht. Außerdem geriete die Argumentation ansonsten bedenklich in die Nähe der auf den Ursprungsort des Stroms abstellenden Ansicht.

---

987 Vgl. **Kellerhoff/Rinze**, RIW 1999, 738, 746; **Recknagel**, in Böwing u.a. (Hrsg.), EnWG 1998, Art. 4 § 2, Anm. 3.5. (S. 315); **U. Scholz**, RdE 1999, 209, 212 f.

988 So: **Kellerhoff/Rinze**, RIW 1999, 738, 746.

989 So: **Klemm**, EuZW 2000, 69, 72, der danach fragt, wem die Gegenleistung für die vorgesehene Elektrizitätslieferung wirtschaftlich zufließen würde. **U. Scholz**, RdE 1999, 209, 212, plädiert für eine umfassende Berücksichtigung der Bezugsquellen des Lieferanten.

990 Vgl. **Klemm**, EuZW 2000, 69, 72; **U. Scholz**, RdE 1999, 209, 212.

991 Vgl. **U. Scholz**, RdE 1999, 209, 211.

Ob die Gefahr einer Gesetzesumgehung besteht, hängt davon ab, worin man den Schutzzweck des Art. 4 § 2 NeuregelungsG erblickt. Ziel der Reziprozitätsklausel ist nicht die Herstellung einer gleichwertigen wettbewerblichen Ausgangslage zwischen allen auf dem Markt tätigen Elektrizitätsunternehmen, sondern es geht nur um Chancengleichheit zwischen den Mitgliedstaaten untereinander wegen der Zulässigkeit stufenweiser Öffnung der Märkte[992]. Zwar ist nicht zu bestreiten, daß Unternehmen, deren Versorgungsnetz unmittelbar mit dem Ausland verkuppelt ist, die Möglichkeit haben, kostengünstigen Strom einzuführen, während andere Versorger hierzu auf die Durchleitungsgenehmigung des grenznahen Netzbetreibers angewiesen sind. Aber der überwiegende Teil dieser Stromimporte wird von den Übertragungsnetzbetreibern durchgeführt, die durch ihre Anbindung an das UCPTE - Netz auch bislang schon die Möglichkeit zum Import günstigen Auslandsstroms hatten[993]. Dieser Wettbewerbsvorteil gegenüber den Regional- und Kommunalversorgern beruht deshalb nicht auf der in der EltRL angelegten Freiheit der Mitgliedstaaten zu einem unterschiedlichen Grad der Marktöffnung.
Gegen eine erweiternde, auch mittelbare Auslandslieferungen einschließende Auslegung des Anwendungsbereichs spricht zudem, daß sich die einmal im Netz befindliche Elektrizität keiner bestimmten Anlage oder Lieferung mehr zuordnen läßt. Nach der wirtschaftlichen Betrachtungsweise sollen im Fall eines „Energiemix“ die Netzbetreiber zu einer quotalen Verweigerung berechtigt sein[994]. Praktisch führt dies dazu, daß die Belieferung von Abnehmern durch grenznahe Versorgungsunternehmen mittels Durchleitung fast nie zu 100 % durchgeführt werden könnte, was die Entstehung eines wettbewerblichen Energiemarktes erheblich beeinträchtigen würde.

Maßgeblich ist also der tatsächliche Sitz des Vertragspartners des Abnehmers aus dem Liefervertrag. Für eine Erweiterung durch eine wirtschaftliche Sichtweise besteht kein Bedürfnis. Die Herkunft „aus dem Ausland“ muß infolgedessen stets dann verneint werden, wenn der Netzbetreiber die Elektrizität von einem Lieferanten übernimmt, der seinen tatsächlichen Sitz im Inland hat[995]. Hingegen wird das Recht zur Ablehnung der

---

[992] Vgl. Gegenäußerung der B-reg, BT-Drs. 13/7274, S. 34, **Recknagel**, in: Böwing u.a. (Hrsg.), EnWG 1998, Art. 4 § 2, Anm. 2 (S. 310).

[993] Vgl. **Börner**, S. 17, **Riechmann**, S. 29, 33; **Zander/Riedel/Held/Ritzau/Tomerius**, S. 109.

[994] So: **Scholz**, RdE 1999, S. 209, 215.

[995] So auch: **Böwing**, in: VEnergR 96, 59, 62; **Büdenbender**, Schwerpunkte, Rdnr. 166; **Kellerhoff/Rinze**, RIW 1999, 738, 745 f; **Zander/Riedel/Held/Ritzau/Tomerius**, S. 109.

Durchleitung nicht dadurch beschränkt, daß ein vorgelagerter Netzbetreiber seinerseits die Durchleitung genehmigt hat. In den praktischen Ergebnissen dürfte die Position, die auf den Ort der Einspeisung abstellt, mit der hier vertretenen, den Sitz des Lieferanten für ausschlaggebend haltenden Ansicht weitgehend[996] übereinstimmen.

2. Das Reziprozitätserfordernis

Die fehlende Reziprozität kommt im Gesetzestext durch die Formulierung „soweit der zu beliefernde Abnehmer dort nicht ebenfalls durch Dritte beliefert werden könnte" zum Ausdruck. Ob sie gegeben ist, erfordert die Übertragung des deutschen Abnehmers in das Recht des ausländischen Staates und die Beantwortung der Frage, ob nach dem Vertragsstatut dieses Staates der Abnehmer die Möglichkeit hätte, mittels Durchleitung beliefert zu werden[997]. Streitig ist in diesem Zusammenhang, ob es allein auf die rechtliche Möglichkeit der freien Versorgerwahl ankommt[998] oder ob die Berufung auf Art. 4 § 2 NeuregelungsG bereits dann ausgeschlossen ist, wenn der ausländische Netzbetreiber die Durchleitung freiwillig gestattet[999]. Der Wortlaut der Norm spricht ebenso für die Maßgeblichkeit der Rechtslage wie auch der Gedanke der Rechtssicherheit, weil die administrative Gestattung oder das freiwillige Verhalten ausländischer Netzbetreiber keine hinreichende Beständigkeit aufweisen[1000]. Ob dem Aspekt der Rechtssicherheit auch dadurch Rechnung getragen werden könnte, daß in den Fällen, in denen ausländische Netzbetreiber oder ausländische Behörden ihr bisher praktiziertes Verhalten ändern, dem deutschen Netzbetreiber ein Sonderkündigungsrecht zugestanden wird, ist fraglich[1001]. Zudem besteht der Zweck der Regelung nicht darin, generell wettbewerbliche Chancengleichheit herzustellen, sondern er erschöpft sich im Bemühen, die wettbewerblichen Auswirkungen der hoheitlichen Akte der Gesetzgebung der Mitgliedstaaten bei der jeweiligen Umsetzung der Richtlinie einander anzugleichen[1002]. Entscheidendes Argument gegen die Berücksichtigung auch anderer Maßstäbe als der des frem-

---

996 Unterschiede können sich in seltenen Fällen dann ergeben, wenn das Ablehnungsrecht von einem nachgelagerten Netzbetreiber geltend gemacht wird.

997 Vgl. Gegenäußerung der B-reg, BT-Drs. 13/7274, S. 34; **Gersemann**, ZNER 1998, Heft 4, S. 15; **Klemm**, EuZW 2000, 69, 73.

998 So: **Gersemann**, ZNER 1998, Heft 4, S. 15; **U. Scholz**, RdE 1999, 209, 214.

999 So: **Büdenbender**, Schwerpunkte, Rdnr. 166.

1000 Vgl. **U. Scholz**, RdE 1999, 209, 213.

1001 So: **Büdenbender**, Schwerpunkte, Rdnr. 166.

1002 Vgl. **Recknagel**, in: Böwing u.a. (Hrsg.), EnWG 1998, Art. 4 § 2, Anm. 2 (S. 310).

den Vertragsstatuts ist jedoch, daß die Betrachtung nicht auf einen bestimmten individualisierbaren ausländischen Netzbetreiber bezogen ist. Art. 4 § 2 NeuregelungsG fordert die Übertragung des inländischen Abnehmers in das Recht des ausländischen Staates und die Beantwortung der hypothetischen Frage, ob er dort ebenfalls die Möglichkeit freier Versorgerwahl hätte. Das Wörtchen „dort" bezieht sich auf den Begriff „Ausland" und läßt erkennen, daß nicht der Bezug zu einem bestimmten ausländischen EltVU hergestellt werden sollte, sondern daß es darauf ankommt, ob der Abnehmer im Ausland sich von Dritten beliefern lassen könnte.

Dieses Ergebnis entspricht der Richtlinienvorgabe der Reziprozitätsklausel, dem Art. 19 V EltRL. Danach kommt es für das Recht auf Ablehnung des Netzzugangs darauf an, ob der Kunde in beiden Systemen als „zugelassener Kunde" betrachtet wird. Für diese Zulassung ist allein die Rechtsordnung der Mitgliedstaaten verantwortlich.

Die Prüfung, ob der Abnehmer nach dem Recht dieses Staates ebenfalls von Dritten beliefert werden könnte, ist ausschließlich auf den im Ausland geltenden Rechtsrahmen bezogen. Spezifisch netzbetreiberbezogene Aspekte, wie z.B. Unmöglichkeit der Durchleitung wegen fehlender Kapazität, müssen unberücksichtigt bleiben.

III. Ergebnis

Die Reziprozitätsklausel gewährt ein zeitlich befristetes Ablehnungsrecht, das von der Ausübung durch den Netzbetreiber abhängig ist. Sinn und Zweck der Schutzklausel des Art. 4 § 2 NeuregelungsG sprechen für eine Beschränkung auf wettbewerbsbegründende Durchleitungssachverhalte. Der Fall eines reinen Elektrizitätstransits wird nicht erfaßt.

Ablehnungsberechtigt ist dasjenige inländische Elektrizitätsversorgungsunternehmen, das bislang selbst versorgte Abnehmer durch eine Belieferung von Versorgungsunternehmen, die in anderen EG-Mitgliedstaaten ansässig sind, an diese Unternehmen verliert.

Ein Recht zur Durchleitungsverweigerung besteht nur im Umfang fehlender Reziprozität.

C. Die Braunkohleschutzklausel (Art. 4 § 3 NeuregelungsG)

I. Einleitung

Neben der Reziprozitätsklausel enthalten die Übergangsvorschriften des Art. 4 NeuregelungsG eine weitere, nicht nur rechtspolitisch[1003] umstrittene Regelung, die Braunkohleschutzklausel (Art. 4 § 3 NeuregelungsG).

Der Wortlaut dieser Regelung verdeutlicht einerseits, daß der Schutz der ostdeutschen Braunkohle ein qualifizierter Abwägungsgesichtspunkt ist, bringt andererseits aber zum Ausdruck, daß ihm allein kein solches Gewicht beigemessen werden darf, daß er schon allein zur Rechtfertigung einer Durchleitungsverweigerung genügt[1004]. Systematisch unterfällt die Braunkohleschutzklausel der Zugangsverweigerung wegen Unzumutbarkeit, § 6 I S.2 EnWG[1005].

Art. 4 § 3 NeuregelungsG tritt am 31.12.2003 außer Kraft (Art. 4 § 3 II NeuregelungsG), sofern seine Geltung nicht aufgrund des obligatorischen Berichts des Bundesministeriums für Wirtschaft an den Deutschen Bundestag im Jahre 2002 über die Auswirkung dieser Regelung auf die Braunkohleverstromung und die Strompreisentwicklung in den neuen Bundesländern, bis zum 31.12.2005 verlängert wird.

II. Hintergrund der Braunkohleschutzklausel

1. Die Elektrizitätswirtschaft in den neuen Bundesländern nach der Wiedervereinigung

Die rechtliche Aufbereitung der Schutzklausel des Art. 4 § 3 NeuregelungsG wird durch eine kurze Darstellung der besonderen Struktur der ostdeutschen Elektrizitätswirtschaft erleichtert.

Charakteristisch für die Organisation der Stromwirtschaft in den neuen Ländern vor ihrem Beitritt zur Bundesrepublik war die zweistufige Aufgabenverteilung zwischen den überregionalen Kombinaten mit Querschnittsaufgaben (Energiegewinnung, Bau und Betrieb von Erzeugungsanlagen, Errichtung und Betrieb des Verbundnetzes) und den 15 Bezirksenergiekombinaten, deren Schwerpunkt auf der Energieverteilung an

---

1003 Vgl. zur rechtspolitischen Auseinandersetzung die Nachweise bei: **Blanke/Peilert**, RdE 1999, 125 ff.

1004 Vgl. BT-Wirtschaftsausschuß, BT-Drs. 13/9211, S. 26; **Cronenberg**, RdE 1998, 85, 88; **Metzenthin**, in: Böwing u.a. (Hrsg.), EnWG 1998, Art. 4 § 3 Anm. 4 (S. 325).

1005 Vgl. **Harms**, RdE 1999, 165, 169; **Metzenthin**, in: Böwing u.a. (Hrsg.), EnWG 1998, Art. 4 § 3 Anm. 4 (S. 324).

Endverbraucher lag[1006]. Von untergeordneter Bedeutung war die Eigenerzeugung in diesen Bezirksenergiekombinaten[1007]. Stadtwerke als Träger der Energieversorgung auf kommunaler Ebene existierten nicht[1008].
Der gesamte Verlauf der Neustrukturierungsversuche nach der Wiedervereinigung bis zum Abschluß der Privatisierung der ostdeutschen Energiewirtschaft war von erheblichen Interessengegensätzen der energiepolitischen Akteure gekennzeichnet.
Noch von der ehemaligen DDR initiiert wurde die Umwandlung aller Energiekombinate in Aktiengesellschaften. Mit der Umwandlungsverordnung vom 08.03.1990 sollte die volkseigene Wirtschaft auf die handelsrechtlich zur Verfügung stehenden Organisationsformen umgestellt werden[1009]. Schwierigkeiten bereiteten vor allem bürokratische Hürden. Deshalb ist mit dem Treuhandgesetz vom 17.06.1990 kraft Gesetzes die Umwandlung all derjenigen Unternehmen angeordnet worden, die nicht bereits von den Gestaltungsmöglichkeiten der Umwandlungsverordnung Gebrauch gemacht hatten. Anteilseigner der in private Rechtsformen überführten volkseigenen Wirtschaftseinheiten war zunächst die Treuhandanstalt (§ 12 I TreuhandG).
Auf Verbundebene fusionierten alsdann zwei ehemals überregionale Energiekombinate zur VEAG, die die Aufgabe der Stromerzeugung und -übertragung als Energieverbundunternehmen in Ostdeutschland übernahm[1010]. Die VEAG gehörte zunächst zu 100 % der Treuhandanstalt. Grundlage der Privatisierung der VEAG war der Stromvertrag vom 22. August 1990 zwischen der DDR - Regierung, der Treuhandanstalt und den acht westdeutschen Verbundunternehmen und einem regionalen EVU[1011]. Das Vertragswerk besteht aus einem Vertrag zur Regelung der Übernahme der Verbundunternehmen durch die westdeutschen EVU und fünfzehn Verträgen, in denen die Zukunft der ehemaligen Energiekombinate geregelt war[1012]. Nach dem Stromvertrag verpflichteten sich die zukünftigen Aktionäre der VEAG zur Geschäftsbesorgung bei den DDR - Verbundunternehmen, um eine sichere und preisgünstige Versorgung mit

---

[1006] Vgl. **Wieland**, S. 18.

[1007] Vgl. **Wieland**, S. 18.

[1008] Vgl. Bericht des Umweltbundesamtes, 3/96, S. 13; **Bräunlein**, KMEnergR, Heft 2, S. 7.

[1009] Vgl. **Mutschler**, S. 2.

[1010] Vgl. **Ristau**, S. 19.

[1011] Vgl. auch: Bericht des Umweltbundesamtes, 3/96, S. 40 f. Stromvertrag auszugsweise abgedruckt bei: **Ristau**, Anhang 1; Bericht des Umweltbundesamtes, 3/96, S. 438 ff.

[1012] Vgl. **Ristau**, S.16 Fußn. 41.

Elektrizität im Beitrittsgebiet zu gewährleisten, insbesondere die Braunkohleverstromung aufrechtzuerhalten. Den Abschluß der Privatisierung der ostdeutschen Elektrizitätswirtschaft markierte der Vertrag zur Privatisierung der VEAG aus dem Jahre 1994. Die VEAG ist im Gebiet der neuen Bundesländer das einzige Unternehmen, das auf der Verbundstufe tätig ist.
Aufgrund der desolaten Gesamtsituation der Energiewirtschaft im Beitrittsgebiet und des enormen Investitionsbedarfes[1013] für die Sanierung der maroden Erzeugungsanlagen konnte die Privatisierung der VEAG, die nunmehr der bedeutendste Stromerzeuger in den neuen Ländern war, nur gelingen, weil der VEAG im Stromvertrag aus dem Jahre 1990 ein bestimmter Mindestabsatz an Elektrizität zugesichert worden ist. Zunächst wollten sich westdeutsche Versorger nach der Wende nur an einzelnen Projekten beteiligen[1014]. Bei der Einigung auf einen bestimmten Mindestabsatz ging es Anfang der 90 - er Jahre wegen der rechtlichen Zulässigkeit geschlossener Versorgungsgebiete ausschließlich um die Begrenzung der Eigenerzeugung[1015]. Die Rentabilitätsgrenze ostdeutscher Kohlekraftwerke ist von der Energiewirtschaft bei annähernd 6.500 Betriebsstunden/a gezogen worden[1016]. Zur Sicherung dieser Auslastung verpflichtete sich die Regierung der DDR im Stromvertrag vom 22.08.1990, auf den Abschluß langfristiger Lieferverträge zwischen der VEAG und den regionalen Versorgungsunternehmen der neuen Länder über die Deckung von 70 % des Gesamtbedarfes der Regionalunternehmen hinzuarbeiten (§ 12 Nr. 4 StromV)[1017]. In der Folgezeit sind entsprechende bilaterale Vereinbarungen zwischen der VEAG und den Regionalversorgern der neuen Länder mit einer Laufzeit von 20 Jahren abgeschlossen worden.

Ein besonderes Problem stellte die Auseinandersetzung mit der kommunalen Ebene hinsichtlich der Privatisierung der ehemaligen Bezirksversorgungsunternehmen dar. Nach den Vereinbarungen des Stromvertrages sind 51 % der Anteile an den Bezirksenergiekombinaten von westdeutschen Verbundunternehmern übernommen worden. Nachdem die Regierung *de Maiziere* im Mai 1990 die kommunale Selbstverwaltung wiederhergestellt hatte und die Versorgung mit leitungsgebundener Energie zur Kom-

---

1013 Die VEAG hat zur Sanierung der ostdeutschen Elektrizitätswirtschaft von 1997 - 2005 Investitionen in Höhe von 20 Mrd. DM veranschlagt.

1014 Vgl. **Bräunlein**, in: KMEnergR, Heft 2, S. 9.

1015 Vgl. **Stotz**, in: Wortprotokoll, S. 90 f .

1016 Vgl. **Bericht des AK Energiepolitik**, S. 14; **Piltz**, ZNER 1999, Heft 2, 70, 72 f.

1017 Vgl. **Blanke/Peilert**, RdE 1999, 125, 129; **Piltz**, ZNER 1999 Heft 2, 70, 72.

munalaufgabe erklärt hatte, zu deren Wahrnehmung den Kommunen aber anstelle der unentgeltlichen Übertragung des Vermögens der Bezirksenergiekombinate nur das Recht auf finanzielle Beteiligung eingeräumt worden ist, nämlich die Übernahme der restlichen 49 % der Anteile an den ehemaligen Bezirksenergiekombinaten, wollten sich viele Gemeinden nicht auf die rein finanzielle Beteiligung an den Regionalversorgern beschränken lassen und forderten die Übertragung ehemals volkseigenen Vermögens zur Gründung eigener kommunaler Versorgungsunternehmen[1018]. Der Rechtsstreit endete mit einem Vergleich vor dem Bundesverfassungsgericht[1019]. Danach besaßen die beschwerdeführenden Gemeinden unter Verzicht auf ihre Kapitalbeteiligung am Regionalversorger das Recht, die Übertragung der örtlichen Versorgungsanlagen für Strom und Fernwärme zu verlangen (Ziff. 1.1 und 2 des Vergleichs). Zusätzlich vereinbarten die Parteien in Ziffer 4.3 des Vergleiches, daß auch die kommunale Energieversorgung dem besonderen Interesse am Schutz der ostdeutschen Braunkohle Rechnung zu tragen habe. Umgesetzt worden ist dieses Bekenntnis durch die Festlegung einer Obergrenze für den Anteil des eigenerzeugten Stroms. Dabei nahmen sie Bezug auf die Verpflichtung der Regionalversorger gegenüber der VEAG, mindestens 70 % des Bedarfes aus dem Netz der VEAG zu beziehen.

> **Auszug aus Ziff. 4.3. des Vergleichs:** „Die Beschwerdeführerinnen werden durch Strombezüge vom Regionalversorger dazu beitragen, daß eine ausreichende Braunkohleverstromung auf Verbundebene gewährleistet bleibt. Insgesamt wird ein Strombezug der Stadtwerke in Höhe von 70 % ihres Bedarfes vom Regionalversorger angestrebt".

Im Jahr 1997 erzeugte die VEAG 60 % des gesamten Elektrizitätsbedarfs der neuen Länder, davon 92 % aus Braunkohle. Die restlichen 40 % entfallen fast vollständig auf kommunale oder regionale Eigenerzeugung. Der von der VEAG erzeugte Braunkohlestrom entspricht 73,8 Mio. t geförderter Braunkohle. Vor der Wiedervereinigung sind in den neuen Bundesländern 300 Mio t/a abgebaut worden. Mit dem Rückgang der Braunkohleförderung war ein Arbeitsplatzverlust von ca. 140.000 Stellen verbunden[1020].

[1018] Vgl. **Bräunlein**, in: KMEnergR, Heft 2, S. 13 ff; **Gundermann**, S. 11 ff; **Mutschler**, S. 3 f.

[1019] Zum Inhalt: vgl. **Bräunlein**, in: KMEnergR, Heft 2, S. 16, **Ristau**, S. 24 f, insb. Fußn. 57; Abdruck des Vergleichs bei: **Ristau**, Anhang 2; Bericht des Umweltbundesamtes, 3/96, S. 463 ff.

[1020] Vgl. Europäische Kommission, Entscheidung v. 08. Juli 1999, Tz. 7 ff.

2. Die parlamentarische Vorgeschichte der Schutzklausel

Die Investitions- und Sanierungsverpflichtungen der neuen Eigentümer der VEAG waren durch die bevorstehende vollständige Öffnung des deutschen Elektrizitätsmarktes durch das EnWG 1998 gefährdet. Der im wettbewerblichen System mögliche und erwünschte Wechsel der Abnehmer zum Lieferanten ihrer Wahl begründete die Gefahr, daß der Bedarf der Verteilerunternehmen in den neuen Ländern, die sich gegenüber der VEAG zum Bezug von 70 % ihres Bedarfs verpflichtet hatten, insgesamt zurückgeht. Dieser Bedarfsrückgang hätte in gleichem Umfang die teurere Braunkohleverstromung der VEAG betroffen, die den ihr auf der Grundlage des Stromvertrages gesicherten Marktanteil nicht durch die Berufung auf die Bedarfsdeckungsklauseln in den Lieferverträgen mit den Verteilerunternehmen hätte verteidigen können[1021].

Diese Gefahr für die Wettbewerbsfähigkeit der ostdeutschen Braunkohlewirtschaft erkannte auch der Gesetzgeber. Ursprünglich aber war er der Ansicht, einen ausreichenden Schutz durch die Berücksichtigung dieses Belangs innerhalb der Interessenabwägung nach dem Mißbrauchs- und Behinderungsverbot der §§ 22 und 26 GWB a.F. gewährt zu haben[1022]. Erstmalig wurde der Gedanke des ausdrücklichen Schutzes der ostdeutschen Stromwirtschaft vom Bundesrat in die Beratungen zum neuen EnWG eingebracht:

> „Die in den letzten Jahren in den neuen Ländern etablierten überregionalen, regionalen und kommunalen Versorgungsunternehmen haben mit sehr hohen Investitionen in Stromerzeugungs- und Verteilungsanlagen bei weitgehender Nutzung der ostdeutschen Braunkohle eine moderne, hohen Umweltstandards genügende Energieversorgung aufgebaut. Die mit dem Gesetzentwurf gegebene Gefahr eines erneuten Strukturbruches, der von den neuen Ländern nicht verkraftet werden könnte, ist deshalb unbedingt zu vermeiden. Die Bundesregierung wird daher gebeten, dafür Sorge zu tragen, daß die Energieversorgung und hier insbesondere die Braunkohleverstromung in den neuen Bundesländern ausreichend vor Verdrängungswettbewerb geschützt wird“[1023].

Mit „Verdrängungswettbewerb“ war die Konkurrenz durch kostengünstigeren Strom als der in ostdeutschen Braunkohlekraftwerken erzeugte gemeint. Preisschutz sollte nicht gewährt werden:

[1021] Vgl. Europäische Kommission, Entscheidung v. 08. Juli 1999, Tz. 43 ff.

[1022] Vgl. Gegenäußerung der B-reg, BT-Drs. 13/7274, S. 35.

[1023] Vgl. Stellungnahme des BR, BT-Drs. 13/7274, S. 28.

> „Der befristete Schutz darf deshalb nicht als Instrument zur Aufrechterhaltung eines bestimmten Preisniveaus mißverstanden werden“[1024].

Diesen Bedenken trug die Bundesregierung nach erneuter Überarbeitung des Energierechtsentwurfes Rechnung. Sie anerkannte, daß erst eine ausdrückliche Klarstellung im Gesetz selbst die notwendige Sicherheit auch für weitere Investitionen schaffen würde:

> „Die Bundesregierung hat stets anerkannt, daß den besonderen Interessen der neuen Bundesländer Rechnung getragen werden muß. Sie sollten durch eine Übergangsvorschrift, die das Gewicht dieser Interessen bei der Abwägung von Anträgen auf Abschluß von Durchleitungsverträgen im Gesetz selbst festschreibt, besonders berücksichtigt werden. Die Interessen haben ein derartiges Gewicht, daß der Hinweis in der Begründung auf die umfassende Interessenabwägung nach dem Mißbrauchs- und Behinderungsverbot der §§ 22 und 26 GWB bei der Durchleitung als zentralem Wettbewerbselement möglicherweise nicht ausreichen würde, sondern nur eine Klarstellung im Gesetz selbst den Beteiligten die notwendige Sicherheit auch für weitere Investitionen verschafft“[1025].

III. Die Verfassungsmäßigkeit der Braunkohleschutzklausel

Verfassungsrechtliche Bedenken können aus zwei Gründen gegen die Wirksamkeit der Übergangsvorschrift des § 3 NeuregelungsG erhoben werden: den Anforderungen des Gleichbehandlungsgrundsatzes des Art. 3 I GG und denen des Bestimmtheitsgebots[1026].

1. Der allgemeine Gleichheitsgrundsatz des Art. 3 I GG

Die Verweigerung des Netzzuganges im Interesse des Schutzes der ostdeutschen Braunkohle behindert Konkurrenten der VEAG im Absatz ihrer Elektrizität und bewirkt wegen des Ausschlusses von Wettbewerb ein höheres Strompreisniveau in den neuen Ländern. In den Mittelpunkt der grundrechtlichen Bedenken rückt deshalb das Gleichbehandlungsgebot des Art. 3 I GG. Ob daneben in den Schutzbereich der Berufsfreiheit eingegriffen worden ist, soll an dieser Stelle nicht weiter problematisiert werden, da sich der Maßstab zur Rechtfertigung dieses Eingriffs auf die sog. berufsrechtlich - interne Geltung des Gleichheitssatzes beschränkt[1027].

1024 BT-Wirtschaftsausschuß, BT-Drs. 13/9211, S. 5; vgl. auch: **Theobald/Zenke**, ET 2000, 530, 533.

1025 Gegenäußerung der B-reg, BT-Drs. 13/7274, S. 35.

1026 Vgl. **Blanke/Peilert**, RdE 1999, 125, 127 ff.

1027 Dazu: BVerfGE 37, 342, 353 f; **Scholz**, in: Maunz/Dürig, Art. 12 Rdnr. 146. Ebenso: **Blanke/Peilert**, RdE 1999, 125, 127 ff.

Der mit der Umsetzung der Braunkohleschutzklausel verbundene unterschiedliche Grad der Marktöffnung in den alten und neuen Bundesländern begründet nur dann einen Verstoß gegen das Willkürverbot des Art. 3 I GG, wenn, ausgehend von der neueren Formel des BVerfG zur Feststellung einer Verletzung des Gleichheitsgrundrechts, die ungleiche Behandlung der geregelten Sachverhalte mit Gesetzlichkeiten, die in der Natur der Sache selbst liegen, und mit einer am Gerechtigkeitsgedanken orientierten Betrachtungsweise nicht mehr vereinbar ist. Ein Verstoß gegen das Willkürverbot liegt dort vor, wo ein vernünftiger, einleuchtender Grund für die gesetzliche Differenzierung fehlt, es sich also um Regeln handelt, die unter keinem sachlich vertretbaren Gesichtspunkt gerechtfertigt erscheinen, so daß die Unsachlichkeit der getroffenen Regelung evident ist[1028].

Für eine verfassungswidrige Ungleichbehandlung kommen zwei Anknüpfungspunkte in Betracht. Der eine bezieht sich auf die VEAG und ihre Konkurrenten, der andere auf die von der Schutzklausel betroffenen Abnehmer. In beiden Fällen ist das gesetzliche Differenzierungskriterium das der Verstromung ostdeutscher Braunkohle.

Nach einer in der Literatur vertretenen Position, die auch in der Rechtsprechung Zustimmung gefunden hat, besteht für das Verhältnis der Stromverbraucher in den neuen zu denen in den alten Ländern ein Differenzierungsverbot. Eine besondere Finanzierungsverantwortung der Abnehmer in den neuen Ländern sei nicht erkennbar[1029]. Unter Bezugnahme auf die Entscheidung des Bundesverfassungsgerichts zum Kohlepfennig[1030] wird betont, daß den Betroffenen eine besondere Finanzierungsverantwortung zum Schutz der ostdeutschen Braunkohle nicht obliegt[1031].

Dem ist entgegenzuhalten, daß, im Unterschied zum Kohlepfennig, für dessen Entrichtung das BVerfG entschieden hat, daß der Kreis der Stromverbraucher, der nahezu konturenlos ist und in der Allgemeinheit der Steuerzahler aufgeht und keine homogene Gruppe ist, den eine besondere Finanzierungsverantwortung trifft, sich bei Maßnahmen, die ausschließlich dem Ausgleich spezifischer Nachteile einer 40 - jährigen Planwirtschaft dienen, die besondere Verantwortung auf die Bevölkerung Ostdeutschlands beschränken läßt. Der Rechtsordnung sind im übrigen Übergangsmaßnahmen nicht un-

---

1028 Vgl. BVerfGE 71, 39, 58 m.w.N.; BVerwGE 101, 116, 122; Zur alten und neuen Formel des BVerfG, s. **Osterloh**, in: Sachs, Art. 3 Rdnr. 8 ff m.w.N. aus Rspr. und Lit.

1029 Vgl. **Blanke/Peilert**, RdE 1999, 125, 129. Ähnlich: LG Berlin, WuW/E DE-R 533, 538 f (Fortum).

1030 Beschluß des Zweiten Senats v. 11.10.1994, BVerfGE 91, 186 ff.

1031 Vgl. LG Berlin, WuW/E DE-R 533, 538 (Fortum); **Blanke/Peilert**, RdE 1999, 125, 129.

bekannt, die Ausdruck dieser besonderen Verantwortung sind. Sie sind verfassungsrechtlich unbedenklich[1032]. Keinesfalls kann allein aus der Bezeichnung „Deutsche Einheit“ bzw. „Wirtschaftseinheit“ gefolgert werden, daß eine besondere Finanzierungsverantwortung zur Überwindung der Folgen sozialistischen Wirtschaftens nicht in erster Linie der ostdeutschen Bevölkerung obliegt, sondern eine Aufgabe der Allgemeinheit der bundesdeutschen Steuerzahler sei[1033].
Unter Berücksichtigung des weiten Gestaltungsspielraums des Gesetzgebers bei der Ausgestaltung des Art. 3 I GG ist die Braunkohleschutzklausel geeignet, dem besonderen Interesse Ostdeutschlands an der Sicherung der Verstromung von Braunkohle aus diesem Gebiet Rechnung zu tragen. Art. 4 § 3 NeuregelungsG verstößt weder gegen den Grundsatz des mildesten Mittels noch steht der mit der Norm bewirkte Schutz außer Verhältnis zum erstrebten Ziel. Es kann vor allem unter Berücksichtigung des annähernd gleichen Gewichts von betroffenem Schutzgut (Wettbewerb) und angestrebtem Ziel (Struktursicherung) nicht nachgewiesen werden, daß andere Systeme zum Schutz der ostdeutschen Braunkohle Handel und Wettbewerb weniger stark beeinträchtigen würden[1034].

Ebenfalls verfassungsrechtlich gerechtfertigt ist der mit der Braunkohleschutzklausel verbundene höhere Schutz vor Wettbewerb zugunsten der VEAG gegenüber ihren westdeutschen Konkurrenten. Der weite Gestaltungsspielraum des Gesetzgebers auf wirtschaftsrechtlichem Gebiet wird nicht dadurch beschränkt, daß der Gesetzgeber sich eines privaten Rechtssubjekts zur Erreichung seiner Zielsetzungen bedient. Darauf hat vor kurzem das Sächsische Verfassungsgericht in der Heuersdorf - Entscheidung vom 14.07.2000 deutlich hingewiesen:

> „Die von der Antragstellerin erhobene Rüge der Orientierung an privaten Gewinninteressen der MIBRAG bzw. der VEAG verfehlt den Zusammenhang von privater Energieversorgung und einem wettbewerblichen Umfeld und staatlicher Gewährleistungsverantwortung. An der staatlichen Verantwortung ändert sich dadurch nichts, daß der Staat - nach der Liberalisierung des Strommarktes verstärkt - die Erreichung öffentlicher Zwecke den privaten Unternehmen überläßt, denen bestimmte Gemeinwohlverpflichtungen auferlegt werden. ... Ebenso sind die vom Gesetzgeber verfolgten arbeits-

---

[1032] Vgl. zur unterschiedlichen Besoldung, BVerwGE 101, 116, 121 ff oder zur Anwendung unterschiedlichen Tarifrechts, BVerfG, NJW 2000, 3555, 3556.

[1033] A.A. **Blanke/Peilert**, RdE 1999, 125, 129.

[1034] Vgl. Europäische Kommission, Entscheidung v. 08. Juli 1999, Tz. 50.

markt-, wirtschafts- und strukturpolitischen Ziele legitime Gründe des Wohls der Allgemeinheit, denen angesichts des wirtschaftsstrukturellen Umbruchs in den neuen Bundesländern ein besonderes Gewicht zukommt"[1035].

Vor diesem Hintergrund kann der Braunkohleschutzklausel auch nicht der Vorwurf eines Verstoßes gegen Art. 3 I GG wegen unzulässiger Ungleichbehandlung von VEAG und anderen EltVU gemacht werden.

2. *Verstoß gegen das Bestimmtheitsgebot*

Verfassungsrechtliche Rechtsgrundlage des allgemeinen Bestimmtheitsgebots ist keine einzelne Norm des Grundgesetzes, sondern ein allgemeiner, vornehmlich auf das Rechtsstaatsprinzip gestützter Verfassungsgrundsatz[1036]. Das Bestimmtheitsgebot verlangt vom Gesetzgeber den Erlaß nur solcher Vorschriften, aus denen die Normunterworfenen die Rechtslage so konkret erkennen können, daß sie ihr Verhalten danach auszurichten vermögen[1037]. Je stärker die gesetzlichen Vorgaben in die Rechtsstellung der Betroffenen eingreifen oder je schwerwiegender die Auswirkungen der gesetzlichen Maßnahme sind, desto höhere Anforderungen werden an die Bestimmtheit der Norm gestellt[1038]. Die Grenze der Zulässigkeit der Verwendung unbestimmter Rechtsbegriffe ist erst dann überschritten, wenn die Tatbestandsmerkmale der Norm mit den herkömmlichen Auslegungskriterien nicht mehr hinreichend konkretisiert werden können[1039]. Dieser Vorwurf einer derartigen Unbestimmtheit trifft insbesondere unter Beachtung der eindeutigen Intention des Gesetzgebers, was im übrigen auch das Landgericht Berlin selbst anerkennt[1040], nach der hier vertretenen Position die Schutzklausel des Art. 4 § 3 NeuregelungsG nicht.

1035 SächsVerfGH, ZNER 2000, 126, 129.

1036 Vgl. BVerfGE 1, 14, 45; 25, 216, 227; **Schulze-Fielitz**, in: Dreier (Hrsg.) Art. 20 Rdnr. 117; **Schnapp**, in: v.Münch/Kunig, Art. 20 Rdnr. 25.

1037 Vgl. BVerfGE 83, 130, 145 m.w.N aus der Rspr.; **Schulze-Fielitz**, in: Dreier (Hrsg.), Art. 20 Rdnr. 117 m.w.N.

1038 Vgl. nur: BVerfGE 83, 130, 145.

1039 St. Rspr.: BVerfGE 78, 205, 212 f; 83, 130, 145; 90, 1, 16 f; 92, 262, 272 f.

1040 Vgl. Landgericht Berlin, Urteil v. 27.06.2000, Az. 16 O 652/99 (Kart/Fortum), WuW/E DE-R 533, 539: „Schließlich ergibt sich aus der Gesetzesbegründung zur Braunkohleschutzklausel und der Entstehungsgeschichte der Bekl., daß Hintergrund der Regelung die erheblichen Investitionen der Bekl. zur Modernisierung der Kohlekraftwerke in den neuen Bundesländern waren und die Wirtschaftlichkeit der Braunkohleverstromung für die Bekl. gesichert werden sollte".

IV. Die Tatbestandsmerkmale der Vorschrift

1. Der räumliche Anwendungsbereich des Art. 4 § 3 NeuregelungsG

Der Kreis der zur Geltendmachung der Klausel berechtigten Unternehmen ergibt sich nicht aus Art. 4 § 3 NeuregelungsG selbst, sondern aus den dort in Bezug genommenen Rechtsvorschriften. Ablehnungsberechtigt ist, soweit der Netzzugang auf der Grundlage des § 6 I EnWG verfolgt wird, dem Wortlaut nach zunächst jeder Betreiber eines Elektrizitätsversorgungsnetzes aus den alten Ländern und aus den neuen Bundesländern, falls die Durchleitung der Versorgung von Abnehmern dient, die in den neuen Ländern ansässig sind. Der Schutzzweck der Norm rechtfertigt aber unstreitig keinen derart weiten Anwendungsraum der Schutzklausel[1041]. Im Interesse möglichst unbeschränkten Wettbewerbs können sich ausschließlich Elektrizitätsversorgungsnetzbetreiber, deren Leitungsnetz in den Ländern Berlin, Brandenburg, Mecklenburg-Vorpommern, Sachsen, Sachsen-Anhalt oder Thüringen gelegen ist, auf Art. 4 § 3 NeuregelungsG berufen.

Der Einschluß Berlins wirft die Frage nach dem Erfordernis einer einschränkenden Auslegung dieses Tatbestandsmerkmals auf, da seinem Wortlaut nach „Berlin" auch das Gebiet dieses Bundeslandes erfaßt, das nicht zum Beitrittsgebiet gehört, also das ehemalige Westberlin. Zu bejahen ist eine teleologische Reduktion des Begriffes „Berlin" dann, wenn das Tatbestandsmerkmal entgegen seinem Wortsinn, aber gemäß der immanenten Teleologie des Gesetzes einer Einschränkung bedarf, die im Gesetzestext nicht enthalten ist und kein Verbot teleologischer Reduktion besteht[1042].

Der Zweck der Schutzklausel beschränkt sich eindeutig auf die neuen Länder[1043]. Ausgangspunkt der Erwägungen war die Gefahr eines erneuten Strukturbruchs[1044], die ausschließlich im Beitrittsgebiet bestand. In Westberlin wurde vor der Wiedervereinigung weder ostdeutsche Braunkohle in eigenen Kraftwerken verstromt noch Strom dieser Art aus der ehemaligen DDR bezogen. Deshalb waren im Stromvertrag und im Vergleich vor dem Bundesverfassungsgericht auch nur die ehemals ostdeutschen Regionalversorger und Gemeinden angesprochen. Forderungen nach einer Übergangsregelung, die nicht nur auf die Verstromung ostdeutscher Braunkohle abstellte, sondern den Aus-

---

[1041] Im Ergebnis ebenso: **Harms**, RdE 1999, 165, 175; **Metzenthin**, in: Böwing u.a. (Hrsg.), EnWG 1998, Art. 4 § 3 Anm. 5 (S. 328).

[1042] **Larenz**, Methodenlehre, S. 391 f.

[1043] Vgl. die Äußerungen des damaligen Wirtschaftsministers **Rexrodt**, in: Stenographischer Bericht der 707. Sitzung des BR v. 19.12.1996, Plenarprotokoll 707, S. 694.

[1044] Stellungnahme des BR, BT-Drs. 13/7274, S. 28.

gleich der besonderen Nachteile aus dem jahrzehntelangen Inselbetrieb Westberlins bezweckte[1045], konnten sich dagegen im Gesetzgebungsverfahren nicht durchsetzen. Dieser Einschränkung des Kreises der ablehnungsberechtigten Netzbetreiber auf diejenigen, deren Versorgungsnetz im Beitrittsgebiet gelegen ist[1046], steht ein Verbot teleologischer Reduktion nicht entgegen. Ein solches Verbot wird grundsätzlich nur strikten Ordnungsvorschriften entnommen werden können[1047].

2. Die „ausreichend hohe Verstromung von Braunkohle"

In besonderem Maße dokumentieren sich die Auslegungsprobleme der unbestimmten Rechtsbegriffe im EnWG 1998 bei der Konkretisierung der „ausreichend hohen Verstromung von Braunkohle aus diesen Ländern".

a) Der Zweck der Regelung auf der Grundlage seiner Entstehungsgeschichte

Während der Gesetzestext selbst die Höhe der ausreichenden Braunkohleverstromung nicht näher definiert, vermögen die Motivation des Gesetzgebers und seine in den Gesetzesmaterialien zum Ausdruck gekommenen Vorstellungen, Impulse für die Auslegung der Braunkohleschutzklausel des Art. 4 § 3 NeuregelungsG zu liefern.

Der Gesetzgeber, der sich die Reform des Energierechts zur Aufgabe gemacht hatte, fand Anfang des Jahres 1998 folgende Ausgangssituation vor: den in Ostdeutschland tätigen westdeutschen Energieversorgungsunternehmen war als integraler Bestandteil der von den westdeutschen EltVU gegenüber der Treuhandanstalt eingegangenen Verpflichtungen durch die im Rahmen der Privatisierung der ostdeutschen Energiewirtschaft insbesondere im Stromvertrag getroffenen Abreden unter Berücksichtigung von Wertschöpfung und Arbeitsplatzsicherung eine Amortisation der zur Sanierung der maroden Energiewirtschaft in den neuen Ländern notwendigen Investitionen garantiert. Mit der Sicherung einer 70 %-igen Bedarfsdeckung sollten den Braunkohlekraftwerken Absatzmöglichkeiten für etwa 6.500 Betriebsstunden/a gesichert werden[1048].

[1045] Stellungnahme der ARE zur Entschließung des BR v. 19.12.1996 zum Regierungsentwurf zur Neuregelung des Energiewirtschaftsrechts, Anlage zum Mitgliederrundschreiben Nr. 1/1997, S. 7.

[1046] So: **Büdenbender**, Schwerpunkte, Rdnr. 201; ähnlich: **Harms**, RdE 1999, 169, 175 „nur ostdeutsche Abnehmer".

[1047] Vgl. hierzu: **Canaris**, Feststellung von Lücken, S. 192 f.

[1048] Vgl. **Piltz**, ZNER 1999, Heft 2, 70, 72.

Dabei lag dieser Absatzsicherung nicht die Vorstellung zugrunde, daß ohne sie die Braunkohleverstromung unrentabel sei. Von Anfang an war die Wettbewerbsfähigkeit der ostdeutschen Braunkohle unstreitig[1049]:

> „Die ostdeutsche Braunkohle ist ein wettbewerbsfähiger Energieträger von großem Gewicht für die wirtschaftliche Entwicklung in den neuen Bundesländern“[1050].

Mit der Absatzgarantie sollte nur die Tatsache berücksichtigt werden, daß die ostdeutsche Braunkohleindustrie in verhältnismäßig kurzer Zeit wegen des völligen Neuaufbaus der ostdeutschen Energiewirtschaft erhebliche Investitionen zu tätigen hatte:

> „Das Problem liegt doch einzig und allein darin, daß die VEAG und auch die Unternehmen des Braunkohlebergbaus Investitionen in relativ kurzer Zeit zu tätigen hatten, wie es kein anderes Unternehmen mit einer sonst gewachsenen Struktur des Kraftwerkparks vorzunehmen hatte“[1051]
> „VEAG hat mit einem Investitionsvolumen von 20 Mrd. DM sowohl im Erzeugungs- wie auch im Verteilungsbereich insbesondere für die Zeit nach der Jahrtausendwende den höchsten Grad an Verschuldung zu erwarten. Es sind Zinsbelastungen in Höhe von 500 Mio. DM pro Jahr zu erwarten. Die jährlichen Abschreibungen werden sich dann auf rund 1,3 Mrd. DM belaufen. Diese Phase wird bis zum Jahr 2009 anhalten. Wenn man einen Schutz der VEAG bis zum Jahr 2006 fordert, so fällt dieser in eine Zeit, in der die Großkraftwerke gerade vier Jahre in Betrieb sind. Es handelt sich aber um Investitionen, die auf einen Zeitraum von insgesamt 40 Jahren ausgelegt sind[1052]“.

Der Mengenschutz war unter Beteiligung der Energiewirtschaft unter Berücksichtigung prognostischer Unsicherheiten und des dramatischen Absatzrückganges ursprünglich auf 20 Jahre beschränkt. Folglich gingen auch die Energieversorger bei einem Schutz bis 2010 nicht nur von der Wirtschaftlichkeit der Braunkohleverstromung im allgemeinen aus, sondern auch davon, daß bis dahin die Nachteile aus dem enormen Investitionsvolumen kompensiert sein würden. Diese Auslastungsgarantie mußte deshalb gerade nicht nur die Grenzkosten, sondern auch die Kapitalkosten berücksichtigen.

1049 Vgl. **Wille**, in: Wortprotokoll, S. 97 f.

1050 BT-Wirtschaftsausschuß, BT-Drs. 13/9211, S. 4.

1051 **Wodopia**, in: Wortprotokoll, S. 99 f.

1052 So der Vorstandsvorsitzende der VEAG **Stotz**, in: Wortprotokoll, S. 90 f.

Die unbeschränkte Einführung des Wettbewerbsprinzips auch in der ostdeutschen Elektrizitätswirtschaft hätte nach einhelliger Ansicht wegen der im Wettbewerb sinkenden Strompreise zur existentiellen Bedrohung der VEAG geführt. Weitgehend anerkannt war deshalb das besondere Schutzbedürfnis der ostdeutschen Elektrizitätswirtschaft vor den Auswirkungen des Wettbewerbs[1053]. Der Gesetzgeber sah sich also vor die Aufgabe gestellt, trotz Einführung wettbewerblicher Strukturen, der ostdeutschen Braunkohleindustrie einen Ausgleich für ihre hohen Anfangsinvestitionen zu sichern. Unterschiedliche Auffassungen gab es hingegen über die Verwirklichung dieses Anliegens. Während die SPD - Fraktion den Schutz über eine feste Abnahmequote braunkohleverstromter Elektrizität gewährleisten wollte[1054], setzte sich im Gesetzgebungsverfahren der Vorschlag der Regierungskoalition durch, dem Schutzbedürfnis durch den begrenzten Ausschluß von Wettbewerb Rechnung zu tragen.
Diese Betrachtung verdeutlicht, daß es dem Gesetzgeber bei der Diskussion um die Braunkohleschutzklausel nur um die Sicherung des Fortbestandes eines bereits existenten Schutzniveaus ging:

> „Durch die Vorrangregelung für heimische Energien werden die zur Umstrukturierung der ostdeutschen Elektrizitätswirtschaft getätigten Investitionen rentabel bleiben“[1055].

Hierbei ist, was nicht zuletzt gerade der Verzicht auf neue Wirtschaftlichkeitsberechnungen während der Diskussion um die Reform des Energierechts zeigt, auf die dem Stromvertrag zugrunde liegende Wirtschaftlichkeitsberechnung zurückgegriffen worden[1056].
Der Wille des Gesetzgebers ergibt deshalb, daß dem besonderen Schutzbedürfnis der ostdeutschen Braunkohlewirtschaft wegen der erheblichen Investitionen innerhalb eines sehr kurzen Zeitraumes trotz Paradigmenwechsels in der Elektrizitätswirtschaft auch

---

1053 Stellungnahme des BR, BT-Drs. 13/7274, 28, Gegenäußerung der B-reg, BT-Drs. 13/7274, S. 35; BT-Wirtschaftsausschuß, BT-Drs. 13/9211, S. 3 ff; a.A. vor allem die ostdeutschen Stadtwerke, vgl. **Wille**, in: Wortprotokoll, S. 91 f. S. auch: Europäische Kommission, Entscheidung v. 08. Juli 1999, Tz. 16, 20.

1054 Hiergegen sind vor allem (europa-)rechtliche Bedenken geltend gemacht worden, vgl. **Baur** und **Koch**, in: Wortprotokoll, S. 92 f, 94 f.

1055 Vgl. Gesetzentwurf der SPD-Fraktion, BT-Drs. 13/7425, S. 3.

1056 Dies belegt u.a. Punkt 1.5. des Fragenkatalogs zum Komplex „Ostdeutsche Braunkohle“ der öffentlichen Anhörung zum Thema „Novellierung des Energiewirtschaftsgesetzes“ vom 25.06.1997, in: Wortprotokoll, S. 14: „Welche Regelung gewährleistet den Interessenausgleich im Sinne des Vergleiches des BVerfG (70:30 - Regelung) ?“. Vgl. auch: **Büdenbender**, Schwerpunkte, Rdnr. 200; **Piltz**, ZNER 1999, Heft 2, 70, 72.

weiterhin Rechnung getragen werden sollte. Angeknüpft wurde an die Sicherungsinstrumente, die im Stromvertrag von 1990 vereinbart worden sind. Weder eine Einschränkung, abgesehen von der zeitlichen Befristung der Braunkohleschutzklausel, noch eine Ausweitung des bisherigen Schutzniveaus lag in der Absicht des Gesetzgebers.

Diesen gesetzgeberischen Erwägungen steht nicht entgegen, daß die Urheber der Energierechtsnovelle stets betont haben, der Schutz vor Wettbewerb dürfe nicht soweit gehen, daß alle preisrelevanten Wettbewerbshandlungen ausgeschlossen seien und ein bestimmtes Preisniveau im Osten zementiert werde:

> „Die Berücksichtigung dieses Zieles lediglich im Rahmen der Interessenabwägung vermeidet jedoch einen zu weitgehenden Eingriff in den Wettbewerb und hält auf diese Weise den Druck auch in den neuen Ländern aufrecht, die vorhandenen Rationalisierungsreserven auch im Interesse der Abnehmer auszuschöpfen“[1057]
> „Da wettbewerbsfähige Strompreise für den weiteren Aufbau Ost von besonderer Bedeutung sind, sind nach Auffassung der Vertreter der Fraktion der CDU/CSU besondere Anstrengungen sowohl der Bergbauunternehmen als auch der Elektrizitätsversorgungsunternehmen auf allen Stufen erforderlich, damit die Strompreise in Ostdeutschland trotz dieser Sonderregelung künftig deutlich sinken. Während der Übergangsfrist können Durchleitungsbegehren nicht generell abgelehnt werden“[1058].

Diese Bekräftigung des Bekenntnisses zur Einführung von Wettbewerb in der deutschen Elektrizitätswirtschaft beinhaltet nur eine Absage an eine über das im Stromvertrag angelegte Schutzniveau hinausgehende Privilegierung. Dementsprechend ist Art. 4 § 3 NeuregelungsG nicht geeignet, den Anspruch auf Netzzugang zu beeinflussen, wenn die Durchleitung die geschützte Auslastung nicht berührt, etwa, indem die Durchleitung den eigenerzeugten Strom der Regionalversorger oder Stadtwerke verdrängt oder in demselben Umfang fremde Absatzmärkte seitens der VEAG erschlossen werden konnten oder aber die Durchleitung nur einen gestiegenen Gesamtbedarf befriedigt. Ebenso unstreitig dürfte sein, daß die Gesamtauslastung ostdeutscher Braunkohlekraftwerke dann nicht berührt wird, wenn ostdeutscher Braunkohlestrom durch das Leitungsnetz geliefert werden soll[1059].

1057 Gegenäußerung der B-reg, BT-Drs. 13/7274, S. 35.

1058 Vgl. BT-Wirtschaftsausschuß, BT-Drs. 13/9211, S. 26.

1059 Vgl. **Grau**, Wirtschaftswelt energie, 2000, 13, 14; **Harms**, RdE 1999, 165, 176; **Theobald/Zenke**, ET 2000, 530, 533.

b) Die Entscheidung der Europäischen Kommission zur Braunkohleschutzklausel

Die Entscheidung der Kommission vom 08.07.1999 über die Genehmigung der Braunkohleschutzklausel konkretisiert die nach Maßgabe des Art. 24 EltRL zulässigen nationalen Übergangsregelungen[1060].

Als mögliche Richtliniengrundlage der Braunkohleklausel kamen Art. 8 IV und Art. 24 EltRL in Betracht.

> **Art. 8 IV EltRL:** Ein Mitgliedstaat kann aus Gründen der Versorgungssicherheit Anweisung geben, daß Elektrizität bis zu einer Menge, die 15 % der in einem Kalenderjahr zur Deckung des gesamten Elektrizitätsverbrauchs des betreffenden Mitgliedstaats notwendigen Energie nicht überschreitet, vorrangig aus Erzeugungsanlagen abgerufen wird, die einheimische Primärenergieträger als Brennstoffe einsetzen.

> **Art. 24 I S.1 EltRL:** Mitgliedstaaten, in denen aufgrund der Bestimmungen dieser Richtlinie vor Inkrafttreten dieser Richtlinie auferlegte Verpflichtungen oder erteilte Betriebsgarantien möglicherweise nicht erfüllt werden, können eine Übergangsregelung beantragen, die ihnen von der Kommission unter anderem unter Berücksichtigung der Dimension des betreffenden Systems, des Verbundgrades des Systems und der Struktur seiner Elektrizitätsindustrie gewährt werden kann. (Die Übergangsregelung ist zeitlich zu begrenzen, Art. 24 II EltRL).

Die Bundesregierung beabsichtigte zunächst, die Braunkohleschutzklausel auf die Ermächtigung des Art. 8 IV EltRL zu stützen[1061]. Vor der offiziellen Anmeldung dieser Sonderregelung bat das Bundeswirtschaftsministerium mit Schreiben vom 30.07.1997 die Kommission, u.a. zur Frage der Aufnahme einer Braunkohleschutzklausel in nationales Recht Stellung zu nehmen. Bereits in ihrer Antwort hierauf vertrat die Kommission die Ansicht, die vorgesehene Regelung entspräche einer Ausnahmeregelung vom Recht auf Netzzugang und sei nicht von Art. 8 IV gedeckt. Statt dessen sei ein Antrag nach Art. 24 EltRL zu stellen. Trotzdem hielt die Bundesrepublik auch im offiziellen Antrag vom 12.02.1998 an ihrem ursprünglichen Konzept fest, allerdings vorsorglich

---

1060 LG Berlin, RdE 2000, 237, 243 (Fortum). Zur Vereinbarkeit des Art. 24 EltRL mit primärrechtlichen Vorgaben s. oben: Teil 5: C II 2.

1061 Gegenäußerung der B-reg, BT-Drs. 13/7274, S. 35. Bezogen auf den kalenderjährlichen Gesamtstromverbrauch in Deutschland liegt der Anteil des in den neuen Ländern auf Basis ostdeutscher Braunkohle erzeugten Stromes derzeit und in der Vorschau bis 2005 deutlich unter 15 %, **Metzenthin**, in: Böwing u.a. (Hrsg.), EnWG 1998, Art. 4 § 3 Anm. 7 (S. 330).

um den Antrag auf Notifizierung nach Art. 24 der Richtlinie ergänzt[1062]. Die Europäische Kommission hat die Braunkohleschutzklausel letztendlich als Übergangsregelung nach Art. 24 EltRL genehmigt[1063].

Die Kommission legt ebenso wie der deutsche Gesetzgeber dem Tatbestandsmerkmal „ausreichend hohe Menge“ als Investitionsverpflichtung im Sinne des Art. 24 der Richtlinie die Verpflichtung zur Modernisierung des Braunkohlesektors zugrunde, die im Stromvertrag vom 22.08.19990 von den späteren Anteilseignern der VEAG übernommen wurden[1064]. Sie anerkennt die mit der Einführung eines vollständig geöffneten Elektrizitätsmartktes verbundenen Gefahren für die Erfüllung dieser Verpflichtungen:

> „Ferner kann davon ausgegangen werden, daß die 100%ige Liberalisierung sehr wohl zu einer Situation führen könnte, in der die VEAG möglicherweise nicht in der Lage wäre, ihr Investitionsprogramm mit einem Volumen von 20 Mrd. DEM, das erst um das Jahr 2000 abgeschlossen wird, zu Ende zu führen, sofern keine Übergangsregelung eingerichtet würde“[1065].

Grundsätzlich hat die Kommission auch die Angemessenheit der Schutzklausel gebilligt:

> „In Anbetracht der besonderen Umstände dieses Falles und insbesondere i) des - im Vergleich zum deutschen Gesamtnetz - begrenzten Gebiets, ii) der Ungewißheit, ob ein solcher Schutz überhaupt notwendig sein wird, und iii) des deutlich begrenzten Zeitrahmens ist die Kommission der Auffassung, daß eine solche Regelung tatsächlich ein vernünftiges Verfahren zur Verwirklichung der genannten Ziele darstellt. Es kann nicht nachgewiesen werden, daß andere Systeme, etwa auf der Grundlage von Abgaben, in Anbetracht der ganz besonderen Umstände, die hier zu berücksichtigen sind Handel und Wettbewerb weniger stark beeinträchtigen würden, als die Übergangsregelung in der notifizierten Form“[1066].

[1062] Vgl. **Cronenberg,** RdE 1998, 85, 88.

[1063] Zur Rechtsgrundlage: vgl. Europäische Kommission, Entscheidung v. 08. Juli 1999 Tz. 21 ff.

[1064] Europäische Kommission, Entscheidung v. 08. Juli 1999, Tz. 30 ff. Damit fehlt der Kommissionsentscheidung kein ausdrücklicher Hinweis, welche abwägungsrelevante Menge den Ausführungen der Kommission zugrunde liegt, so aber: LG Berlin, WuW/E DE-R 533, 539 (Fortum) = RdE 2000, 237, 244.

[1065] Europäische Kommission, Entscheidung v. 08. Juli 1999, Tz. 34.

[1066] Europäische Kommission, Entscheidung v. 08. Juli 1999, Tz. 50; a.A. **Becker**, in: ZNER 1998 Heft 3, 51, 59.

Der Kommissionsentscheidung kann nicht entnommen werden, daß die Wirtschaftlichkeit der ostdeutschen Braunkohleverstromung sich allein nach den Grenzkosten richte. Wenn die Europäische Kommission in ihrer Entscheidung das stärkere Bedürfnis der deutschen Übergangsregelung im Vergleich zu allen anderen angemeldeten Übergangsvorschriften anerkannt hat,

> „Diese Entscheidung [über die Genehmigung der Braunkohleschutzklausel; d.Verf.] ist daher in ihrer Natur und ihren Zielen äußerst spezifisch im Vergleich zu den angenommenen oder gerade geprüften Übergangsregelungen anderer Mitgliedstaaten. Die anderen Schemata betreffen die Notwendigkeit oder das Ziel der Aufrechterhaltung der Lebensfähigkeit und Wettbewerbsfähigkeit einzelner bestehender Unternehmen, nicht den Wiederaufbau und Großmodernisierung eines ganzen regionalen Elektrizitätssektors“[1067].

und sich zum Teil diese Vorschriften bereits eindeutig nicht nur an den Grenzkosten orientieren,

> „ ... Elektrizitätsversorgungsunternehmen sollen Beihilfen nur insoweit gewährt werden dürfen, daß sie alle anfallenden Kosten in angemessenem Umfang selbst tragen und eine Mindestverzinsung des eingesetzten Kapitals erwirtschaften können[1068].“

so muß für die deutsche Übergangsvorschrift erst recht gelten, daß in die Wirtschaftlichkeitsberechnung auch die Kapitalkosten einbezogen werden dürfen. Außerdem ist in der Entscheidung explizit auf die Garantien des Stromvertrages zurückgegriffen worden.

Obwohl nach Art. 4 § 3 NeuregelungsG an sich auch die Regionalversorger und kommunalen Unternehmen zur Geltendmachung der Klausel berechtigt wären, hat die Europäische Kommission ihnen das Recht, die Braunkohleschutzklausel bei der Entscheidung über den Netzzugang in die Abwägung einzustellen, beschränkt:

> „Erstens sind die regionalen Übertragungs- und Verteilungsunternehmen nicht in der Lage, festzustellen, ob ein Rückgang der Nachfrage nach Elektrizität von Seiten ihrer Kunden, der eine geringere Abnahme von VEAG-Strom zur Folge hat, tatsächlich das Fortbestehen der VEAG-Braunkohleverstromung in Frage stellen wird. Zweitens haben die Verteilerunternehmen kein direktes oder kommerzielles Interesse an der Braunkohleförderung“[1069].

1067 Europäische Kommission, Entscheidung v. 08. Juli 1999, Tz. 65.

1068 Erläuterung des BMwA zu § 6 VO Stranded Costs, abgedruckt bei: **Schanda**, VO Stranded Costs, § 6 (S. 262).

1069 Europäische Kommission, Entscheidung v. 08. Juli 1999, Tz. 53.

Die zweite Einschränkung besteht darin, daß auch im Bereich der neuen Bundesländer ein minimales Segment zugelassener Kunden das uneingeschränkte Recht haben muß, den Lieferanten zu wechseln.

> „Ein Mindestmarktöffnungsfenster muß auch in den neuen Ländern garantiert werden, damit sich die Praxis des Netzzugangssystems schon entwikkeln kann, wenn auch aufgrund der Übergangsregelung möglicherweise mit Abstrichen von den Mindestmarktöffnungsquoten der Richtlinie. Demgegenüber würde die VEAG bei Fehlen einer Mindestzahl an unzweifelhaft netzzugangsberechtigten zugelassenen Kunden weniger auf Kosten- und Preissenkungen angewiesen sein, sondern könnte eine Politik verfolgen, die versucht, jede Anfrage nach Netzzugang systematisch abzulehnen, um ihren Marktanteil und indirekt die Braunkohleproduktion zu schützen."[1070].

Zu diesem Segment werden all diejenigen Endverbraucher gezählt, deren Jahresverbrauch 100 gWh übersteigt[1071]. Beide Auflagen treten zwei Jahre nach Veröffentlichung der Kommissionsentscheidung in Kraft[1072].

c) Ergebnis

Entgegen der Rechtsansicht des LG Berlins[1073] ist eine ausreichend hohe Menge zu verstromender ostdeutscher Braunkohle nur dann gewährleistet, wenn der VEAG nicht nur ein grenzkostendeckender Betrieb garantiert ist, sondern wenn die zugunsten der VEAG im Stromvertrag begründete Garantie aufrechterhalten wird. Damit wird der Tatsache Rechnung getragen, daß die Anteilseigner der VEAG die Investitions- und Sanierungsverpflichtungen in Höhe von ca. 20 Mrd. DM nur gegen Einräumung dieser Zusicherung übernommen haben und Art. 4 § 3 NeuregelungsG diesen Schutz auch vor dem herannahenden Wettbewerb aufrechterhalten wollte[1074]. Diese Garantie dient gerade der Kompensation der erheblichen Anfangsinvestitionen in der ostdeutschen Stromwirtschaft.

Andererseits geht der Schutz der VEAG nicht über die im Stromvertrag angelegte Privilegierung hinaus. Deshalb kann zur Interpretation des Begriffs „ausreichende

---

[1070] Europäische Kommission, Entscheidung v. 08. Juli 1999, Tz. 59, 60.

[1071] Europäische Kommission, Entscheidung v. 08. Juli 1999, Tz. 62.

[1072] Europäische Kommission, Entscheidung v. 08. Juli 1999, Tz. 66.

[1073] LG Berlin, WuW/E DE-R 533, 539 ff (Fortum). Gegen dieses Urteil hat die VEAG Berufung eingelegt, vgl. Pressemitteilung der VEAG v. 26.07.2000.

[1074] Vgl. Europäische Kommission, Entscheidung v. 08. Juli 1999, Tz. 34.

Menge" nicht auf das Vollkostenkonzept der VEAG, auf das sie sich im Rahmen der Anhörung vor der Europäischen Kommission berief, zurückgegriffen werden[1075].
Eine „ausreichend hohe Menge" ist der ostdeutschen Braunkohlewirtschaft vielmehr nur dann gewährleistet, wenn sie entsprechend dem 70:30 Kriterium 70% des Gesamtbedarfs an Elektrizität in den neuen Ländern deckt oder den ostdeutschen Braunkohlekraftwerken eine Auslastung von annähernd je 6.500 Betriebsstunden/a ermöglicht ist[1076]. Sobald einer der Grenzwerte überschritten ist, ist eine „ausreichend hohe Menge" garantiert[1077]. Mit diesem dualistischen Maßstab kann insbesondere die Ausweitung des Absatzgebietes der VEAG berücksichtigt werden[1078]. Allerdings bedeutet die Mengengarantie keine absolute Preisgarantie. Weitestgehende Einigkeit besteht darüber, daß die VEAG in gleichem Maße wie ihre Konkurrenten zu Rationalisierungsmaßnahmen verpflichtet ist[1079].
Kritisch betrachtet werden muß demgegenüber eine streng am Verdrängungskriterium orientierte Betrachtungsweise[1080]. Mit ihr soll erreicht werden, daß sich die VEAG solange nicht auf die Übergangsklausel des Art. 4 § 3 NeuregelungsG berufen kann, wie sie den eigenen Import herkömmlichen Stroms reduzieren könnte. Ihre Rechtfertigung leitet diese Kritik daraus ab, daß eine konsequente Anwendung des Art. 4 § 3 NeuregelungsG seitens der VEAG die Bildung einer weitgehend wettbewerbsfreien Enklave ermöglicht und so die Zementierung eines höheren Strompreisniveaus zugelassen hätte. Diesem Vorgehen standen aber gerade politische, von außen an die VEAG herangetragene Forderungen nach einer Senkung des Strompreisniveaus auch und gerade im Osten Deutschlands gegenüber. Während noch in der Begründung zum Entwurf eines EnWG betont worden ist, daß das Interesse der ostdeutschen Wirtschaft an niedrigeren Elektrizitätspreisen zumindest für eine Übergangszeit hinter den Interessen der Braunkohleindustrie zurückzustehen habe[1081], setzte sich zunehmend die Erkenntnis durch,

---

1075 Vgl. Europäische Kommission, Entscheidung v. 08. Juli 1999, Tz. 78 ff.

1076 Vgl. Europäische Kommission, Entscheidung v. 08. Juli 1999, Tz. 78 ff; LG Potsdam, WuW/E DE-R 464, 468 (Stadtwerke Zehdenick); **Piltz**, ZNER 1999, Heft 2, 70, 73.

1077 **Piltz**, ZNER 1999, Heft 2, 70, 73.

1078 Bspw. besteht zwischen der VEAG AG und der Bewag AG ein Bezugsvertrag, vgl. **Grau**, Wirtschaftswelt energie, 2000, 13.

1079 Vgl. **Theobald/Zenke**, ET 2000, 530, 533.

1080 So: **Theobald/Zenke**, ET 2000, 530, 533 f.

1081 Vgl. Gegenäußerung der B-reg, BT-Drs. 13/7274, S. 35.

daß die höheren Strompreise zugleich eine wesentliche Ursache für die nach wie vor angespannte Lage der wirtschaftlichen Entwicklung in den neuen Ländern bildeten. Sie liegen im Durchschnitt 10 - 20 % über dem westdeutschen Strompreisniveau[1082]. Deshalb geriet die mit der Anwendung der Braunkohleschutzklausel verbundene einseitige Bevorteilung der ostdeutschen Braunkohleindustrie gegenüber anderen Industriezweigen in diesen Ländern zunehmend politisch unter Druck. Die VEAG ist deshalb u.a. in die niedrigeren Strompreise der Konkurrenten eingestiegen[1083] und hat billigeren Strom aus dem Gebiet der alten Bundesländer importiert.

V. Gemeinsamkeiten und Unterschiede zwischen der Vorrangregel des § 6 III EnWG und der Braunkohleschutzklausel

Weder der im Interesse des Umweltschutzes in das EnWG aufgenommene Tatbestand des § 6 III EnWG noch die dem Investitionsschutz verpflichtete Vorschrift des Art. 4 § 3 NeuregelungsG genießen ein so hohes Gewicht, daß sie allein geeignet sind, ein Durchleitungsbegehren abzuwehren. Stattdessen muß lediglich die Elektrizitätserzeugung aus ökologisch wertvollen Energiequellen bzw. die ausreichend hohe Braunkohleverstromung in die gebotene umfassende Güter- und Interessenabwägung, allerdings mit besonderem Gewicht, einbezogen werden. Dieses besondere Gewicht äußert sich darin, daß damit eine Umkehr des Regel-/Ausnahmeverhältnisses verbunden ist[1084]. Vom Grundsatz her ist die Verweigerung der Regelfall und die Durchleitung die Ausnahme. Beide Rechtsvorschriften verleihen besonderes Gewicht ausschließlich zum Zweck der Abwehr von Durchleitungen[1085].

Trotz unterschiedlicher Schutzgüter bedient sich der Gesetzgeber identischer Mittel. Während der Schutz der Wirtschaftlichkeit der Anlage bei § 6 III EnWG jedoch ausdrücklich im Wortlaut des Gesetzes zum Ausdruck kommt, erschließt sich die Sicherung der Wirtschaftlichkeit der in erster Linie auf Braunkohleverstromung basierenden Elektrizitätserzeugung in den neuen Ländern erst nach Auslegung des Begriffes „ausreichende Menge zu verstromender Braunkohle". Der Gesetzgeber sucht die Wirt-

---

[1082] Vgl. BT-Drs. 13/7725, S. 1; **Blanke/Peilert**, RdE 1999, 125, 126; **W. Müller**, in: VEnergR 96, S. 17, 18: Strompreisdifferenz zwischen Ost und West beträgt zur Zeit (10/99) 2 Pf.

[1083] Nach eigenen Angaben hat die VEAG seit 1998 ihre Strompreise auf nunmehr 6 Pfennig/kWh mehr als halbiert, vgl. Pressemitteilung der VEAG v. 26.07.2000.

[1084] Für Art. 4 § 3 NeuregelungsG: **Metzenthin**, in: Böwing u.a. (Hrsg.), EnWG 1998, Art. 4 § 3 Anm. 4 (S. 325).

[1085] Für Art. 4 § 3 NeuregelungsG: **Metzenthin**, in: Böwing u.a. (Hrsg.), EnWG 1998, Art. 4 § 3 Anm. 8 (S. 333).

schaftlichkeit der vermittels § 6 III EnWG und Art. 4 § 3 NeuregelungsG geschützten Anlagen dadurch zu sichern, daß er der Braunkohle eine ausreichend hohe Verstromung zusichert bzw. die Verdrängung von Elektrizität aus regenerativen Energiequellen und KWK-anlagen erschwert. Während § 6 III EnWG individuell anlagenbezogen ausgerichtet ist und erst eingreift, wenn die Unwirtschaftlichkeit (unter Beachtung der Verkaufspflicht verdrängten Stroms) aufgrund einer individuellen Wirtschaftlichkeitsprüfung nachgewiesen ist, stellt die Braunkohleklausel auf eine Gesamtbilanz aller ostdeutschen Braunkohlekraftwerke ab[1086]. Der Netzbetreiber ist bei Art. 4 § 3 NeuregelungsG von dem Nachweis einer konkreten Wirtschaftlichkeitsgefahr befreit, indem der Gesetzgeber auf die Auslastungsgarantie des Stromvertrages zurückgegriffen hat. Der Sache nach handelt es sich bei der Braunkohleschutzklausel um eine unwiderlegbare Vermutung für die Unwirtschaftlichkeit ostdeutscher Braunkohleverstromung, falls die dem Stromvertrag zugrunde liegenden Auslastungsgarantien unterschritten werden. Aus diesem Grund muß der sich auf die Braunkohleschutzklausel berufende Netzbetreiber nicht darlegen und beweisen, daß gerade durch die konkret beantragte Durchleitung die Schwelle von der bisherigen Wirtschaftlichkeit der Verstromung ostdeutscher Braunkohle überschritten wird und unwirtschaftlich werden würde. Es genügt der Nachweis, daß das konkrete Netzzugangsbegehren die Auslastungsgarantie des Stromvertrages gefährdet.

VI. Zwischenergebnis

Um zu gewährleisten, daß auch in den neuen Ländern der Netzzugang der Regelfall und seine Ablehnung als Ausnahme anzusehen ist, verbietet sich eine Anwendung der Schutzklausel durch einen pauschalen Verweis auf die Übergangsregelung des § 3 NeuregelungsG[1087]. Sie erfordert eine detaillierte Begründung in jedem Einzelfall, warum gerade diese Ablehnung des Netzzugangs notwendig ist, um eine ausreichend hohe Verstromung von Braunkohle zu gewährleisten[1088]. Das Tatbestandsmerkmal „ausreichend hohe Verstromung" knüpft an die im Stromvertrag begründeten Sicherungsinstrumente an. Die Braunkohleschutzklausel vermag die Ablehnung des Netzzugangs dann zu rechtfertigen, wenn die VEAG weniger als 70 % des Gesamtbedarfs ostdeutscher Elektrizitätsabnehmer deckt oder den Braunkohlekraftwerken nicht eine Aus-

---

1086 Vgl. LG Potsdam, WuW/E DE-R 464, 468 (Stadtwerke Zehdenick); **Harms**, RdE 1999, 165, 169; **Piltz**, ZNER 1999, Heft 2, 70, 72; **Theobald/Zenke**, ET 2000, 530, 534.

1087 Europäische Kommission, Entscheidung v. 08. Juli 1999, Tz. 78 ff; vgl. auch: **Theobald**, ZNER 1999, Heft 2, 84 f.

1088 Vgl. Europäische Kommission, Entscheidung v. 08. Juli 1999, Tz. 58.

lastung von annähernd je 6.500 Betriebsstunden/a gesichert ist. Die Darlegungs- und Beweislast für die Gefährdung der im Stromvertrag begründeten Verpflichtungen obliegt in vollem Umfang der VEAG[1089].

7. TEIL: DAS VERHÄLTNIS DES ENERGIERECHTLICHEN DURCHLEITUNGSANSPRUCHS AUS § 6 EnWG ZU DEM KARTELLRECHTLICHEN NETZZUGANGSTATBESTAND DES § 19 IV Nr. 4 GWB

Seit der am 01.01.1999 in Kraft getretenen 6. Kartellrechtsnovelle stehen für den Anspruch auf Netzzugang als mögliche Rechtsgrundlage sowohl § 6 EnWG als auch der um ein neuartiges Regelbeispiel in Absatz 4 Nr. 4 erweiterte Mißbrauchstatbestand des § 19 I GWB zur Verfügung.
Beide Rechtsbereiche, das EnWG und das Gesetz gegen Wettbewerbsbeschränkungen, enthalten Kollisionsnormen. 6 I S.4 EnWG ordnet an:

> **§ 6 I S.4 EnWG:** §§ 19 IV und 20 Abs. 1 und 2 des Gesetzes gegen Wettbewerbsbeschränkungen bleiben unberührt.

Andererseits trifft das allgemeine Kartellrecht in § 130 III GWB eine Aussage zum Geltungsbereich des GWB:

> **§ 130 III GWB:** Die Vorschriften des Energiewirtschaftsgesetzes stehen der Anwendung der §§ 19 und 20 nicht entgegen.

Die rechtliche Aussage dieser Konkurrenzklauseln ist umstritten. Während ein Interpretationsansatz die energierechtlichen Verweigerungsgründe nur über § 6 EnWG berücksichtigt wissen will[1090], tritt die überwiegende Auffassung für eine entsprechende Anwendung der energiewirtschaftlichen Zielsetzungen auch innerhalb des GWB ein[1091], wobei unterschiedliche Lösungswege vorgeschlagen werden. Nach dem einen Weg, der

---

[1089] LG Berlin, WuW/E DE-R 533, 536 (Fortum); **Theobald**, ZNER 1999, Heft 2, 84, 85; **ders./Zenke**, ET 2000, 530, 532 f.

[1090] So: **Möschel**, WuW 1999, 5, 7 ff. Offengelassen bei: **Rebentisch**, in: Hake/Kraft/Kugeler/Pfaffenberger/Wagner (Hrsg.), Liberalisierung, S. 257, 268.

[1091] So: BVerfG, RdE 2000, 194, 198; BKartA, WuW/E DE-V 149, 153 ff (Berliner Stromdurchleitung); BT-Wirtschaftsausschuß, BT-Drs. 13/9211, S. 25; **Büdenbender**, Schwerpunkte, Rdnr. 287; **Kühne**, RdE 2000, 1, 5.

sich an der Regelung des § 2 III TKG orientiert[1092], ist von einer Spezialität des § 6 EnWG gegenüber dem allgemeinen Kartellrecht auszugehen[1093]. Die Unberührtheitsklausel des § 6 I S.4 EnWG weise ein Redaktionsversehen auf, da der Zusatz „die §§ 19, 20 GWB bleiben im übrigen unberührt", fehle[1094]. Der andere Lösungsansatz geht von einer parallelen Anwendbarkeit der Vorschriften aus und überträgt die speziellen Wertungen des EnWG vor allem mit Hilfe systematischer Überlegungen auf den kartellrechtlichen Netzzugangsanspruch[1095].

A. Die Bedeutung sog. „Unberührtheitsklauseln" im allgemeinen

Formulierungen wie „bleiben unberührt" oder „werden nicht berührt" sind ein weit verbreitetes Mittel des Gesetzgebers zur Harmonisierung des Regelungsgehalts unterschiedlicher Rechtsnormen, z.B. Art. 3, 34 EGBGB, § 8 IV UVPG, § 23 VI S.5 GWB a.F., § 14 V S.2 AEG, § 2 III TKG.

Unberührtheitsklauseln oder sog. Nichtberührungsklauseln erklären bestimmte Vorschriften für anwendbar, obwohl diese Regelung zu dem Normkomplex, der die Unberührtheitsklausel anordnet, im Widerspruch steht oder den gleichen Sachverhalt in unterschiedlicher Weise regelt[1096]. Der Gesetzgeber will mit dieser Regelung eine abschließende Anordnung verhindern[1097]. In diesem dem Wortlaut des Begriffs „unberührt" entsprechenden Sinn erschöpft sich die Bedeutung derartiger Klauseln hingegen nicht. Vielmehr kann sie über die Anordnung paralleler Anwendbarkeit unterschiedlicher Rechtsvorschriften hinausgehen. Dies ist immer dann der Fall, wenn die parallele Anwendung der zu harmonisierenden Rechtsbereiche zu Gesetzeskonkurrenzen führt[1098]. Bereits ein kurzer Blick auf die Erkenntnisse zur Auslegung des § 8 IV UVPG einerseits und § 2 III TKG andererseits zeigt, daß den Anordnungen „bleiben unberührt" o.ä. zur Auflösung von Konkurrenzen ein einheitliches Prinzip nicht zugrunde

---

[1092] Zum Verhältnis des TKG zum GWB: **Schröder**, WuW 1999, 14 ff.

[1093] Vgl. **A.R. Börner**, Verswirt. 1999, 77, 83; ähnlich: **Pielow**, S. 608, Fußn. 343.

[1094] So: **A.R. Börner**, Verswirt. 1999, 77, 83.

[1095] So: **Fischer-Zernin/Ende**, ZUR 1999, 205, 206; **Harms**, RdE 1999, 165, 166; **Kühne**, RdE 2000, 1, 5; **Lutz**, RdE 1999, 102, 107; **Recknagel**, in: Böwing u.a. (Hrsg.), EnWG 1998, § 6 Anm. 14.3. ff (S. 127 ff).

[1096] **Böckel**, S. 70.

[1097] Vgl. **Rebentisch**, in: Hake/Kraft/Kugeler/Pfaffenberger/Wagner, S. 257, 267.

[1098] Vgl. dazu: **Böckel**, S. 92 ff.

liegt. Während für § 8 IV UVPG anerkannt ist, daß die „unberührt bleibenden“ Vorschriften kumulativ neben den Vorschriften gelten, die die „Unberührtheitsklausel enthalten[1099], entspricht es allgemeiner Auffassung, daß § 2 III TKG die Anwendung der allgemeinen lex - specialis - Regelung bezweckt, soweit die Verhaltenskontrolle der Regulierungsbehörde zugewiesen ist[1100]. Deshalb ist für den jeweiligen Interessenwiderstreit im Einzelfall durch Auslegung zu ermitteln, ob das Spannungsverhältnis z.B. durch Vorrangregelungen, Einschränkungen des Regelungsgehalts beider Rechtsnormen im Sinne praktischer Konkordanz oder durch die Übertragung von Wertungsgesichtspunkten bei nebeneinander zulässiger Anwendung aufgelöst werden muß.
Allgemeingültige Aussagen zum Gehalt von Unberührtheitsklauseln sind dementsprechend unmöglich. Vielmehr gewinnt jede „Unberührtheitsklausel“ ihren Sinn und Zweck erst aus der speziellen Gesetzesmaterie, in die sie eingeordnet ist[1101].

B. Die Vorstellung des Gesetzgebers über das Verhältnis beider Vorschriften zueinander

Der bisherige Rechtszustand war dadurch gekennzeichnet, daß das EnWG 1935 der „Verhinderung schädlicher Auswirkungen des Wettbewerbs“ verpflichtet war. Die instrumentelle Umsetzung dieses Ziels erfolgte im GWB. Die kartellrechtliche Freistellung der Demarkations- und ausschließlicher Konzessionsverträge von den §§ 1, 15 und 18 GWB a.F. (§§ 103, 103 a GWB a.F.) schloß bracheninternen Wettbewerb in der Energiewirtschaft aus. Zur Verhinderung mißbräuchlicher Ausnutzung dieser Freistellung waren diese Verträge der kartellrechtlichen Mißbrauchsaufsicht unterworfen (§ 103 V S.1 GWB a.F.). Nur in sehr engen Grenzen konnte die Verweigerung der Durchleitung als ein Mißbrauch dieser Freistellung angesehen werden[1102].
Ein Schwerpunkt der Energierechtsreform 1998 lag in der Abschaffung dieser kartellrechlichen Freistellung. Das Energierecht hatte damit seine rechtliche Sonderstellung verloren. Künftig sollte es so wie jeder andere Wirtschaftsbereich von den allgemeinen Regeln des GWB erfaßt werden[1103]. Wettbewerbliche Strukturen sollten dabei nach

---

[1099] Vgl. nur: RegE UVP-G, BT-Drs. 11/3919, S. 25; **Wagner**, in: Hoppe (Hrsg.), § 8 Rdnr. 18.

[1100] S. dazu: **BKartA**, Tätigkeitsbericht 1997/98, S. 23 ff; **Schröder**, WuW 1999, 14, 27 f; **Schultz**, in: Langen/Bunte, § 19 Rdnr. 183; **Schuster**, in: Büchner u.a. (Hrsg.), § 2 Rdnr. 31 ff.

[1101] **Böckel**, S. 77.

[1102] Dazu: oben Teil 1: E.

[1103] RegE, BT-Drs. 13/7274, S. 10.

dem Entwurf der Bundesregierung allein auf der Grundlage der §§ 22 und 26 GWB a.F. durchgesetzt werden:

> „Im GWB wird als grundlegende Voraussetzung für die Einführung von mehr Wettbewerb bei Strom und Gas der Schutz der geschlossenen Versorgungsgebiete beseitigt. Dazu wird die kartellrechtliche Freistellung für Versorgungsunternehmen abgeschafft. Damit wird die leitungsgebundene Strom- und Gasversorgung allen anderen Wirtschaftsbereichen gleichgestellt, in denen grundsätzlich das Kartellverbot gilt. Mit der Beseitigung des Schutzes geschlossener Versorgungsgebiete kann künftig jeder Anbieter von Strom und Gas jeden Kunden über eine Direktleitung beliefern. Darüber hinaus ist für einen stärkeren Wettbewerb erforderlich, die Netze stärker für den Zugang Dritter zu öffnen. Die Nutzung vorhandener Leitungen durch Dritte zu Wettbewerbszwecken wird dabei auch auf der Grundlage freiwilliger Vereinbarungen zustande kommen. Im Einzelfall kann Durchleitung aber auch von Kunden oder Lieferanten unter Berufung auf das allgemeine Mißbrauchs- und Behinderungsverbot für marktbeherrschende Unternehmen nach §§ 22 Abs. 4 und 26 Abs. 2 GWB erzwungen werden. Die Alternative zur Anwendung der allgemeinen Kartellrechtsvorschriften wäre die Schaffung eines speziellen, gegenüber dem schon bestehenden deutlich verbesserten Durchleitungstatbestandes gewesen. Ein solcher spezieller Tatbestand hätte die Durchleitung zur Regel gemacht, da er die Gründe für eine Ablehnung der Durchleitung abschließend aufgezählt und die Beweislast hierfür dem Netzinhaber auferlegt hätte“[1104].

Damit ging die Bundesregierung ersichtlich davon aus, daß §§ 22 und 26 GWB a.F. in Anlehnung an die „essential facilities“-Doktrin auch als Instrument zur Marktöffnung eingesetzt werden konnten:

> „Darüber hinaus können Kartellbehörden und Gerichte auch die Anwendungspraxis zu Art. 86 EG-Vertrag nutzen, wonach in mehreren Fällen marktbeherrschende Unternehmen in anderen Branchen dazu verpflichtet worden sind, ihre Produktionsmittel gegen Entgelt auch Dritten zur Verfügung zu stellen“[1105].

Die parlamentarische Diskussion konzentrierte sich in der Folgezeit auf die Aufnahme eines speziellen Netzzugangstatbestandes im Energiewirtschaftsgesetz. Insbesondere der Bundesrat betonte,:

[1104] RegE, BT-Drs. 13/7274, S. 10 f.

[1105] RegE, BT-Drs. 13/7274, S. 23.

„daß Anpassungsbedarf an die vorgesehenen EU - Richtlinien verbleibt. Zur Gewährleistung eines diskriminierungsfreien Zugangs sind die Netzzugangsvoraussetzungen möglichst eindeutig zu regeln“[1106].

In ihrer Gegenäußerung zur Stellungnahme des Bundesrates hielt die Bundesregierung an ihrer Rechtsansicht fest:

„Auf einen speziellen Durchleitungstatbestand wird verzichtet. Auf der Grundlage des allgemeinen Mißbrauchs- und Behinderungsverbots in den §§ 22 und 26 GWB können Durchleitungen auch gegen den Willen des Netzinhabers erzwungen werden, soweit die Verweigerung des Netzzugangs einen Mißbrauch darstellen würde. Sonderregelungen für Strom und Gas sind deshalb nicht notwendig. Sie würden dem Ziel, die Strom- und Gaswirtschaft der übrigen Wirtschaft im Kartellrecht gleichzustellen, widersprechen“[1107]. „Wesentlich effektiver als detaillierte Spezialregelungen, die im Ergebnis nur zu mehr Regulierung führen, ist es, wenn die Beteiligten über die wesentlichen Kriterien und Strukturen von Durchleitungsvereinbarungen und insbesondere das Durchleitungsentgelt Einvernehmen erzielen. Der Ansatz der Bundesregierung hat zudem den Vorteil, daß bei der kartellrechtlichen Abwägung über ein Durchleitungsbegehren auf der Basis der allgemeinen Mißbrauchsvorschriften die besonderen Umstände jedes Einzelfalles gezielt berücksichtigt werden können. Besondere Netzzugangsregelungen würden im übrigen die Gefahr einer „Sektoralisierung“ des Wettbewerbsrechts heraufbeschwören“[1108].

Auf Vorschlag des Bundestagswirtschaftsausschusses wurde schließlich doch eine spezielle Durchleitungsvorschrift in das EnWG aufgenommen. Welche Erwägungen letztlich dafür ausschlaggebend waren, läßt sich der Begründung des Berichts des Bundestagswirtschaftsausschusses nicht entnehmen[1109].
Vor diesem Hintergrund verbanden die Gesetzesverfasser mit § 6 I S.4 EnWG die Vorstellung, auf der einen Seite einen im Vergleich zur allgemeinen Mißbrauchsregelung im GWB spezielleren, den Eigenheiten der Elektrizitätswirtschaft Rechnung tragenden Zugangstatbestand geschaffen zu haben, ohne im Sinne eines Spezialitätsverhältnisses die Anwendung der §§ 22 und 26 II GWB a.F. ausgeschlossen zu haben. Das allgemei-

---

1106 Stellungnahme des BR, BT-Drs. 13/7274, S. 27 f.

1107 Gegenäußerung der B-reg, BT-Drs. 13/7274, S. 30.

1108 Gegenäußerung der B-reg, BT-Drs. 13/7274, S. 36.

1109 Nahe liegt die Vermutung, daß der Gesetzgeber nach dem Grundsatz: „das eine tun, ohne das andere zu lassen“ gehandelt hat, **Wolf**, BB 1998, 1433, 1435.

ne Mißbrauchs- und Diskriminierungsverbot der §§ 22 IV und 26 II GWB a.F. sollte gerade nicht verdrängt oder eingeschränkt werden:

> „Die Regelungen stehen der Anwendung des Gesetzes gegen Wettbewerbsbeschränkungen auf marktbeherrschende oder marktmächtige Netzbetreiber nicht entgegen. Elektrizitätsversorgungsunternehmen unterliegen - wie Unternehmen anderer Wirtschaftszweige auch - dem Diskriminierungs- und Behinderungsverbot (§ 26 GWB) und der Mißbrauchsaufsicht (§ 22 GWB)“[1110].

Da die parallele Anwendbarkeit beider Normkomplexe wegen der unterschiedlichen Ziel- und Zwecksetzungen des EnWG 1998 einerseits und des GWB andererseits die Gefahr widersprüchlicher Entscheidungen in sich barg, mußte der Gesetzgeber auch zu dieser Kollision Stellung nehmen. Er entschied sich eindeutig für die Übertragung der energiewirtschaftlichen Zielsetzungen des EnWG auf das GWB, falls der Zugang zu fremden Elektrizitätsversorgungsnetzen auf der Grundlage des Kartellrechts begehrt werde:

> „Bei Anwendung dieser Vorschriften durch die Kartellbehörden ist die Rechtslage nach den §§ 3 c und 3 d sowie hierauf gestützter Rechtsverordnungen zu berücksichtigen. Dies wird sowohl durch § 104 a GWB als auch durch § 3 c Abs. 1 Satz 4 und § 3 d Abs. 2 Satz 2 ausdrücklich klargestellt“[1111].

Wie sich aus diesem Zitat ergibt, bezog sich der Gesetzgeber nicht nur auf die Vorschriften des § 3 c I S.4 und des § 3 d II S.2 EnWG -E (heute: § 6 I S.4 und § 7 II S.2 EnWG), sondern stützte sich zur Begründung auch auf § 104 a GWB a.F.

> **§ 104 a GWB a.F.:** Die Vorschriften des Energiewirtschaftsgesetzes in der im Bundesgesetzblatt Teil III, Gliederungsnummer 752-1, veröffentlichten bereinigten Fassung, zuletzt geändert durch Art. 3 des Gesetzes vom 19. Dezember 1977 (BGBl. I S. 2750), einschließlich der dazu ergangenen Durchführungs- und Ausführungsbestimmungen stehen der Anwendung der §§ 22 und 26 II nicht entgegen.

§ 104 a GWB a.F. wird an dieser Stelle zum ersten Mal erwähnt. Er ist im Zuge der 2. Kartellrechtsnovelle im Jahr 1973 in das GWB aufgenommen worden. Ihm liegt der Konflikt zugrunde, daß

1110 BT-Wirtschaftsausschuß, BT-Drs. 13/9211, S. 25.

1111 BT-Wirtschaftsausschuß, BT-Drs. 13/9211, S. 25.

> „sich bei der Anwendung der §§ 22 und 26 II GWB und den Vorschriften des Energiewirtschaftsgesetzes und der dazu erlassenen Fünften Durchführungsverordnung Überschneidungen ergeben können, z.B. hinsichtlich der Verpflichtung zur Belieferung von Abnehmern, die über eigene Energieerzeugungsanlagen verfügen"[1112].

Diese Gefahr einer Überschneidung der betroffenen Rechtsvorschriften gründet sich darauf, daß nach § 6 III EnWG a.F. die Anschluß- und Versorgungspflicht des Absatzes I nicht gegenüber Abnehmern mit Eigenerzeugung galt, während nach der allgemeinen Vorschrift des GWB diese Einschränkung nicht bestand. Selbst wenn sich die praktische Bedeutung des § 104 a GWB a.F. in der Vergangenheit auf die Einschränkung der Anschluß- und Versorgungspflicht gegenüber Betreibern von Eigenerzeugungsanlagen beschränkte, ging die Absicht des Reformgesetzgebers ausweislich der Formulierung „zum Beispiel" in der amtlichen Begründung zu § 104 a GWB a.F. doch darüber hinaus. Beabsichtigt war eine umfassende Harmonisierung von Energie- und Kartellrecht zugunsten des GWB. Der Anwendung der §§ 22 und 26 II GWB a.F. stand also die Einschränkung des § 6 III EnWG nicht entgegen[1113]. Ein Blick auf die §§ 103 V, VII GWB a.F. stützt diese Ansicht. Wenn dort ausdrücklich die Berücksichtigung energiepolitischer Wertungen im Rahmen kartellrechtlicher Tatbestände angesprochen ist, so liegt ein Umkehrschluß nahe, daß im Fall des Fehlens einer ausdrücklichen Anordnung eine Heranziehung solcher Gesichtspunkte nicht geboten und nicht zulässig ist[1114].

Aus der Weitergeltung des § 104 a GWB a.F. könnte deshalb allenfalls der Schluß gezogen werden, spezielle energierechtliche Wertungen seien für die Anwendung der §§ 19, 20 GWB gerade nicht relevant. Dies widerspräche aber der eindeutigen Intention des energierechtlichen Gesetzgebers. Insofern beruht der Verweis im Bericht des Wirtschaftsausschusses des Deutschen Bundestages auf die Regelung des § 104 a GWB auf einem Mißverständnis[1115].

Aus der Entstehungsgeschichte des § 6 EnWG kann also abgeleitet werden, daß die energiewirtschaftlichen Zielsetzungen auch im Rahmen des kartellrechtlichen Miß-

---

1112 RegE 2. GWB-Novelle, BT-Drs. 6/2520, S. 38.

1113 Statt vieler: **Immenga**, in: Immenga/Mestmäcker, GWB, § 104 a Rdnr. 2; **Klaue**, in: Immenga/Mestmäcker, GWB, Vor § 103 Rdnr. 16.

1114 Vgl. **Immenga**, in: Immenga/Mestmäcker, GWB, § 104 a Rdnr. 2; **Klaue**, in: Immenga/Mestmäcker, GWB, Vor § 103 Rdnr. 16; **Mees**, in: Loewenheim/Belke, § 103 Rdnr. 17; a.A. in: Ludwig/Odenthal, § 104 a GWB Rdnr. 3.

1115 Vgl. **Harms**, RdE 1999, 165, 166; **Kühne**, RdE 2000, 1, 5 f.

brauchs- und Diskriminierungsverbots der §§ 22 bzw. 26 II GWB a.F. berücksichtigt werden sollten.

An diese, der Regelung des § 6 I S.4 EnWG zugrunde liegenden Überlegung knüpften die Vorstellungen der Verfasser der sechsten GWB - Novelle an. Im Zuge von Bestrebungen zur Harmonisierung des nationalen und des europäischen Kartellrechts und zur Stärkung des Wettbewerbsprinzips[1116] ist u.a. der Mißbrauchskatalog des § 19 IV Nr. 4 GWB (§ 22 IV GWB a.F.) um ein neuartiges Regelbeispiel erweitert worden:

> „In den Mißbrauchskatalog des § 19 Abs. 4 wird als neues Regelbeispiel der Tatbestand der Verweigerung des Zugangs zu eigenen Netzen und anderen für die Aufnahme des Wettbewerbs wesentlichen Einrichtungen aufgenommen. Damit soll der wachsenden volkswirtschaftlichen Bedeutung sog. Netzindustrien und anderer für die Aufnahme des Wettbewerbs wesentlicher Einrichtungen vor allem im Rahmen der globalen Informationsgesellschaft Rechnung getragen werden. Das Problem der Nutzung wesentlicher Einrichtungen besteht z.B. im Energiebereich. Auch in der Telekommunikation und beim Bahnverkehr stellen die physischen Netze Ressourcen dar, die anderen Marktteilnehmern diskriminierungsfrei zur Nutzung offenstehen müssen, wenn Wettbewerb entstehen soll. Der Gesetzgeber hat daher für den Bahn- und den Telekommunikationssektor spezialgesetzliche Regelungen getroffen, die den Netzzugang sicherstellen (§ 14 Allgemeines Eisenbahngesetz, §§ 33 ff Telekommunikationsgesetz).
> Eine Analyse insbesondere der Rechtsprechung des Europäischen Gerichtshofes und der Verwaltungspraxis der Europäischen Kommission zeigt, daß der Zugang zu wesentlichen Einrichtungen ein allgemeines Problem darstellt, das entsprechend dem generellen Ansatz des Artikels 86 EG-Vertrag auch im deutschen Kartellrecht einer möglichst einheitlichen Lösung zugeführt werden sollte.
>
> § 19 IV Nr. 4 enthält eine Mißbrauchsregelung bei Verweigerung des Zugangs zu wesentlichen Einrichtungen, durch die das allgemeine Mißbrauchsverbot des § 19 Abs. 1 konkretisiert wird. Für die Anwendung des § 19 IV Nr. 4 ist es grundsätzlich auch unerheblich, ob das im Besitz einer wesentlichen Einrichtung befindliche Unternehmen den Zugang bereits Dritten eröffnet hatte oder der aktuelle Petent der erste ist, welcher Zugang begehrt“[1117].

Obwohl in den Materialien zur 6. Kartellrechtsnovelle betont wurde, daß spezialgesetzliche Regelungen Vorrang vor der Anwendung des § 19 IV Nr. 4 GWB hätten,

---

[1116] Vgl. RegE GWB-Novelle, BT-Drs. 13/9720, S. 1.

[1117] RegE GWB-Novelle, BT-Drs. 13/9720, S. 51.

> „Soweit spezialgesetzliche Regelungen bestehen, bleiben diese unberührt und haben Vorrang. Mit der generellen Regelung in § 19 Abs. 4 Nr. 4 wird einer weiteren Sektoralisierung des Kartellrechts entgegengewirkt. Außerdem steht damit ein Auffangtatbestand zur Verfügung, der dann eingreift, wenn künftig die sektorspezifische Regulierung im Bereich der Telekommunikation vom Gesetzgeber wieder aufgehoben wird“[1118].

war die Vorschrift des § 6 EnWG hiermit nicht gemeint[1119]. Bestehende spezialgesetzliche Regelungen waren zu diesem Zeitpunkt, da § 6 EnWG noch nicht in Kraft getreten war, nur die §§ 14 AEG, 28, 29 Postgesetz (PostG) und 33 ff TKG. Sowohl für § 14 AEG als auch für §§ 33 ff TKG ist unbestritten, daß es sich bei ihnen um sektorspezifische Spezialregelungen handelt, die der Anwendung des allgemeinen Kartellrechts entgegenstehen[1120]. Selbst wenn der Gesetzgeber des GWB auch bereits § 6 EnWG, über dessen Inhalt einschließlich des Absatzes 1 Satz 4 bereits seit der Annahme des Kompromißvorschlags des Wirtschaftsausschusses Einigkeit bestand, im Auge hatte, sollte § 6 EnWG den Vorschriften des GWB nicht als lex specialis vorgehen, da § 6 I S.4 EnWG die Annahme eines Spezialitätsverhältnisses mit verdrängender Wirkung gerade ausschließen wollte.

Hierfür spricht auch die Bewältigung der sektorspezifischen Regulierungsprobleme in den anderen, oben genannten Wirtschaftszweigen[1121]. Dort ist die Wettbewerbsaufsicht eigenen Regulierungsinstanzen übertragen worden. Für diese Entscheidung war nicht zuletzt die Überlegung maßgebend, daß sowohl die Bundespost als auch die Bundesbahn Teil der bundeseigenen Verwaltung mit eigenem Verwaltungsunterbau waren und als Sondervermögen des Bundes geführt worden sind[1122]. Für die Elektrizitätswirtschaft ist dagegen auf die Einrichtung einer speziellen Regulierungsbehörde verzichtet worden. Aus den Spezialregelungen für die Bereiche Eisenbahnverkehr und Telekommunikation läßt sich damit in bezug auf die Gefahr weiterer Sektoralisierung des Kartellrechts nur schwer ein verallgemeinerungsfähiger Grundgedanke ableiten[1123].

1118 RegE GWB-Novelle, BT-Drs. 13/9720, S. 37.

1119 A.A. **A.R. Börner**, Verswirt. 1999, 77, 83.

1120 Vgl. für das TKG nur: **Schuster**, in: Büchner u.a. (Hrsg.), § 2 Rdnr. 31 ff.

1121 Vgl. **Bunte**, WuW 1997, 302, 305 ff.

1122 Vgl. **Bunte**, WuW 1997, 302, 306.

1123 Vgl. **Bunte**, WuW 1997, 302, 307. Zudem hat die 6. GWB-Novelle die Zahl sektorspezifischer Wettbewerbsregelungen noch erhöht, vgl. **Versen**, in: Langen/Bunte, Anhang zum Fünften Abschnitt des 1. Teils, Sonderbereiche (Überblick), Rdnr. 14.

Konsequenterweise konnte sich auch die Forderung der SPD-Fraktion:

> „im Gesetz gegen Wettbewerbsbeschränkungen klarzustellen, daß das soeben in Kraft getretene Energiewirtschaftsgesetz gegenüber dem GWB eine lex specialis darstelle und damit Vorrang vor diesem habe“[1124]

nicht durchsetzen.
Über die parallele Anwendbarkeit des energierechtlichen Netzzugangsanspruches des § 6 EnWG hinaus ging der kartellrechtliche Gesetzgeber aber auch davon aus, daß die Anwendung der §§ 19 und 20 I GWB im Bereich der Energiewirtschaft deren spezifischen Zielsetzungen Rechnung zu tragen habe. Zu § 19 IV Nr. 4 GWB betonte er, daß:

> „die Frage, ob eine Verweigerung sachlich gerechtfertigt ist, bestimmt sich nach den Kriterien, die von den Kartellbehörden und Gerichten zum Behinderungsmißbrauch entwickelt worden sind“[1125].

Daraus kann geschlossen werden, daß der Gesetzgeber die bisher nur über die §§ 103 Abs. 5 und 7 GWB a.F. vermittelte Bindung des kartellrechtlichen Mißbrauchs- und Diskriminierungsverbots an die Berücksichtigung spezifischer energiepolitischer Allgemeinwohlinteressen trotz Aufhebung der §§ 103, 103 a GWB a.F. fortführen wollte.

Der Konflikt mit § 130 III EnWG, der die Regelung des § 104 a GWB übernimmt, ohne daß damit materielle Änderungen verbunden sein sollten[1126], löst sich durch eine konsequente Orientierung an seinem bisherigen Regelungsgehalt. Ebenso wie diese Norm unter der alten Rechtslage nur subsidiär galt, nämlich insoweit, als §§ 103 V und VII GWB a.F. keine spezielleren Regelungen trafen, wird sie auch nach der Reform des Energie- und Kartellrechts von Sonderregelungen wie § 6 EnWG verdrängt.

Die Entstehungsgeschichte sowohl des § 6 EnWG als auch die des § 19 IV Nr. 4 GWB sprechen für eine parallele Anwendbarkeit beider Netzöffnungstatbestände, wobei im Rahmen der kartellrechtlichen Mißbrauchskontrolle auch energiewirtschaftliche Zwecksetzungen zu berücksichtigen sind.

C. Die Systematik des Gesetzes

Wendet man sich zunächst der dogmatischen Zuordnung des § 6 EnWG zu, wird in der

---

1124 BT-Wirtschaftsausschuß zur 6. GWB-Novelle, BT-Drs. 13/10633, S. 63.

1125 RegE GWB-Novelle, BT-Drs. 13/9720, S. 51.

1126 Vgl. RegE GWB-Novelle, BT-Drs. 13/9720 S. 70.

Literatur diskutiert, ob § 6 EnWG energie- oder kartellrechtlicher Natur sei[1127].
Formal gehört § 6 EnWG unzweifelhaft zum Energierecht. Das Energierecht selbst ist aber keine rechtsdogmatische Kategorie, sondern nur die den Lebenssachverhalt Energierecht betreffende Gesamtheit der Rechtssätze, die zu einem Rechtsgebiet lediglich unter dem Gesichtspunkt der verfassungsrechtlichen Gesetzgebungszuständigkeitsordnung gemäß Art. 74 Nr. 11 GG zusammengefaßt sind[1128].
Andererseits dient § 6 EnWG dem Schutz der Freiheit des Wettbewerbs. Selbst wenn § 6 EnWG deshalb in materieller Hinsicht dem Kartellrecht zuzuordnen ist, können sich Schlußfolgerungen für die Auflösung des Verhältnisses von Energie- zu Kartellrecht hieraus nicht ergeben. Denn gegen eine ausdrückliche gesetzgeberische Anordnung der Beachtlichkeit außerwettbewerblicher Zielsetzungen im GWB ist auch das GWB selbst nicht geschützt[1129].
Zutreffend ist allerdings deutlich darauf hingewiesen worden, daß die Entscheidung über die Zugehörigkeit des § 6 EnWG zum Energie- oder Kartellrecht ohne praktische Bedeutung ist[1130]. In dem einen wie in dem anderen Fall wäre die kartellrechtliche Relevanz energierechtlicher Schutzklauseln nicht ausgeschlossen.

Für die Braunkohleschutzklausel hat der Gesetzgeber die Berücksichtigung ihrer Wertung innerhalb der Interessenabwägung nach §§ 22 IV und 26 II GWB a.F. ausdrücklich angeordnet. Vereinzelt wird daraus mittels Umkehrschluß gefolgert, daß mangels entsprechender gesetzlicher Vorgabe andere energiewirtschaftliche Zielfestlegungen im GWB gerade keine Anerkennung finden dürften[1131]. Diese Ableitung hält rechtlicher Kritik nicht stand. Bereits die Stellung der Braunkohleschutzklausel außerhalb des EnWG zeigt, daß ihr Regelungsgehalt auch über das EnWG hinausreichende Bedeutung haben soll[1132]. Anderenfalls hätten sie unmittelbar in das EnWG als Schluß- oder Übergangsvorschriften eingefügt werden können. Des weiteren war nach Ansicht des Gesetzgebers die Relevanz energiepolitischer Aspekte auch innerhalb der §§ 19 und

---

1127 Vgl. **Recknagel**, in: Böwing u.a. (Hrsg.), EnWG 1998, § 6 Anm. 14.3. ff (S. 127 ff).

1128 Vgl. **Büdenbender**, ZIP 2000, 2226, 2229; **Kühne**, RdE 2000, 1, 5.

1129 Vgl. **Immenga**, Instrumentalisierung, S. 19.

1130 **Harms**, RdE 1999, 165, 166; **Kühne**, RdE 2000, 1, 5.

1131 So: **Möschel**, WuW 1999, 5, 7.

1132 Vgl. **A.R. Börner**, Verswirt. 1999, 77, 81.

20 I GWB durch § 6 I S.4 EnWG und § 130 III GWB hinreichend gesichert[1133]. Diese Anordnung beschränkte sich aber eindeutig auf die Wertungen des EnWG (vgl. § 6 I S.4 EnWG), weshalb für die Braunkohleschutzklausel des NeuregelungsG ein besonderer Hinweis für nötig gehalten wurde. Ein gewisser Widerspruch verbleibt insoweit, als im Gegensatz dazu die Reziprozitätsklausel (Art. 4 § 2 NeuregelungsG) auf die Anordnung ihrer Geltung auch im Kartellrecht verzichtet. Er läßt sich dahingehend auflösen, daß die Gesetzesverfasser die Anwendung des Art. 4 § 2 NeuregelungsG auch im Kartellrecht offenbar als selbstverständlich betrachteten. Diese Hypothese resultiert aus der vom Gesetzgeber wiederholt betonten Anbindung des Mißbrauchs- und Diskriminierungsverbots des nationalen Kartellrechts an die Rechtsprechung und Behördenpraxis zu Art. 82 EG[1134]. Selbst wenn die Bestimmungen der Elektrizitätsbinnenmarktrichtlinie nicht unmittelbar zur Rechtfertigung einzelner Verhaltensweisen marktbeherrschender Unternehmen nach Art. 82 EG herangezogen werden können (vgl. Art. 22 EltRL), so läßt sich doch ein maßgeblicher Einfluß der spezielleren Richtlinienbestimmungen auf die Anwendungspraxis zu Art. 82 EG nicht verneinen[1135], und im Unterschied zu Art. 4 § 3 NeuregelungsG wirft das Reziprozitätsproblem ein nicht allein auf das Gebiet eines Mitgliedstaates beschränktes und daher auch von einer mitgliedstaatlichen Ausgestaltung unabhängiges Interesse auf.

D. Ergebnis

Das kartellrechtliche Mißbrauchs- und Diskriminierungsverbot der §§ 19, 20 I GWB, insbesondere der Netzzugangstatbestand des § 19 IV Nr. 4 GWB sind neben § 6 EnWG anwendbar[1136]. Werden die §§ 19, 20 I GWB als Rechtsgrundlage einer Durchleitungs-

---

[1133] Vgl. RegE, BT-Drs. 13/7274, S. 25.

[1134] Vgl. nur: RegE, BT-Drs. 13/7274, S. 23; RegE GWB-Novelle, BT-Drs. 13/9720, S. 36 f.

[1135] **Dohms**, in: Wiedemann (Hrsg.), § 35 Rdnr. 412 (S. 1158); s. insbes. auch **Pielow**, S. 91 ff.

[1136] H.M. vgl. **BKartA**, Tätigkeitsbericht 1997/98, S. 28; **Britz**, in: Ludwig/Odenthal, § 6 EnWG, Rdnr. 94; **Büdenbender**, Schwerpunkte, Rdnr. 260 ff; **Bunte**, in: Langen/Bunte, Anhang zum Fünften Abschnitt des 1. Teils, Sonderbereich Energiewirtschaft, Rdnr. 29; **Danner**, in: Eiser/Riederer/Obernolte/Danner, § 6 EnWG, Rdnr. 12; **Fischer-Zernin/Ende**, ZUR 1999, 205, 206; **Harms**, RdE 1999, 165, 167; **Kühne**, RdE 2000, 1, 5; **Markert**, ET 1998, 252, 253; **Recknagel**, in: Böwing u.a. (Hrsg.), EnWG 1998, § 6 Anm. 14.4.2. (S. 129); **Schultz**, in: Langen/Bunte, § 19 Rdnr. 183; **Theobald/Zenke**, WuW 2001, 19, 23; **Walter/v.Keussler**, RdE 1999, 190, 193.

anordnung zugrunde gelegt, sind die materiellrechtlichen Wertungen des Energierechts zu beachten[1137].

Die branchenspezifischen Besonderheiten des Elektrizitätsbereiches, die besondere fachliche Kenntnisse erfordern, vermögen eine Einschränkung dieses Ergebnisses nicht zu rechtfertigen. Den Spezifika des betroffenen Rechtsgebietes wird dadurch Rechnung getragen, daß bei den Kartellämtern spezielle Beschlußabteilungen, gegliedert nach Wirtschaftsbereichen, eingerichtet werden, die über das notwendige Detailwissen verfügen.

1137 H.M. vgl. BVerfG, RdE 2000, 194, 198; **BKartA**, Tätigkeitsbericht 1997/98, S. 120; **Bericht des AK Energiepolitik**, S. 12 f; **Britz**, in: Ludwig/Odenthal, § 6 EnWG, Rdnr. 94; **Büdenbender**, Schwerpunkte, Rdnr. 260 ff, 279; **Bunte**, in: Langen/Bunte, Anhang zum Fünften Abschnitt des 1. Teils, Sonderbereich Energiewirtschaft, Rdnr. 4, 29; **Danner**, in: Eiser/Riederer/Obernolte/Danner, § 6 EnWG Rdnr. 12; **Ehlers/Pünder**, in: Achterberg/Püttner/Würtenberger (Hrsg.), § 4 Rdnr. 69; **Emmerich**, § 38 Anm. 4 b bb (S. 377); **Feuerborn**, in: Eiser/Riederer/Obernolte/Danner, Kap. II Wettbewerbsrecht, Vorb. Rdnr. 6; **Fischer-Zernin/Ende**, ZUR 1999, 205, 206; **Kühne**, RdE 2000, 1, 5; **Lutz**, RdE 1999, 102, 107; **Markert**, ET 1998, 252, 253; **Theobald/Zenke**, WuW 2001, 19, 24; **Versen**, in: Langen/Bunte, Anhang zum Fünften Abschnitt des 1. Teils, Sonderbereiche (Überblick), Rdnr. 15; **Walter/v.Keussler**, RdE 1999, 190, 193; **Zinow**, in: Wiedemann (Hrsg.), § 34 Rdnr. 146.

Zusammenfassung der Ergebnisse

1. § 6 I S.1 EnWG gewährt sowohl einen Anspruch auf Abschluß des entsprechenden Durchleitungsvertrages als auch einen Anspruch unmittelbar auf Zugang zum Elektrizitätsversorgungsnetz.

2. Der Durchleitungsvertrag als die privatrechtliche Erlaubnis des Netzbetreibers zur Mitbenutzung seines Eigentums ist seiner Rechtsnatur nach ein Werkvertrag. Ohne ausdrückliche Vereinbarung erwirbt der zu versorgende Abnehmer kein eigenes Forderungsrecht gegen den Netzbetreiber.

3. Das Schweigen des aus dem (unmittelbaren) Kontrahierungszwang des § 6 I S.1 EnWG Verpflichteten auf ein Angebot des Durchleitungspetenten kann nicht als Zustimmung zum Vertragsschluß gewertet werden. Bleibt der Adressat des Kontrahierungszwanges über die erforderliche Prüfzeit des Angebots hinaus untätig, kann der Petent auf Erfüllung klagen und Schadenersatzansprüche geltend machen.

4. Besteht ausschließlich Streit über die Höhe des Durchleitungsentgelts steht dem Netzbetreiber kein Netzzugangsverweigerungsrecht zu, falls der Durchleitungsinteressent bereit ist, das seines Erachtens überhöhte Durchleitungsentgelt unter dem Vorbehalt der Rückforderung zu zahlen.

5. § 6 I S.1 EnWG enthält nur ein am Maßstab des Verhaltens des Netzbetreibers gegenüber sich selbst orientiertes Diskriminierungsverbot. Der exakten Darstellung der unternehmensintern in Rechnung gestellten Bedingungen des Netzzugangs dienen die organisatorischen und buchhalterischen Entflechtungsvorgaben der §§ 4 und 9 EnWG. Ihnen lassen sich keine Aussagen zum „Ob“ der Durchleitung entnehmen.
   Zur Ermittlung eines angemessenen Durchleitungsentgeltes legen die EltVU ihren Berechnungen die Maßstäbe der Verbändevereinbarung II zugrunde. Wegen zahlreicher inhaltlicher[1138] und kartellrechtlicher[1139] Bedenken sowie wegen offensichtli-

---

1138 Vgl. z.B. Darstellung bei: **Apfelstedt**, ZNER 1998, Heft 3, S. 26, 30 ff; **A.R. Börner**, RdE 2000, 55, 60 f.

1139 Vgl. **Klaue**, ZNER 1998, Heft 1, S. 22 ff; **Lukes**, BB 1998, Beilage 12 zu Heft 48, S. 11; **Markert**, BB 2001, 105 ff; Vgl. die zusammenfassende Darstellung bei: **Bunte**, in: Langen/Bunte, Anhang zum Fünften Abschnitt des 1. Teils, Sonderbereich Energiewirtschaft, Rdnr. 26 ff.

cher praktischer Unwirksamkeit[1140] mehren sich die Stimmen, die anstelle dieser internen Übereinkunft der Beteiligten mindestens eine gesetzliche Regelung zur Gestaltung der Durchleitungsverträge (§ 6 II EnWG) fordern[1141].

6. Die Verweigerung des Netzzugangs kann in bestimmten Ausnahmefällen gerechtfertigt sein. Systematisch sind die Ablehnungsgründe als Einwendungen des bürgerlichen Rechts ausgestaltet. Allein die Reziprozitätsklausel des Art. 4 § 2 NeuregelungsG hängt von der Ausübung durch den Netzbetreiber ab.

7. Vor der Prüfung, ob dem Netzbetreiber die Durchleitung unmöglich oder unzumutbar ist, steht die Festlegung der konkret geschuldeten Leistung. Der Betreiber eines Elektrizitätsversorgungsnetzes ist nach § 6 I S.1 EnWG verpflichtet, aktuell verfügbare und unter Einsatz redispatchender Mittel freimachbare Kapazität für Durchleitungsinteressen dritter Unternehmen zur Verfügung zu stellen. Er ist in der Entscheidung, begrenzte Kapazität für eigene Zwecke vorrangig zu nutzen, nicht beschränkt. Für einen rein altruistischen Verteilungsstreit um begrenzte Kapazität kommen mehrere Vergabemaßstäbe in Betracht.

8. Ob dem Netzbetreiber die Durchleitung unzumutbar ist, bedarf einer umfassenden Interessenabwägung zwischen den Individualinteressen des Durchleitungspetenten und denen des Netzbetreibers unter Berücksichtigung der Zielsetzung des EnWG. Unzumutbarkeit wird in der Regel zu bejahen sein, wenn dem Petenten die klassischen gewerberechtlichen Voraussetzungen fehlen. Einen besonderen Fall der Unzumutbarkeit der Zugangsgewährung regelt § 6 III EnWG im Interesse der Nutzung von Kraft-Wärme-Kopplung und erneuerbaren Energien. Angesichts der strengen tatbestandlichen Voraussetzungen des § 6 III EnWG wird sich der Netzbetreiber nur selten mit Erfolg auf diesen Verweigerungsgrund berufen können.

9. Der Anspruch auf Mitbenutzung eines fremden Versorgungsnetzes besteht nach § 5 EnWG nur, solange der verpflichtete Netzbetreiber nicht den Status eines Alleinabnehmers (§ 7 EnWG) hat. Vor Erteilung der Genehmigung nach § 7 EnWG bedarf

---

1140 Vgl. VIK - Erhebung zur Höhe der Durchleitungsentgelte, VIK, unter http://www.vik-online.de/aktuell/default.htm.

1141 Vgl. **Apfelstedt**, ZNER 1998 Heft 3 S. 26, 33; **Kühne**, BB 2000, Beilage 6, S. 4, 5 f; **Markert**, BB 2001, 105, 109 f; **Schwintowski**, ZNER 1998, Heft 2, 9, 15.

der Netzbetreiber zur Abwehr von Durchleitungsbegehren keines besonderen Schutzes.

10. Spezielle Ablehnungsrechte vermitteln die Übergangsregelungen der Art. 4 §§ 2 und 3 NeuregelungsG. Die Reziprozitätsklausel des Art. 4 § 2 NeuregelungsG berechtigt zur Ablehnung des Netzzugangs, falls der Lieferant seinen Sitz im Ausland hat und der zu beliefernde inländische Abnehmer nach dem Recht des Lieferstaates dort nicht ebenfalls per Durchleitung versorgt werden könnte. Sie ist als absoluter Verweigerungsgrund ausgestaltet und gilt auch im Verhältnis zu Drittstaaten.
Das (zeitlich befristete) Instrumentarium des Art. 4 § 3 NeuregelungsG zum Schutz der Investitionen im ostdeutschen Braunkohlesektor zielt auf die Verhinderung einer Gefährdung des im Stromvertrag von 1990 zugunsten der ostdeutschen Elektrizitätswirtschaft vereinbarten Schutzniveaus infolge wettbewerblicher Öffnung der Strommärkte. Deshalb muß zur Konkretisierung des Begriffs „ausreichend hohe Verstromung von Braunkohle aus diesen Ländern" auf die Bestimmungen des Stromvertrages zurückgegriffen werden. Eine Gefährdung der „ausreichend hohen Menge" berechtigt nicht zwangsläufig zur Ablehnung des Netzzugangs, sondern stellt nur einen qualifizierten Abwägungsgesichtspunkt dar.

11. Die energierechtlichen Wertungen des Gesetzes zur Neuregelung des Energiewirtschaftsrechts vom 24. April 1998 sind auch innerhalb des kartellrechtlichen Zugangstatbestandes des § 19 IV Nr. 4 GWB zu berücksichtigen. Da über die ausdrücklich gesetzlich angeordneten energiepolitisch motivierten Abwägungsgesichtspunkte hinaus eine Einbeziehung solcher Aspekte nach der hier vertretenen Rechtsauffassung selbst im EnWG unzulässig ist, bedarf es für die Übertragung der energierechtlichen Wertungen in das GWB keiner zusätzlichen Restriktionen.

12. Insgesamt konzentrieren sich die Probleme bei der Durchsetzung von Netzzugangsbegehren aktuell, nicht zuletzt wegen des engen Anwendungsbereichs der Netzzugangsverweigerungsgründe, weniger auf die Ablehnungsgründe als vielmehr auf die Bedingungen der Durchleitung und die Modalitäten des Vertragsschlusses[1142].

[1142] Vgl. HB v. 17.01.2001, S. B 6 und HB v. 02./03.02.2001, S. 2.

Literaturverzeichnis:

Achterberg, Norbert/Püttner, Günter/Würtenberger, Thomas (Hrsg.): Besonderes Verwaltungsrecht Band I, Wirtschafts-, Umwelt-, Bau-, Kultusrecht, 2. Aufl., Heidelberg 2000 (zit.: Bearb., in: Achterberg / Püttner / Würtenberger (Hrsg.)).

Apfelstedt, Gert: Energiegesetz und Verbändevereinbarung: Stellen sie wettbewerbsfördernde Netzbenutzungsregelungen dar?, in: ZNER 1998, Heft 3, S. 26-33.

Arbeitskreis Energiepolitik: Bericht des Arbeitskreises Energiepolitik an die Wirtschaftsministerkonferenz zum Vollzug des neuen Energiewirtschaftsrechts (beschlossen am 22./23. März 1999), abgedruckt als: Anlage zum Mitgliederrundschreiben der ARE 3/99 vom 11.6.1999.

Arndt, Hans-Wolfgang: "Common Carrier" bei Strom und Gas, RIW Beilage 7 zu Heft 10/1989, S. 1-34.

Badura, Peter: Die Daseinsvorsorge als Verwaltungszweck der Leistungsverwaltung und der soziale Rechtsstaat, in: DÖV 1966, S. 624-633.

- Verteilungsordnung und Zuteilungsverfahren bei der Bewirtschaftung knapper Güter durch die öffentliche Verwaltung, in: Festschrift für Karl-Heinrich Friauf, Heidelberg 1996, S. 529-543 (zit.: Badura, FS Friauf).

Banschbach, Willibald: Versorgungszuverlässigkeit in Verteilungsnetzen, in: EW 1999, Heft 23, S. 25-28.

Bartosch, Andreas: Dienstleistungsfreiheit versus Monopolrechte - Die Fragwürdigkeit des Remailing-Urteils des EuGH vom 10.2.2000, in: NJW 2000, S. 2251-2253.

Basedow, Jürgen: Dienstleistungsmonopole und Netzzugang in der europäischen Wirtschaftsverfassung, in: JNpolÖ Bd. 16 (1997), S. 121-138.

Battis, Ulrich/Krautzberger, Michael/Löhr, Rolf-Peter: Baugesetzbuch - BauGB - 7. Auflage, München 1999 (zit.: Bearb., in: Battis/Krautzberger/Löhr).

Baur, Jürgen F.: Der Mißbrauch im deutschen Kartellrecht, Tübingen 1972 (zit.: Baur, Mißbrauch).

- Die Funktion des neuen Diskriminierungsverbots nach § 26 Abs. 2 Satz 2 GWB, in: BB 1974, S. 1589-1595.

- Sinn und Unsinn einer Energierechtsreform, in: FS für Rudolf Lukes, Köln, Berlin, Bonn, München 1989, S. 253-269 (zit.: Baur, FS Lukes).

- Vergütungen für Strom aus Eigenerzeugungsanlagen, 1. Auflage, Baden-Baden 1990 (zit.: Baur, Vergütungen für Strom).

- Der Einfluß des Europäischen Wettbewerbsrechts auf die deutsche Energiewirtschaft, in: RdE 1992, S. 41-49.

- Die politische Einigung über die Elektrizitäts-Binnenmarkt-Richtlinie, in: ET 1996, S. 474-476.

- Die Elektrizitätsbinnenmarktrichtlinie: Gestaltungsmöglichkeiten von Mitgliedstaaten; Auswirkungen auf die Elektrizitätsunternehmen, in: Jürgen F. Baur/Karl-Heinrich Friauf, Energierechtsreform zwischen Europarecht und kommunaler Selbstverwaltung, VEnergR Bd. 84, 1. Auflage, Baden-Baden 1997, S. 13-53 (zit.: Baur, in: VEnergR 84).

- Schicksal der Lieferverträge nach Wegfall der Ausschließlichkeitsabrede, in: RdE 1997, S. 41-46.

- Die Elektrizitätsbinnenmarktrichtlinie, in: ET 1997, S. 624-629.

- Art. 90 Abs. 2 EGV und die Binnenmarktrichtlinie für Strom und Gas, in: RdE 1999, S. 85-90.

Ders./Moraing, Markus: Rechtliche Probleme einer Deregulierung der Elektrizitätswirtschaft, 1. Auflage, Baden-Baden 1994.

Bechtold, Rainer: Kartellgesetz Gesetz gegen Wettbewerbsbeschränkungen, Kommentar, 2. Auflage, München 1999.

Becker, Peter: Reform der Reform: Zur Struktur des EnWG und zu den Anforderungen an eine Novelle, in: ZNER 1998, Heft 3, S. 51-60.

- Rechtlicher Regelungsbedarf beim Netzzugang, in: ZNER 2000, Heft 2, S. 114-118.

Becker, Uta/Rosin, Peter: Das Single Buyer-System gemäß Energiewirtschaftsgesetz, in: ET 2000, S. 385-392.

Beckert, Zoltan: Abgeänderter Richtlinienvorschlag zum Binnenmarkt für Elektrizität, Frankfurt/Main 1997.

Benda, Ernst/Klein, Eckart: Lehrbuch des Verfassungsprozeßrechts, Heidelberg 1991.

Bender, Bernd/Sparwasser, Reinhard/Engel, Rüdiger: Umweltrecht, 4. Auflage, Heidelberg 2000.

Benisch, Werner (Hrsg.): Gesetz gegen Wettbewerbsbeschränkungen und Europäisches Kartellrecht, 4. Auflage, 2. Lfg. 1981, §§ 25 - 33 GWB, Köln, Berlin, Bonn, München (zit.: Bearb., in: Benisch (Hrsg.)).

Bergmann, Bettina: Ein Netzzugang Dritter in der Elektrizität und Grundrechte der Versorgungsunternehmen, 1. Auflage, Sinzheim 1995.

Berkner, Ursula/Hermann, Hans Peter/Le Nesbour, Chantal/Rupp, Jürgen/Schmitz, Erich: Das Recht der Elektrizitätswirtschaft 1989, in: EW 1990, S. 76-110.

Berkner, Ursula/Hermann, Hans Peter/Schmitz, Erich: Die neue Bundestarifordnung Elektrizität (BTO Elt), in: RdE 1990, S. 2-17.

Berrisch, Georg M.: Zum "Bananen"-Urteil des EuGH vom 5.10.1994 - Rs. C-280/93, Deutschland./.Rat der Europäischen Union, in: EuR 1994, S. 461 ff.

Blanke, Hermann-Josef/Pellert, Andreas: Zur Verfassungsmäßigkeit energiewirtschaftlicher Subventionsregime (Teil 2), in: RdE 1999, S. 125-131.

Böckel, Markus: Instrumente der Einpassung neuen Rechts in die Rechtsordnung, Berlin 1993.

Böge, Wolfgang (Hrsg.): Vieweg-Handbuch Elektrotechnik, Braunschweig, Wiesbaden 1998 (zit.: Bearb., in: Böge (Hrsg.)).

Börner, Achim-Rüdiger: Der Energiemarkt und die geschlossenen Versorgungsgebiete der Strom- und Gaswirtschaft im Übergang zum Wettbewerb, in: ZögU, Beiheft 20, 1996.

- Verhandelter Stromnetzzugang und Kartellrecht, in: Versorgungswirtschaft 1999, S. 77-85.

- Zur Nichtigkeit eines Stromliefervertrages zwischen Regionalversorger und Stadt, in: ET 1999, S. 405-411.

- Erste Überlegungen zu den privaten Normierungen der Stromdurchleitung: Stringenz und Kartellrecht (Teil 1), in: RdE 2000, S. 55-61.

- Erste Überlegungen zu den privaten Normierungen der Stromdurchleitung: Stringenz und Kartellrecht (Teil 2), in: RdE 2000, S. 94-101.

Börner, Bodo: Frankreichstrom nach Deutschland?: Art. 90 II EWGV, Teil II ("Durchleitungen"), 1. Auflage, Baden-Baden 1990.

Böwing, Andreas u.a. (Hrsg.): Energiewirtschaftsgesetz 1998, 1. Ausgabe, Frankfurt/Main 1999 (zit.: Bearb. in: Böwing u.a. (Hrsg.), EnWG 1998).

- Die Bedeutung des Unbundling für den Wettbewerb in der Strom- und Gaswirtschaft, in: Jürgen F. Baur (Hrsg.), Die Energiewirtschaft im Umbruch, VEnergR Bd. 96, 1. Auflage, Baden-Baden 2000, S. 59-68 (zit.: Böwing, in: VEnergR 96).

Bonner Kommentar: Kommentar zum Bonner Grundgesetz, Loseblattlieferung, Stand: 95. EL. Februar 2001, Band 4: Art. 20-37 (zit.: Bearb., in: Bonner Kommentar).

Bräunlein, Gerhard: Energierechtliche Probleme bei der Umstrukturierung der ostdeutschen Stromwirtschaft, in: KMEnergR Heft 2, Baden-Baden 1994, S. 3 - 23.

Breuel, Birgit: Haben sich die kartellrechtlichen Ausnahmebereiche überlebt?, in: Helmrich (Hrsg.), Köln, Berlin, Bonn, München 1987, S. 223-235.

Brink, Stefan/Kirchbaum, Volker: Feindliche Konformitäten - Zur Kollision von europarechts- und verfassungskonformer Auslegung im Umweltrecht -, in: DÖV 2000, S. 973-982.

Britz, Gabriele: Örtliche Energieversorgung nach nationalem und europäischem Recht, 1. Auflage, Baden - Baden 1994.

- Öffnung der Europäischen Strommärkte durch die Elektrizitätsbinnenmarktrichtlinie?, in: RdE 1997, S. 85-93.

- Die Mitwirkung Privater an der Wahrnehmung öffentlicher Aufgaben durch Einrichtungen des öffentlichen Rechts, in: VerwArch 2000, S. 418-437.

Brockhaus - Enzyklopädie, 10. Band, 19. Auflage, Mannheim 1989.

Brunekreeft, Gert/Keller, Katja: Netzzugangsregime und aktuelle Marktentwicklung im deutschen Elektrizitätssektor, in: ZfEW 2000, S. 155-166.

Büchner, Wolfgang/Ehmer, Jörg/Geppert, Martin/Kerkhoff, Bärbel/Piepenbrock, Hermann-Josef/Schulz, Raimund/Schuster, Fabian (Hrsg.): Beck'scher TKG - Kommentar, 2. Auflage, München 2000 (zit.: Bearb., in Büchner u.a. (Hrsg.)).

Büdenbender, Ulrich: Zur Notwendigkeit geschlossener Versorgungsgebiete in der leitungsgebundenen Versorgungswirtschaft, in: ET 1978, S. 735-743.

- Energierecht, Köln 1982 (zit.: Büdenbender, Energierecht).

- Rechtsfragen anläßlich der Durchleitung elektrischer Energie, in: Jürgen F. Baur (Hrsg.), Energiewirtschaft - Der neue energie- und kartellrechtliche Rahmen, VEnergR Bd. 91, 1. Auflage, Baden-Baden 1999, S. 73-131 (zit.: Büdenbender, in: VEnergR 91).

- Die Kartellaufsicht über die Energiewirtschaft, 1. Auflage, Baden - Baden 1995 (zit.: Büdenbender, Kartellaufsicht).

- Schwerpunkt der Energierechtsreform 1998, Köln 1999 (zit.: Büdenbender, Schwerpunkte).

- Durchleitungen in der Elektrizitätswirtschaft und Eigentumsschutz, in: WuW 2000, S. 119-135.

- Die Kontrolle von Durchleitungsentgelten in der leitungsgebundenen Energiewirtschaft, in: ZIP 2000, S. 2225-2238.

Bülck, Hartwig: Vom Kontrahierungszwang zur Abschlußpflicht, Heide, 1940.

Bundeskartellamt: Bericht 1983/1984, BT-Drs. 10/3550.

- Tätigkeitsbericht 1997/98, BT-Drs. 14/1139.

Bunte, Hermann-Josef: 6. GWB-Novelle und Mißbrauch wegen Verweigerung des Zugangs zu einer "wesentlichen Einrichtung", in: WuW 1997, S. 302-318.

Busche, Jan: Privatautonomie und Kontrahierungszwang, Tübingen 1999.

Bydlinski, Franz: Zu den dogmatischen Grundfragen des Kontrahierungszwanges, in: AcP 180 (1980) S. 1-46.

- Kontrahierungszwang und Anwendung allgemeinen Zivilrechts, in: JZ 1980, S. 378-385.

- Juristische Methodenlehre und Rechtsbegriff, 2. Auflage, Wien, New York 1991.

Calliess, Christian/Ruffert, Matthias (Hrsg.): Kommentar zum EU-Vertrag und EG-Vertrag, Neuwied, Kriftel 1999 (zit.: Bearb., in: Calliess/Ruffert (Hrsg.)).

Canaris, Claus-Wilhelm: Die Vertrauenshaftung im deutschen Privatrecht, München, 1971.

- Die Feststellung von Lücken im Gesetz, 2. Auflage, Berlin 1983 (zit.: Canaris, Feststellung von Lücken).

- Grundrechte und Privatrecht, in: AcP 184 (1984), S. 201-246.

- Wandlungen des Schuldvertragsrechts - Tendenzen zu seiner "Materialisierung", in: AcP 200 (2000), S. 273- 364.

Carl, Hermann: Monopolstellung und Abschlußzwang des Versorgungsunternehmers, in: JW 1934, S. 1946-1950.

Classen, Claus Dieter: Anmerkung zu BVerfG, Beschluß vom 07.06.2000, 2 BvL 1/97, in: JZ 2000, S. 1157-1159.

Claussnitzer, Hellmut: Einführung in die Elektrotechnik, Berlin 1977.

Cronenberg, Martin: Das neue Energiewirtschaftsrecht, in: RdE 1998, S. 85-91.

Darge, Hans/Melchinger, Eugen/Rumpf, Fritz: Gesetz zur Förderung der Energiewirtschaft, Berlin 1936.

Dennersmann, Jürgen/Hüppe, Wolfgang/Oswald, Thomas/Reeh, Peter/Schwingshandl, Hubert/Staschus, Konstantin: Systemdienstleistungen bei Durchleitungen, in: ET 1998, S. 550-555.

Deselears, Wolfgang: Die "Essential Facilities"-Doctrin im Lichte des Magill-Urteils des EuGH, in: EuZW 1995, S. 563-568.

Diederichsen, Uwe: Das Bundesverfassungsgericht als oberstes Zivilgericht - ein Lehrstück der juristischen Methodenlehre, in: AcP 198 (1998), S. 171-260.

Di Fabio, Udo: Der Ausstieg aus der wirtschaftlichen Nutzung der Kernenergie, Köln, Berlin, Bonn, München 1999.

Dietze, Matthias: Europarecht und nationale Regulierung des deutschen Elektrizitätsmarktes, Frankfurt, Berlin 1998.

Donges, Juergen B.: Reform der deutschen Stromversorgungspolitik: Mehr Mut zum Markt, in: VIK-Mitt. 1991, S. 141-146.

Dreher, Meinrad: Die Verweigerung des Zugangs zu einer wesentlichen Einrichtung als Mißbrauch der Marktbeherrschung, in: DB 1999, S. 833-839.

Dreier, Horst (Hrsg.): Grundgesetz Kommentar Band II, Artikel 20-82, Tübingen 1998 (zit.: Bearb., in: Dreier (Hrsg.)).

Ebel, Hans-Rudolf: Energielieferungsverträge: Recht der Elektrizitäts-, Gas-, und Fernwärmeversorgung industrieller Sonderabnehmer, 1. Auflage, Heidelberg 1992.

Ehlermann, Claus-Dieter: Die vorgesehene Regelung zur Strom- und Gasdurchleitung (TPA) als Verwirklichung der Wettbewerbsvorschriften des EWG-Vertrages, in: RdE 1993, S. 41-45.

Ehlers, Dirk: Eigentumsschutz, Sozialbindung und Enteignung bei der Nutzung von Boden und Umwelt, in: VVDStRL Bd. 51 (1992), S. 211-247.

- Ziele der Wirtschaftsaufsicht, Köln, Berlin, Bonn, München 1997.

Ehmer, Jörg: Das Tarifwesen der Elektrizitätswirtschaft und sein (grund-)rechtlicher Rahmen, 1. Auflage, Baden - Baden 1995.

Ehricke, Ulrich: Zur Konzeption von Art. 37 I und Art. 90 II EGV, in: EuZW 1998, S. 741-747.

Eiermann, Rudolf: Die Benutzung der Eisenbahninfrastrukturen durch Eisenbahnverkehrsunternehmen, in: NJW 1998, S. 1846-1847.

Eickhof, Norbert/Kreikenbaum, Dieter: Die Liberalisierung des Marktes für leitungsgebundene Energien, in: WuW 1998, S. 666-677.

Emmerich, Volker: Das Wirtschaftsrecht der öffentlichen Unternehmen, Bad Homburg, Berlin 1969 (zit.: Emmerich, Wirtschaftsrecht).

- Ist der kartellrechtliche Ausnahmebereich für die leitungsgebundene Versorgungswirtschaft wettbewerbspolitisch gerechtfertigt?, in: VIK-Mitt. 1978, S. 109-112.

- Kartellrecht, 8. Auflage, München 1999.

Enneccerus, Ludwig/Nipperdey, Hans Carl: Allgemeiner Teil des Bürgerlichen Rechts, 1. Halbband, 15. Auflage, Tübingen 1959, 2. Halbband, 15. Auflage, Tübingen 1960.

Erman, Walter: Handkommentar zum BGB, 2 Bände, 10. Auflage, Münster 2000 (zit.: Erman-Bearb).

Esch, Bastian van der: Die Artikel 5, 3f, 85/86 und 90 EWGV als Grundlage der wettbewerbsrechtlichen Verpflichtungen der Mitgliedstaaten, in: ZHR Bd. 155 (1991), S. 274-299.

Esser, Josef/Schmidt, Eike: Schuldrecht Band I, Allgemeiner Teil, Teilband 1, 8. Auflage, Heidelberg 1995.

Europäische Kommission: XXIII. Bericht über die Wettbewerbspolitik 1993, Brüssel 1994.

- Mitteilung über die Anwendung der Wettbewerbsregeln auf Zugangsvereinbarungen im Telekommunikationsbereich, ABl.EG 1998 v. 22.08.1998 Nr. C 265.

- Zweiter Bericht an den Rat und das Europäische Parlament über den Harmonisierungsbedarf, Richtlinie 96/92/EC betreffend gemeinsame Vorschriften für den Elektrizitätsbinnenmarkt.

Evers, Hans Ulrich: Das Recht der Energieversorgung, 2. Auflage, Baden-Baden 1983.

Fachausschuß für öffentliche Unternehmen und Verwaltungen des Instituts der Wirtschaftsprüfer in Deutschland e.V.: Zweifelsfragen der Rechnungslegung und Prüfung von Elektrizitätsversorgungsunternehmen nach dem EnWG, in: Die Wirtschaftsprüfung 1998, S. 827-834.

Fischer, Hans Georg: Europarecht, 2. Auflage, München 1997.

Fischerhof, Hans: "Stromdurchleitung" über fremde Netze als Rechtsproblem, Baden-Baden 1974.

Fischer-Zernin, Cornelius/Ende, Lothar: Praktische Rechtsprobleme der Stromdurchleitung, in: ZUR 1999, S. 205-209.

Fleischer, Holger/Weyer, Hartmut: Neues zur "essential facilities"-Doktrin im Europäischen Wettbewerbsrecht, in: WuW 1999, S. 350-363.

Flume, Werner: Allgemeiner Teil des Bürgerlichen Rechts, Zweiter Band - Das Rechtsgeschäft, 3. Auflage, Berlin, Heidelberg 1979.

Forsthoff, Ernst: Lehrbuch des Verwaltungsrechts Band I, Allgemeiner Teil, 10. Auflage, München 1973.

Franke, Peter: Zulassungsvoraussetzungen zum Alleinabnehmersystem, in: ET 1999, S. 273-277.

Frankfurter Kommentar zum Kartellrecht: Loseblattsammlung, Stand: 46. EL. November 2000, Köln 1982/2000 (zit.: Bearb., in: Frankfurter Kommentar).

Freyend, E. John von: International wettbewerbsfähige Strompreise für die deutsche Industrie, in: Lukes (Hrsg.), Ein EWG-Binnenmarkt für Elektrizität - Realität oder Utopie, RTW Band 47, Köln, Berlin, Bonn, München 1988, S. 15-27 (zit.: Freyend, in: RTW 47)

Friauf, Karl-Heinrich: Energierechtsreform und kommunale Energieversorgung, in: Jürgen F. Baur/Karl-Heinrich Friauf, Energierechtsreform zwischen Europarecht und kommunaler Selbstverwaltung, VEnergR Bd. 84, 1. Auflage, Baden-Baden 1997, S. 55-118 (zit.: Friauf, in: VEnergR 84).

Fromm, Günter: Die Reorganisation der Deutschen Bahnen, in: DVBl. 1994, S. 187-195.

Gamm, Otto-Friedrich, Frhr. v.: Das Verbot einer unbilligen Behinderung und einer sachlich nicht gerechtfertigten Diskriminierung, in: NJW 1980, S. 2489-2496.

Geiger, Rudolf: Kommentar zu dem Vertrag zur Gründung der Europäischen Gemeinschaft, München 1993.

Gern, Alfons: Güterabwägung als Auslegungsprinzip des öffentlichen Rechts, in: DÖV 1986, S. 462-471.

Gernhuber, Joachim: Das Schuldverhältnis, Tübingen 1989.

Gersemann, Dieter: Schutzklausel - Ein Beitrag zu Art. 4 § 2 des Gesetzes zur Neuregelung des Energiewirtschaftsrechts, in: ZNER 1998, Heft 4, S. 15-18.

Gleiss, Alfred/Hirsch, Martin/Burkert, Thomas O. J.: Kommentar zum EG-Kartellrecht, Band 1: Art. 85 und Gruppenfreistellungsverordnungen, 4. Auflage, Heidelberg 1993 (zit.: Bearb., in: Gleiss/Hirsch).

Giefers, Patrick: Durchleitung und einstweilige Verfügung, in: ET 1999, S. 481-483.

Giermann, Heiko A.: Der diskriminierungsfreie Durchleitungsanspruch gemäß § 6 Abs. 1 EnWG und die Verweigerung der Durchleitung in der Praxis, in: RdE 2000, S. 222-231.

Götz, Volkmar: Anmerkung zu: EuGH, Urteil v. 5.10.2000 - 376/98 (Tabakwerbung), in: JZ 2001, S. 34-36.

Grabitz, Eberhard/Hilf, Meinhard (Hrsg.): Das Recht der Europäischen Union, Loseblattsammlung, Stand: 16. EL, Juli 2000 (zit.: Bearb., in: Grabitz/Hilf (Hrsg.)).

Gramlich, Ludwig: Ende gut, alles gut ? - Anmerkungen zum neuen Postgesetz, in: NJW 1998, S. 866-873.

Grau, Matthias: Braunkohleschutzklausel rechtfertigt nicht Netzzugangsverweigerung, in: Wirtschaftswelt energie 2000, S. 13-16.

Grawe, Joachim: Netzzugang und Vorrang-Regelungen, in: EW 1997, S. 1309-1314.

Groeben, Hans von der/Thiesing, Jochen/Ehlermann, Claus-Dieter (Hrsg.): Kommentar zum EU-/EG-Vertrag, Band 1 Art. A-F EUV, Art 1-84 EGV, 5. Auflage, Baden - Baden 1997, Band 2/I Artikel 85-87 EGV, 5. Auflage, Baden-Baden 1999, Band 2/II Art. 88-102 EGV, 5. Auflage Baden - Baden 1999 (zit.: Bearb., in: Groeben/Thiesing/ Ehlermann).

Gröner, Helmut: Die Ordnung der deutschen Elektrizitätswirtschaft, 1. Auflage, Baden-Baden 1975.

Günter, Johannes: Berufsfreiheit und Eigentum in der Europäischen Union, Heidelberg 1998.

Gundel, Jörg: Stromimporte aus Drittstaaten im EG-Binnenmarkt für Energie, in: RdE 2000, S. 85-94.

Gundermann, Hans-Peter: Die Neuordnung der Energiewirtschaft in den fünf östlichen Bundesländern und ihre Probleme, in: Harms, Wolfgang (Hrsg.), Die Neuordnung der Energiewirtschaft in den ostdeutschen Ländern, Köln, Berlin, Bonn, München 1991, S. 3 - 25.

Hake, Jürgen-Friedrich/Kraft, Armin/Kugeler, Kurt/Pfaffenberger, Wolfgang/Wagner, Hermann-Josef (Hrsg.): Liberalisierung des Energiemarktes, Forschungszentrum Jülich 1999 (zit.: Bearb., in: Hake u.a. (Hrsg.)).

Happoldt, Hans/Oeding, Dietrich: Elektrische Kraftwerke und Netze, 5. Auflage, Berlin 1978.

Harms, Wolfgang: Zur Anwendung der Schutzklauseln für Öko-, KWK- und Braunkohlenstrom im Neuregelungsgesetz vom 24.4.1998, in: RdE 1999, S. 165-176.

Henkel, Heinrich, Zumutbarkeit und Unzumutbarkeit als regulatives Rechtsprinzip, in: FS für Edmund Mezger, München und Berlin 1954, S. 249-309.

Hering, Ekbert/Vogt, Alois/Bressler, Klaus: Handbuch der elektrischen Anlagen und Maschinen, Berlin, Heidelberg 1999.

Hermann, Hans Peter: Wettbewerbsprivileg für Großkunden in der Elektrizitätswirtschaft?, in: RdE 1979, S. 2-7.

Hermes, Georg: Staatliche Infrastrukturverantwortung, Tübingen 1998.

Herrmann, Bodo J./Dick, Claudia: Die Kundenbündelung und ihre Bedeutung für das Energie- und Konzessionsabgabenrecht, in: BB 2000, S. 885-893.

Hesse, Konrad: Grundzüge des Verfassungsrechts in der Bundesrepublik Deutschland, 20. Auflage, Heidelberg 1995.

Hoffmann-Riem, Wolfgang: Telekommunikationsrecht als europäisiertes Verwaltungsrecht, in: DVBl. 1999, S. 125-134.

Ders./Schneider, Jens-Peter (Hrsg.): Umweltpolitische Steuerung in einem liberalisierten Strommarkt, 1. Auflage, Baden-Baden 1995 (zit.: Bearb., in: Hoffmann-Riem/Schneider (Hrsg.)).

Ders./Schmidt-Aßmann, Eberhard/Schuppert, Gunnar Folke (Hrsg.): Reform des Allgemeinen Verwaltungsrechts Grundfragen, 1. Auflage, Baden - Baden 1993 (zit.: Bearb., in: Hoffmann-Riem/Schmidt-Aßmann/Schuppert (Hrsg.)).

Hölzer, Frank: Der Energiesektor zwischen Marktwirtschaft und öffentlicher Aufgabe, Köln, Berlin, Bonn, München 2000.

Hönn, Günther: Zur Problematik der Privatautonomie, in: Jura 1984, S. 57-74.

Hoppe, Werner (Hrsg.): Gesetz über die Umweltverträglichkeitsprüfung (UVPG) - Kommentar, Köln, Berlin, Bonn, München 1995 (zit.: Bearb., in: Hoppe (Hrsg.)).

Huber, Peter M.: Das Kooperationsverhältnis zwischen BVerfG und EuGH in Grundrechtsfragen, in: EuZW 1997, S. 517-521.

Hubmann, Heinrich: Grundsätze der Interessenabwägung, in: AcP 155 (1956), S. 85-134.

Hüffer, Uwe/Ipsen, Knut/Tettinger, Peter J.: Die Transitrichtlinien für Gas und Elektrizität, Bochumer Beiträge zum Berg- und Energierecht, Bd. 14, Stuttgart, München, Hannover 1991.

Immenga, Ulrich: Politische Instrumentalisierung des Kartellrechts?, Tübingen 1976 (zit.: Immenga, Instrumentalisierung).

- Schwerpunkte der Vierten Novelle zum Gesetz gegen Wettbewerbsbeschränkungen, in: NJW 1980, S. 1417-1423.

- Strompreise zwischen Kartell- und Preisaufsicht, Rechtsgutachten für den Verband der Energieabnehmer e.V., Hannover 1982 (zit.: Immenga, Strompreise).

- Wettbewerbsrechtliche Grenzen von Standortvorteilen der öffentlichen Hand, in: NJW 1995, S. 1921-1927.

Ders./Mestmäcker, Ernst-Joachim: GWB - Kommentar zum Kartellgesetz, 2. Auflage, München 1992 (zit.: Bearb., in: Immenga/Mestmäcker, GWB).

- EG-Wettbewerbsrecht Kommentar, 2 Bände, München 1997 (zit.: Bearb., in: Immenga/Mestmäcker, EG-Wettbewerbsrecht).

Institut der Wirtschaftsprüfer (IDW): Zweifelsfragen der Rechnungslegung und Prüfung von Elektrizitätsversorgungsunternehmen nach dem Energiewirtschaftsgesetz, in: Verswirt 1998, S. 252-257.

Jahr, Günther: Die Einrede des bürgerlichen Rechts, in: JuS 1964, S. 125-132; 218-224; 293-305.

Jarass, Hans D.: Europäisches Energierecht, Berlin 1996.

- Bundesimmissionsschutzgesetz (BImSchG) Kommentar, 4. Auflage, München 1999 (zit.: Jarass, BImSchG).

Ders./Pieroth, Bodo: Grundgesetz - Kommentar, 4. Auflage , München 1997.

Jungtäubl, Helmuth: Preishöhen- und Preisstrukturkontrolle bei der leitungsgebundenen Stromversorgung, Köln, Berlin, Bonn, München 1994.

Kellerhoff, Jens/Rinze, Jens P.: Möglichkeiten und Hindernisse für den europäischen Stromhandel und die Schutzklausel nach Art. 4 § 2 EnWG, in: RIW 1999, S. 738-746.

Kilian, Wolfgang: Kontrahierungszwang und Zivilrechtssystem, in: AcP 180 (1980), S. 47-83.

Kilian, Ulrich/Weber, Christine (Red.): Lexikon der Physik: in sechs Bänden, Band 2: Heidelberg 1999, Band 3: Heidelberg 1999.

Klätte, Günther: Mehr Wettbewerb in der Elektrizitätsversorgung durch Aufhebung der Demarkation und Verpflichtung zur Durchleitung - geht das oder führt das im ersten Schritt zum Verlust der Versorgungssicherheit und im zweiten Schritt zur Verstaatlichung?, in: ET 1979, S. 131-134.

- Wettbewerb und EG-Binnenmarkt, in: ET 1988, S. 412-421.

Klafka, Peter/Ritzau, Michael/Zander, Wolfgang/Held, Christian: Ein gerechtes Durchleitungs - Tarifmodell für elektrischen Strom, in: ZNER 1997 Heft 1, S. 40 - 54.

Klaue, Siegfried: Zum kartellrechtlichen Anspruch auf Zahlung eines angemessenen Einspeisungsentgelts aus KWK-Anlagen auf der Verteilerebene, in: BB 1997, S. 2288-2292.

- Einige Bemerkungen zur Verbändevereinbarung über Durchleitungsentgelte für Strom, in: ZNER 1998, Heft 1, S. 22-25.

Klein, Eckart: Grundrechtliche Schutzpflicht des Staates, in: NJW 1989, S. 1633-1640.

- Der Verfassungsstaat als Glied einer europäischen Gemeinschaft, in: VVDStRL 50 (1991), S. 56-93.

Klemm, Andreas: Strom aus dem Ausland, in: EuZW 2000, S. 69-74.

Klimisch, Annette/Lange, Markus: Zugang zu Netzen und anderen wesentlichen Einrichtungen als Bestandteil der kartellrechtlichen Mißbrauchsaufsicht, in: WuW 1998, S. 15-26.

Kloepfer, Michael: EG-Recht und Verfassungsrecht in der Rechtsprechung des Bundesverfassungsgerichts, in: JZ 1988, S. 1089-1095.

- Umweltrecht, 2. Auflage, München 1998.

Klopfer, Thomas/Schulz, Walter: Märkte für Strom, München 1993.

Knieps, Günter: Zugang zu Netzen Verselbständigung, Nutzung, Vergütung, Eigentumsschutz, in: MMR 1998, S. 275-280.

Koch, Hans-Joachim: Verfassungsrechtlicher Bestandsschutz als Grenze der Deregulierung und der umweltpolitischen Steuerung im Bereich der Elektrizitätswirtschaft, in: DVBl. 1994, S. 840-844.

König, Klaus: Der Verwaltungsstaat in Deutschland, in: VerwArch Bd. 88 (1997), S. 545-567.

Koenig, Christian/Braun, Jens-Daniel: Eigentumsschutz nach Ar. 14 GG für durch staatliche Beihilfen Erworbenes ?, in: NVwZ 1999, S. 1056-1059.

König, Klaus/Theobald, Christian: Liberalisierung und Deregulierung netzgebundener Güter und Dienste, in: Festschrift für Willi Blümel, Berlin 1999, S. 277-308.

Koller, Ingo/Roth, Wulf-Henning/Morck, Winfried: Handelsgesetzbuch Kommentar, 2. Auflage, München 1999 (zit.: Bearb., in: Koller/Roth/Morck).

Kruse, Jörn/Kiessling, Thomas: Ökonomische Vorteile und Probleme einer wettbewerblichen Öffnung europäischer Infrastrukturnetze, in: JNpolÖ Bd. 16 (1997), S. 11-44.

Kühne, Gunther: Anmerkung zu BVerfG, Beschluß der 3. Kammer des 1. Senats v. 16.5.1989, in: JZ 1990, S. 335-336.

- Schicksal langfristiger Lieferverträge zwischen Energieversorgungsunternehmen (EVU) bei Aufhebung der §§ 103, 103a GWB, in: BB 1997, Beilage 19 zu Heft 50, S. 1-16.

- Der Netzzugang und seine Verweigerung im Spannungsfeld zwischen Zivilrecht, Energierecht und Kartellrecht, in: RdE 2000, S. 1-7.

- Die Rolle des Staates im neuen Energiewirtschaftsrecht, in: BB 2000, Beilage 6, S. 4-9.

Kuhnt, Dietmar: Übertragung von Strom nach deutschem und europäischem Recht, in: Festschrift für Rudolf Lukes, Köln, Berlin, Bonn, München 1989, S. 411-424.

- Die Versorgung Europas mit sicherer und preisgünstiger Energie, in: Jürgen F. Baur (Hrsg.), Deregulierung und Regulierung durch nationales und europäisches Kartellrecht, VEnergR Bd. 71, 1. Auflage, Baden-Baden 1994, S. 81-99 (zit.: Kuhnt, in: VEnergR 71).

Kunsemüller, Johannes (Red.): Meyers Lexikon der Technik und der exakten Naturwissenschaften, Dritter Band: O-Z, Mannheim 1970.

Landmann, Robert von/Rohmer, Gustav (Hrsg.): Gewerbeordnung Band I Gewerbeordnung Loseblattsammlung, Stand 39. EL., Februar 2000 (zit.: Bearb., in: v. Landmann/Rohmer (Hrsg.)).

Langen, Eugen/Bunte, Hermann-Josef: Kommentar zum deutschen und europäischen Kartellrecht, Band 1, 9. Auflage, Neuwied, Kriftel Berlin 2001 (zit.: Bearb., in: Langen/Bunte).

Langheineken, Paul: Anspruch und Einrede nach dem Bürgerlichen Gesetzbuch, Leipzig 1903.

Larenz, Karl: Geschäftsgrundlage und Vertragserfüllung, 2. Auflage, München, Berlin 1957 (zit.: Larenz, Geschäftsgrundlage).

- Lehrbuch des Schuldrechts Band I: Allgemeiner Teil, 14. Auflage, München 1987 (zit.: Larenz: Schuldrecht AT).

- Lehrbuch des Schuldrechts Band II: Besonderer Teil, 1. Halbband, 13. Auflage, München 1986 (zit.: Larenz, Schuldrecht BT Halbbd. 1).

- Methodenlehre der Rechtswissenschaft, 6. Auflage, Berlin, Heidelberg 1991 (zit.: Larenz, Methodenlehre).

Ders./Wolf, Manfred: Allgemeiner Teil des Bürgerlichen Rechts, 8. Auflage, München 1997.

Lecheler, Helmut: Die Bedeutung des öffentlichen Rechts für das Energierecht, in: NVwZ 1995 S. 8-12.

Ders./Gundel, Jörg: Die Rolle von Art. 90 Abs. 2 und 3 EGV im neuen liberalisierten Energiemarkt - zu Bedeutung der EuGH-Entscheidungen vom 23.10.1997 für die Zukunft, in: RdE 1998, S. 92-102.

- Die Umsetzung der Elektrizitäts-Binnenmarktrichtlinie - Frankreich: Hat der französische Gesetzgeber die gemeinschaftsrechtlichen Vorgaben erfüllt?, in: RdE 2000, S. 165-174.

Lege, Joachim: Enteignung als Güterbeschaffungsvorgang, in: NJW 1993, S. 2565-2570.

- Wohin mit den Schwellentheorien ?, in: JZ 1994 S. 431-440.

Lenz, Carl Otto (Hrsg.): Kommentar zu dem Vertrag zur Gründung der Europäischen Gemeinschaften in der durch den Amsterdamer Vertrag geänderten Fassung 2. Auflage, München 1999 (zit.: Bearb., in: Lenz (Hrsg.)).

Lindemann, Hans-Heinrich/Köster, Kristina: Energiewirtschaft auf dem Weg zu mehr Wettbewerb, in: DVBl. 1997, S. 527-534.

Loewenheim, Ulrich/Belke, Rolf (Hrsg.): Gesetz gegen Wettbewerbsbeschränkungen Kommentar, Loseblattsammlung Stand: 14. EL März 1993 (zit.: Bearb., in: Loewenheim/Belke (Hrsg.)).

Ludwig, Wolfgang/Odenthal, Hans: Recht der Elektrizitäts-, Gas- und Wasserversorgung, Loseblattsammlung Neuwied, Kriftel, Stand: 62. EL. Dezember 2000 (zit.: Bearb., in: Ludwig/Odenthal).

Lukes, Rudolf: Die Reformdiskussion zur wettbewerbsrechtlichen Regelung der leitungsgebundenen Versorgungswirtschaft, insbesondere der Elektrizitätswirtschaft, in: Rudolf Lukes (Hrsg.), Geschlossene Versorgungsgebiete, Versorgungssicherheit oder Wettbewerb, RTW 18, Köln, Berlin, Bonn, München 1979, S. 65-101 (zit.: Lukes, in: RTW 18).

- Die Problematik der umfassenden Interessenabwägung in § 26 Abs. 2 GWB, in: BB 1986, S. 2074-2082.

- Liberalisierung des Strommarktes - Realität oder Utopie?, in: BB Beilage 12 zu Heft 48 1998, S. 1-16.

- Alleinabnehmerstatus für Letztverbraucher versorgende EVU, in: ET 1998, S. 26-34.

- Strom- und Gasimporte aus Drittstaaten, in: RIW 1998, S. 581-589.

- Die Neuregelung des Energiewirtschaftsrechts, in: BB 1998, S. 1217-1223.

- Stromlieferverträge im liberalisierten Strommarkt, in: BB Beilage 8 zu Heft 21 1999, S. 1-20.

- Richtlinienkonformität der Netzzugangsregelung im Neuregelungsgesetz, in: ET 1999, S. 80-86.

- Bewegung im Strommarkt!?, in: BB 2000, "Die erste Seite".

Lutz, Helmut: Durchleitung von Gas nach Inkrafttreten des Gesetzes zur Neuregelung des Energiewirtschaftsrechts und der Sechsten GWB-Novelle, in: RdE 1999, S. 102-112.

Malzer, Georg: Die Auswirkungen des Kartellgesetzes auf das deutsche Energierecht, in: NJW 1974, S. 441-445.

Mangoldt, Hermann von/Klein, Friedrich: Das Bonner Grundgesetz, Band 1: Präambel, Artikel 1-19, München 1999 (zit.: Bearb., in: v. Mangoldt/Klein/Starck).

Markert, Kurt: Anmerkung zu KG, Beschluß vom 26.11.1980 - Kart 32/79; Kennwort: "Fertigfutter", in: BB 1981, S. 1113-1117.

- Die Verweigerung des Zugangs zu "wesentlichen Einrichtungen" als Problem der kartellrechtlichen Mißbrauchsaufsicht, in: WuW 1995, S. 560-571.

- Die Anwendung des US-amerikanischen Monopolisierungsverbots auf die Verweigerung des Zugangs zu "wesentlichen Einrichtungen", in: FS für Ernst Joachim Mestmäcker, 1. Auflage, Baden - Baden 1996 (zit.: Markert, FS Mestmäkker).

- Zwangsdurchleitung mittels Kartellrecht, in: ET 1998, S. 252-255.

- Bestehende Lieferverträge als Grund für die Unzumutbarkeit von Stromdurchleitungen?, in: ZNER 1998, Heft 4, S. 3-8.

- Langfristige Bezugsbindungen bei Strom und Gas nach deutschem und europäischem Kartellrecht, in: EuZW 2000, S. 427-435.

- Verbändevereinbarung Strom II und Kartellrecht, in: BB 2001, S. 105-110.

Maunz, Theodor/Dürig, Günter: Grundgesetz - Kommentar (Loseblattsammlung), Stand: 37. EL August 2000 München. (zit.: Bearb, in: Maunz/Dürig).

Maurer, Hartmut: Allgemeines Verwaltungsrecht, 13. Auflage, München 2000.

Mayer, Franz C.: Grundrechtsschutz gegen europäische Rechtsakte durch das BVerfG: Zur Verfassungsmäßigkeit der Bananenmarktordnung, in: EuZW 2000, S. 685-689.

Medicus, Dieter: Der Grundsatz der Verhältnismäßigkeit im Privatrecht, in: AcP 192 (1992), S. 35-70.

Meier, Hermann: Anwendung der VDEW-Lastprofile, in: ET 2000, S. 30-37.

Mennicke, Petra: "Magill" - Von der Unterscheidung zwischen Bestand und Ausübung von Immaterialgüterrechten zur "essential facilities"-Doktrin in der Rechtsprechung des Europäischen Gerichtshofes?, in: ZHR Bd. 160 (1996), S. 626-659.

Mestmäcker, Ernst-Joachim: Europäisches Wettbewerbsrecht, München 1974.

Moeller, Franz/Frohme, Heinrich/Löcherer, Karl-Heinz/Müller, Hans: Grundlagen der Elektrotechnik, 18. Auflage, Stuttgart 1996, (zit.: Bearb., in: Moeller, Frohne, Löcherer, Müller).

Möschel, Wernhard: Privatisierung, Deregulierung und Wettbewerbsordnung, in: JZ 1988, S. 885-893.

- Strompreis und katellrechtliche Kontrolle, in: WuW 1999, S. 5-14.

Moews, Dieter: Kosten- und Leistungsrechnung, 6. Auflage, München 1996.

Mohrenfels, Peter Winkler von: Abgeleitete Informationsleistungspflichten im deutschen Zivilrecht, Berlin 1986.

Mombaur, Peter M.: Energiewirtschaft im Wettbewerb, in: DÖV 1997, S. 571-578.

Monopolkommission: 12. Hauptgutachten 1996-1997, BT-Drs. 13/11291.

Montag, Frank: Gewerbliche Schutzrechte, wesentliche Einrichtungen und Normung im Spannungsfeld zu Art. 86 EGV, in: EuZW 1997, S. 71-78.

Motive zu dem Entwurfe eines Bürgerlichen Gesetzbuches für das Deutsche Reich. Band I Allgemeiner Theil, 2. Auflage, Berlin 1896 (zit.: Mot. I).

Müller, Leonhard: Handbuch der Elektrizitätswirtschaft, Berlin, Heidelberg 1998.

Müller, Matthias: Die "Essential Facilities"-Doktrin im Europäischen Kartellrecht, in: EuZW 1998, S. 232-237.

Müller, Thomas: Gasdurchleitung auf der Grundlage des neuen kartellrechtlichen Zugangstatbestands, Bayreuth 2000.

Müller, Werner: Energiepolitik für die Zukunft, in: Jürgen F. Baur (Hrsg.), Die Energiewirtschaft im Umbruch, 1. Auflage, Baden-Baden 2000, VEnergR Bd. 96, S. 17-23 (zit.: W. Müller, in: VEnergR 96).

Münch, Ingo von/Kunig, Philip (Hrsg.): Grundgesetz - Kommentar, Band 1, Präambel bis Art. 20, 4. Auflage, München 1992 (zit.: Bearb., in: v. Münch/Kunig (Hrsg.)).

Münchener Kommentar zum Bürgerlichen Gesetzbuch: Band 1 §§ 1-240, 3. Auflage, München 1993; Band 2 §§ 241-432, 3. Auflage, München 1994; Band 3 §§ 433-606, 3. Auflage, München 1995; Band 4 §§ 607-704, 3. Auflage, München 1997; Band 5 §§ 705-853, 3. Auflage, München 1997 (zit.: MünchKomm-Bearb.).

Musielak, Hans-Joachim: Entgeltliche Geschäftsbesorgung, in: Gutachten und Vorschläge zur Überarbeitung des Schuldrechts, herausgegeben vom Bundesminister der Justiz, Bd. II, Köln 1981, S. 1209-1316.

Mutschler, Ulrich: Die Rechtsposition privater Versorgungsunternehmen in den fünf neuen Bundesländern, Vortrag anläßlich der FORUM-Tagung am 18.02.1991 in Berlin.

Nettesheim, Martin: Grundrechtliche Prüfdichte durch den EuGH, in: EuZW 1995, S. 106-108.

Nicolaysen, Gert: Tabakrauch, Gemeinschaftsrecht und Grundgesetz, in: EuR 1989 S. 215 - 225.

- Europarecht II, Das Wirtschaftsrecht im Binnenmarkt, 1. Auflage, Baden-Baden 1996.

Niederleithinger, Ernst: Strommarktproblematik nach deutschem und europäischem Wettbewerbsrecht, in: Rudolf Lukes (Hrsg.), Ein EWG-Binnenmarkt für Elektrizität - Realität oder Utopie, RTW, Bd. 47, Köln, Berlin, Bonn, München 1988, S. 63-85 (zit.: Niederleithinger, in: RTW 47).

Nipperdey, Hans Carl: Kontrahierungszwang und diktierter Vertrag, Jena 1920.

Nolte, Stefan: Quersubventionen in der deutschen Elektrizitätswirtschaft und deren Vereinbarkeit mit Europäischem Wettbewerbsrecht, Münster 1998.

Obernolte, Wolfgang/Danner, Wolfgang: Energiewirtschaftsrecht Kommentar, Loseblattsammlung, München, Stand: 37. EL. Mai 2000 (zit.: Bearb., in: Eiser/Riederer/Obernolte/Danner).

Oechsler, Jürgen: Netzzugang und Durchleitung auf der Grundlage des kartellrechtlichen Diskriminierungsverbots, in: ZHR 164 (2000), S. 479-512.

Oeter, Stefan: Besprechung von: Jürgen Basedow (Hrsg.): Das neue Wirtschaftsrecht der Postdienste, in: AöR 124 (1999), S. 343-345.

Oppermann, Thomas: Europarecht, 2. Auflage, München 1999.

Ossenbühl, Fritz: Inhaltsbestimmung des Eigentums und Enteignung - BVerfGE 83, 201, in: JuS 1993, S. 200-203.

- Staat und Markt in der Verfassungsordnung, in: FS für Helmut Quaritsch, Berlin 2000, S. 235 - 254.

Osterloh, Lehrke: Eigentumsschutz, Sozialbindung und Enteignung bei der Nutzung von Boden und Umwelt, in: DVBl. 1991, S. 906-914.

Palandt, Otto: Bürgerliches Gesetzbuch, 60. Auflage, München 2001 (zit.: Palandt - Bearb.).

Papier, Hans-Jürgen: Die Regelung von Durchleitungsrechten, Köln, Berlin, Bonn, München 1997.

- Durchleitungen und Eigentum, in: BB 1997, S. 1213-1220.

Papoutsis, Christos: Brief an den Staatssekretär Dr. Schomerus im Bundeswirtschaftsministerium, in: ZNER 1998, Heft 3, S. 66-68.

Perner, Jens/Riechmann, Christoph/Schulz, Walter: Durchleitungsbedingungen für Strom und Gas, München 1997.

Pescatore, Pierre: Einleitung, in: Hilf/Petersmann (Hrsg.), GATT und Europäische Gemeinschaft, 1. Auflage, Baden-Baden 1986, S. I-IV.

Pielow, Johann-Christian: Grundstrukturen öffentlicher Versorgung, Tübingen 2001.

Pieroth, Bodo/Schlink, Bernhard: Grundrechte Staatsrecht II, 16. Auflage, Heidelberg 2000.

Piltz, Harald: Rechtsfragen der Braunkohleschutzklausel im neuen Energiewirtschaftsrecht, in: ZNER 1999, Heft 2, S. 70-73.

Preis, Ulrich: Prinzipien des Kündigungsrechts bei Arbeitsverhältnissen, München 1987.

Prölss, Jürgen: Der Einwand der unclean hands im Bürgerlichen Recht sowie im Wettbewerbs- und Warenzeichenrecht, in: ZHR 132 (1969), S. 35-85.

Prognos AG (Hrsg.): Energiereport II - Die Energiemärkte Deutschlands im zusammenwachsenden Europa - Perspektiven bis zum Jahr 2020, Stuttgart 1996.

Püttner, Günter/Lingemann, Stefan: Aktuelle Probleme der Zulassung zu öffentlichen Einrichtungen (Teil 1), in: JA 1984, S. 121-129.

Purcell, Edward M.: Elektrizität und Magnetismus, 4. Auflage, Braunschweig, Wiesbaden 1989.

Raabe, Marius/Meyer, Niels: Das Kraft-Wärme-Kopplungsgesetz, in: NJW 2000, S. 2253-2254.

Raiser, Ludwig: Eigentumsanspruch und Recht zum Besitz, in: Festschrift für Martin Wolff, Tübingen 1952, S. 123-140.

Rapp-Jung, Barbara: Zur Tragweite von Art. 90 Abs. 2 EGV für die Energiewirtschaft, in: RdE 1994, S. 165-170.

Recknagel, Henning: Versorgungswirtschaft und Wettbewerb, in: ET 1988, S. 385-392.

Reinholz, Hans: Die rechtliche Einordnung des Energieliefervertrages, in: RdE 1999, S. 64-74.

Rengeling, Hans-Werner: Grundrechtsschutz in der Europäischen Gemeinschaft, München 1993.

Richardi, Reinhard/Wlotzke, Otfried (Hrsg.): Münchener Handbuch zum Arbeitsrecht, Band 2, 2. Auflage, München 2000 (zit.: Bearb., in: Richardi/Wlotzke (Hrsg.).

Rickert, Beate: Grundrechtsgeltung bei der Umsetzung europäischer Richtlinien in innerstaatliches Recht, Berlin 1997.

Riechmann, Volkhard, Rechtsprobleme des Stromimports, in: Harms, Wolfgang (Hrsg.), Köln, Berlin, Bonn, München 1987, S. 29-43.

Ristau, Herbert: Kommunale Elektrizitätsversorgung in den neuen Bundesländern, Frankfurt/Main 1997.

Rittner, Fritz: Über den Vorrang des Privatrechts, in: FS für Wolfram Müller-Freienfels, 1. Auflage, Baden - Baden 1986, S. 509-545.

- Die gestörte Vertragsparität und das Bundesverfassungsgericht, in: NJW 1994, S. 3330-3331.

Röhricht, Kurt/Cebulla, Stephan: Transparenz der Buchführung und Rechnungslegung von Energieversorgungsunternehmen nach § 9 EnWG, in: Versorgungswirtschaft 1999, S. 5-10.

Roth, Herbert: Die Einrede des Bürgerlichen Rechts, München 1988.

Roth, Hans-Achim: Rechtliche Probleme der Zulassung von Schaustellern zu Volksfesten, Spezialmärkten und Jahrmärkten, in: WiVerw 1985, S. 46-61.

Rozek, Jochen: Die Unterscheidung von Eigentumsbindung und Enteignung, Tübingen 1998.

Ruffert, Matthias: Regulierung im System des Verwaltungsrechts, in: AöR 124 (1999), S. 237-281.

Rummer, Hans: Die Verteilung bei knappen Kontingenten, in: NJW 1988, S. 225-235.

Sachs, Michael (Hrsg.): Grundgesetz - Kommentar, München 1996 (zit.: Bearb., in: Sachs (Hrsg.)).

Säcker, Franz Jürgen/Busche, Jan: Umsetzung der Elektrizitätsbinnenmarkt-Richtlinie, in: ET 1998, S. 18-24.

Salje, Peter: Der Durchleitungsvertrag, in: RdE 1998, S. 169-177.

- Das Gesetz zur Neuregelung des Energiewirtschaftsrechts, in: NVwZ 1998, S. 916-922.

- Umweltaspekte der Reform des Energiewirtschaftsgesetzes, in: UPR 1998, S. 201-206.

- Stromeinspeisungsgesetz, 1. Auflage, Köln, Berlin, Bonn, München 1999 (zit.: Salje, StrEinspG).

- Erneuerbare-Energien-Gesetz, 2. Auflage, Köln, Berlin, Bonn, München 2000 (zit.: Salje, EEG).

Sanden, Joachim/Schoeneck, Stefan: Bundes-Bodenschutzgesetz, Kurzkommentar, Heidelberg 1998 (zit.: Bearb., in: Sanden/Schoneck).

Schanda, Reinhard: EIWOG - Elektrizitäts-Wirtschafts- und -organisationsgesetz Praxiskommentar, Wien 1999.

Schindler, Katharina: Wettbewerb in Netzen als Problem der kartellrechtlichen Missbrauchsaufsicht, Bern 1998.

Schlosser, Peter: Selbständige peremptorische Einrede und Gestaltungsrecht im deutschen Zivilrecht, in: JuS 1966, S. 257-268.

Schmidt, Karsten: Handelsrecht, 5. Auflage, Köln, Berlin, Bonn, München 1999.

Schmidt-Aßmann, Eberhard: Der Grundrechtsschutz gemischt-wirtschaftlicher Unternehmen nach Art. 19 Abs. 3 GG, in: BB, Beilage 34 zu Heft 27/1990, S. 1-15.

Schmidt-Preuß, Matthias: Die Gewährleistung des Privateigentums durch Art. 14 GG im Lichte aktueller Probleme, in: AG 1996, S. 1-11.

- Verfassungskonflikt um die Durchleitung ? - in: RdE 1996, S. 1-9.

Schmidt-Salzer, Joachim: Vertragsfreiheit und Verfassungsrecht, in: NJW 1970, S. 8-15.

Schmitt, Dieter: "Stranded Costs" und Liberalisierung, in: ET 1998, S. 143-149.

Schmitz, Karl W./Koch, Günther: Kraft-Wärme-Kopplung, 2. Auflage, Düsseldorf 1996.

Schneider, Jens-Peter: Liberalisierung der Stromwirtschaft durch regulative Marktorganisation, 1. Auflage, Baden-Baden 1999.

Schnelle, Ulrich: Die Öffnung von leistungsnotwendigen Einrichtungen für Dritte und der Schutz des Eigentums, in: EuZW 1994, S. 556-562.

Schockenhoff, Martin: Die gerichtliche Durchsetzung von Belieferungsansprüchen aus § 26 II GWB, in: NJW 1990, S. 152-158.

Scholz, Rupert: Wie lange bis "Solange III" ?, in: NJW 1990, S. 941-946.

Ders./Langer, Stefan: Europäischer Binnenmarkt und Energiepolitik, Berlin 1992.

Scholz, Ulrich: Kontrahierungszwang in der Versorgungswirtschaft, 1. Auflage, Baden-Baden 1997.

- Stromimporte via Durchleitung - Die Reziprozitätsklausel des Artikel 4 § 2 NeuregelungsG -, in: RdE 1999, S. 209-217.

Schroeder, Dirk: Telekommunikationsgesetz und GWB, in: WuW 1999, S. 14-28.

Schrödter, Hans: Baugesetzbuch, 6. Auflage, München 1998 (zit.: Bearb., in: Schrödter).

Schüppstuhl, Ernst Ludwig/Maier, Karl Heinrich: Elektrizität und Wettbewerb, in: WuW 1995, S. 374-383.

Schwarz, Jürgen/Glaunsinger, Wolfgang: Wettbewerb und Sicherheit im deutschen Verbundnetz, in: ET 1998, S. 618-620.

Schwarze, Jürgen (Hrsg.): Der Netzzugang für Dritte im Wirtschaftsrecht, 1. Auflage, Baden-Baden 1999 (zit.: Bearb., in: Schwarze (Hrsg.), Netzzugang).

- EU-Kommentar, 1. Auflage, Baden-Baden 2000 (zit.: Bearb. in: Schwarze (Hrsg.)).

Schweers, Elmar: Vertragsbeziehungen und Haftung im novellierten Energiewirtschaftsrecht, 1. Auflage, Baden-Baden 2000.

Schweitzer, Albin A.: Der grenzüberschreitende Stromverbund in Europa, 1. Auflage, Baden- Baden 1984.

Schwintowski, Hans-Peter: Kartellrechtliche Preismißbrauchsaufsicht über Energie- und Durchleitungsentgelte nach Wegfall der §§ 103, 103a GWB, in: ZNER 1998, Heft 2, S. 9-16.

- Der Zugang zu wesentlichen Einrichtungen, in: WuW 1999, S. 842-853.

- Grundlinien eines zukünftigen europäischen Energierechts, in: ZNER 2000, Heft 2, S. 93-100.

Seeger, Manfred: Umsetzung der Binnenmarktrichtlinie Strom: Was ist noch zu tun?, in: VIK-Mitt. 1999, S. 31-33.

Seidel, Martin: Die Elektrizitätswirtschaft im System des Gemeinschaftsrechts, in: EuR 1988, S. 129-143.

Selmer, Peter: Die Gewährleistung des unabdingbaren Grundrechtsstandards durch den EuGH, 1. Auflage, Baden-Baden 1998.

Sodan, Helge: Vorrang der Privatheit als Prinzip der Wirtschaftsverfassung, in: DÖV 2000, S. 361-371.

Soergel, Hans Theodor/Siebert, Walter: Bürgerliches Gesetzbuch mit Einführungsgesetz und Nebengesetzen, Band 2 (§§ 241-432), 12. Auflage, Stand: Juli 1990, Band 4/1 (§§ 516-651), 12. Auflage, Stand: Frühjahr 1997, Band 4/2 (§§ 651a-704), 12. Auflage, Stand: Frühjahr 1999, Band 6 (§§ 854-1296), 12. Auflage, Stand: Sommer/Herbst 1989, Stuttgart, Berlin, Köln, Mainz (zit.: Soergel - Bearb.).

Stahl, Klaus, Mißbrauchsaufsicht über marktbeherrschende Unternehmen - Versorgungswirtschaft - Exportkartelle, in: WuW 1980, S. 451-461.

Staub, Hermann: Handelsgesetzbuch Großkommentar, 3. Auflage, Berlin 1978 (zit.: Bearb., in: Staub).

Staudinger, Julius von: Kommentar zum BGB mit Einführungsgesetz und Nebengesetzen, §§ 21-103, 13. Bearb., 1995; §§ 134-163, 13. Bearb., 1996; §§ 90-240, 12. Aufl., 1979; Einführung zu §§ 241 ff, §§ 241-243, 13. Bearb., 1995; §§ 255-292, 13. Bearb., 1995; §§ 328-361, 13. Bearb., 1995; §§ 433-534, 13. Bearb., 1995; §§ 564-580a, 13. Bearb., 1997; §§ 620-630, 13. Bearb., 1995; §§ 631-651, Neubearbeitung 2000; §§ 652-704, 13. Bearb., 1995; §§ 779-811, 13. Bearb., 1997; §§ 826-829, 13. Bearb., 1998; §§ 925-984, Anh. zu §§ 929 ff, 13. Bearb., 1995; §§ 985-1011 Neubearbeitung 1999 (zit.: Staudinger-Bearb.).

Stein, Torsten: Umgekehrt! Bemerkungen zu "Solange II" - Beschluß des Bundesverfassungsgerichts, in: FS für Wolfgang Zeidler, Berlin 1987, S. 1713-1728.

Steinberg, Rudolf/Britz, Gabriele: Die Energiepolitik im Spannungsfeld nationaler und europäischer Regelungskompetenzen, in: DÖV 1993, S. 313-323.

Stern, Klaus/Sachs, Michael: Das Staatsrecht der Bundesrepublik Deutschland, Bd. II Allgemeine Lehren der Grundrechte, 1. Halbband, München 1988.

Stewing, Clemens: Gasdurchleitung nach Europäischem Recht, Köln, Berlin, Bonn, München 1989.

- Die Richtlinienvorschläge der EG-Kommission zur Einführung eines Third Party Access für Elektrizität und Gas, in: EuR 1993, S. 41-65.

- Gasdurchleitung nach deutschem Recht, in: BB 1995, S. 1968-1972.

Stollhoff, Frank: Der Ausschluß von Marktrisiken durch Essential Facilities unter Art. 82 EGV, 1. Auflage, Baden-Baden 2000.

Streinz, Rudolf: Bundesverfassungsgerichtlicher Grundrechtsschutz und Europäisches Gemeinschaftsrecht, 1. Auflage, Baden-Baden 1989 (zit.: Streinz, Grundrechtsschutz).

- Europarecht, 4. Auflage, Heidelberg 1999.

Stürner, Rolf: Der Anspruch auf Erfüllung von Treue- und Sorgfaltspflichten, in: JZ 1976, S. 384-392.

Sturm, Roland/Wilks, Stephen (Hrsg.): Wettbewerbspolitik und die Ordnung der Elektrizitätswirtschaft in Deutschland und Großbritannien, 1. Auflage, Baden-Baden 1996 (zit.: Bearb., in: Sturm/Wilks).

Tegethoff, Wilm/Büdenbender, Ulrich/Klinger, Heinz: Das Recht der öffentlichen Energieversorgung Kommentar, Loseblattsammlung, Essen (zit.: Tegethoff/ Büdenbender/Klinger, Stand).

Tettinger, Peter J.: Zur Grundrechtsberechtigung von Energieversorgungsunternehmen im Europäischen Gemeinschaftsrecht, in: FS für Bodo Börner, München 1992, S. 625-640.

- Die öffentlichen Unternehmen im primären Gemeinschaftsrecht unter besonderer Berücksichtigung der Energiewirtschaft, in: DVBl. 1994, S. 88-94.

- Für die Versorgungswirtschaft bedeutsame Entwicklungslinien im primären Gemeinschaftsrecht, in: RdE 1999, S. 45-51.

Theobald, Christian: Bewertung der sogenannten Braunkohleschutzklausel vor dem Hintergrund ihrer Genehmigung durch die Europäische Kommission am 08. Juli 1999, in: ZNER 1999, Heft 2, S. 84-85.

- Wettbewerb in Netzen als Ziel effizienten Rechts, in: WuW 2000, S. 231-244.

Ders./Zenke, Iris: Braunkohleschutzklausel: unzulässige Durchleitungsverweigerung und Schadenersatzansprüche, in: ET 2000, S. 530-535.

- Der Zugang zu Strom- und Gasnetzen: Eine Rechtsprechungsübersicht, in: WuW 2001, S. 19-36.

Trute, Hans-Heinrich: Die Verwaltung und das Verwaltungsrecht zwischen gesellschaftlicher Selbstregulierung und staatlicher Steuerung, in: DVBl. 1996, S. 950-964.

Ufer, Heinz-Werner: Marktöffnung und dynamische Wettbewerbsentwicklung, in: ET 1998, S. 247-248.

Ulmer, Peter: Schranken zulässigen Wettbewerbs marktbeherrschender Unternehmen, 1. Auflage, Baden - Baden 1977.

Umweltbundesamt (Hrsg.): Bericht des Umweltbundesamtes 3/96, Umwelt- und wettbewerbsorientierte Weiterentwicklung des Energierechts, Berlin 1996.

Ungemach, Manfred/Weber, Thomas: Verfahrensfragen des Netzzugangs bei Elektrizität und Gas, Teil 2: Zivilklage und einstweilige Verfügung, in: RdE 1999, S. 131-138.

Ungemach, Manfred/Wißmann, Martin/Cameron, Peter/Styles, Peter: Mehr Mut zur Reform, in: ET 1997, S. 364-370.

VDEW (Hrsg.): Strommarkt Deutschland 1999, Frankfurt/M. 2000.

VDEW/BGW (Hrsg.): Begriffe der Versorgungswirtschaft, Teil B "Elektrizität und Fernwärme", 6. Ausgabe 1997 (zit.: VDEW/BGW, Begriffe).

VKU-/VDEW-Stellungnahme vom 15.10.1998 zum Unbundling gegenüber dem Institut der Wirtschaftsprüfer (IDW), in: VKU - Nachrichten Ausgabe 600, Dezember 1998, S. 6-10.

Vollmer, Lothar: Durchleitungsprobleme in der europäischen Energiewirtschaft, in: JNpolÖ Bd. 16 (1997), S. 147-169.

Wackerbarth, Ulrich: Unternehmer, Verbraucher und die Rechtfertigung der Inhaltskontrolle vorformulierter Verträge, in: AcP 200 (2000), S. 45-90.

Wallenberg, Gabriela von: Diskriminierungsfreier Zugang zu Netzen und anderen Infrastruktureinrichtungen, in: K&R 1999, S. 152-157.

Walter, Karl Maria/Keussler, Julia von: Der diskriminierungsfreie Zugang zum Netz: Reichweite des Anspruchs auf Durchleitung Teil 1, in: RdE 1999, S. 190-194; Teil 2, in: RdE 1999, S. 223-228.

Weber, Rolf H.: Wirtschaftsregulierung in wettbewerbspolitischen Ausnahmebereichen, 1. Auflage, Baden-Baden 1986.

Wiedemann, Gerhard (Hrsg.): Handbuch des Kartellrechts, München 1999 (zit.: Bearb., in: Wiedemann (Hrsg.)).

Wieland, Joachim: Die Vereinbarkeit der energieversorgungsrechtlichen Stellung der Kommunen in den neuen Bundesländern mit der Garantie der kommunalen Selbstverwaltung (Art. 28 Abs. 2 GG) und die verfassungsrechtlichen Möglichkeiten der Bundesländer zur Regelung der Betätigung der Kommunen auf dem Gebiet der Energieversorgung, Rechtsgutachten erstellt im Auftrag der Fraktion der SPD im Deutschen Bundestag, Bielefeld 1992.

Ders./Hellermann, Johannes: Der Schutz des Selbstverwaltungsrechts der Kommunen gegenüber Einschränkungen ihrer wirtschaftlichen Betätigung im nationalen und europäischen Recht, Rechtsgutachten für den VKU e.V., Köln 1995.

Winje, Dietmar/Witt, Dietmar: Energiewirtschaft, Köln 1991.

Wolf, Dieter: Die Liberalisierung der europäischen Energiemärkte, in: BB 1998, S. 1433-1437.

Wolf, Ernst: Anleitung zur Lösung zivilrechtlicher Fälle, in: JuS 1962, S. 101-105.

Wortprotokoll der öffentlichen Anhörung zum Thema "Novellierung des Energiewirtschaftsgesetzes" des Ausschusses für Wirtschaft (9. Ausschuß/58. Sitzung), Deutscher Bundestag, 13. Wahlperiode Ausschuß für Wirtschaft, Az.: 742-2401 (zit.: Referent, in: Wortprotokoll).

Zander, Wolfgang/Riedel, Martin/Held, Christian/Ritzau, Michael/Tomerius, Carolyn: Strombeschaffung im liberalisierten Energiemarkt - Leitfaden für die gewerbliche Wirtschaft, Köln 2000.

Zinow, Bernd-Michael: Rechtsprobleme der grenzüberschreitenden Durchleitung von Strom in einem EG-Binnenmarkt für Energie, Frankfurt/Main 1991.

- Rechtliche Aspekte von TPA und Single Buyer, in: EW 1998, S. 31-33.

Zuck, Holger: Auswahl- und Verteilungsentscheidungen beim Bewerberüberhang, Tübingen 1994.

Kolibri 360 GmbH
Ferdinand-Jühlke-Straße 7
99095 Erfurt, Deutschland
produktsicherheit@kolibri360.de

Druck:
CPI Druckdienstleistungen GmbH
im Auftrag der
Kolibri 360 GmbH
Ferdinand-Jühlke-Str. 7
99095 Erfurt